AS DESCOBERTAS

A marca FSC® é a garantia de que a madeira utilizada na fabricação do papel deste livro provém de florestas que foram gerenciadas de maneira ambientalmente correta, socialmente justa e economicamente viável, além de outras fontes de origem controlada.

ALAN LIGHTMAN

As descobertas
Os grandes avanços da ciência no século XX

Tradução
George Schlesinger

Copyright © 2005 by Alan Lightman
Proibida a venda em Portugal.

*Grafia atualizada segundo o Acordo Ortográfico da Língua Portuguesa de 1990,
que entrou em vigor no Brasil em 2009.*

Título original
The Discoveries: Great Breakthroughs in 20th-Century Science

Capa
Rodrigo Maroja

Revisão técnica
Maria Guimarães

Preparação
Alexandre Boide

Índice remissivo
Luciano Marchiori

Revisão
Huendel Viana
Ana Maria Barbosa

Dados Internacionais de Catalogação na Publicação (CIP)
(Câmara Brasileira do Livro, SP, Brasil)

Lightman, Alan.
   As descobertas : Os grandes avanços da ciência no século XX /
Alan Lightman ; tradução George Schlesinger. — 1ª ed. — São Paulo :
Companhia das Letras, 2015.

   Título original : The Discoveries : Great
             Breakthroughs in 20th-Century Science.

   ISBN 978-85-359-2535-7

   1. Ciência - História - Século 20 - Fontes 2. Ciência - Historiografia
3. Descobertas em ciência - História - Século 20 - Fontes 4.
Descobertas em ciência - Historiografia I. Título.

14-12638   CDD-509

Índice para catálogo sistemático:
1. Ciência : História   509

[2015]
Todos os direitos desta edição reservados à
EDITORA SCHWARCZ S.A.
Rua Bandeira Paulista, 702, cj. 32
04532-002 — São Paulo — SP
Telefone: (11) 3707-3500
Fax: (11) 3707-3501
www.companhiadasletras.com.br
www.blogdacompanhia.com.br

Sumário

Introdução	7
Uma nota sobre números	17
1. O quantum	19
2. Hormônios	34
3. A natureza da luz como partícula	45
4. Relatividade especial	57
5. O núcleo do átomo	71
6. O tamanho do cosmo	83
7. O arranjo dos átomos na matéria sólida	101
8. O átomo quântico	116
9. O meio de comunicação entre os nervos	128
10. O princípio da incerteza	141
11. A ligação química	155
12. A expansão do universo	172
13. Antibióticos	190
14. O meio de produção de energia em organismos vivos	205
15. Fissão nuclear	219
16. A mobilidade dos genes	238

17. A estrutura do DNA 255
18. A estrutura das proteínas 273
19. Ondas de rádio do big bang 289
20. Uma teoria unificada de forças 306
21. Quarks: a mínima essência de matéria 324
22. A criação de formas alteradas de vida 343

Epílogo 359

Notas 361
Agradecimentos 375
Créditos das imagens 377
Índice remissivo 379

Introdução

Na costa noroeste da África, cerca de 230 quilômetros ao sul das Ilhas Canárias, a linha costeira se estende ligeiramente, formando uma protuberância conhecida como cabo Bojador. Para os europeus do início do século XV, o Bojador marcava a fronteira entre o conhecido e o desconhecido. Ao norte do cabo estavam a civilização e as cidades esclarecidas. Ao sul ficavam as terras místicas da África e do Mare Tenebrosum, o Mar da Escuridão. Nenhum marinheiro desde os antigos cartagineses tinha se aventurado ao sul do Bojador e retornado. Conforme escreveu na época Gomes Eanes de Zurara, cronista real português,

> antigos rumores acerca deste cabo [...] têm sido alimentados pelos marinheiros da Espanha de geração em geração [...] para além desse cabo não existe raça de homens nem lugar habitado [...] e o mar é tão raso que a uma légua da terra tem apenas uma braça de profundidade, ao passo que as correntes são tão terríveis que barco nenhum, tendo passado o cabo, será jamais capaz de retornar.[1]

Entre 1424 e 1434, o infante dom Henrique de Portugal enviou catorze expedições de navios para circundar o perigoso cabo, com seus mortais bancos de areia, redemoinhos e violentas tempestades. Todas fracassaram. O insondável, no entanto, revelava-se uma tentação irresistível. Inabalável, o infante dom

Henrique despachou o explorador Gil Eanes para uma 15ª tentativa. Em sua viagem, Eanes passou a grande distância do Bojador, desviando-se acentuadamente para oeste e penetrando no Mar da Escuridão. Ao virar para o sul, olhou por sobre o ombro e ficou estarrecido ao perceber que deixara o temido cabo para trás. Na viagem seguinte, em 1453, Eanes voltou a contornar o Bojador e ancorou numa baía a mais de duzentos quilômetros ao sul. Ali, viu pegadas humanas, de camelos...

Na visão dos historiadores, dom Henrique não mandou seus navios para o sul, para África, com o objetivo de colonizar seu território ou abrir novas rotas de comércio. Não, ele queria simplesmente descobrir o que havia para ser descoberto. Como explica Zurara, "ele tinha desejo de conhecer a terra".[2]

A necessidade de encontrar, inventar, conhecer o desconhecido, parece tão profundamente humana que não podemos imaginar nossa história sem ela. No fim, esse desejo profundo acaba por superar o medo do desconhecido, o medo dos deuses, até mesmo o medo do perigo pessoal e da morte. O que resta é a emoção da descoberta. Sentimos essa exultação no cubismo de Pablo Picasso, no fluxo de consciência de James Joyce e Virginia Woolf, e nos experimentos com escalas pentatônicas no jazz de Chick Corea e John Coltrane — exatamente como ocorre nas grandes descobertas geográficas de novos mares e terras.

E sentimos essa emoção também nos grandes avanços da ciência. Werner Heinsenberg, um dos fundadores da física quântica, descreve o momento transcendente quando, em maio de 1925, deu-se conta do que havia descoberto:

> Eram quase três horas da madrugada quando o resultado final dos meus cálculos ficou pronto à minha frente. Tive a sensação de que, através da superfície dos fenômenos atômicos, eu olhava para um interior estranhamente belo, e quase senti uma vertigem ao pensar que agora teria de explorar aquela riqueza de estruturas matemáticas que a natureza dispusera diante de mim de forma tão generosa. Estava empolgado demais para dormir.[3]

As descobertas científicas abalam noções importantes, e não só sobre ciência, mas também sobre a própria existência humana. Albert Einstein, por exemplo, redefiniu nossa noção de tempo. Hans Krebs revelou o ciclo químico universal que provê energia a cada célula em cada planta e animal do planeta — forte evidência de uma origem de vida em comum. Jerome Friedman ajudou a descobrir o quark, que se acredita ser uma das unidades indivisíveis da matéria. Paul Berg desenvolveu a primeira técnica para modificar genes e criar formas de vida alteradas pela ação humana. Alexander Fleming descobriu o primeiro antibiótico, fazendo a humanidade progredir na eterna luta contra a doença e a mortalidade. Heisenberg apresentou seu famoso princípio da incerteza, mostrando que o futuro não pode nunca ser totalmente previsto a partir do passado.

Vários anos atrás, decidi pesquisar a respeito de grandes avanços da ciência no século xx — partir em uma jornada de descoberta das descobertas. Haveria padrões comuns nesses casos? Como variavam os estilos de trabalho e pensamento de uma ciência para outra e de um cientista para outro? De que forma se comparavam entre si os descobridores como pessoas? Eles tinham na época consciência da importância de seu trabalho? Para dar início a minha empreitada, reuni os artigos originais nos quais as descobertas haviam sido anunciadas, como os primeiros relatos de Gomes Eanes de Zuzara. Em conjunto, tais artigos iriam formar um inusitado tipo de história da ciência do século xx.

Chegou um momento, na primavera de 2002, em que eu finalmente tinha conseguido juntar os 25 artigos que usaria para embasar este livro. Estava em casa, em Concord, e as forsítias douradas começavam a florir. Durante seis meses eu importunara astrônomos, físicos, químicos e biólogos pedindo que nomeassem as maiores descobertas do século xx em suas respectivas áreas. A publicação original da teoria da relatividade. O primeiro modelo quântico do átomo. A descoberta de como os nervos se comunicam entre si, a descoberta do primeiro hormônio humano, a descoberta da expansão do universo, a descoberta da estrutura e do código secreto do DNA. Alguns dos artigos haviam sido divulgados em publicações científicas obscuras. Parte deles precisava ser traduzida para o inglês. Outros estavam borrados e apagados depois de terem sido fotocopiados em bibliotecas distantes e enviados pelo correio. Usando até certo ponto meu próprio julgamento, peneirei uma lista de mais de cem artigos significativos, reduzindo-os a 25. Cada um desses artigos modificara profundamente a maneira como enxergamos o mundo e nosso lugar nele. Lá estavam Einstein, Fleming, Bohr, McClintock, Pauling, Watson e Crick, Heisenberg — nas palavras deles próprios — inventando, criando, descobrindo. Lá estavam os grandes romances e sinfonias da ciência. Naquele dia de maio, houve um momento em que concluí o trabalho de localizar e reunir os originais. Segurei nos braços a pilha de 25 artigos, um século de pensamento científico. Meus olhos se encheram de lágrimas.

Há mais de trinta anos, quando era aluno de pós-graduação em física, tinha a noção simplória de que havia uma mentalidade e um método monolíticos na ciência. Na verdade, há uma grande gama de mentalidades e padrões de descoberta científicos. Às vezes o cientista sabe muito bem aonde está indo, ainda que os resultados sejam revolucionários, como nas descobertas de Einstein, Planck e Krebs. Por outro lado, às vezes as descobertas são completamente inesperadas ou acidentais, como demonstram os experimentos de Bayliss e Starling, Rutherford, Fleming, Hahn e Strassmann, e as observações de Leavitt. Mesmo cientistas teóricos podem se surpreender com as conclusões de suas aventuras no papel, como aconteceu com Steven Weinberg. Às vezes os cientistas conseguem mensurar o significado de seu trabalho em sua própria época, como Einstein, Dicke, Watson e Crick, e Loewi. Outras vezes, esse significado é compreendido apenas superficialmente, como aconteceu com o trabalho de Hubble. Em alguns casos, o simples brilhantismo conduz à descoberta. Em outros, os ingredientes necessários incluem a sorte e determinado conjunto de circunstâncias.

Essa variedade vale também para os cientistas em si. Não existe uma personalidade científica única. Grandes cientistas podem ser revolucionários arrojados e autoconfiantes, como Rutherford, Einstein ou Watson. Grandes cientistas também podem ser modestos e tímidos, como Krebs, Fleming ou Meitner. Alguns, como William Bayliss, possuem temperamento cauteloso, meticuloso, apaixonado por detalhes, ao passo que outros, como Ernest Starling, são arrojados, impacientes, mais interessados no contexto mais amplo das coisas.

O que todos esses homens e mulheres compartilham é uma paixão pelo saber, um prazer genuíno em solucionar problemas, uma independência de espírito. A bióloga americana Barbara McClintock recorda-se que, nas aulas de ciências no ensino médio, "resolvia alguns problemas de maneiras que não eram exatamente aquelas que o professor esperava [...]. Era um tremendo prazer, todo o processo de encontrar a resposta era puro prazer".[4] Quando a física nuclear alemã Lise Meitner era criança, sua avó a alertava de que ela não devia costurar no Shabat, ou os céus poderiam vir abaixo. A menina resolveu fazer uma experiência: mexeu levemente em sua agulha de bordar e olhou para o alto. Nada aconteceu. Depois, deu um ponto com a agulha, esperou, olhou novamente para cima. Mais uma vez, nada aconteceu. Por fim, Lise concluiu que sua avó estava enganada e voltou a costurar com todo entusiasmo.

Diferentes tipos de cientistas têm diferentes concepções dos problemas. Eu tive uma formação de físico e entendia bem como um físico pensa o mundo. O físico é um reducionista, vai desmontando uma construção maciça até fragmentá-la numa pilha de tijolos individuais e de cimento. Quais são as forças e partículas fundamentais da natureza? Quais são as leis eternas? Os físicos fazem simplificações, idealizações e abstrações até que o problema final se torne tão simples que possa ser resolvido por uma lei matemática. Por exemplo, na física muitos fenômenos são reduzidos ao problema-modelo de um peso oscilando para cima e para baixo sobre uma mola, chamada de oscilador harmônico. As vibrações dos átomos nas moléculas, a água chapinhando numa bacia, a natureza quântica do espaço vazio, tudo pode se resumir a pesos oscilando para cima e para baixo em molas, obedecendo a equações simples.

Já os biólogos pensam de forma diferente. Pelo fato de a biologia lidar com coisas vivas, os biólogos dificilmente consideram um nível inferior àquele em que a vida seja relevante. (Uma exceção notável é a moderna biologia molecular, em que se fundiram também a física e a química.) E a vida requer interação entre os elementos de um sistema. Portanto, a biologia geralmente lida com *sistemas*. Qual é o sistema pelo qual uma criatura viva regula e controla seus processos internos? Qual é o sistema pelo qual uma criatura viva se reproduz? Qual é o sistema pelo qual uma criatura viva obtém e utiliza a energia necessária para a vida? Onde o físico poderia considerar a força elétrica entre dois elétrons, a biologia se preocupa com a maneira como as cargas elétricas de ambos os lados de uma membrana celular regulam a passagem de substâncias através dela, conectando a célula ao resto do organismo. Grosseiramente falando, a física tem leis, enquanto a biologia tem conceitos. A biologia é uma ciência mais empírica que a física porque seus conceitos estão mais próximos dos fatos observados. Há muitos físicos puramente teóricos, mas pouquíssimos biólogos teóricos. Os químicos ficam em um ponto intermediário, às vezes agindo como biólogos, outras vezes como físicos.

Todas essas diferenças e semelhanças refletem-se nos ensaios que escrevi sobre as descobertas e nos próprios artigos originais que as revelaram. Nos meus ensaios, tentei pintar uma paisagem intelectual e emocional das descobertas e dos homens e mulheres responsáveis por elas. Cada descoberta tem sua própria história. Cada uma tem seus próprios personagens e personalidades, seu próprio drama humano, seus próprios fracassos e triunfos, suas próprias ambições pessoais. Os ensaios estão estruturados em camadas que vão se aprofundando, de modo que os leitores possam ter no início uma sensação geral da descoberta e seu significado, e gradualmente aprender mais a respeito da vida dos cientistas e dos detalhes da descoberta.

A descoberta dos próprios artigos por si só é uma fonte de grande riqueza. Com frequência, fico impressionado que estudantes de filosofia leiam a *Crítica à razão pura* de Kant no original, da mesma forma que pós-graduandos de ciência política leem a Constituição dos Estados Unidos, e os de literatura leem *Hamlet* e *Moby Dick*; quem estuda ciências exatas, no entanto, dificilmente chega a ler as obras originais de Mendeleyev, Curie ou Einstein. Mesmo os cientistas profissionais raramente se voltam para a literatura original de sua área se esta tiver mais de uma ou duas décadas de idade. Parece haver um mito de que na ciência, ao contrário de todas as outras atividades humanas, importam somente os resultados finais. Segundo essa crença, uma síntese ou destilação de ideias elimina a necessidade dos artigos originais. Além disso, à medida que o tema progride e novos métodos matemáticos passam a ser considerados, novas tecnologias e instrumentos tornam-se disponíveis, e as ideias e os resultados são remodelados numa forma mais aperfeiçoada. Não seria decididamente um fardo reviver grande parte da história obsoleta da ciência, debater-se com as notações incômodas e, frequentemente, com as ideias semiformadas dos artigos originais?

Considero tal mito um equívoco. A meu ver, os primeiros relatos das grandes descobertas científicas são obras de arte. Como a poesia, esses artigos têm seu próprio ritmo, suas imagens, suas belas cristalizações, suas verdades às vezes fugazes. Na escolha original das palavras e metáforas, nos argumentos muitas vezes simples mas profundos, nas incertezas e especulações, podemos penetrar na mente de um grande cientista de um modo que nenhum sumário ou comentário jamais pode proporcionar. Nesses artigos, vemos seres humanos talentosíssimos atracando-se com a natureza do mundo. Em grande medida, o jargão e a matemática envolvidos são técnicos demais para todos com exceção do cientista profissional, e o nível de genialidade às vezes é praticamente incompreensível. Mas podemos seguir a linha de pensamento. E, na discussão de ideias e no questionamento profundo, podemos reconhecer colegas pensadores trabalhando.

Algumas observações finais. Há muitas grandes descobertas científicas do século xx não incluídas neste livro. Por razões óbvias, tive de fazer uma seleção. Aqui utilizei meu próprio critério e o de colegas para escolher as descobertas em ciência pura com maior relevância conceitual, aquelas que mais mudaram o pensamento e promoveram o progresso em seus campos. Descobertas em ciência aplicada e tecnologia, tais como a clonagem ou a televisão, não foram consideradas. Quando havia vários artigos anunciando uma descoberta similar na mesma época, optei por manter o foco em um único texto, mas mencionei os demais. Da mesma maneira, quando diversos cientistas foram coautores de um artigo de referência, geralmente traço o perfil de apenas um deles no ensaio.

Muitas ideias científicas são ampliadas por ideias posteriores, de modo que as descobertas se assentam umas sobre as outras. Por esse motivo, eu as organizei em ordem cronológica, começando pela descoberta do quantum por Max Planck em 1900 e terminando pela do DNA recombinante por Paul Berg em 1972. Por exemplo, o quantum de Planck (1900) e a descoberta do núcleo atômico de Rutherford (1911) foram combinados no primeiro modelo quântico do átomo, concebido por Bohr (1913). A descoberta de Von Laue da poderosa técnica de difração dos raios X (1912) foi usada por Franklin, Watson e Crick para descobrir a estrutura do DNA (1953), que por sua vez foi utilizada por Paul Berg em seus experimentos para criar novos DNAS (1972).

Ler as grandes obras de alguns poucos cientistas pode dar a impressão de que a ciência é empreendida basicamente por um pequeno número de figuras heroicas. Trata-se de uma impressão falsa. Se por um lado os cientistas aqui considerados são sem dúvida nenhuma indivíduos extraordinários, a empreitada científica é na verdade resultado dos esforços de muita gente, com contribuição de todos. Os experimentos de Jerome Friedman que ajudaram a descobrir o quark dependeram da invenção anterior do espectrômetro magnético. O trabalho de Edwin Hubble na medição da expansão do universo assentou-se sobre observações anteriores de Vasco Melvin Slipher. E assim por diante.

Com base em apenas 25 artigos, é preciso ser cauteloso ao generalizar aspectos demográficos, mas aqui estão algumas estatísticas: dezoito dos artigos foram originalmente publicados em inglês, sete em alemão (desses sete, cinco já haviam sido traduzidos para o inglês quando este livro foi elaborado). Todos os artigos originalmente em alemão, exceto um, datam do período de 1900 a 1927, refletindo o domínio do mundo de língua alemã na ciência nos primeiros anos do século, e o do mundo anglófono posteriormente. Dos indivíduos ou grupos autores de cada artigo, nove eram alemães, nove norte-americanos, quatro britânicos, um anglo-austríaco (Perutz), um neozelandês (Rutherford) e um dinamarquês (Bohr). Há mulheres participando em quatro das 22 descobertas aqui consideradas. Sem dúvida, elas quase sempre enfrentam mais dificuldades que os homens ao seguirem uma carreira científica. Discuto tais dificuldades detalhadamente nos capítulos sobre Leavitt, Meitner e McClintock. Durante a Segunda Guerra Mundial, numerosos cientistas europeus, incluindo Otto Loewi, Lise Meitner e Max Perutz, enfrentaram problemas por serem judeus. (No caso de Einstein, seu antagonismo político ao Terceiro Reich representou um fator mais importante para o tratamento que recebeu do que sua origem religiosa.)

Por fim, alguns dos capítulos finais envolvem cientistas que conheci pessoalmente. Nesses casos, arrisquei opiniões mais pessoais e, com frequência, perfis mais substanciais.

Assim como a exploração de mundos novos, as descobertas científicas jamais são completas. Em 1962, quando Max Perutz ganhou o prêmio Nobel pela descoberta da estrutura tridimensional da hemoglobina — uma das primeiras proteínas desvendadas —, ele ainda não tinha se dado por satisfeito. O articulado cientista da Áustria vinha labutando com a hemoglobina fazia 24 anos. Com um trabalho árduo, desenvolvera novos métodos para analisar os milhares de pontos escuros na película fotográfica produzida pelos raios X viajando pela cidade em miniatura que é a molécula de hemoglobina. Depois de decodificar essas runas de raios X, ele e sua equipe tiveram êxito em construir modelos tridimensionais das fabulosas torções e espirais da molécula de hemoglobina. Mesmo assim, Perutz ainda se sentia incomodado. Não conseguia entender como a estrutura dessa molécula servia à sua função vital de transportar oxigênio pelo corpo. Vestido de smoking diante da plateia presente à Academia de Ciências da Suécia, tendo acabado de receber a maior das honrarias científicas, ele declarou: "Por favor, perdoem-me por apresentar, em tão grande ocasião, resultados que ainda estão em andamento. Mas o brilho ofuscante do sol representado pela certeza do conhecimento é entorpecedor, e nos sentimos extremamente exultantes na meia-luz e na expectativa da aurora".[5]

Uma nota sobre números

Há alguns, rei Gélon, que pensam que o número de [grãos de] areia é infinito em quantidade; e eu me refiro não só à areia que existe em torno de Siracusa e do resto da Sicília, mas também àquela encontrada em toda região, habitada ou inabitada. E há também aqueles que, mesmo sem considerá-la infinita, ainda assim pensam que não foi nomeado um número grande o bastante para exceder sua enormidade.[1]

Assim escreveu o matemático e físico grego Arquimedes, mais de 22 séculos atrás, numa famosa carta a Gélon, rei de Siracusa. Para contar o número de grãos de areia existentes no planeta, Arquimedes se deparou com dois problemas: como estimar o tamanho de objetos muito pequenos e muito grandes, e como representar matematicamente esses tamanhos. Ele se dedicou então a inventar um sistema para simbolizar números enormes. Encorajado por seu sucesso, Arquimedes se empenhou então em registrar, com alguns traços do seu estilo, o número de grãos de areia que seriam necessários para preencher uma esfera gigante cujo raio se estendesse da Terra ao Sol.

Uma notação abreviada semelhante é utilizada pelos cientistas modernos para exprimir números muito grandes ou muito pequenos, conforme é ilustrado no exemplo a seguir:

$$10^4 = 10\,000$$

$$10^6 = 1\,000\,000$$

Essencialmente, essa notação poupa-nos o trabalho de escrever montes de zeros. O número sobrescrito à direita do 10 nos diz quantos zeros seguem o 1. Essa notação pode ser usada para exprimir outros números, da seguinte maneira: $2 \times 10^4 = 20\,000$, e assim por diante.

O número 1 pode ser representado por 10^0, já que não é seguido de nenhum zero.

Para números menores que 1, usamos números sobrescritos negativos à direita do 10, como nos exemplos a seguir:

$$10^{-1} = 0,1$$

$$10^{-6} = 0,000001$$

O número sobrescrito negativo nos diz quantas posições para a direita deve ser movida a vírgula decimal para resultar 1. Por outro lado, o número sobrescrito negativo é uma escala maior do que o número de zeros que precedem o 1 após a vírgula decimal.

Utilizando a notação acima, o diâmetro da Terra pode ser escrito como 10^9 centímetros, e o diâmetro do átomo de hidrogênio como aproximadamente 10^{-8} centímetros. O número de átomos numa semente de papoula é de cerca de 10^{21}.

Outra convenção matemática é usada para letras que representam números. Se a e b são dois números, então ab é a abreviatura de $a \times b$. Em outras palavras, quando dois símbolos representando números aparecem lado a lado, isso significa uma multiplicação dos dois números.

1. O quantum

Em sua famosa autobiografia *The Education of Henry Adams*, publicada apenas alguns anos após o início do século xx, o historiador Henry Adams manifestou-se alarmado pelo fato de o átomo ter sido dividido. Desde os antigos gregos, o átomo sempre fora a menor partícula da matéria, o elemento irredutível e indestrutível, a metáfora para unidade e permanência em todas as coisas. Então, em 1897, o físico britânico J. J. Thomson encontrou elétrons, partículas muito mais leves e presumivelmente menores que os átomos. No ano seguinte, Marie Sklodovska (madame Curie) e seu marido Pierre Curie descobriram que os átomos de um novo elemento, chamado rádio, lançavam continuamente minúsculos fragmentos de si mesmos, perdendo peso no processo. Depois disso, nada era permanente — nem a natureza e muito menos as civilizações humanas. O sólido tornara-se frágil. A unidade dera lugar à complexidade. O indivisível fora dividido.

Como Adams estava fazendo uma síntese do século xix, evidentemente não tinha conhecimento de outra bomba científica que acabara de explodir, em última análise tão profunda e estremecedora quanto a fragmentação do átomo. Em 14 de dezembro de 1900, numa palestra diante da pedante Sociedade Alemã de Física em Berlim, Max Planck propôs a estarrecedora ideia do quantum: a energia não existe como um fluxo contínuo, passível de ser dividido indefinidamente em quantidades cada vez menores. Em lugar disso, sugeria ele, existe uma quantidade de energia mínima que não pode ser mais dividida, uma gota elementar de energia chamada quantum. A luz é um exemplo de energia. O fluxo luminoso aparentemente regular que penetra por uma janela é, na realidade, um conjunto de pequenos pingos individuais, os quanta, sendo cada um minúsculo e fraco demais para ser distinguido pelo olho. Assim teve início a física quântica.

Na época da palestra, Planck era calvo na parte dianteira da cabeça, com um acentuado nariz aquilino, bigode, um par de óculos presos à face e a aparência geral de um obtuso funcionário de escritório. Estava com 42 anos, idade avançada para um físico teórico. Newton era um jovem de vinte e poucos anos quando elaborou sua lei da gravitação. Maxwell dera os retoques finais na teoria eletromagnética e se aposentara, retirando-se para o campo, aos 35. Einstein e Heisenberg estariam na metade da casa dos vinte ao erigirem seus grandes monumentos.

Em 1900, Planck já havia se estabelecido como um dos mais importantes físicos teóricos da Europa, inclusive ajudando a legitimar a disciplina. Quinze anos antes, quando consolidou a rara posição de catedrático de física teórica na Universidade de Kiel, a ciência teórica era uma profissão de pouca influência, desprestigiada em relação aos experimentos de laboratório. Poucos estudantes se dignavam a comparecer às aulas de matemática de Planck. Então, em 1888, após seus estudos sobre o calor — nos quais esclarecia a Segunda Lei da Termodinâmica e o conceito de irreversibilidade —, Planck foi indicado como professor na Universidade de Berlim. Ao mesmo tempo, foi nomeado diretor do novo Instituto de Física Teórica, fundado essencialmente para ele.

No final do século XIX, a física aquecia-se ao sol de extraordinárias conquistas. As leis precisas da mecânica elaboradas por Newton, que descreviam como as partículas reagiam ao ser submetidas a determinadas forças, juntamente com sua lei da gravitação, haviam sido aplicadas com êxito a uma ampla gama de fenômenos terrestres e cósmicos, desde bolas quicando até as órbitas dos planetas. A teoria do calor, chamada termodinâmica, havia chegado ao clímax com a melancólica mas profunda Segunda Lei da Termodinâmica: um sistema isolado se move de forma inexorável e irreversível rumo a um estado de maior desordem. Ou, de maneira equivalente, toda máquina se desgasta de forma inevitável. Todos os fenômenos elétricos e magnéticos tinham sido unificados por um conjunto único de equações, chamadas equações de Maxwell, em honra ao físico escocês James Clerk Maxwell, que as completara. Essas leis demonstravam, entre outras coisas, que a luz, o mais primário dos fenômenos naturais, é uma onda oscilante de energia eletromagnética, viajando pelo espaço a uma velocidade de 299792 quilômetros por segundo. As novas áreas da física, conhecidas como física estatística e teoria cinética, haviam demonstrado que o comportamento dos gases e fluidos podia ser compreendido com base na colisão entre grandes números de objetos minúsculos, presumivelmente hipotéticos, mas invisíveis: átomos e moléculas. Em suma, enquanto Planck rabiscava suas equações no nascer do novo século, a física podia contemplar seu vasto império com orgulho.

Algumas rachaduras, porém, começavam a se revelar na fachada de mármore. À parte o desânimo filosófico expresso pelo sr. Adams, o elétron de Thomson era claramente um novo tipo de matéria, que exigia explicação e levantava outras questões acerca das entranhas dos átomos. As desintegrações "radiativas" observadas pelos Curie envolviam a liberação de quantidades enormes de energia. Qual era a natureza dessa energia e de onde vinha ela? Outras emissões de radiação eletromagnética dos átomos, os assim chamados espectros atômicos, exibiam padrões e regularidades surpreendentes, mas sem nenhuma compreensão teórica. Igualmente espantosos eram os padrões repetitivos nas propriedades dos elementos químicos, um fenômeno que os cientistas suspeitavam ser causado pela estrutura dos átomos.

Por fim, os físicos haviam observado que um tipo especial de luz, chamada luz de corpo negro, ou radiação de corpo negro, surgia de todas as caixas quentes e escuras mantidas a temperatura constante. (Regule um forno de cozinha a uma temperatura determinada, deixe sua porta fechada por um tempo longo e dentro surgirá radiação de corpo negro — a qualquer temperatura, essa luz estará abaixo das frequências visíveis ao olho humano.) Já era fato bem conhecido dos cientistas que todos os objetos quentes emitem luz — isto é, radiação eletromagnética. Em geral, a natureza dessa luz varia conforme as propriedades do objeto aquecido. Mas se o objeto radiante, além disso, for colocado dentro de uma caixa e mantido a temperatura constante, sua luz assume uma forma especial e invariável, a assim chamada radiação de corpo negro.

Um aspecto particularmente misterioso da luz de corpo negro era que sua intensidade e suas cores eram completamente independentes do tamanho, formato ou composição do recipiente — algo tão surpreendente como se os seres humanos ao redor do mundo todo, ao serem confrontados com uma pergunta, dessem a mesma frase como resposta. Uma caixa negra aquecida feita de carvão em forma de charuto produz exatamente a mesma luz que uma caixa negra feita de estanho enegrecido em forma de bola de praia, contanto que as duas caixas estejam à mesma temperatura. As leis conhecidas da física não conseguiam explicar a luz de corpo negro. Para piorar, as teorias-padrão de luz e calor que habitualmente funcionavam prediziam que uma caixa negra, mantida a temperatura constante, deveria criar uma quantidade *infinita* de energia luminosa! Foi a charada da radiação de corpo negro que Max Karl Ernst Ludwig Planck solucionou para sua conferência de 14 de dezembro de 1900.

Muita coisa já se sabia sobre o assunto. Com o uso de filtros coloridos e outros dispositivos, os cientistas tinham medido quanta energia havia em cada faixa de frequência da luz de corpo negro. Um filtro colorido permite que somente a luz de uma faixa estreita de frequências o atravesse. (A frequência da luz é o número de oscilações por segundo. Cada frequência luminosa corresponde a uma cor particular, assim como cada frequência sonora corresponde a um tom específico.) A quantidade de energia numa dada faixa de frequência luminosa é medida por um dispositivo chamado fotômetro. Os fotômetros medem a intensidade da luz que incide sobre uma superfície — uma placa de vidro, por exemplo — comparando a luz incidente com outro feixe luminoso de intensidade conhecida. A comparação pode ser conseguida, por exemplo, pelo poder de penetração relativo da luz através de um líquido. Feixes luminosos mais intensos possuem maior poder de penetração. (Várias décadas depois, já no meio do século xx, as intensidades luminosas podiam ser medidas com precisão mediante seus efeitos elétricos, com detectores fotoelétricos.)

A divisão de uma fonte luminosa na quantidade de energia em cada faixa de frequência é chamada de espectro luminoso. Quando se trata de uma luz de corpo negro, seu espectro é chamado de espectro de corpo negro. A figura 1.1 ilustra dois espectros de corpo negro, um para a temperatura de 50 K e outro para a temperatura de 65 K. O K significa Kelvin, a unidade de temperatura na escala absoluta, que corresponde à escala Celsius com seu ponto zero deslocado. A temperatura mais fria possível está a 0 K, ou −273ºC.

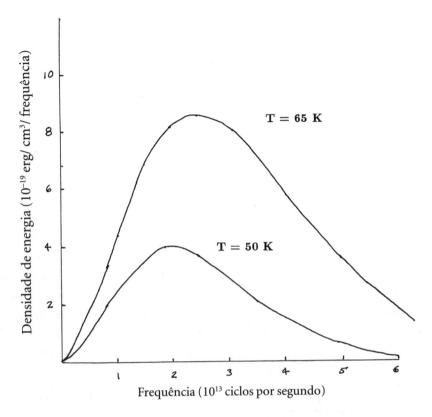

Figura 1.1

Um exemplo mais familiar de espectro é o gráfico que mostra quantos adultos há em cada faixa de altura. Tal espectro é geralmente uma curva em forma de sino, com pouca gente em alturas muito reduzidas e pouca gente em alturas muito elevadas. Como seria de esperar, esse espectro se altera de um país para outro, uma vez que as alturas humanas são determinadas por um grande número de variáveis, tais como a genética e a alimentação. Portanto, foi algo notável quando Gustav Kirchhoff, o predecessor de Planck na cátedra de Berlim, e companhia descobriram que o espectro de corpo negro não varia de acordo com os detalhes do recipiente. *O espectro de corpo negro depende apenas de um único parâmetro, a temperatura.*

Planck ficou muito impressionado com a singularidade e universalidade do espectro de corpo negro, concluindo que tal universalidade devia ser resultado de alguma nova e fundamental lei da natureza. Algumas semanas antes de sua conferência proferida em dezembro, o físico alemão havia de fato *adivinhado* uma fórmula para o espectro da luz de corpo negro.[1] A fórmula de Planck era uma expressão matemática para a quantidade de energia em cada faixa de frequência da luz de corpo negro, e coincidia com todas as medições experimentais. Adotando o critério estético comum à maioria dos físicos, Planck se regojizou com a simplicidade de sua fórmula, usando a palavra "simples" (*einfach* em alemão) duas vezes no primeiro parágrafo de seu artigo.

Mas uma fórmula matemática, por si só, não passa de um bem apresentado sumário de resultados quantitativos, assim como um calendário solar, que nos dá o número de horas de luz do sol em cada dia do ano. Tal calendário é útil para fazer planos, mas não explica *por que* os números aparecem daquela exata maneira. Para sabermos por quê, precisamos saber o que causa o dia e a noite, precisamos saber que a Terra gira em torno de seu eixo com determinada velocidade, que a Terra também gira em torno do Sol a certa velocidade, que o eixo da Terra é inclinado num ângulo específico. Quando sabemos todas essas coisas, entendemos por quê. Com tal entendimento, podemos então *predizer* o calendário solar para qualquer planeta em qualquer parte do universo, dados os correspondentes fatos astronômicos.

Planck não ficou satisfeito em meramente adivinhar a fórmula correta para a luz de corpo negro. O que o compelia e o obcecava era responder a uma questão mais profunda: por quê? Que princípios fundamentais, invioláveis, conduziam a essa fórmula, tornavam-na uma necessidade lógica, exigiam que fosse ela, e apenas ela, entre todas as fórmulas *einfachen* (simples) possíveis e imagináveis? Por que era justamente essa a fórmula a ser comprovada repetidas vezes como verdadeira, de um experimento a outro, mesmo para experimentos que jamais haviam sido feitos?

Para entender o *porquê* de sua fórmula, Planck descobriu que precisava rejeitar séculos do pensamento físico que afirmava ser possível partir a energia em fragmentos cada vez menores, indefinidamente. Por mais surpreendente que fosse, o mundo não funcionava dessa maneira. Planck poderia explicar sua fórmula para a luz de corpo negro apenas por meio de uma proposta radical: existia um fragmento de energia mínimo, chamado quantum, que não podia ser partido. Evidentemente, a energia, tal como a matéria, vinha em forma granular. O quantum era o grão de areia na praia, o centavo da moeda corrente no mundo subatômico. O quantum era indivisível.

Planck era um teórico, um físico que trabalha com lápis e papel, e imagina experimentos em sua mente. Para chegar às suas conclusões, o físico alemão imaginou montes de átomos encerrados numa caixa negra, todos emitindo e absorvendo luz. Em tal situação, os átomos são afetados pela luz ao redor, e a luz ao redor é afetada pelos átomos. Planck descobriu então que, se os átomos podiam absorver ou emitir energia somente em pacotes indivisíveis, os quanta, então a luz resultante necessariamente se tornaria luz de corpo negro.

Desse momento em diante, por grande parte de sua vida, Planck ficou espantado pelo sucesso da sua proposta do quantum. Tal como outros físicos teóricos, ele tinha uma fé quase religiosa na validade absoluta das leis da natureza, capazes de, como escrevera em 1899, "reter sua significação por todos os tempos e para todas as culturas, inclusive culturas extraterrestres e não humanas".[2] Para Planck, "a busca do absoluto" era "a meta mais sublime de toda atividade científica".[3]

No entanto, a despeito de sua visão sublime, Planck não aspirava fazer grandes descobertas. Conforme disse a Philipp von Jolly, seu professor na Universidade de Munique, ele desejava apenas compreender e talvez aprofundar os fundamentos da física já existentes.[4] (Em 1878, Jolly chegou a aconselhar o jovem Planck, então com vinte anos, a não prosseguir na física, com base na alegação de que todas as leis fundamentais já haviam sido descobertas.) A estratégia cautelosa de Planck para "compreender" era estudar um tema lenta e cuidadosamente até dominá-lo. Tal abordagem modesta e conservadora parecia emergir naturalmente de sua formação como descendente de uma longa linhagem de pastores, eruditos e juristas — o pai de Planck, Wilhelm, foi professor de jurisprudência em Kiel e depois em Munique — e contribuía para a ressonância de seu leal apoio à Alemanha imperial. A conduta reservada de Planck se estendia a suas relações pessoais. Marga von Hoesslin Planck, sua segunda esposa, escreveu a um outro físico que seu marido era bastante polido e distante com qualquer pessoa que não fosse da família, e conseguia se sentir à vontade apenas com gente de sua própria posição, com quem pudesse talvez tomar uma taça de vinho e fumar um charuto, ou até mesmo fazer uma discreta brincadeira.[5]

Houve duas situações em que Planck abandonou sua reserva: quando jovem, escreveu a um amigo: "Como é maravilhoso deixar todo o resto de lado e viver inteiramente dentro da família".[6] Muitos anos depois, Marga confirmou esse sentimento numa carta para Einstein, por ocasião da morte do marido: "Ele só se mostrava totalmente, com todas suas qualidades humanas, no ambiente familiar".[7] A outra forma de liberação de Planck era a música. Quando estudante na Universidade de Munique, compôs canções e uma opereta inteira, servia como segundo mestre de coro num coral escolar, tocava órgão na igreja estudantil e regia. Pelo resto da vida, tocou piano soberbamente em encontros musicais realizados na sua casa. A música, segundo Hans Hartmann, marido de sua sobrinha, era o "único campo da vida no qual [Planck] dava plena liberdade ao seu espírito".[8]

Acompanhar a linha de raciocínio de Planck nos ajudará a entender como pensam os cientistas teóricos, como utilizam modelos, imaginação e consistência lógica por meio da matemática. Como se pode ver, o artigo de Planck sobre o quantum é, neste livro, um dos mais difíceis e abstratos do ponto de vista conceitual, o que exigirá do leitor uma boa dose de paciência e bom humor. Planck começa seu histórico artigo considerando os átomos materiais que constituem as paredes internas da caixa enegrecida. Afinal, esses átomos são responsáveis por criar a luz de corpo negro observada, emitindo e absorvendo radiação eletromagnética. Ele idealiza cada um desses átomos como um "ressonador vibrante monocromático", ou seja, um sistema que emite e absorve luz numa única frequência, digamos, vermelho puro ou verde puro. Um exemplo concreto de um ressonador vibrante monocromático de Planck seria um elétron saltando para cima e para baixo, ou "vibrando", numa mola. Quando o elétron salta, emite luz numa frequência específica, o número preciso de saltos para cima e para baixo a cada segundo. Diferentes frequências correspondem a diferentes ritmos de saltos, o que por sua vez é determinado pela rigidez de cada mola. A luz de corpo negro é então hipoteticamente produzida por um grande número desses elétrons saltitantes em diferentes frequências. Todas essas ideias estão de acordo com as equações do eletromagnetismo de Maxwell.

Ao representar as paredes internas da caixa como uma coleção de minúsculos objetos, cada um vibrando numa frequência única, Planck está empregando uma estratégia comum na física teórica: representar o sistema em estudo por um modelo simples que pode ser facilmente analisado. Cinco anos depois, Einstein usaria a mesma estratégia no estudo do tempo com um relógio imaginário composto de dois espelhos e um feixe de luz saltando entre eles, uma batida de relógio para cada salto. Na verdade, em seu artigo Planck em nenhum momento menciona os átomos nas paredes do recipiente. Refere-se apenas a seus "ressonadores" abstratos, que podem ser qualquer sistema que emita e absorva luz numa frequência única.

A figura imaginada por Planck é a seguinte: comecemos com uma caixa negra vazia e aqueçamo-la até certa temperatura. De início, não há luz na caixa. Aí os ressonadores vibrantes, aquecidos, começam a emitir luz em várias frequências, e a caixa acabará por se encher de luz. Vez ou outra, alguma luz atinge a parede da caixa e é absorvida pelos ressonadores que ali se encontram. *Portanto os ressonadores tanto emitem como absorvem luz.* Por algum tempo, tudo evolui. A quantidade de energia em cada ressonador se modifica, assim como a quantidade de energia em cada faixa de frequência luminosa contida dentro da caixa.

Por fim, porém, se a caixa for mantida a uma temperatura constante, estabelece-se um estado de equilíbrio. A absorção e a emissão dos ressonadores entram em equilíbrio. Cada ressonador corresponde, em média, a uma partícula e a uma quantidade constante de energia. E o espectro de luz na caixa se acomoda no espectro universal de corpo negro, que Planck chama de "espectro normal". Desse ponto em diante, não há mais nenhuma mudança. O sistema chegou ao que se denomina equilíbrio termodinâmico. E, de fato, um pequeno furo na caixa para colher amostras da radiação interna revelaria a luz de corpo negro universal de Kirchhoff.

É importante que Planck tenha visualizado esse quadro como dinâmico, uma contínua troca de energia. Mesmo depois de se estabelecer o equilíbrio, os ressonadores nas paredes da caixa estão constantemente emitindo e absorvendo luz, trocando energia com a luz dentro da caixa. Por sua vez, a luz em volta está sendo constantemente reabastecida e esvaziada pelos ressonadores.

Um dos heróis de Planck, o físico austríaco Ludwig Boltzmann (1844--1906), havia desenvolvido uma maneira particularmente frutífera de descrever tais sistemas dinâmicos em termos de probabilidades. Em cada frequência, certa quantidade de energia deve ser compartilhada entre os ressonadores daquela frequência e a luz daquela mesma frequência. E existe uma probabilidade que pode ser calculada para cada distribuição particular dessa energia. Algumas distribuições (digamos, um terço da energia nos ressonadores e dois terços na luz) são mais prováveis que outras. Enquanto o sistema não atingir o equilíbrio, ainda está evoluindo no tempo, "experimenta" muitas divisões diferentes de energia e evolui naturalmente em direção àquelas que são mais e mais prováveis, até alcançar a distribuição particular que tem a probabilidade máxima. Essa condição também é chamada de entropia máxima, ou desordem máxima. (A medida quantitativa de desordem num sistema físico é chamada de entropia.) Uma das maneiras de enunciar a famosa Segunda Lei da Termodinâmica, que Planck menciona na segunda página de seu artigo, é que os sistemas evoluem de maneira natural para uma condição de probabilidade máxima, ou entropia máxima, e que essa evolução é irreversível. Depois que um sistema alcança a distribuição de energia de maior probabilidade, o abandono dessa condição é relativamente improvável.

Toda a conceituação acima estava bem estabelecida, em termos mais gerais, antes de 1900. Agora chegamos às entranhas do cálculo de Planck. O espectro de corpo negro, sendo uma condição de equilíbrio termodinâmico, representará a distribuição particular de energia entre os ressonadores nas paredes da caixa e a luz no interior da caixa que tenha a máxima probabilidade. O professor berlinense tinha, portanto, diante de si a tarefa de calcular a probabilidade de cada distribuição possível de energia e achar a probabilidade máxima.

Vamos nos ater por um momento somente aos ressonadores. Aqui, mais uma vez, Planck tomou algumas ideias emprestadas de Boltzmann: a probabilidade de achar uma quantidade de energia específica nos ressonadores é proporcional ao *número de maneiras diferentes*, chamadas compleições, segundo as quais a energia pode se distribuir entre os ressonadores. Quanto mais compleições, maior é a probabilidade daquela quantidade de energia. Essa ideia pode ser compreendida com auxílio de uma analogia. Consideremos um par de dados. A probabilidade de sair um 4 com dois dados é maior do que a de sair 3, porque há três maneiras de se obter 4 (3 e 1, 2 e 2, 1 e 3) e só duas de obter 3 (1 e 2, 2 e 1).

A probabilidade de dar 5 é ainda mais alta, com quatro formas diferentes (1 e 4, 2 e 3, 3 e 2, 4 e 1). Esse método de calcular compleições é usado pelos operadores de cassinos para calcular as chances de lucro e prejuízo em Las Vegas.

Assim, Planck reduziu seu problema à contagem do número de diferentes maneiras em que determinada quantidade de energia pode ser distribuída entre um dado número de ressonadores — exatamente como se estivesse calculando de quantas formas dois quilos de areia podem ser derramados em quatro baldes na praia. Como ressalta Planck, se a energia pudesse ser subdividida em fragmentos cada vez menores, ad infinitum, haveria um número infinito de fragmentos de energia a serem distribuídos entre seus ressonadores, gerando um número infinito de maneiras de realizar tal exercício. O cálculo inteiro submergiria então num irremediável pântano de infinidades.

A ideia revolucionária de Planck, que ele chama de "ponto mais essencial do cálculo", é considerar a energia em cada frequência não como infinitamente divisível, e sim composta de um número de partes iguais, indivisíveis (mais tarde batizadas como quanta). Essas partes são análogas aos grãos individuais em dois quilos de areia. E, embora haja um número bastante grande de grãos em dois quilos de areia, o número não é infinito. O número de maneiras de dividi-los em quatro baldes tem um limite definido. Planck, um teórico consumado, é capaz de embaralhar e contar qualquer número de grãos com um pouquinho de matemática e alguns rabiscos de caneta.

Guiado pela forma matemática da fórmula do corpo negro, Planck propõe que cada um de seus "grãos" de energia tenha um tamanho $h \times v$, em que v é a frequência considerada e h é um número constante. (Doravante, vamos usar a notação abreviada, em que hv representa $h \times v$. Mais genericamente, sempre que escrevermos duas grandezas lado a lado, isso significa que elas devem ser multiplicadas.) Para ilustrar o conceito, suponhamos que a frequência considerada fosse 2 e que h tivesse o valor de 3. Então cada grão individual, ou quantum, de energia teria a magnitude de $3 \times 2 = 6$. Se a energia total disponível nessa frequência fosse 24, então haveria $24 : 6 = 4$ quanta, cada um com energia 6, a serem distribuídos entre os ressonadores.

Antes de Planck, supunha-se que a energia podia ser dividida ad infinitum. Para entender a estranheza da proposta de Planck para a energia, consideremos um balanço num parquinho infantil. Quando o erguemos até determinada altura, estamos lhe dando energia gravitacional — quanto maior a altura, mais energia. Ao soltar o balanço, ele oscila para a frente e para trás numa frequência, v, determinada apenas pelo comprimento da corda para pequenos ângulos de soltura. Toda a nossa intuição sugere que podemos erguer o balanço a qualquer altura que desejarmos — ou seja, podemos lhe fornecer qualquer quantidade de energia. Mas a proposta de Planck decreta que a energia só pode ser fornecida ao balanço em "grãos" distintos, ou quanta, cada um de tamanho hv. Portanto, o balanço só pode adquirir certas energias definidas: hv, $2hv$, $3hv$, $4hv$ e assim por diante, separadas por intervalos iguais. O balanço não pode ter energias fracionárias, digamos, $2,8 \times hv$ ou $16,2 \times hv$. Evidentemente, não podemos erguer o balanço em qualquer altura que desejarmos. Na vida diária, a natureza quântica da energia não é observável porque as energias cotidianas são tão grandes comparadas com hv que não temos consciência dos intervalos. (Para um balanço infantil típico, o intervalo entre as energias permitidas corresponde a mudanças de altura da ordem de um bilionésimo de trilionésimo de centímetro.)

Qual é esse número desconhecido h? Comparando sua fórmula final com as medições da luz de corpo negro (consultar as referências de F. Kurlbaum, O. Lummer e E. Pringsheim), Planck foi mais tarde capaz de determinar o valor de h, sendo $h = 6,55 \times 10^{-27}$ erg segundos, agora chamado constante de Planck. O erg é uma unidade de energia. Por exemplo, uma moeda de um centavo caindo da altura de um metro e meio atinge o chão com uma energia de 400 mil (4×10^5) ergs. O significado da constante de Planck é tal que um ressonador vibrante elementar, com a frequência de um salto por segundo, pode alterar sua energia em incrementos de $6,55 \times 10^{-27}$ ergs. A extrema pequenez de tal número é a razão de os efeitos quânticos serem completamente invisíveis no mundo cotidiano, como discutimos no exemplo do balanço no parquinho infantil. A constante de Planck era uma nova constante fundamental da natureza, como a velocidade da luz — uma verdade eterna, presumivelmente válida em todos os tempos e lugares, aqui e do outro lado da galáxia.

Usando seu quantum de energia e a bem conhecida matemática de análise combinatória, Planck pôde então calcular o número de compleições para N ressonadores e P quanta, as duas equações envolvendo N e P. Essas fórmulas nos dão o número de maneiras que P quanta podem ser distribuídos entre N ressonadores. Outros resultados anteriormente estabelecidos da termodinâmica e da estatística mostram como maximizar o número de compleições sendo dadas as equações anteriores.

A fórmula final, quase a última equação do texto, fornece a densidade de energia da luz de corpo negro em cada faixa de frequência, ou seja, o espectro de corpo negro. Essa fórmula é idêntica à primeira adivinhação de Planck, mas agora Planck sabe o porquê daquela fórmula: a energia vem em unidades de hv. Partindo dessa premissa, segue-se a fórmula por necessidade lógica. Como foi afirmado, a fórmula de Planck depende de uma única variável, a temperatura, denotada pela letra grega θ. Depende também de duas constantes h e k. A constante k, chamada constante de Boltzmann, é uma unidade de entropia, a medida quantitativa de ordem e desordem. A constante de Boltzmann já era bem conhecida dos físicos e fora medida de forma aproximada, embora a fórmula do corpo negro de Planck tenha permitido que k fosse determinado com uma precisão muito maior que antes. A constante h era completamente nova. A constante h media o tamanho do quantum.

Em certo sentido, Planck obteve dois êxitos com seu trabalho, um conceitual e outro quantitativo. Conceitualmente, ele propôs que a energia não é uma grandeza contínua, divisível ad infinitum, como quer parecer com base na nossa vida diária, mas ela vem em unidades indivisíveis. A energia tem granularidade. Essa ideia não era menos portentosa do que o conceito do átomo de Demócrito, 2300 anos antes. Planck reconheceu claramente que seu novo trabalho era de extrema importância, escrevendo perto do começo do artigo que "eu obtive [...] relações que me parecem de considerável importância para outros ramos da física e também para a química". Mas ele não podia ter previsto que o seu quantum de energia levaria a toda uma remodelação da física, chamada mecânica quântica, junto com uma concepção nova e radical de realidade. Por exemplo, um dos achados da mecânica quântica é que todos os objetos materiais se comportam como se existissem em muitos lugares ao mesmo tempo. Um resultado intimamente relacionado com isso é que o mundo físico não obedece a leis capazes de previsões precisas, mas se comporta dentro de limites de incerteza. Essas ideias serão discutidas mais a fundo nos capítulos relativos aos trabalhos de Einstein e Heisenberg.

Em segundo lugar, Planck tinha descoberto uma medida $h = 6,55 \times 10^{-27}$ erg segundos, para o tamanho do quantum elementar. É importante ressaltar que h não é simplesmente um número puro, mas tem unidades de energia e tempo. Ele portanto estabelece uma "escala". De forma similar, a altura média de um ser humano, em torno de 1,70 metro, tem unidades de comprimento e estabelece a escala de tamanhos para roupas, prédios e todas as coisas feitas para os seres humanos. A constante de Planck estabelece a escala para o quantum. Cientistas posteriores, como Niels Bohr e Werner Heinsenberg, demonstraram que a constante quântica de Planck determina todos os tamanhos do domínio atômico e subatômico, até as mais ínfimas estruturas de tempo e espaço. O diâmetro de um átomo depende de h. O Princípio da Incerteza de Heinsenberg depende de h. O menor tamanho possível para transistores e computadores depende de h. A densidade teórica da matéria no nascimento do universo depende de h. O menor incremento de tempo onde o tempo tem algum significado depende de h. Como disse Einstein em sua elegia a Planck em 1948, "ele mostrou de forma convincente que além da estrutura atomística da matéria existe um tipo de estrutura atomística da energia [...]. Essa descoberta tornou-se a base para toda a pesquisa em física do século xx".[9]

No tom dos escritos de Planck, percebemos um homem que é claro e direto, consciente de ter feito uma grande descoberta e ainda tendo o cuidado de manter as rédeas de seu entusiasmo. Foi uma grande ironia na carreira de Planck ele ter proposto, a despeito de sua natureza contida e aspirações modestas, uma hipótese que viria a mudar toda a física. Mesmo depois de outros cientistas terem reconhecido a natureza revolucionária de seu trabalho, o próprio Planck escreveu em 1910 que "a introdução do quantum [no resto da física] deveria ser feita da forma mais conservadora possível, isto é, só deveriam ser feitas alterações que demonstrassem ser absolutamente necessárias".[10]

Planck respeitava profundamente a lógica, a existência de leis e a absoluta confiabilidade do mundo físico. Ao mesmo tempo, entendia os limites da ciência nas questões humanas. Mais tarde, escreveu ensaios filosóficos sobre a natureza imprevisível da imaginação e do comportamento humanos. Sua própria vida foi repleta de acidentes trágicos. A primeira esposa de Planck, Marie Merck, morreu em 1909. Um filho, Karl, morreu durante a Primeira Guerra Mundial, e suas duas filhas, Margarete e Emma, faleceram ao darem a luz, em 1917 e 1919, constituindo um par de parênteses sombrios para o ano em que recebeu o prêmio Nobel. Durante a Segunda Guerra, Planck, um homem respeitado tanto por sua integridade pessoal como pela sua atuação no ramo da física, uma figura paterna para Einstein, ficou dilacerado entre princípios conflitantes. Embora se opusesse fortemente às políticas nazistas, decidiu permanecer na Alemanha por um senso de dever. Em 1944, outro de seus filhos foi executado por suspeita de cumplicidade num complô para assassinar Hitler. Nesse mesmo ano, uma bomba dos Aliados lançada sobre Berlim destruiu a maior parte dos livros e manuscritos de Planck.

2. Hormônios

O quimógrafo, inventado por Carl Friedrich Wilhelm Ludwig em meados do século XIX, é um tambor giratório envolvido por uma longa tira de papel fumê para gráfico. Enquanto o tambor gira lentamente, uma pena traça o gráfico da pressão sanguínea, de secreções corporais e de outras funções à medida que vão mudando com o correr do tempo — criando efetivamente uma imagem dinâmica visível das atividades invisíveis dentro de um ser vivo.

Em 16 de janeiro de 1902, num pequeno laboratório do University College, em Londres, dois cientistas se surpreenderam com a imagem que viram em seu quimógrafo. Anteriormente, nesse mesmo dia, haviam injetado morfina num cão de cerca de seis quilos. Abrindo o abdome do cão, inseriram um fino tubo metálico, chamado cânula, em seu pâncreas. O animal achava-se imerso numa solução salina, com oxigênio sendo bombeado continuamente para mantê-lo vivo. Os dois cirurgiões derramaram então uma fraca solução de ácido clorídrico em seu intestino. Dois minutos depois, o suco pancreático começou a pingar lentamente para fora da cânula, uma gota a cada vinte segundos. Cada gota caía sobre a extremidade achatada de uma delicada alavanca, que por sua vez erguia a fina pena do quimógrafo.

O suco pancreático flui do pâncreas para o intestino delgado e auxilia na digestão. Em geral, a secreção do suco é ativada pela papa de comida parcialmente digerida que deixa o estômago e penetra no intestino. Nesse caso, o ácido clorídrico serviu de ativador.

Até aí os dois cientistas, William Maddock Bayliss e Ernest Henry Starling, estavam meramente repetindo um experimento realizado vários anos antes pelo grande fisiologista russo Ivan Petrovich Pavlov. Pavlov, como todos os biólogos, acreditava no sagrado dogma de que partes do corpo enviam sinais para outras partes exclusivamente por meio do sistema nervoso, um sistema descoberto pelos antigos gregos. Substanciais evidências sustentavam essa crença. No século XVIII, o biólogo italiano Luigi Galvani demonstrara que a estimulação elétrica, que mais tarde descobriu-se ser conduzida pelos nervos, era a causa das contrações musculares. Em 1850, Ludwig havia mostrado que eram também os nervos que iniciavam a secreção das glândulas salivares. O próprio trabalho de Pavlov sugeria um papel fundamental do sistema nervoso para a digestão intestinal e outras funções. O sistema nervoso, com seus quilômetros de caminhos curvos e sinuosos, era visto como *o* sistema de comunicação pelo qual o corpo se autorregulava, ativando órgãos e músculos e reagindo às mudanças externas. Após repetir os resultados de Pavlov, Bayliss e Starling pretendiam descobrir quais nervos específicos, saindo do intestino para o pâncreas, portavam a mensagem para dar início à secreção do suco.

Naquele dia, os dois cientistas conduziam seu experimento no pequeno laboratório de Bayliss dentro da faculdade. O espaço de trabalho estava tão atulhado de miudezas e equipamentos diversos pendendo das vigas, que um amigo comentou que na sala "faltava apenas um crocodilo empalhado para ter a aparência exata do reduto de um alquimista".[1] Na época, Bayliss tinha 41 anos, e Starling, 35. Bayliss era formado em biologia, Starling em medicina. Haviam começado sua colaboração altamente frutífera em 1890, ano em que Starling colou grau na Faculdade de Medicina do Guy's Hospital, em Londres. Três anos depois, em 1893, Bayliss casou-se com a irmã de Starling, Gertrude.

Os dois se completavam perfeitamente. Bayliss, filho de um industrial bem-sucedido, descendia de uma família de posses; Starling, filho de um advogado, provinha da classe média. Nas palavras de Charles Lovatt Evans, um colega mais jovem, Bayliss era "gentil, discreto, paciente, muito modesto". Era também erudito, cuidadoso e circunspecto, chegando quase a ficar constrangido ao ganhar um caso judicial muito divulgado contra um antivivissecionista.[2] Starling, ao contrário, "era vivaz, ambicioso, um tanto quixotesco e altamente sensível [...] era atrevido, adorava os holofotes e o uso do poder para bons fins, mas era direto e impaciente demais para ser diplomático". Bayliss morava numa grande propriedade, chamada St. Cuthbert's, com um jardim de mais de um hectare, sempre aberta aos colegas para chá e tênis aos sábados. Starling, abençoado com uma belíssima voz de barítono e "cara de pau" o suficiente para usá-la, era conhecido por cantar canções alemãs em festas, até o início da Primeira Guerra Mundial. O estilo de Bayliss era trabalhar lenta e deliberadamente, enquanto Starling seguia o princípio do tudo ou nada. Bayliss preferia realizar suas pesquisas sozinho, com exceção de sua colaboração com Starling. Starling sempre trabalhava em grupo, deixando os detalhes a cargo de seus associados. Bayliss tinha maior conhecimento; Starling, maior ousadia e visão. Cheios de admiração mútua, discordavam em muitas coisas, inclusive quanto à admissão de mulheres na Sociedade de Fisiologia, com Bayliss a favor e Starling contra, sob o argumento de que seria impróprio jantar na presença de damas enquanto os homens "cheiravam a cachorro".

Depois de verificar os resultados de Pavlov, os dois cientistas propuseram-se a isolar uma curta alça do jejuno canino, a porção mediana de seu intestino. (Nos seres humanos, o jejuno tem certa de três metros, abrangendo pouco menos da metade do intestino delgado.) Os cientistas isolaram a alça em ambas as extremidades e então a dissecaram com perícia, removendo todos os nervos, deixando o intestino preso ao animal apenas pelas artérias e veias. Em experimentos anteriores, Beyliss e Starling haviam destruído sistematicamente vários centros nervosos, chegando à secreção pancreática contínua após a introdução do ácido no intestino superior. Agora, com todos os nervos cortados, esperavam constatar o fim das secreções.

O quimógrafo contou uma história bem diferente. Depois que uma pequena quantidade de ácido foi derramada na alça sem nervos do jejuno, o suco pancreático começou a fluir com a mesma vazão que antes. Ficou claro que o intestino estava enviando sinais ao pâncreas por meio de algum mecanismo desconhecido. Após o choque inicial, os dois cunhados rasparam um pouco de muco do jejuno, injetaram-no diretamente na corrente sanguínea e produziram outra vez a secreção do pâncreas. Eles haviam descoberto algum mensageiro químico no revestimento mucoso do intestino delgado. E, mais que isso, esse mensageiro era aparentemente único em sua localização e efeito. Não podia ser encontrado nas demais partes do corpo, como mostraram novas raspagens. Além disso, outras substâncias injetadas na corrente sanguínea não tiveram efeito sobre o pâncreas, e o mensageiro químico era universal. Testes posteriores revelaram que era capaz de ativar o fluxo de suco pancreático em coelhos, macacos e humanos.

Podemos sentir um pouco da empolgação dos cientistas na seção introdutória de seu seminal artigo de 12 de setembro de 1902:

> Logo descobrimos [...] que estávamos lidando com uma ordem de fenômenos totalmente diferente, e que a secreção do pâncreas é em geral liberada não por canais nervosos, mas por uma substância química que se forma na membrana mucosa das regiões superiores do intestino delgado sob a influência do ácido, e é transportada daí pela corrente sanguínea para as células glandulares do pâncreas.

Um observador do experimento, Sir Charles Martin, escreveu mais tarde, na clássica maneira contida dos britânicos: "Foi uma grande tarde".[3]

Bayliss e Starling tinham descoberto o primeiro hormônio. Esse hormônio específico, produzido pelo intestino delgado, eles chamaram de secretina. (Entre as centenas de outros hormônios descobertos posteriormente estão: a insulina, que é secretada pelo pâncreas e controla o açúcar no sangue; o hormônio estimulador de folículos, secretado pela pituitária para estimular a produção de óvulos nos ovários; o hormônio do crescimento, que gera a produção de proteína nas células musculares e a liberação de energia na quebra das gorduras; e a vasopressina, produzida pelo hipotálamo e que age sobre os rins para restringir a produção de urina.) Foi Starling, na verdade, que mais tarde cunhou a palavra "hormônio", do grego *hormon*, que significa excitar ou pôr em movimento.

Após a descoberta dos nervos, 2 mil anos antes, Bayliss e Starling revelaram um segundo mecanismo de comunicação e controle no corpo. Da mesma forma que os cientistas, ambos os mecanismos se complementam mutuamente. Os nervos agem e respondem em poucos milésimos de segundo e trabalham localmente, de um nervo para o adjacente. Os hormônios levam minutos ou horas para se manifestar, viajam distâncias mais longas antes de chegar ao destino e suas ações perduram por mais tempo. Se os nervos são os velocistas da biologia, Bayliss e Starling descobriram os maratonistas. Ao fazê-lo, fundaram também a ciência dos hormônios, chamada endocrinologia.

Ao contrário de Max Planck, que buscava conscientemente uma nova lei da física para explicar a radiação de corpo negro universal, William Bayliss e Ernest Starling fizeram sua descoberta por acidente. Após um trabalho anterior sobre fenômenos elétricos e mecânicos no coração, os dois haviam voltado sua atenção para os movimentos ondulantes (chamados de peristálticos) e as estimulações nervosas dos intestinos. Aqui, seguiram uma trilha bem marcada. Claude Bernard (1813-78), que juntamente com Ludwig criara o campo da fisiologia moderna, descobrira as enzimas digestivas e os sucos gástricos, inclusive as secreções do pâncreas. Pavlov mostrara que a secreção de suco pancreático é estimulada por ácido no intestino delgado. E outros pesquisadores começaram inclusive a investigar quais nervos em particular eram os causadores da secreção. Portanto, parecia que Bayliss e Starling estavam realizando um trabalho quase de rotina, longe das fronteiras da biologia.

Essas fronteiras, no ano de 1900, eram muito mais amplas do que as da física. Incluíam a origem da vida; a bacteriologia e o estudo de como certos micro-organismos transmitem e causam doenças; a evolução das espécies; a embriologia e a questão de como células germinativas sabem, ao se dividir, como se especializar em células do fígado, células do coração e de outros órgãos, nas criaturas adultas; a hereditariedade e o mecanismo de transmissão de traços de uma geração a outra; e a organização e a função dos órgãos internos. Este último campo é chamado de fisiologia. Bayliss e Starling eram fisiologistas.

Assim como na física, grande parte do progresso ocorrera nos cinquenta anos anteriores. O estudo da bacteriologia e da doença dera passos enormes com a "teoria dos germes" de Louis Pasteur e com o trabalho de Robert Koch de isolar as bactérias que causam cólera e tuberculose. Uma por uma, as enfermidades antigas, tais como difteria, febre tifoide, gonorreia, tétano e pneumonia, foram sendo identificadas com bactérias específicas, e as antitoxinas sendo pesquisadas. No início do século XIX, a célula fora proposta como unidade estrutural básica dos organismos vivos, e os biólogos se ocupavam em elucidar suas partes. Em 1890, Theodor Boveri sugeriu que os elementos discretos da hereditariedade, antes formulados como hipótese por Gregor Mendel, localizavam-se provavelmente nos cromossomos, os corpos longos e rígidos no núcleo da célula. Porém, na época não se sabia muito mais sobre esses elementos, ou genes. Charles Darwin e Alfred Russell Wallace haviam apresentado a teoria da evolução, mas o funcionamento detalhado dessa teoria não era conhecido. A origem da vida permanecia, e ainda permanece, uma questão aberta, embora Pasteur tivesse descartado definitivamente a velha ideia de "geração espontânea". Também não resolvido, e em grande parte não resolvido até hoje, estava o mecanismo pelo qual as células embrionárias se especializam.

No que diz respeito à fisiologia, um bom número de cientistas suspeitava que eram alguns dos órgãos internos que produziam as secreções necessárias para o bem-estar do corpo. Já em 1775, o médico francês Théophile Bordeu sugeriu vagamente que cada órgão soltava "emanações" usadas pelo corpo como um todo. Em meados do século XIX, Bernard inventou o termo "secreção interna", aplicada ao fluxo de glicose que sai do fígado. Mais tarde nesse século, os fisiologistas descobriram que o mau funcionamento das glândulas adrenais, da tiroide e do pâncreas provocava doenças conhecidas. Assim, por volta de 1900, acreditava-se que os órgãos podiam produzir secreções essenciais. Até o trabalho de Bayliss e Starling, porém, essas secreções eram vistas como simples assistentes dos nervos. Acreditava-se ainda que os nervos eram o sistema básico de comunicação e governo do corpo.

A descoberta fortuita dos hormônios por Bayliss e Starling tocou um tema importantíssimo em biologia, que abarcava toda fronteira e que efetivamente vinha assombrando a disciplina desde os seus primórdios: se a matéria viva obedecia ou não a leis diferentes da matéria não viva. A questão é na maioria das vezes apresentada em termos do debate entre vitalismo e mecanicismo. Os vitalistas argumentavam que a vida tinha uma qualidade especial — alguma força transcendente imaterial ou espiritual—, que possibilitava a um amontoado de tecidos e produtos químicos vibrar com a vida. Essa força transcendente encontrava-se além da explicação física. Os mecanicistas, por outro lado, acreditavam que todo o funcionamento de uma planta ou animal vivo podia ser compreendido, em última análise, em termos das leis da física e da química.

A oposição entre vitalismo e mecanicismo é o que se pode chamar de tema central. Estende-se para muito além da biologia e entra em ressonância com outros grandes dualismos do pensamento humano: mente versus corpo, espírito versus matéria, céu versus terra, intuição versus razão. Tais oposições, e a noção profundamente sentida de que a matéria viva é fundamentalmente diferente da matéria não viva, sempre separaram a biologia das outras ciências. A biologia sempre teve uma mística especial. De fato, nada é mais misterioso do que a nossa própria consciência humana. Até onde essa consciência pode ser reduzida à química e à física permanece uma questão em intenso debate até hoje.

Muitas das ideias vitalistas se entrelaçam oscilando de um lado a outro ao longo da história da biologia. Platão e Aristóteles acreditavam que uma idealizada "causa final", que era muito mais espírito que matéria, impelia uma célula germinativa a desenvolver-se rumo à sua forma adulta. René Descartes (1596--1650), famoso por articular a separação entre a mente intangível e o corpo tangível, propunha que a alma interage com o corpo na glândula pineal.[4] A especificidade das propostas de Descartes sugere como o debate vitalismo versus mecanicismo oscilava entre os reinos da filosofia e teologia e os domínios mais concretos da ciência. Outra teoria era que o *élan vital*, o espírito vital, residia no coração. Segundo essa ideia, a comida se transformava em sangue no fígado, e então o sangue ia para o coração para receber a carga de espírito vital. A prodigiosa atividade dos nervos era um fenômeno vitalista, estarrecedora até o dia em que se entendeu a natureza da eletricidade e da condução elétrica nervosa. E assim por diante.

À medida que a biologia avançava ao longo dos séculos, os vitalistas quase nunca se rendiam, mas iam se retirando para redutos cada vez menores e afirmações menos específicas. Na última edição de seu *Lärbok i kemien*, considerado o texto químico de maior autoridade na primeira metade do século XIX, o ilustre químico e vitalista sueco Jöns Jacob Berzelius (1779-1848) escreveu: "Na natureza viva os elementos parecem obedecer a leis inteiramente diferentes do que obedecem na natureza morta".[5] Em quase precisa oposição, o mecanicista Claude Bernard proclamou em 1865: "Um fenômeno vital tem — como qualquer outro fenômeno — uma rigorosa determinação, e tal determinismo pode ser apenas um determinismo físico-químico".[6]

No final do século XIX, a maioria dos biólogos havia chegado a um vago acordo acerca desse difícil e contínuo debate. A questão veio a ser: como a física e a química se fundem com a biologia? As formas de comunicação eram facilmente reduzidas à física. Digestão e respiração eram claramente químicas. Mas e quanto à regulação e ao controle? E a resposta ao mundo exterior?

Enquanto Bayliss e Starling se debatiam em seu laboratório abarrotado, o argumento vitalista revisto era mais ou menos o seguinte: um organismo vivo é basicamente uma máquina que, além de tudo, é capaz de reagir ao meio ambiente. Já que ninguém conhecia uma máquina capaz de responder a mudanças externas a si mesma, um organismo vivo não era *meramente* uma máquina. Mais ainda, ninguém conhecia uma máquina capaz de regular a si mesma. Um motor de combustão interna não é capaz de alterar o ritmo de seus ciclos quando um dos cilindros arrebenta, nem de se esfriar quando não há óleo suficiente. Em contraste, as coisas vivas conseguem de algum modo mover-se em direção ao sol, alterar os sucos digestivos de acordo com a comida ingerida, transpirar quando têm calor. Essas eram questões de resposta e controle. E o modelo mecânico parecia não se aplicar.

Com a descoberta dos hormônios, Bayliss e Starling descobriram os centros internos de comando e controle — e sob esse aspecto, a descoberta era muito maior do que um novo sistema de comunicação. O mecanismo de resposta e controle era químico: átomos e moléculas. Agora, com os hormônios, havia um mecanismo para a coisa viva se autorregular. Além disso, com os hormônios, um organismo não só podia ser estudado, mas também controlado de fora. Em princípio, e depois na prática, os hormônios descobertos por Bayliss e Starling podiam ser fabricados em laboratório e injetados nos seres vivos, evocando desde o lento gotejar do pâncreas, o aumento de resposta sexual, os surtos de crescimento até a fome e as mudanças de humor. Nunca o corpo vivo havia chegado tão perto de uma máquina, uma máquina autorregulada governada não só pela física, mas também pela química. E não só uma máquina, mas uma máquina que nós humanos podíamos controlar deliberadamente. No raiar de um novo século, ainda não chegamos a termos com as implicações dessa ideia.

Ao contrário do artigo de Planck sobre o quantum, e na verdade da maioria dos artigos de física moderna, o trabalho fundamental de Bayliss e Starling, de 1902, é conceitualmente simples e fácil de acompanhar. Eles começam com uma história sucinta da pesquisa sobre a secreção do suco pancreático. Aqui, demonstram profunda reverência por Pavlov (escrito "Pawlow" em seu artigo). Essa seção termina com a passagem citada anteriormente, mostrando clara consciência da natureza revolucionária de sua descoberta, se não de seu pleno significado filosófico.

Alguns termos de anatomia talvez não sejam familiares a todos, com exceção de estudantes de medicina: o duodeno é a extremidade superior, cerca de 25 centímetros, do intestino delgado, e é assim chamado porque seu comprimento é aproximadamente da largura de doze dedos. A seção média do intestino, já discutida, é o jejuno. A porção inferior e mais longa chama-se íleo. Quimo é uma mistura pastosa e ácida de comida parcialmente digerida e suco gástrico. Fermentos são ácidos usados na quebra de comida. Gânglios são massas centrais de nervos e tecidos nervosos, com o plexo solar sendo uma grande rede de nervos na cavidade abdominal que envia impulsos nervosos aos órgãos do abdome. Um dos nervos mais longos do corpo, o nervo vago corre do cérebro pelo pescoço até o estômago, onde inerva o trato digestivo. O epitélio é a camada de tecido que reveste o interior de um órgão. Aqui, é a localização do novo hormônio, a secretina, no intestino delgado.

Saltemos à seção IV, "O experimento crucial", que já descrevi. Depois de identificar a secretina e sua ação sobre o pâncreas, Bayliss e Starling descrevem agora suas tentativas de compreender mais a respeito do hormônio, realizando, um por um, toda uma bateria de testes-padrão. A secretina não se degrada com a fervura, o que a diferencia de uma enzima. A secretina é produzida apenas numa região limitada do intestino delgado. Ela passa vagarosamente através de papel vegetal. É destruída por alguns sucos digestivos. É solúvel em álcool. Os cientistas fizeram o possível para determinar a composição da secretina e concluíram que "não podemos ainda dar nenhuma sugestão definida quanto à natureza química da secretina". Na verdade, a secretina, sendo uma proteína, é uma complexa estrutura de aminoácidos, e somente em 1920 é que tais estruturas puderam ser analisadas com alguma regularidade.

A discussão da ação da secretina na seção V é um esforço sutil mas importante de esclarecer causa e efeito. Ou seja, uma vez que os vasos sanguíneos se dilatam ao mesmo tempo que o pâncreas secreta (causando a queda da pressão sanguínea observada na figura 2), é possível que a secretina cause diretamente apenas a dilatação dos vasos, e isto, por sua vez, cause a secreção pancreática. No entanto, Bayliss e Starling excluem essa possibilidade. Eles conseguem fazer alguns extratos não ácidos de secretina que causam secreção pancreática sem baixar a pressão do sangue.

Nas seções seguintes, os dois pesquisadores mostram que mesmo não sabendo a composição química da secretina, ela é uma substância universal, tendo a mesma ação pancreática em cães, coelhos, homens e macacos. A secretina é produzida em apenas uma parte do corpo, a porção superior do intestino delgado. Além disso, é altamente específica em sua ação. Ela não estimula outras partes do corpo, tais como as glândulas salivares ou o estômago. Como muitas proteínas, a secretina é uma chave de molde único, programada para se encaixar numa fechadura especialmente moldada, embora Bayliss e Starling não tivessem tal compreensão na época. O artigo termina com uma exposição enfadonha mas precisa dos resultados.

A importância da descoberta de Bayliss e Starling foi imediatamente reconhecida. Por ocasião da prestigiosa Croonian Lecture de Starling, em 1905, na Royal Society, ele pôde falar com confiança acerca do "controle químico das funções corporais", sobre como os hormônios eram parte de um sistema que mantinha o equilíbrio. Nascia um novo campo da biologia e da medicina. Vinte anos depois, o conhecimento dos hormônios recebeu sua primeira importante aplicação médica. Os cientistas canadenses Frederick Banting e Charles Best foram capazes de isolar insulina e assim produzir um tratamento para o diabetes.

Depois do trabalho com a secretina, os dois cientistas continuaram suas ilustres carreiras. Bayliss seguiu adiante para estudar como a eletricidade afeta o transporte de substâncias através da membrana celular, e mais tarde as ações detalhadas das enzimas, que são proteínas que promovem reações bioquímicas. Durante a Primeira Guerra Mundial, Bayliss trabalhou com choque causado por ferimentos. Descobriu que goma misturada com uma solução salina podia conter a perda de sangue e de outros fluidos corporais. Bayliss também completou sua grande obra acadêmica, *Principles of General Physiology* [Princípios de fisiologia geral] (1914), considerado um marco de referência nesse campo.

Starling voltou-se para o seu celebrado trabalho com o coração, suas funções circulatórias e sua mecânica muscular. Até hoje, todo estudante de medicina conhece a "Lei do Coração", de Starling, que afirma que a força da contração muscular é proporcional à extensão até onde o músculo cardíaco é esticado. Starling escreveu seu próprio livro volumoso, *Principles of Human Physiology* [Princípios de fisiologia humana] (1912), que, com constantes revisões, continua sendo um texto-padrão internacional. O fato de esses dois grandes fisiologistas, que trabalharam em conjunto estreitamente por quinze anos, terem optado por escrever livros-textos distintos em vez de um único livro em coautoria, mostra a força da personalidade individual, da ambição e do gosto pela empreitada científica.

Starling interessava-se também por educação e era um crítico agudo da educação contemporânea na Inglaterra. Defendia uma "reforma educacional, ou mesmo uma revolução educacional, para a manutenção do nosso lugar no mundo [...] em questões de necessidade urgente não é vantajoso considerar o custo". Tal questão de necessidade urgente era a Primeira Guerra Mundial. Após a guerra, Starling notou que a Alemanha, ao contrário da Inglaterra, havia tempo reconhecera a importância da educação como meio de ampliar o poder nacional. Em particular, Starling escreveu que a "ignorância de ciência exibida pelos membros do governo [britânico] era assustadora e desastrosa".[7]

3. A natureza da luz como partícula

Albert Einstein só falou aos quatro anos de idade. Seu pai, Hermann, que dirigia uma fábrica eletroquímica deficitária em Munique, e sua mãe, Pauline, tinham medo de que o filho pudesse ter alguma deficiência mental e consideraram a possibilidade de procurar ajuda psiquiátrica. Quando o pequeno Albert enfim começou a falar, tinha o hábito de dizer tudo duas vezes — a primeira murmurando baixinho, só para si mesmo, e a segunda em voz alta, para que todos ouvissem. Não se pode deixar de interpretar a fala dupla do garoto como um sinal precoce de seu profundo mundo interior, um mundo de silêncio e solidão, em que sua imaginação criativa podia alçar voo.

Na necessidade de ficar só, na feroz independência, e na originalidade e beleza de seu trabalho, Albert Einstein era tão artista quanto cientista. E, de fato, as duas empreitadas se juntam num ensaio que escreveu na meia-idade: "a meta da ciência é, de um lado, a compreensão, mais completa possível, da conexão entre as experiências sensoriais em sua totalidade e, de outro, o alcance dessa meta pelo uso mínimo de conceitos e relações básicas".[1] Uma frase muito similar ao dito de Picasso de que o artista deve compor com o mínimo possível de elementos.[2]

Mas o que acontece quando a estética da unidade e da simplicidade sugere uma concepção da natureza que contradiz as "experiências sensoriais"? Esse foi o caso da proposta de Copérnico de que a Terra voa através do espaço numa roda invisível ao redor do Sol; ou da noção de Pasteur de que as doenças são espalhadas por germes vivos microscópicos; ou da "visão heurística" de Einstein da luz como granular, e não lisa. Nesses exemplos de dissonância perceptual, a inclinação de Einstein era questionar agudamente a precisão dos sentidos, em lugar de duvidar de seus princípios teóricos. Quase sempre, ele provou estar certo.

Consideremos a natureza da luz. Nossos sentidos corporais sugerem que a luz é um fluido contínuo de energia, preenchendo totalmente o espaço que ocupa. Essa concepção está de acordo também com a assim chamada teoria ondulatória da luz, que por séculos foi bem-sucedida em explicar muitas de suas propriedades observadas, como a interferência de feixes de luz que se sobrepõem e o desvio da luz através de um prisma. Porém, como Einstein adverte em seu artigo de 1905: "Deve-se ter em mente, no entanto, que observações ópticas se referem a médias de tempo, e não a valores instantâneos". Aqui, Einstein insinua que, se a luz fosse de fato composta de grande número de "partículas" minúsculas, a maioria dos experimentos — e com certeza o olho humano — não teria detectado o fato. Da mesma forma, um meteorologista que mede a precipitação diária de chuva mediante a elevação do nível de água num recipiente não saberia que na verdade a chuva cai em gotas individuais.

Cinco anos antes, Max Planck propusera que um átomo de matéria em contato com a luz pode aumentar ou diminuir sua energia apenas em múltiplos inteiros de uma unidade indivisível de energia. Einstein levou a ideia de Planck a mais um passo lógico, porém herético, argumentando que a própria luz existe em tais unidades individuais e indivisíveis, chamadas quanta (ou fótons). Os quanta são as partículas elementares de luz. A hipótese de Einstein da natureza quântica da luz era tão herética que não foi plenamente aceita pelos físicos por quase duas décadas, mesmo após confirmação experimental. No fim, porém, a natureza quântica da luz tornou-se a peça central de uma nova concepção da natureza chamada dualidade onda-partícula, na qual qualquer elemento de matéria ou energia comporta-se em parte como uma onda, espalhada sobre uma região extensa do espaço, e em parte como partícula, localizada numa posição única no espaço. Einstein, junto com Planck, foi o pai da física quântica.

Em 1905, Einstein tinha 26 anos e era um mero funcionário trabalhando num escritório de patentes em Berna, Suíça. Ele e a esposa, Mileva Marić, haviam secretamente entregue para adoção uma filha chamada Lieserl, nascida antes de se casarem em 1903, e viviam com seu filho ainda bebê, Hans Albert, num apartamento alugado de dois quartos na Kramgasse 49, ao qual se chegava apenas subindo um íngreme lance de escadas. Nessa época, o jovem e brilhante físico sentia-se afastado do mundo. Já havia renunciado à cidadania alemã aos dezesseis anos, em sinal de desafio ao autoritário serviço militar germânico e sua iminente convocação. Além disso, sofria em virtude do desdém dos pais por sua esposa sérvia. (Sua mãe lhe escreveu: "Ela é um livro, como você — você deveria era ter uma esposa [...]. Quando você tiver trinta anos, ela vai ser uma bruxa velha".[3]) E, desde que se graduara pelo Instituto Federal de Tecnologia de Zurique, em 1900, Einstein tivera repetidamente sua candidatura a empregos recusada pelas instituições acadêmicas oficiais, cujas eminências ele considerava homens presunçosos, muito abaixo dele em competência científica.

Pode-se ter uma ideia da amargura do jovem Einstein e de sua língua afiada numa carta que escreveu para Marić em dezembro de 1901. Um mês antes, havia submetido sua tese de doutorado ao professor Alfred Kleiner na Universidade de Zurique, criticando parte do trabalho do grande Ludwig Boltzmann, colega de Kleiner. Para sua bem-amada Marić, Einstein, então com 22 anos, escreveu:

> Já que aquele chato do Kleiner ainda não respondeu, vou aparecer lá na quinta-feira [...]. Só de pensar em todos os obstáculos que esses velhos filisteus colocam no caminho de uma pessoa que não é da sua laia, é realmente sinistro! Esse tipo de gente considera toda pessoa jovem inteligente como um perigo para sua frágil dignidade, é isso que está me parecendo agora. Mas, se ele tiver rancor a ponto de rejeitar a minha tese de doutorado, então eu publico a rejeição dele abertamente, junto com a tese, e ele vai bancar o idiota.[4]

O jovem Einstein era um brigão solitário. No entanto, entre 1900 e 1905, desempregado na maior parte do tempo, conseguiu publicar vários artigos científicos por conta própria.

Então, em 1905, ainda trabalhando sozinho e na obscuridade, o funcionário de patentes produziu cinco artigos que mudaram a física para sempre.

Qualquer um desses artigos teria lhe trazido reconhecimento duradouro. Dois deles forneciam evidências novas e definitivas para a existência e tamanhos de átomos e moléculas; dois propunham uma concepção radicalmente nova de tempo e espaço (a teoria da relatividade especial) e lançavam como subproduto a famosa fórmula $E = mc^2$. O quinto artigo, pelo qual mais tarde ganhou o prêmio Nobel, propunha a natureza quântica da luz. Evidentemente, Einstein considerava esse artigo como sendo o mais radical. Numa carta a seu amigo Conrad Habicht, em fins de maio de 1905, o jovem físico escreveu que sua teoria granular da luz era "muito revolucionária",[5] a única de suas criações que ele chegou a descrever nesses termos.

Diferentemente de Planck, que mergulhou em seu artigo para explicar um fenômeno particular da luz, Einstein começa seu texto com uma arrebatadora declaração de princípios. Por que, pergunta ele, deveria haver "alguma diferença fundamental profunda" na maneira como a física enxerga a matéria e a luz — sendo a primeira granular, composta de um número finito de átomos individuais, e a última contínua e infinitamente divisível? Aqui, Einstein revela de maneira sutil sua forte preferência filosófica pela unidade. Ele gostaria que *ambas*, matéria e energia, fossem de natureza similar — contínua ou descontínua, granular ou lisa, composta de um número finito de unidades indivisíveis ou composta de um número infinito de elementos fluidos infinitamente divisíveis. A partir de indícios tirados de vários experimentos recentes, Einstein propõe a primeira alternativa.

A ênfase de Einstein na *unidade* dos fenômenos naturais é parte de sua concepção de beleza. E a beleza é um poderoso princípio orientador em sua física. Conforme escreveu um de seus colaboradores, Banesh Hoffman: "Einstein era motivado não pela lógica no sentido estrito desse conceito, mas por um senso de beleza. Em seu trabalho ele sempre procurava a beleza".[6] Em capítulos posteriores, veremos mais sobre o sentido da beleza na ciência. (Ver, especialmente, o capítulo 20.)

Da mesma forma que Planck, Einstein considerava o comportamento da luz no equilíbrio termodinâmico com a matéria — ou seja, a radiação de corpo negro — como um guia crítico para a compreensão da natureza fundamental da matéria e da energia. Todavia, apesar de ter sido influenciado pelo artigo de

Planck, que o antecedeu, inclusive pela ideia de Planck do quantum de energia, Einstein desconfia dos métodos de seu predecessor e não parte da formulação teórica de Planck da lei referente à radiação de corpo negro. Em vez disso, Einstein se vale muito mais dos experimentos. (Mesmo em seus princípios filosóficos e teóricos, ele levava em conta os resultados experimentais.) Ele parte de uma fórmula aproximada para o espectro observado de corpo negro, válida em frequências elevadas, em que a densidade de radiação (luz) é mais baixa. Como se verifica, o extremo de baixa densidade do espectro de corpo negro é onde a intuição de Einstein lhe diz que a natureza granular da luz deveria ser mais pronunciada, exatamente como a natureza granular da areia é mais visível quando os grãos individuais estão soltos e separados. Einstein emprega uma notação diferente de Planck. Seus α e β são constantes, determinadas pelas medições quantitativas da radiação de corpo negro, e seu ρ é o que Planck chama de u_ν, a densidade de energia da radiação de corpo negro em cada faixa de frequência.

A estratégia de Einstein é a seguinte: ele conhece as propriedades de *partículas* em equilíbrio termodinâmico, tais como a maneira pela qual a temperatura de um gás de moléculas de ar determina sua pressão. Comparando as propriedades da radiação de corpo negro com as propriedades de partículas, ele espera descobrir semelhanças e, nesse caso, pode propor de maneira bem fundamentada que a luz tenha natureza semelhante a partículas.

Einstein começa com fórmulas já estabelecidas que relacionam entropia com energia e temperatura. Recorde-se do capítulo 1, sobre Planck, que a entropia é uma medida quantitativa da ordem de um sistema. Sistemas altamente desordenados, como um baralho bem misturado, possuem entropia elevada. Sistemas bem-ordenados, como um baralho com todas as cartas dos diferentes naipes juntas e arrumadas em ordem crescente, têm baixa entropia. A Primeira Lei da Termodinâmica, estabelecida no século XIX, relaciona a entropia de um sistema com sua energia, temperatura e volume. Einstein calcula facilmente a entropia S de uma radiação de corpo negro de energia E num volume v e numa faixa de frequência entre v e $v + dv$.

Mas Einstein não está preocupado apenas com a fórmula geral para a entropia. Buscando analogias com fenômenos que envolvam partículas, ele quer ver como a entropia da luz de corpo negro depende especificamente do volume da radiação. Essa dependência é dada na última equação da seção 4. Como ele observa então: a maneira matemática particular como entropia de corpo negro varia com o volume (isto é, com o logaritmo $ln[v/v_0]$) é exatamente a mesma que a da estabelecida entropia de um gás de matéria diluído, que se sabe consistir de um número finito de partículas. *Em outras palavras, Einstein descobriu uma semelhança matemática entre a entropia da radiação de corpo negro e a entropia de um gás de partículas — sugerindo que a radiação possa de fato existir na forma de partículas.* Evidentemente, Einstein foi a primeira pessoa a pensar nesse simples, porém engenhoso, argumento.

Em seguida, Einstein recorre ao "sr. Boltzmann", assim como Planck, à procura de uma fórmula matemática que relacione a entropia de um estado com a *probabilidade* desse estado, sendo o último denotado por W. Essa fórmula é a primeira equação da seção 5. Aqui, R/N representa a constante de Boltzmann, já conhecida e denotada mais simplesmente como k no artigo de Planck.

Einstein, é claro, está interessado em retornar à sua fórmula anterior para a entropia da radiação de corpo negro, e o fato de essa entropia depender do volume. E está pensando na luz em termos de partículas. Tendo a lei da entropia de Boltzmann em mãos, tudo deve ser expresso em termos de probabilidades. Assim, Einstein faz uma pergunta matemática simples: Qual é a probabilidade de um grupo de n partículas, que inicialmente pode estar em qualquer parte de um volume total v_0, ser depois encontrado integralmente num volume menor de tamanho v? Essa situação é análoga a fazer a pergunta: Qual é a probabilidade de n lançamentos sucessivos de um dado resultarem sempre 3? Uma vez que há seis números possíveis que se pode obter em cada lançamento, a probabilidade de obter 3 em um lançamento específico é ⅙. (De maneira equivalente, a probabilidade de encontrar qualquer partícula específica no volume v é v/v_0.) A probabilidade de obter 3 no *primeiro* lançamento é ⅙. A probabilidade se obter um 3 no primeiro lançamento *e* no segundo lançamento é ⅙ × ⅙ = $(⅙)^2$. A probabilidade de obter um 3 no primeiro *e* no segundo *e* no terceiro lançamentos é ⅙ × ⅙ × ⅙ = = $(⅙)^3$. E assim por diante. A probabilidade de obter um 3 em n lançamentos consecutivos é $(⅙)^n$. Da mesma maneira, a probabilidade de encontrar n partículas num volume v quando teriam a possibilidade de estar em qualquer parte de um volume total v_0 é $(v/v_0)^n$, que é a segunda fórmula que Einstein fornece na seção 5. Substituindo essa fórmula na primeira equação, Einstein calcula como a entropia de um gás de n partículas depende do volume v.

Em seguida, Einstein faz algumas manipulações matemáticas simples na primeira fórmula da entropia da radiação de corpo negro para deixá-la num formato matemático idêntico à sua nova fórmula para a entropia de um gás de partículas. Comparando as duas fórmulas, ele é capaz de deduzir não somente que a radiação de corpo negro se comporta como um gás de partículas, mas também a energia de cada "partícula" de luz, ou quantum, de frequência v. Essa energia de um único quantum é $R\beta v/N$. Este último resultado é obtido fazendo-se com que a primeira equação de W, na seção 5, seja igualada à segunda equação de W, na seção 6. Por sua vez, os dois expoentes de (v/v_0) devem ser iguais, ou seja, $n = EN/(R\beta v)$. Como questão de definição, o número de quanta, n, precisa ser igual à energia total em quanta, E, dividida pela energia de um único quantum. Partindo da equação acima, a energia de um único quantum é evidentemente $R\beta v/N$.

O número constante $R\beta/N$, multiplicado pela frequência v, é exatamente o que Planck anteriormente chamou de h, a constante de Planck. Einstein pode avaliar a constante de Planck com facilidade, exatamente como fez Planck, determinando β a partir das observações da radiação de corpo negro. Conforme mencionado, o fator R/N, chamado constante de Boltzmann, já era conhecido.

É necessário salientar que Einstein não reproduziu o trabalho de Planck. Usando seus próprios argumentos originais, ele deduziu de forma independente a ideia de Planck de que a energia vem em unidades de hv. Mais ainda, Einstein determinou o valor numérico da constante h em termos das medições da radiação de corpo negro. E, o mais importante, Einstein foi além de Planck ao aplicar a ideia de quantum à própria luz. A luz, assim como a matéria, vem em forma granular.

O artigo de Einstein, como a maior parte de seu trabalho, é enganosamente simples. A linguagem é clara. Seus argumentos são diretos. A matemática não é difícil. Mas o pensamento e a intuição sobre a natureza são profundos.

É indício da marca de um grande físico que Einstein, depois de deduzir seus resultados teóricos, queira testá-los em relação a alguns fenômenos reais. Ele quer uma aplicação prática. (Lembremos que nessa época Einstein é funcionário num escritório de patentes, onde passa várias horas por dia examinando desenhos de novos equipamentos de perfuração, transformadores elétricos e máquinas de escrever aperfeiçoadas, para decidir se funcionam.) Um desses fenômenos é o assim chamado efeito fotoelétrico, descoberto pelo grande físico experimental húngaro Philip Lenard e absolutamente desconcertante em termos da teoria ondulatória contínua da luz.

Em 1902, Lenard descobriu que, quando um metal é iluminado com luz ultravioleta, ele emite elétrons (também chamados de raios catódicos). Evidentemente, a luz incidente é absorvida por elétrons no metal, e esses elétrons energizados rompem suas ligações atômicas e escapam. Uma onda contínua de energia incidente poderia ter produzido o mesmo efeito. Mas Lenard descobriu mais adiante que a energia de cada elétron que escapa não variava em nada com a intensidade da luz incidente. Na teoria ondulatória da luz, seria de esperar que, quanto maior fosse a intensidade da luz incidente, maior seria a força transmitida a cada elétron — exatamente como uma maré mais forte atinge os rochedos na praia com mais força — e portanto cada elétron seria ejetado com uma energia maior. Não é esse o caso, segundo os resultados de Lenard. No entanto, Lenard chegou ao intrigante resultado de que a energia de cada elétron ejetado aumentava com o incremento da *frequência* da luz incidente. Mesmo uma luz de intensidade muito baixa conseguia ejetar elétrons de alta energia se sua frequência fosse elevada.

Einstein descobre uma convincente explicação para os resultados de Lenard em termos de sua ideia do quantum. Se a luz chega na forma de partículas quânticas, então cada elétron pode absorver apenas um quantum de luz por vez. Depois que absorve um quantum de luz, o elétron escapa com a energia desse quantum — supondo que a energia seja suficiente para liberar o elétron — menos a energia gasta para romper as ligações atômicas. Aumente a intensidade da luz incidente e você aumentará apenas o número de quanta por segundo, mas não a energia de cada quantum. Aumente a *frequência* da luz, porém, e você aumentará a energia de cada quantum, segundo a fórmula de Einstein, e portanto a energia de cada elétron liberado. Einstein ainda vai além, buscando elaborar uma previsão quantitativa definida para a energia dos elétrons ejetados num metal em termos da frequência da luz incidente. Levaria uma década até suas previsões detalhadas serem confirmadas pelos experimentos do físico norte-americano Robert Millikan.

Mas a questão não se encerrou com Millikan. Para a perplexidade cada vez maior dos cientistas, experimentos posteriores mostraram que a luz se comporta *simultaneamente* como onda e como partícula. A luz, e na verdade toda matéria e energia, possui uma existência dupla, uma personalidade dual. Existe um experimento clássico, chamado experimento da dupla fenda, que ilustra a duali-

Figura 3.1a   *Figura 3.1b*   *Figura 3.1c*

dade onda-partícula de maneira perturbadora. Num recinto escuro, coloca-se um obstáculo entre uma fonte luminosa e uma tela, fazendo uma fina abertura horizontal, ou fenda, no obstáculo. Faz-se com que a luz da fonte seja extremamente fraca, de modo a emitir apenas alguns poucos fótons por segundo. (Um detector ultrassensível acoplado à fonte é capaz de contar cada fóton isolado quando este deixa o bulbo, fazendo a cada vez um clique — clique, clique, clique.) Mede-se o padrão de luz na tela. Será algo parecido com a figura 3.1a. A seguir, cobre-se a primeira fenda e faz-se outra acima dela. Repete-se o experimento e mede-se o padrão de luz na tela. Será algo parecido com a figura 3.1b.

Para o terceiro experimento, descobrem-se ambas as fendas no obstáculo. Se a luz consiste em partículas individuais — conforme indicado pelos cliques do detector na fonte luminosa, um clique por fóton —, então cada fóton deverá passar *ou* pela fenda superior *ou* pela inferior. Essa afirmação parece óbvia, afinal uma partícula não pode estar em dois lugares ao mesmo tempo. Ademais, em virtude da alta velocidade da luz e do baixo teor de emissão de fótons, cada fóton deixa a fonte luminosa, passa pela fenda e atinge a tela muito antes que o fóton seguinte seja emitido. Portanto, o padrão de luz na tela no terceiro experimento, com ambas as fendas abertas, deveria ser uma soma dos padrões vistos nos dois primeiros. Em particular, regiões da tela que foram iluminadas em *um dos dois* primeiros experimentos deveriam se iluminar no terceiro. Regiões da tela que ficaram às escuras em *ambos* os primeiros experimentos deveriam ficar às escuras no terceiro. O padrão *esperado* é mostrado na figura 3.1c.

Contrariando tais expectativas, o padrão de luz na tela corresponde a duas ondas emanando *simultaneamente* das duas fendas, sobrepondo-se uma à outra em sua viagem até a tela. A interpretação ondulatória é mostrada na figura 3.2a,

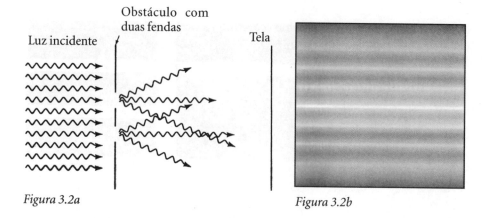

Figura 3.2a   *Figura 3.2b*

e o padrão de luz *observado* na tela é mostrado na figura 3.2b. Agora, há áreas de luz onde havia regiões escuras em ambas as fendas. E há áreas escuras onde uma ou outra fenda produzia luz. Mas nós ajustamos nosso experimento de modo que apenas um único fóton de luz pudesse passar da fonte para a tela. É como se cada fóton indivisível de luz *de alguma forma passasse através de ambas as fendas simultaneamente*, interferindo consigo mesmo na direção da tela.

O experimento da dupla fenda foi repetido com elétrons. Assim como os fótons, cada elétron se comporta como se viajasse através de ambas as fendas ao mesmo tempo. A dualidade onda-partícula evidentemente se aplica a toda matéria e energia.

O experimento da dupla fenda nos sugere que nossa concepção da natureza como sendo ou na forma de onda ou na forma de partícula, de cada partícula existindo em apenas um lugar de cada vez, é um erro. A concepção "ou... ou" ("ou uma coisa ou outra") da realidade aqui falha. Propriedades opostas, ou mesmo contraditórias, parecem coexistir no mundo dos fótons e átomos, exatamente como sempre existiram no mundo da mente e do coração. Pensamos em dr. Jekyll e Mr. Hyde de Robert Louis Stevenson, ou na famosa justaposição de luzes claras e sombras profundas de Caravaggio. Ou, muito mais abrangente, na antiga dicotomia chinesa do yin e yang. Poderia o universo físico ser tão ambíguo e estranho? Apesar de uma avalanche de experimentos confirmadores, apesar de uma poderosa teoria da mecânica quântica, os físicos ainda ficam perturbados pela dualidade onda-partícula da natureza.

Einstein poderia ter ganhado o prêmio Nobel diversas vezes, por pelo menos meia dúzia de descobertas fundamentais. Mas foi seu trabalho com o quantum de luz que lhe rendeu o prêmio. Assim como todos os físicos do mundo, ele estava tão certo de que ganharia o prêmio que prometeu a Marić o dinheiro do Nobel em seu acordo de divórcio, dois anos antes de ganhá-lo. O Nobel veio em 1921. Na época, um jornalista deu a seguinte descrição de Einstein:

> Einstein é alto, tem ombros largos e costas ligeiramente encurvadas. Sua cabeça — a cabeça na qual a ciência do mundo foi recriada — atrai imediatamente uma atenção duradoura [...]. Um pequeno bigode, escuro e muito curto, adorna sua boca sensual, muito vermelha, bastante grande, com os cantos traindo um leve e permanente sorriso. Mas a impressão mais forte é de uma impressionante jovialidade, muito romântica e que, em certos momentos, lembra irresistivelmente o jovem Beethoven, que, já marcado pela vida, fora um homem atraente. E então, de súbito, irrompe sua risada e estamos diante de um estudante.[7]

Em 1905, Einstein não poderia ter previsto toda a dualidade onda-partícula implícita em seu trabalho. Mesmo assim, sabemos que ele considerou seu artigo sobre a natureza quântica da luz como "revolucionário". Na verdade, ele não achava que sua proposta quântica tinha uma base sólida em termos de princípios iniciais. Essa hesitação fica clara no próprio título do artigo — "Sobre uma visão heurística [...]" — e na expressão contida de suas conclusões: "Até onde posso afirmar, essa concepção do efeito fotoelétrico não contradiz". Todavia, as seções de abertura do artigo sugerem que Einstein foi convencido por seus resultados. Eles unificam a concepção de matéria e energia.

É difícil imaginar a tranquila confiança do desmazelado jovem no escritório de patentes suíço. No intervalo de um ano, ele sugeriu uma forma nova de entender a luz, assentando os alicerces para a mecânica quântica; forneceu firme evidência teórica para a existência de átomos e moléculas e, como veremos no próximo capítulo, mudou radicalmente a nossa concepção do tempo.

Embora as muitas ideias de seus artigos de 1905 tenham sido aceitas apenas lentamente, Einstein começou a receber cartas com elogios de figuras proeminentes na ciência, como Planck e Lenard. Algumas delas eram endereçadas a "Herr Professor Einstein", apesar de ele mal ter completado sua tese de doutorado; seus remetentes ficavam pasmados quando descobriam que "A.

Einstein" era apenas um funcionário de 26 anos de um escritório de patentes. No entanto, em maio de 1909, Einstein foi indicado como "professor convidado de física teórica" na Universidade de Zurique; dois meses depois, recebeu o primeiro de seus muitos títulos honorários, na Universidade de Genebra. Em 1913, após mais dois professorados, o kaiser Guilherme II confirmou a indicação de Einstein para a Academia Prussiana de Ciências, em Berlim, onde ele viveria e trabalharia até 1933.

À medida que foi envelhecendo, Einstein nunca mais teve outro ano com a mesma ferocidade de ebulição intelectual. Talvez fosse preciso algum tipo de ginástica mental para chegar a sua agilidade de 1905. Talvez o cataclismo de pensamentos no escritório suíço de patentes tivesse sido facilitado por seu isolamento do establishment acadêmico e seu senso geral de alienação do mundo. Ou talvez, nos anos seguintes, ele sentisse que havia exaurido a maioria dos tópicos fundamentais mais acessíveis, até seu grande trabalho sobre a gravidade, uma década mais tarde. Mesmo em idade precoce, Einstein tinha um bom tino para saber quais problemas deveriam ser evitados, da mesma maneira como sabia quais problemas poderiam ser atacados. Em outra carta para seu amigo Habicht no verão de 1905, ele escreveu: "Nem sempre há temas maduros para serem ruminados. Ao menos nenhum que seja realmente excitante".[8]

4. Relatividade especial

Nada é mais elementar que o tempo. O tempo marca toda mudança. Acordar e dormir, aurora e crepúsculo, fluxo e refluxo das marés, o ciclo menstrual das mulheres, o cabelo ficando grisalho, a pausa entre respirações. Embora na nossa mente o tempo pareça se mover num ritmo frenético, sabemos que fora do nosso corpo existem dispositivos para medi-lo, assinalando os segundos em marcas e intervalos precisos. Relógios de parede e de pulso, sinos de igrejas, anos divididos em meses, meses em dias, dias em horas, horas em segundos, os acréscimos de tempo marchando um depois do outro, em perfeita sucessão. E, mais do que em qualquer relógio específico, temos fé numa ampla estrutura de tempo, estendida com firmeza por todo o cosmo, estabelecendo a lei do tempo igualmente para elétrons e pessoas: um segundo é um segundo e ponto final.

Em 1905, aos 26 anos, Albert Einstein propôs uma lei do tempo diferente: um segundo não é um segundo. Um segundo medido por um relógio corresponde a menos de um segundo medido por outro relógio se afastando em relação ao primeiro. Contrariando o senso comum, o tempo não é absoluto como parece. O tempo é relativo ao observador. Surpreendentemente, a proposta de Einstein foi confirmada em laboratório.

As ideias de Einstein sobre o tempo tiveram origem num fenômeno diferente. Enquanto era um mero funcionário num escritório de patentes em Berna, na Suíça, Einstein desdobrava-se para entender por que as leis para a eletricidade e o magnetismo, conhecidas como equações de Maxwell, aparentemente contradiziam os experimentos quando aplicadas a objetos em movimento.

Obviamente, movimento envolve tempo. Um objeto não pode se mover através do espaço sem a passagem do tempo. Ao dar início a suas criteriosas reflexões sobre o movimento, Einstein começou num tranquilo piquenique às margens de um riacho, como Alice, e viu-se correndo atrás do Coelho Branco para penetrar num reino fantástico. Tal como Alice, Einstein partiu para sua jornada com toda a inocência e a ousadia de uma criança. Vamos tentar segui-lo, um passo lógico depois do outro.

Para começar, movimento é um conceito muito mais sutil do que parece. Quando dizemos que estamos trafegando a sessenta quilômetros por hora, na verdade queremos dizer que o nosso carro está viajando a sessenta por hora *em relação à estrada*. A estrada está, obviamente, presa à Terra. E a Terra gira em torno de seu eixo. Ao mesmo tempo, está em órbita ao redor do Sol. O Sol, por sua vez, roda em volta do centro da galáxia. E assim por diante. Portanto, seria extremamente difícil dizer a que velocidade estamos nos movendo em sentido *absoluto*. O que podemos dizer sem ambiguidade é que o nosso Chevrolet está percorrendo sessenta quilômetros de asfalto a cada hora. Para viagens terrestres, a estrada, ou qualquer outro marco de terreno, é o nosso referencial fixo de repouso.

As equações de Maxwell para eletricidade e magnetismo pareciam ter embutido um referencial *cósmico* de repouso, em relação ao qual todos os movimentos podiam ser medidos — em outras palavras, uma substância invisível, sem peso, preenchendo o espaço inteiro. Essa substância diáfana era chamada de éter. Entre outras coisas, o éter tinha a tarefa de reter e transmitir forças elétricas e magnéticas, assim como o papel é necessário para reter tinta. E, o mais importante, as equações de Maxwell assumiam sua forma matemática mais simples para um observador em repouso no éter. Para observadores em movimento, as equações eram mais complexas e variavam com a velocidade específica do observador em relação ao éter. Assim, ao fazer experimentos com ímãs e condutores, e comparando os resultados com as equações de Maxwell, um observador em qualquer ponto do universo podia dizer se estava em repouso ou movimento em relação ao éter. (Um "observador" em física é qualquer um que tenha réguas, relógios e outros equipamentos para fazer medições. Um observador não precisa ser humano — um conjunto de instrumentos que registre automaticamente os resultados de experimentos é suficiente.)

Um fenômeno eletromagnético crucial era a velocidade da luz. As equações de Maxwell mostravam que a luz era uma onda de forças elétricas e magnéticas viajando pelo espaço. Todas as outras ondas conhecidas, como as aquáticas e as sonoras, exigiam um meio material para transportá-las. O meio presumido para a luz era o éter. (Em seu artigo, Einstein chama o éter de "meio da luz".) Ademais, as equações de Maxwell previam que a luz teria uma velocidade definida, 299792 quilômetros por segundo *em relação ao éter*. Ou seja, um observador em repouso no éter mediria a velocidade da luz como 299792 quilômetros por segundo. Um observador em movimento no éter mediria uma velocidade da luz diferente, que variava de acordo com a direção do raio de luz.

Essa última expectativa podia ser facilmente entendida por meio de uma analogia. Uma onda de água tem uma velocidade definida em relação à água parada. Quando uma pessoa sentada em repouso num lago chapinha a água, as ondas resultantes viajam afastando-se dela na mesma velocidade em qualquer direção. Mas, se o nosso observador está atravessando o lago num barco a motor ao chapinhar a água, as ondas que viajam no mesmo sentido do movimento do barco afastam-se da pessoa com velocidade menor do que as que viajam no sentido oposto. De fato, à medida que nosso observador aumenta a velocidade do barco, ele alcança as ondas que viajam no mesmo sentido e perde as que viajam em sentido oposto. Se o observador se mover com velocidade suficiente, poderá efetivamente acompanhar as ondas que viajam no mesmo sentido, de modo que elas permaneçam ao lado do barco.

Segundo o raciocínio dos físicos, como a Terra descreve uma órbita em torno do Sol, ela se move através do éter como um barco num lago. Portanto, as velocidades dos raios de luz que viajam em diferentes direções deveriam ser diferentes. Em 1887, em um dos experimentos científicos mais importantes de todos os tempos, os físicos norte-americanos Albert Michelson e William Morley mediram cuidadosamente a velocidade da luz em diferentes direções. Esperavam determinar a velocidade com que a Terra se movia através do éter e assim identificar o referencial cósmico de repouso. Para sua extrema surpresa e desapontamento, descobriram que a velocidade da luz era a mesma em todas as direções, 299792 quilômetros por segundo. Michelson estava tão certo de ter cometido um erro que ficou repetindo seu experimento, com o mesmo resultado desencorajador. Por fim, em 1907, foi laureado com o prêmio Nobel pelo seu "fracasso", o primeiro norte-americano a ganhar o prêmio desde que fora instituído, em 1901.

Tão convencidos estavam os físicos da existência do éter, na verdade da necessidade do éter, que inventaram elaborados mecanismos para explicar os resultados de Michelson e Morley. O mais notável foi a teoria do grande físico holandês Hendrick Antoon Lorentz, ele próprio ganhador do prêmio Nobel em 1902. Lorentz propôs que as forças eletromagnéticas dentro das réguas de medição eram alteradas pelo seu movimento através do éter da maneira precisamente correta para fazer "parecer" que a luz viajava à mesma velocidade em todas as direções.

Segundo sua autobiografia, Einstein pensava sobre o movimento da luz desde que tinha dezesseis anos.[1] No primeiro parágrafo de seu artigo de 1905, ele resume o conflito entre teoria e experimento com respeito à "eletrodinâmica" dos corpos em movimento e lança dúvida sobre a sagrada ideia de repouso absoluto. (Por diferentes razões, Aristóteles, Newton e Kant professavam todos a fé na condição de repouso absoluto.) Einstein anuncia então dois "postulados". O primeiro, que as leis da eletricidade e magnetismo "serão válidas para todos os referenciais para os quais vigorem as equações da mecânica", significando que as equações de Maxwell deveriam parecer idênticas para todos os observadores viajando em velocidades constantes, independentemente das direções e dos valores dessas velocidades. Tais observadores podiam ser chamados de "observadores em velocidade constante". Sabemos que somos um observador desse tipo quando não sentimos os familiares puxões e empurrões que indicam aceleração. Dado o primeiro postulado, o segundo postulado de Einstein implica que a velocidade da luz, sempre que é medida, resulta num mesmo número, representado por c, independentemente do emissor ou do observador. (Como já foi mencionado, $c = 299792$ quilômetros por segundo.)

Em seus dois postulados, Einstein baniu o éter. Já que não se observa éter nenhum, sugere ele, o éter não existe. Ou, em suas palavras mais modestas, o éter é "supérfluo". Mas as consequências dessa simples dispensa do éter são profundas. Sem éter, não existe referencial cósmico de repouso absoluto. Portanto, não podemos dizer num sentido absoluto que um observador está em repouso e outro em movimento. Um observador em velocidade constante é como um carro sem nenhuma aceleração, sem paisagem do lado de fora da janela, sem atrito com a estrada. Não há como os passageiros desse carro saberem a que velocidade estão se movendo, nem mesmo se de fato estão se movendo. *Apenas o movimento em relação a algum outro objeto é mensurável e tem significado.* Daí a origem da famosa palavra "relatividade".

Sem uma condição de repouso absoluto, todos os observadores em velocidade constante devem ser totalmente equivalentes entre si. Sendo equivalentes, devem medir leis da física idênticas (primeiro postulado de Einstein). Em particular, já que a velocidade da luz emerge das leis do eletromagnetismo, todos os observadores em velocidade constante devem medir a mesma velocidade para um raio de luz que passa.

Podemos ver imediatamente que os dois postulados de Einstein requerem uma revisão drástica nas nossas noções de tempo e espaço. Consideremos dois observadores em velocidade constante, um homem sentado num banco e outro correndo a dez quilômetros por hora, passando pelo banco. Agora suponhamos que passe um raio de luz, viajando no sentido oposto ao do corredor. Segundo os postulados de Einstein, os dois sujeitos irão medir *a mesma* velocidade para o raio de luz passando. O senso comum nos grita que o homem correndo contra o raio de luz o verá chegando mais rápido do que o homem sentado no banco. Se os postulados de Einstein forem verdadeiros, algo deve estar errado, pelo senso comum, na nossa noção de como a velocidade se soma e se subtrai. Velocidade, porém, é a distância dividida pelo tempo que leva para percorrer essa distância. Se nossas ideias sobre velocidade estão erradas, o mesmo vale para nossas ideias sobre tempo e espaço. Acabamos de cair na toca do coelho.

Com simplicidade quase infantil, Einstein começa a questionar o significado do tempo.

Todos os nossos julgamentos em que o tempo desempenha algum papel são sempre julgamentos de eventos *simultâneos*. Se, por exemplo, eu digo: "Aquele trem chega aqui às sete horas", quero dizer algo do tipo: "A indicação do ponteiro pequeno do meu relógio no número 7 e a chegada do trem são eventos simultâneos".

Implicitamente, Einstein introduz a noção de "evento", que possui uma localização precisa tanto no tempo como no espaço. Por exemplo, um evento para mim seria encontrar um amigo na recepção do Pierre Hotel em Nova York às 11h28 da manhã do dia 28 de julho de 2003. É uma questão simples, diz Einstein, determinar se dois eventos são simultâneos quando ocorrem no mesmo lugar, mas não tão simples quando ocorrem em locais diferentes. Neste último caso, são necessários dois relógios, e esses relógios precisam estar sincronizados.

Einstein fornece então um plano concreto para sincronizar uma rede de relógios em diferentes locais, mas em repouso em relação uns aos outros. Para um mensageiro de tempo confiável sincronizar o conjunto de relógios, ele usa um raio de luz, que cobre uma distância definida entre dois relógios num intervalo de tempo definido. Por exemplo, se um raio de luz é emitido de um relógio ao meio-dia, no momento em que ele alcança outro relógio a 299 792 quilômetros de distância, esse segundo relógio precisa ser acertado em meio-dia mais um segundo.

Utilizando esse método, cada relógio "local" num lugar específico pode ser sincronizado com toda a rede de relógios. O "tempo" de um evento pode ser agora definido como o tempo lido por um relógio particular no mesmo local do evento. Dois eventos serão simultâneos numa rede específica se ocorrerem ao mesmo tempo nos dois relógios locais apropriados nessa rede. Outros relógios, em movimento com relação aos primeiros relógios, são parte de suas próprias redes. Na imaginação de Einstein, diferentes redes de relógios deslizam passando umas pelas outras, como navios num mar escuro, cada rede em sincronia consigo mesma.

Pouco a pouco, Einstein vai refletindo sobre o significado de medir o tempo, tentando dispensar premissas desnecessárias, e não deixar que vieses ocultos obscureçam sua mente. Marco Aurélio concebeu o tempo como um rio, carregando os eventos correnteza abaixo.[2] Kant proclamou que o tempo não tinha existência independente fora da percepção humana dos fatos.[3] E Shelley escreveu a respeito de "um tempo calçado com chumbo", mais vagaroso que o pensamento.[4] Mas Einstein era físico. Para ele, o tempo é um problema para a física. Como recordou aos 67 anos: "Era preciso entender claramente o que as coordenadas espaciais e a duração temporal dos eventos significavam para a física".[5]

Em seguida, a surpresa notável, mas não imprevisível. Dois eventos que sejam simultâneos para um observador (com sua rede de relógios) não o são para um segundo observador (com sua segunda rede de relógios) em movimento em relação ao primeiro. Imaginemos o seguinte experimento: o primeiro observador permanece sentado num vagão de trem e coloca uma tela exatamente na metade da distância entre duas lâmpadas. Vamos presumir também que a tela possua um detector de cada lado, e que uma campainha toque se a luz atingir ambos os detectores ao mesmo tempo. Nosso observador acende as duas lâmpadas simultaneamente. O raio de uma lâmpada viaja para a esquerda, o raio de luz da outra lâmpada viaja para a direita. Os dois raios de luz viajam à mesma velocidade, segundo os postulados de Einstein, de modo que se encontram ao mesmo tempo sobre a tela que está a meio caminho dos dois. A campainha toca. Nada mais simples!

Suponhamos agora que o vagão esteja passando por um segundo observador sentado num banco, movendo-se para a direita, e consideremos tudo do ponto de vista desse segundo observador, como é mostrado na figura 4.1. A figura mostra a visão desse segundo observador em três instantes sucessivos, a partir do alto. O observador no banco *vê as duas lâmpadas e a tela movendo-se todas para a direita.* O observador também presencia os dois raios de luz se encontrando ao mesmo tempo sobre a tela. A campainha pode tocar ou não, e já que tocou para o primeiro observador, deve tocar para o segundo, indicando que os dois raios de luz se encontraram sobre a tela ao mesmo tempo.

Porém, conforme viu o observador sentado no banco, um desses raios precisou percorrer uma distância maior do que o outro para chegar à tela, já que, durante o período de trânsito, a tela se moveu. Em particular, uma vez que a tela está se movendo para a direita, ela viaja na direção do raio que vai para a esquerda, e se afasta do raio que vai para a direita. *Portanto, o raio que vai para a direita precisa percorrer uma distância maior do que o raio que vai para a esquerda para chegar à tela.* Uma vez que ambos os raios têm a mesma velocidade, de acordo com os postulados de Einstein, o raio que vai para a direita levou mais tempo para alcançar a tela. Portanto, a lâmpada que emitiu o raio que vai para a direita teve de ser ligada *antes* da outra. Em outras palavras, as ações de ligar cada uma das lâmpadas — esses dois eventos — não ocorreram simultaneamente para o segundo observador, embora tivessem ocorrido para o primeiro. A simultaneidade é relativa ao observador.

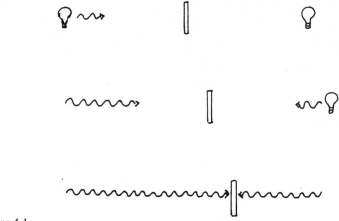

Figura 4.1

O fato-chave causador da discordância na simultaneidade é que *ambos* os observadores veem os raios para a direita e para a esquerda movendo-se à mesma velocidade. Antes das ideias de Einstein sobre a ausência do éter e da constância da velocidade da luz, os físicos teriam dito que ao menos um dos observadores devia estar se movendo através do éter. Para esse observador, os raios para a direita e para a esquerda não podiam ter a mesma velocidade. (Um dos raios está viajando contra a correnteza de éter, ao passo que o outro está viajando a favor.) As diferentes velocidades, na verdade, compensariam exatamente as diferentes distâncias percorridas, de modo que as discordâncias temporais entre os dois observadores seriam eliminadas.

Esses resultados não podem ser desconsiderados como uma peculiaridade associada apenas à luz. O ato de acender as duas lâmpadas poderia ter representado dois eventos quaisquer em extremidades opostas do vagão. Por exemplo, o nascimento de dois bebês. Nesse caso, o observador no trem diria que os dois bebês nasceram ao mesmo tempo, enquanto o observador sentado no banco declararia que o bebê da esquerda era o mais velho.

É impressionante que Einstein faça tão poucas referências à literatura existente em física. Poderíamos ser tentados a atribuir essa ausência ao seu isolamento do establishment acadêmico em 1905, mas essa omissão continua ao longo de todo seu trabalho posterior. Uma explicação mais plausível poderia ser que Einstein não parecia especialmente influenciado por este ou aquele resultado em particular, sendo em vez disso guiado pelo quadro geral conforme visto por ele mesmo.

Aqui e em outras partes, Einstein usou um método de pensamento dedutivo, raro, partindo de princípios gerais, ou "postulados", e então explorando as consequências desses princípios. A maioria dos outros cientistas sempre havia trabalhado de maneira indutiva, construindo leis gerais a partir de uma gama de fenômenos experimentais, ou começando com alguns processos simples, elementares, e depois estruturando os mais complexos. Assim, por exemplo, o astrônomo alemão do início do século XVII, Johannes Kepler, debruçou-se longamente sobre os dados experimentais das órbitas dos planetas antes de descobrir suas famosas leis do movimento planetário. Darwin viajou para a Patagônia, Terra do Fogo e Amazônia, passando anos a examinar as estatísticas de vida das emas e dos tatus antes de "induzir" o princípio da seleção natural. E Max Planck, em 1900, começou com uma lei específica para um fenômeno observável específico e trabalhou de trás para a frente para descobrir o que ela exigia para a distribuição de energia em seus ressonadores.

Einstein, um solitário sob todos os aspectos, trabalhava de forma diferente. Começava com princípios fundamentais e postulados de sua própria cabeça, que se baseavam de forma apenas tênue no mundo exterior. No início dos anos 1930, ele exprimiu sua filosofia da ciência da seguinte maneira: "Nós sabemos agora que a ciência não pode crescer unicamente a partir do empirismo, que nas construções da ciência precisamos fazer uso da livre invenção que somente *a posteriori* poderá ser confrontada pela experiência quanto à sua utilidade".[6] Para Einstein, seu cérebro estava nos olhos, ouvidos e mãos, todos combinados. Experimentos eram apenas sugestões. Quando precisava de experimentos que nunca tinham sido feitos, ele os imaginava.

Outro aspecto original e distintivo do pensamento de Einstein em seu artigo era sua premissa de um "princípio de simetria". Um princípio de simetria diz que um fenômeno deve ter a mesma aparência a partir de pontos de vista diferentes. Por exemplo, um quadrado tem a mesma aparência quando girado a noventa graus, e portanto diz-se que ele tem uma "simetria quadrangular". Em seu primeiro postulado, Einstein invoca um poderoso princípio de simetria: as leis da física devem ter a mesma aparência para diferentes observadores, conquanto eles se movam com velocidade constante. Na verdade, Einstein foi o primeiro físico a invocar o princípio da simetria como *ponto de partida* para investigar as leis da natureza. Outros físicos às vezes comentavam as várias simetrias exibidas pelas suas leis e equações *depois* que essas leis e equações tinham sido descobertas por outros meios. Mas Einstein sustentava que os princípios de simetria eram fundamentais e, portanto, continham pistas para a descoberta. Para Einstein, os princípios de simetria, juntamente com a unicidade, faziam parte do tecido da natureza. Assim, para descobrir as leis da natureza, começava-se pelos princípios de simetria. (É claro que as leis assim deduzidas são provisórias, assim como todas as teorias científicas criadas pelo homem, e precisam ser testadas com experimentos. Às vezes essas leis propostas e seus presumidos princípios de simetria se mostram falsos. A natureza não obedece a todos os princípios de simetria que podemos imaginar.) Essas ideias serão discutidas em maiores detalhes no capítulo 20.

Chegamos ao ponto-chave e à essência do artigo. Tudo se segue de forma lógica e inevitável a partir dos dois postulados. Einstein considera dois eventos e pergunta como sua localização no tempo e no espaço varia com a perspectiva de dois observadores distintos. Ele chama o primeiro observador de K e o segundo de k. (Será que Kafka, por acaso, teria lido Einstein?) O observador k move-se ao longo da direção x numa velocidade v em relação a K. Ambos os observadores acertam seus relógios e réguas de modo que o primeiro evento ocorra num tempo e posição zero nos seus respectivos sistemas de medição. O segundo evento ocorre numa posição espacial x, y, z e num tempo t medidos por K, e numa posição espacial ξ, η, ζ e num tempo τ medidos por k. Pergunta Einstein: como x, y, z e t se relacionam com ξ, η, ζ e τ? A pergunta é como considerar um novo sistema de latitude e longitude — por exemplo, com latitude zero em Tóquio em vez do polo Norte, e longitude zero passando por Nova York em vez de Londres — e indagar como o novo e o velho sistema de coordenadas se comparam para a localização de Calcutá. A diferença, para o problema de Einstein, é que uma das coordenadas é o tempo. Um evento tem as duas coisas: tempo e lugar.

Dados seus postulados, Einstein pode deduzir a diferença de coordenadas. Ele considera dois conjuntos de dois eventos: o primeiro conjunto são duas marcações de um relógio em repouso no referencial k. Cada marcação ocorre num tempo e lugar. O segundo conjunto é a posição em dois instantes diferentes de determinado raio de luz. Embora os dois observadores K e k discordem quanto às posições no tempo e no espaço do raio de luz, ambos precisam concordar quanto à sua velocidade, conforme exigido pelo segundo postulado da relatividade. Mais ainda, uma vez que a velocidade é distância dividida por tempo, se K e k discordam quanto à distância percorrida pelo raio de luz, como no exemplo mostrado na figura 4.1, devem discordar também quanto ao tempo decorrido, de modo que a razão da distância dividida pelo tempo possa ser a mesma para ambos.

Usando esses dois conjuntos de eventos e a completa equivalência de K e k, Einstein chega às "equações de transformação" dadas no final da terceira seção. Essas equações, que fundamentam a teoria da relatividade especial, expressam quantitativamente como as medições de tempo e espaço variam entre dois observadores passando um pelo outro numa velocidade relativa v. Os resultados dependem de v e da velocidade universal da luz c. É importante notar que, como no nascimento de bebês, as equações de transformação aplicam-se não somente à luz. Aplicam-se a quaisquer eventos. Elas significam a natureza relativa de tempo e espaço. A fria precisão dessas equações, a voz distante e comedida do jovem cientista, dissimula o tumultuoso significado da proposta de Einstein.

Com as equações de transformação, Einstein descobre que todos os objetos em movimento têm seu comprimento reduzido no sentido do movimento pelo "fator de relatividade" $\sqrt{1-xv^2/c^2}$, e todos os relógios em movimento ficam mais lentos pelo mesmo fator. "Em movimento", obviamente, é um termo relativo. Cada observador tem sua própria rede de réguas e relógios "estacionários", que estão em repouso em relação a ele. Todas as réguas e relógios que se movem em relação a ele são reduzidos em comprimento e ficam mais lentos em comparação ao seu equipamento estacionário. Por exemplo, se um relógio passa por mim com metade da velocidade da luz, $v = c/2$, então a passagem de um segundo no meu relógio estacionário leva $\sqrt{1-1/4} = 0{,}866$ segundos no relógio em movimento.

Para as velocidades do dia a dia, minúsculas quando comparadas à velocidade da luz, o fator de relatividade $\sqrt{1-v^2/c^2}$ é extremamente próximo de 1. (Um avião a jato passando por mim a novecentos quilômetros por hora tem um fator de relatividade de 0,9999999999996.) É por isso que as contrações de comprimento, dilatações temporais e discrepâncias de simultaneidade einsteinianas passam completamente despercebidas às percepções sensoriais humanas. É por isso que temos um senso tão forte da natureza absoluta do tempo. Para velocidades relativas elevadas ou instrumentos altamente sensíveis, no entanto, as distorções relativísticas do tempo e do espaço tornam-se mensuráveis. Na verdade, as predições da relatividade especial têm sido quantitativamente confirmadas por numerosos experimentos. Por exemplo, uma partícula subatômica chamada múon, quando em repouso no laboratório, tem uma vida média de 2,2 milionésimos de segundo antes de se desintegrar. Múons viajando a 99,8% da velocidade da luz (em relação ao laboratório) vivem 33 milionésimos de segundo (medidos pelos relógios do laboratório) antes de se desintegrar. Nós conhecemos esse resultado porque os múons têm sido detectados na superfície terrestre depois de serem criados no alto da atmosfera, a cerca de doze quilômetros do solo. Sem os efeitos da relatividade, tais múons não poderiam durar o tempo de viagem até a superfície sem se desintegrar. O relógio interno do múon *em movimento* bate mais lentamente que um relógio *estacionário*, e a diferença é exatamente aquela prevista pelas equações da relatividade.

Nunca é exagero considerar a significância de "Sobre a eletrodinâmica dos corpos em movimento", talvez o artigo mais importante de toda a física. Ao contrário de quase todas as outras teorias na física, a relatividade não é uma teoria sobre forças e partículas específicas, e sim uma teoria sobre a natureza do tempo e do espaço — o palco no qual todas as forças e partículas representam seus papéis. Como tal, a relatividade penetra em toda teoria moderna da física. Todas as teorias originadas antes de 1905 foram revistas de acordo com os preceitos da relatividade. Todas as teorias desde então a têm incorporado.

O jovem desconhecido funcionário de patentes tinha vastos conhecimentos sobre filosofia e literatura, bem como sobre física, e a exata noção de que sua teoria da relatividade desafiava séculos de pensamento. Grande parte de suas leituras, ele discutia com dois outros jovens, Maurice Solovine e Conrad Habicht. Os três amigos formaram uma pequena sociedade que modestamente chamaram de Academia Olímpia, que se reunia várias noites por semana para jantar e conversar. Acompanhados de salsichas e queijo, frutas e chá, discutiam Espinosa, Hume, Kant, Sófocles, Racine, Cervantes, Dickens, Mill, entremeados com físicos e matemáticos como Mach, Helmholtz, Riemann, Poincaré. Como

Solovine recordou muitos anos depois: "Líamos uma página ou meia página — às vezes apenas uma frase —, e as discussões se estendiam por vários dias quando o problema era importante".[7] As discussões às vezes eram acompanhadas por uma das execuções de Einstein ao violino. Durante o verão, os três amigos terminavam a noite juntos indo até Gurten, ao sul de Berna, onde esperavam o nascer do sol sobre os Alpes. A bela paisagem, claro, detonava novas discussões sobre astronomia, após as quais os jovens exaustos tomavam café preto num pequeno restaurante e enfim empreendiam a viagem de volta, descendo a montanha até Berna.

À parte esses amigos queridos de juventude, Einstein foi um solitário a vida toda, um homem que guardava ferozmente a sua privacidade. Mais tarde na vida, envolveu-se com muitas causas sociais, tais como o apoio à Liga de Direitos Humanos, dando numerosas palestras ao redor do mundo sobre política, filosofia e educação, ajudando a fundar a Universidade Hebraica de Jerusalém. Einstein também teve muitos relacionamentos românticos na vida. Num nível mais profundo, porém, foi um homem solitário. Ao contrário de quase todos os outros grandes cientistas, orientava apenas um único estudante de pós-graduação por vez e evitava lecionar. Num ensaio publicado em 1931, aos 52 anos, Einstein escreveu:

> Meu apaixonado senso de justiça e responsabilidade social sempre contrastou estranhamente com a minha pronunciada falta de necessidade de contato direto com outros seres humanos e comunidades humanas. Sou verdadeiramente um "viajante solitário" e nunca pertenci de todo o coração ao meu país, meu lar, meus amigos ou mesmo à minha família.[8]

Em 1933, em reação às políticas militaristas e antissemitas do Terceiro Reich, Einstein deixou a Alemanha pelo Instituto de Estudos Avançados de Princeton. Ali, ele passaria os últimos 22 anos de sua vida. Durante esse período, o "viajante solitário" tornou-se ainda mais solitário. Parte do alheamento mais profundo de Einstein devia-se simplesmente ao fato de estar num país novo, onde se falava outro idioma. A mais importante mudança, porém, deu-se na vida intelectual de Einstein: o núcleo de seu ser desligou-se do restante da física. Para começar, ele não conseguia aceitar filosoficamente o dogma fundamental da *incerteza* presente na nova física quântica, uma física que ele ajudara a criar (ver capítulo 10). Além disso, estava obcecado por sua própria teoria unificada não quântica de eletromagnetismo e gravidade, que perseguiu obstinadamente pelo resto da vida, após sucessivos fracassos. Outros físicos encaravam essas teimosas posições com perplexidade e desânimo. Enquanto a física tomava o rumo da nova e poderosa física quântica, capaz de explicar o comportamento de átomos e partículas subatômicas, Einstein se fechou em um solitário confinamento intelectual. A descoberta da antimatéria, a descoberta da teoria quântica relativista do elétron, a descoberta de novas forças fundamentais na década de 1930, tudo se passou com poucos comentários por parte de Einstein. Mesmo quando o grande físico dinamarquês Niels Bohr, com quem tivera um dia vívidas discussões, visitou Princeton em 1939, Einstein permaneceu enclausurado e sozinho em seu escritório atulhado de papéis.

Em 1953, perto do fim da vida, Einstein mandou uma carta para Solovine, seu amigo de juventude, endereçada "À imortal Academia Olímpia". A carta dizia: "Em sua breve existência ativa você tinha um prazer infantil em tudo que era claro e razoável [...]. Embora um tanto decrépitos, ainda seguimos o caminho solitário da nossa vida por sua luz pura e inspiradora".[9]

5. O núcleo do átomo

Uma velha fotografia do Laboratório Cavendish na Universidade de Cambridge mostra um Ernest Rutherford na casa dos sessenta anos, gordo, grisalho, calvície acentuada, um verdadeiro buldogue, de óculos e bigode, charuto pendendo dos lábios e quase incorporado às feições da face. Apesar do terno com colete, Rutherford parece de certa forma desmazelado. Tem os braços grosseiramente cruzados atrás das costas, pés plantados no chão com as pernas bem abertas. Com uma carranca, ele fita o espaço, como que ponderando sobre algum problema espinhoso, alheio ao jovem alinhado que busca chamar sua atenção. Estamos no começo dos anos 1930, uma década depois que Rutherford assumiu a direção do mais famoso laboratório de física experimental da Inglaterra, e talvez do mundo. Em primeiro plano, um carrinho decrépito contém baterias e capacitores, um emaranhado de fios retorcidos serpenteando em todas as direções. Acima da cabeça de Rutherford, num cartaz pendurado, lê-se: "Fale baixo, por favor". Sem dúvida, a placa é dirigida ao próprio professor Rutherford, cuja voz retumbante era capaz de descalibrar qualquer equipamento sensível.

Em seu tempo, Rutherford foi considerado o maior físico experimental da Comunidade Britânica. Nenhum outro cientista dominara o campo de tal maneira desde Michael Faraday (1791-1867), o descobridor da indução eletromagnética. Rutherford fez a maior parte do equipamento de seu laboratório com as próprias mãos. Além dessa habilidade mecânica, tinha uma intuição infalível sobre como funcionavam as coisas.

Parte da destreza manual de Rutherford talvez fosse herdada de seu pai, um pequeno fazendeiro e tecnólogo na Nova Zelândia, que também trabalhava fazendo consertos em ferramentas e objetos em geral. Quando criança, Rutherford desmontava relógios e fazia modelos das rodas-d'água que seu pai construía em seus moinhos. O jovem Rutherford sobressaía em todas as matérias na escola. Em 1895, aos 24 anos, ganhou uma bolsa de estudos para um cargo de pesquisa temporário no Laboratório Cavendish. Embora tivesse realizado na época um trabalho excelente, Rutherford ressentia-se daquilo que considerava os ares pretensiosos e esnobes de Cambridge. Após ter recusada uma bolsa adicional em Cambridge, em 1898 aceitou um posto na Universidade McGill, em Montreal. Ali, tornou-se pioneiro no novo campo da radioatividade, então recém-descoberta por Antoine-Henri Becquerel e pelo casal Pierre e Marie Curie. Tendo como companheiro em seus experimentos o químico britânico Frederick Soddy, Rutherford estudou e descreveu a natureza das misteriosas emanações radioativas, medindo o grau de desintegração de numerosos elementos radioativos e demonstrando o que os antigos alquimistas sonharam durante séculos: que, na desintegração radioativa, um elemento químico se transforma em outro. Pelo seu trabalho na McGill, Rutherford ganhou o prêmio Nobel de química em 1908. Já então havia desenvolvido o estilo pessoal que C. P. Snow mais tarde descreveria como "exuberante, extrovertido e não notavelmente modesto".[1]

Em 1907, depois que o detentor da cátedra de física na Universidade de Manchester ofereceu-se para renunciar para que Rutherford pudesse assumir sua cadeira, o neozelandês de 36 anos retornou à Inglaterra. Foi em Manchester que Rutherford fez seu maior trabalho, a descoberta da estrutura do átomo.

Na época em que Rutherford mudou-se para Manchester, a compreensão do interior do átomo ainda era muito pobre. No entanto, as massas e tamanhos dos átomos de modo geral já eram bem conhecidos desde o final do século XIX. Um átomo de carbono, por exemplo, tem massa de aproximadamente 2×10^{-23} gramas e um raio de cerca de 10^{-8} centímetros. Em termos ligeiramente mais familiares, são necessários cerca de 100 mil bilhões de bilhões de átomos de carbono para igualar a massa de uma moeda de um centavo americano, e 100 milhões de átomos de carbono para ocupar, de um lado a outro, o diâmetro dessa moeda de um centavo. É impressionante que os cientistas fossem capazes de determinar tamanhos e massas de objetos tão menores de qualquer coisa possível de ser vista ao microscópio. Na verdade, até o fato de acreditar na existência do mundo invisível do átomo requeria fé na razão científica.

Vamos nos afastar brevemente de nosso tema para relatar uma dessas linhas de raciocínio: a determinação da massa do átomo em 1890 pelo físico dinamarquês Ludwig Lorenz (1829-91). Lorenz aplicou a teoria da eletricidade e do magnetismo para calcular o desvio em zigue-zague da luz solar (uma onda eletromagnética) quando passa através da atmosfera. As cargas elétricas em cada molécula de ar ficam oscilando como efeito da onda de luz que passa, e essas oscilações por sua vez afetam e desviam o raio de luz. (A luz também é desviada, num valor diferente, ao passar através da água, provocando a aparência descontínua de uma colher que esteja metade na água e metade no ar.) O valor do desvio depende, entre outras coisas, do número de moléculas de ar por centímetro cúbico. Assim, a medida do desvio, acompanhada da teoria, nos dá o número de moléculas por centímetro cúbico de ar. Pesando a massa de um centímetro cúbico de ar, por sua vez, obtemos uma estimativa da massa de uma única molécula de ar. A partir de experimentos químicos, os cientistas já sabiam que o ar é composto de uma proporção definida de moléculas de oxigênio e nitrogênio, com dois átomos por molécula. Assim, com os cálculos e as medições de Lorenz foi possível computar a massa de um único átomo de oxigênio e de nitrogênio. Também pela química, particularmente pelas proporções de peso em que diferentes elementos químicos se combinam, as massas *relativas* de diferentes átomos eram conhecidas. Consequentemente, com o trabalho de Lorenz era possível inferir as massas de todos os átomos, do hidrogênio ao urânio. Como depois se soube, os cálculos de Lorenz passaram despercebidos por alguns anos, pois ele os publicara apenas em dinamarquês, ao passo que a literatura científica de grande circulação era escrita em alemão ou inglês. Outros cientistas dinamarqueses, como Niels Bohr, tiveram o cuidado de publicar em inglês.

Com o conhecimento da massa de um átomo, pode-se estimar seu tamanho da seguinte maneira: na matéria sólida, os átomos estão agrupados muito próximos, praticamente lado a lado. Por conseguinte, o volume total ocupado por 1 milhão de átomos de matéria sólida é aproximadamente igual a 1 milhão de vezes o volume de um único átomo, assim como o volume de 1 milhão de bolinhas de gude todas juntas é só um pouquinho maior que 1 milhão de vezes o volume de uma só bolinha. Sabemos também que a massa total de 1 milhão de átomos equivale a 1 milhão de vezes a massa de um único átomo. Assim, chegamos ao interessante fato de que a massa total de 1 milhão de átomos de matéria sólida *dividida* pelo volume total ocupado por esse milhão de átomos equivale à massa de um único átomo dividida pelo volume de um único átomo (os milhões se cancelam mutuamente). Foi usado o número de 1 milhão somente como exemplo, e no fim das contas isso não tem importância. Em outras palavras, a massa total de qualquer bloco sólido de matéria dividida pelo volume total desse bloco equivale à massa de um só átomo dessa matéria dividida pelo volume de um só átomo. É fácil medir a massa e o volume de um grupo grande de átomos de matéria sólida, digamos um bloco de grafite, feito de átomos de carbono. Sabemos então a razão massa-volume de um único átomo de carbono. Se soubermos a massa do átomo com base em experimentos anteriores, poderemos então deduzir seu volume. (Essas considerações não se aplicam aos átomos nos gases, que não estão agrupados lado a lado.)

Agora, vamos ao interior dos átomos. Em 1897, Joseph John (J. J.) Thomson, na época diretor do Cavendish, descobriu uma partícula subatômica eletricamente carregada que chamou de corpúsculo, mais tarde rebatizada como elétron. Um átomo do elemento mais leve, o hidrogênio, continha um só corpúsculo. Os átomos mais pesados, como o urânio, continham noventa ou mais. O corpúsculo tem carga negativa. Uma vez que os átomos são em geral eletricamente neutros, uma quantidade igual de cargas positivas deve residir em alguma parte dentro do átomo para neutralizar o corpúsculo negativo. Juntando esses fatos e premissas, Thomson e outros propuseram o que foi denominado modelo do pudim de ameixas do átomo: uma esfera de carga positiva uniformemente distribuída, o "pudim", com cargas negativas, as "ameixas" imersas dentro dela. Como todos os modelos em ciência, o modelo do pudim de ameixas era uma imagem mental simplificada de um objeto físico real. Os cientistas descobriram que imagens mentais são úteis para refletir sobre problemas, embora os modelos também possam ser enganosos quando são omitidas características essenciais, e jamais são tão precisas quanto leis matemáticas.

Levando em conta experimentos que, desviando corpúsculos com campos elétricos e magnéticos, mostraram que cada corpúsculo era muitos milhares de vezes mais leve que um átomo típico, presumiu-se que a maior parte da massa do átomo residisse no pudim carregado positivamente. Parte dessa massa perdia-se na desintegração do rádio, do polônio e outros átomos radioativos quando estes ejetavam partes de si mesmos. Em particular, um dos pedaços cuspidos por tais átomos, a partícula alfa, tinha massa igual a quatro átomos de hidrogênio e carga positiva igual e oposta a dois corpúsculos. Foi Rutherford, na verdade, quem a denominou partícula alfa. E também deu nome à partícula beta, uma partícula muito mais leve ejetada por átomos radioativos. Por fim, acabou-se por descobrir que a partícula beta era um corpúsculo de alta velocidade.

Rutherford ficou fascinado pela partícula alfa. Ela tinha massa relativamente grande, muito maior que a de um corpúsculo; tinha carga elétrica, de modo que interagia fortemente com outras partículas eletricamente carregadas; e saía voando de átomos radioativos em grande velocidade. Assim, na mente de Rutherford, as partículas alfa eram os projéteis perfeitos para explorar o interior dos átomos. Um compartimento de material radioativo serviria de canhão. Um grosso recipiente com um pequeno furo atuaria como a mira do canhão, permitindo a passagem de apenas uma bala de canhão alfa voando numa direção estritamente definida. Uma amostra dos átomos a serem pesquisados, o alvo, seria colocada a certa distância do recipiente bem em frente ao feixe incidente de partículas alfa. A figura 5.1 ilustra o esquema experimental.

Trabalhando com o físico alemão Hans Geiger (pai do contador Geiger), Rutherford projetou e construiu diversos dispositivos capazes de detectar e registrar o impacto de partículas alfa unitárias. Um desses instrumentos, o chamado contador de cintilação, consistia numa tela de sulfeto de zinco que brilhava levemente toda vez que era atingida por uma partícula alfa. Entre outras coisas, os contadores de cintilação podiam ser usados para medir as deflexões de projéteis de partículas alfa quando passavam por finas lâminas de átomos-alvo. O ponto da tela que a partícula alfa atingia dizia quanto ela fora desviada, ou defletida.

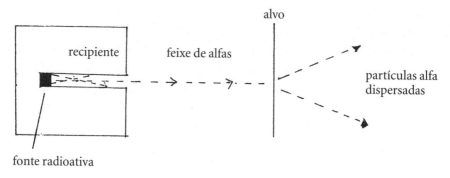

Figura 5.1

Segundo o modelo do pudim de ameixas, com a massa distribuída de forma fina e difusa, uma partícula alfa seria muito mais maciça e concentrada do que qualquer outra coisa que se pudesse encontrar atravessando um átomo. Além disso, a partícula alfa era lançada em alta velocidade. Assim, seu desvio, ou mudança de direção, deveria ser pequeno. Mesmo uma série de pequenos desvios consecutivos, quando a partícula encontrasse muitos corpúsculos em cada átomo ou atravessasse certa quantidade de átomos, não deveria somar muito mais que um grau. Geiger fez um estudo quantitativo desses pequenos desvios e descobriu que eles aumentavam de acordo com a massa do átomo-alvo e a espessura da lâmina, até a lâmina ser tão grossa que as partículas alfa não conseguiam passar através dela.

Em 1909, um estudante chamado Ernest Marsden, sem ter ainda terminado sua graduação, apareceu no laboratório de Rutherford e pediu ao professor para ser aprendiz em algum projeto. Rutherford deu a Marsden a tarefa de medir desvios *grandes* de partículas alfa passando através de finas lâminas de ouro. Nenhum desvio grande ainda fora medido, e tampouco era esperado, com base no modelo do pudim de ameixas. Ninguém sabe exatamente por que Rutherford deu ao seu jovem aluno um "experimento idiota desses" (nas palavras do próprio Rutherford).[2]

Para surpresa de todos, Marsden e Geiger encontraram desvios grandes. De fato, algumas das partículas alfa chegavam a saltar de volta na direção de onde tinham vindo, um desvio de 180 graus. Ao tomar conhecimento desses resultados, o lendário comentário de Rutherford foi: "Foi quase tão incrível como disparar uma bala de quarenta centímetros numa folha de papel e ela voltar e acertar você".[3]

Evidentemente, havia algo denso e pesado no átomo — um caroço de ameixa no pudim. Ou talvez um caroço de ameixa e nenhum pudim. Mais ainda, a fração de partículas alfa que saltavam de volta — cerca de uma em 20 mil para partículas com velocidade 2×10^9 centímetros por segundo (7% da velocidade da luz) atingindo uma lâmina de ouro de 0,00004 centímetro de espessura — era exatamente o que seria de esperar se toda a carga positiva de cada átomo de ouro e a maior parte de sua massa estivessem concentradas no centro do átomo, num raio não maior que 5×10^{-12} centímetros. Um "núcleo" tão minúsculo seria milhares de vezes menor que o átomo como um todo. (Sabemos agora que o raio real do núcleo chega a ser dez vezes menor que esse limite máximo.) Como Rutherford inferiu corretamente desses experimentos, a maior parte do átomo é espaço vazio. Os corpúsculos (elétrons) orbitam a uma distância relativamente grande do concentrado núcleo central. Se o átomo fosse do tamanho do parque Fenway, em Boston, o núcleo no seu centro, contendo toda a carga positiva e mais de 99,9% da massa, seria do tamanho de uma ervilha.

Rutherford remoeu os resultados de Geiger e Marsden por mais de um ano antes de propor publicamente seu novo modelo do átomo, logo chamado modelo de Rutherford. Nesse artigo, publicado em 1911, ele também elabora uma equação para predizer que fração de partículas alfa deve ter determinado desvio angular.

Diferentemente de Einstein, Rutherford não começa seu artigo com princípios grandiosos. Ao contrário, ele faz referência imediata aos resultados experimentais específicos de Geiger e Marsden. Em particular, observa que esses resultados são incompatíveis com os desvios exclusivamente pequenos esperados com o modelo atômico dominante, ou seja, do pudim de ameixas. Em vez disso, esses achados sugerem que as partículas alfa "rebatidas" experimentaram um "único encontro atômico", que é "o assento de um intenso campo elétrico". Essas afirmativas são na verdade resumos do que Ruherford irá provar posteriormente em seu artigo.

Rutherford chega então a seus cálculos. (De forma surpreendente, para o trabalho de um cientista conhecido principalmente por suas experiências práticas, esse artigo transborda cálculos teóricos.) Primeiro, Rutherford assume que o átomo contém N corpúsculos, cada um de carga $-e$. Lança então a hipótese de que o valor da carga positiva necessária para tornar o átomo eletricamente neutro, Ne, concentra-se *no centro do átomo*. Presumindo que essa carga se mantenha fixa e imóvel após os encontros com os projéteis alfa incidentes, implicitamente ele propõe que a totalidade da massa do átomo reside na carga positiva concentrada. O maciço núcleo central age como uma jamanta, que pode ser atingida por um fusca em alta velocidade e mal sentir o impacto.

Os corpúsculos são aproximados por uma carga negativa total de $-Ne$ distribuída uniformemente por todo o átomo. Para valores de $N = 100$, grosseiramente correto para átomos de ouro, e para massas e velocidades apropriadas para as partículas alfa, Rutherford demonstra então que a carga corpuscular fora do centro pode ser desprezada para desvios angulares elevados das partículas alfa. Em outras palavras, para desvios grandes, uma partícula alfa precisa passar muito perto do centro do átomo, onde a força elétrica é mais forte, e a carga *positiva* ali concentrada é tudo que importa.

Com essas premissas, o físico da Nova Zelândia calcula a fração de partículas alfa que deveriam ser desviadas em cada faixa angular ϕ. (Nenhum desvio corresponde a $\phi = 0$.) A imagem é a seguinte: quando uma partícula alfa incidente colide com o núcleo de um átomo, ela depara com uma força elétrica proveniente da carga elétrica do núcleo. Essa força desvia a trajetória da partícula, da mesma forma que a gravidade desvia a trajetória de uma bola de beisebol. Quanto mais perto a partícula passa da concentração do núcleo, mais forte é a força elétrica e maior o desvio.

Ao calcular os desvios esperados, Rutherford não propõe nenhuma lei nova para a física, como Planck e Einstein. Em vez disso, ele lida com as leis da mecânica e da eletricidade conhecidas. Essas leis incluem a constância do momento angular e da energia das partículas alfa, e o formato hiperbólico da trajetória da partícula — tudo resultante das premissas de Rutherford e da lei conhecida para a força elétrica entre uma partícula de carga Ne (o núcleo central) e uma partícula de carga E (a partícula alfa). Em termos qualitativos, essa força aumenta à medida que as magnitudes das duas cargas aumentam, e aumenta à medida que a distância entre as cargas diminui. Quanto mais próximas as cargas, maior a força elétrica entre elas. O que Rutherford está fazendo é aplicar leis conhecidas a uma situação nova. Esse método de trabalho é, na verdade, extremamente comum entre cientistas, mesmo entre cientistas teóricos. Muitos físicos com treinamento avançado poderiam ter feito os cálculos que Rutherford faz em seu artigo. A genialidade dele foi conceber a situação que exigiu tais cálculos.

O resultado final, a equação (5), fornece a fração de partículas alfa desviadas que devem pousar em cada unidade de área de uma tela de cintilação colocada a uma distância r do alvo e num ângulo ϕ com a direção inicial do feixe. Segundo essa equação, tal fração é proporcional à densidade dos átomos de ouro no alvo, simbolizada por n, e à espessura da lâmina de ouro, simbolizada por t. Mediante o parâmetro b, a fração também é proporcional ao quadrado da carga central, $(Ne)^2$, e inversamente proporcional à quarta potência da velocidade da partícula alfa, $1/u^4$. Por fim, a fração é proporcional à quarta potência da cossecante (trigonométrica) de $\phi/2$, uma dependência bem específica do ângulo. Por exemplo, o número de partículas alfa desviadas num ângulo de 180 graus (ou seja, voltando reto) deve ser aproximadamente 0,5% do número de partículas desviadas num ângulo de trinta graus. Esta última estimativa detalhada foi mais tarde testada em experimentos adicionais feitos por Geiger e Marsden, e confirmada.

Na seção seguinte do artigo, "Comparação de deflexão simples e composta", Rutherford exclui a possibilidade de que os desvios grandes observados por Geiger e Marsden pudessem ser resultado de um acúmulo (composição) de muitos desvios de ângulos pequenos. Esse importante cálculo derruba o modelo do pudim de ameixas. A essência do argumento, que também não vai além da física e da matemática previamente conhecidas, é que a probabilidade de uma partícula alfa sofrer um desvio maior que alguns graus pela composição de pequenos desvios é exponencialmente pequena.

Pelo fato de Geiger e Marsden não terem medido detalhadamente a fração de partículas desviadas em cada ângulo, Rutherford não pôde comparar sua equação teórica (5) com os dados experimentais. No entanto, ele pôde sim compará-la com os resultados de como o índice de desvio das partículas cresce com o aumento de massa dos átomos-alvo. Esses resultados estão aproximadamente de acordo com a sua teoria, se ele assumir que a carga central, Ne, é proporcional ao peso atômico, A, uma premissa não exatamente verdadeira. Rutherford escreve: "Considerando a dificuldade do experimento, a concordância entre teoria e experimento é razoavelmente boa". Como o próprio Rutherford é um experimentador, tem a noção exata de que a teoria nunca concorda totalmente com o experimento, mesmo se estiver correta. Em geral há dezenas de fontes de erros experimentais. A bancada do laboratório pode vibrar por causa de um trem passando, o vácuo pretendido pode ser estragado por uma leve evaporação de átomos do recipiente, e assim por diante. Um bom experimentador procura identificar, entender e levar em conta tais fontes de erro.

Rutherford vai adiante e aplica sua fórmula de dispersão para determinar o valor N (número de corpúsculos) de ouro a partir dos resultados de dispersão observados para ângulos pequenos. Ele obtém o valor $N = 97$, em concordância razoável com o valor correto 79. Obtém-se a mesma estimativa para N considerando a dispersão menos frequente para ângulos grandes — um significativo triunfo da teoria, uma vez que os desvios angulares grandes são produzidos exclusivamente pela carga central, enquanto os desvios angulares pequenos derivam em parte da agregação dos muitos corpúsculos no átomo. Nessa seção, Rutherford testa sistematicamente o maior número possível de aspectos de sua fórmula.

Aqui e em outras partes, o estilo de pensamento de Rutherford, assim como sua personalidade, tem um caráter do tipo curto e grosso. À parte os cálculos exatos e precisos que conduzem à equação (5), Rutherford introduz constantemente resultados experimentais, usando números aproximados, fazendo estimativas, comparando um efeito com outro. Enquanto Einstein seguia basicamente sua cabeça, Rutherford seguia seu faro. Seu instinto, desde o início, levou-o a considerar a partícula alfa como ferramenta para pesquisa do átomo. Seu talento de engenharia permitiu-lhe construir equipamentos para detectar partículas alfa e fazer medições com elas. Seu instinto mais uma vez sugeriu que pedisse a Geiger e Marsden que procurassem desvios *grandes* das partículas quando tais desvios não eram esperados. Agora, ele está convencendo a si mesmo, e a nós, da validade de sua imagem revista do átomo.

Em "Considerações gerais", Rutherford conclui com um argumento final e uma sugestão. Fazendo o papel de advogado do diabo, ele pergunta se alguém conseguiria imaginar algo intermediário entre seu modelo nuclear e a ideia do pudim de ameixas — ou seja, que a massa de carga positiva do átomo pudesse consistir de partículas individuais, como os corpúsculos, porém espalhadas pelo átomo. A resposta é não. Seriam necessárias tantas dessas partículas para causar os grandes desvios observados que a massa de cada uma seria pequena demais para desviar significativamente as partículas alfa incidentes — em outras palavras, uma contradição.

A sugestão final de Rutherford diz respeito ao misterioso ponto de origem das partículas alfa. Ele propõe, num tom casual, que as partículas são expelidas dos *núcleos* de átomos radioativos, uma sugestão que faz perfeito sentido em seu novo modelo. Ademais, ele ressalta, a enorme força repulsiva entre uma partícula alfa positivamente carregada e um núcleo atômico positivamente carregado explicaria as altas velocidades com que as partículas alfa são lançadas para fora de átomos radioativos. (Cargas elétricas iguais se repelem mutuamente; positiva e negativa se atraem.) Pode-se pensar nas forças elétricas de repulsão entre as cargas positivas no átomo como molas comprimidas, armadas e prontas para se esticar de novo. Pelo fato de as cargas positivas estarem tão espremidas no minúsculo núcleo, suas "molas" estão extremamente comprimidas, e por isso armazenam grande quantidade de energia. Essa gigantesca energia de repulsão elétrica, como mais tarde se descobriu, é a essência de uma bomba atômica. (Nenhuma energia sequer próxima a essa poderia ser armazenada num modelo atômico em forma de pudim de ameixas.)

Rutherford duvidou que a enorme energia armazenada dentro do núcleo de um átomo pudesse ser algum dia aproveitada. Outros não foram tão pessimistas. Um autor de ficção científica chamado H. G. Wells, que prestava cuidadosa atenção às descobertas de homens como Rutherford, escreveu um livro intitulado *O mundo libertado*. Nesse romance, publicado três anos após o artigo de Rutherford, Wells descreve uma guerra mundial nos anos 1950 na qual cada uma das cidades do mundo é destruída por algumas poucas "bombas atômicas"[4] do tamanho de bolas de praia.

A princípio, a maior parte da comunidade científica ignorou o novo modelo de átomo proposto por Rutherford. Mas o físico teórico dinamarquês Niels Bohr, que conheceu Rutherford em 1911, ficou muito impressionado com a concepção "nuclear" do átomo, e ela serviu de ponto de partida para seu modelo quântico. (Como veremos num capítulo posterior, a primeira frase do histórico artigo de Bohr, em 1913, refere-se ao átomo de Rutherford.) Enquanto Rutherford mapeou a geografia básica do átomo, o modelo quântico de Bohr mostrou onde eram permitidos elétrons nessa geografia, orbitando em volta do núcleo de Rutherford. As localizações e energias dos elétrons, por sua vez, determinam a maneira como os átomos e as moléculas interagem com outros átomos, o tema da química. De fato, pode-se argumentar que toda a química moderna depende do modelo atômico de Rutherford, com elétrons de carga negativa girando em torno de um núcleo de carga positiva, acrescidas as restrições quânticas de Bohr e outros.

Alguns cientistas, como Einstein, são solitários e quase nunca trabalham em parceria ou treinam estudantes. Outros adoram ter gente jovem ao seu redor, apreciam a relação mestre-discípulo, o dar-e-receber do debate cotidiano. Rutherford pertencia a esse segundo grupo. Um grande destacamento de florescentes jovens cientistas trabalhava sob sua orientação — pessoas como James Chadwick, descobridor do nêutron; Peter Kapitza, que realizou trabalho pioneiro em física de baixa temperatura e campos magnéticos intensos; John Cockcroft, o primeiro a dividir o núcleo atômico por meios artificiais; Patrick Blackett, que desenvolveu o método da câmara de nuvens para detectar partículas subatômicas —, todos eles também ganhadores do prêmio Nobel. Rutherford costumava referir-se a seus jovens discípulos como "meus garotos". Eles, por sua vez, ao mesmo tempo que o cultuavam, também tinham pavor do buldogue com seu ladrar potente e faro infalível. Em 1921, pouco depois de chegar ao laboratório de Rutherford, o jovem Kapitza escreveu a sua mãe em Petrogrado (São Petersburgo): "O Professor tem um caráter enganador [...]. É um homem de temperamento fortíssimo. É dado a rompantes incontroláveis. Seus humores flutuam violentamente. Será preciso grande cautela se eu quiser obter, e manter, sua opinião elevada".[5]

6. O tamanho do cosmo

Poucas experiências provocam tantas questões cósmicas quanto olhar para o alto numa noite clara e estrelada. O que são aquelas manchinhas minúsculas brilhando no espaço negro? Qual é o tamanho delas? E a que distância estão? Que tipo de coisa é aquela faixa branca como um véu que atravessa o céu noturno? Onde está a Terra na grandiosa amplidão do espaço? Quando foi que o universo começou, se é que começou? O cosmo se expande sempre mais e mais, infinitamente? Ou existe alguma fronteira última de matéria e espaço — e para além dela, há o quê?

Cada civilização humana tentou responder a essas perguntas. Segundo a cosmologia mais antiga de que se tem registro, o *Enuma Elish* babilônico, o céu era uma abóbada que se estendia a uma altura imensurável. Céu e terra juntavam-se num dique construído sobre as águas que cercavam os territórios. As estrelas borrifadas formavam a "escrita celestial". E a faixa branca diáfana, chamada de Via Láctea em culturas posteriores, era o "rio do céu".[1]

Raciocínio e lógica estão presentes no primeiro pensamento cosmológico grego conhecido, o de Anaximandro, no século VI a.C. Na visão de mundo de Anaximandro, as estrelas consistiam em porções comprimidas de ar, enquanto o Sol tinha o formato de uma roda de carruagem, 28 vezes maior que o diâmetro da Terra. A borda dessa roda fervilhava em chamas. Na cosmologia do erudito árabe Jabir ibn Hayyan, do final do século VIII, as estrelas não eram ar, e sim seres vivos divinos.

Um grande problema para testar todos esses conceitos, fantasiosos ou não, era a dificuldade em medir a distância no espaço. De fato, ao longo da história, a determinação da distância tem sido o maior obstáculo para grande parte da astronomia. Sem saber a distância até um ponto de luz que brilha, não se pode saber se é um vaga-lume ou uma estrela. Não se sabe o seu tamanho, não se sabe quanta energia ele lança no espaço, não se sabe de que tipo de coisa se trata.

Quando olhamos o céu, vemos somente uma imagem bidimensional, uma fotografia plana sem profundidade. Não há pontos de referência que nos digam a que distância as estrelas estão. Se soubéssemos o diâmetro real de uma estrela, poderíamos inferir a distância pelo tamanho reduzido que ela aparenta ter, do mesmo modo como podemos olhar um carro ao longe e estimar sua distância sabendo seu verdadeiro tamanho. Mas as estrelas aparecem apenas como pontos de luz, mesmo em grandes telescópios. Da mesma maneira, se soubéssemos as luminosidades intrínsecas das estrelas, poderíamos determinar suas distâncias pelo brilho que parecem ter, exatamente como uma lâmpada de cinquenta watts pode ser avaliada pelo seu brilho aparente. (Existe uma relação matemática definida entre a luminosidade intrínseca de um objeto, sua distância e seu brilho aparente. Determinando-se duas dessas grandezas, pode-se inferir a terceira.) Infelizmente, as estrelas têm uma gama ampla de luminosidades, a maioria delas desconhecida até a década de 1920. Assim, uma imagem estelar podia parecer opaca, fosse por ser uma estrela de baixa luminosidade relativamente próxima ou por ter alta luminosidade, mas se encontrar muito distante. Consequentemente, a distância não podia ser determinada. E, sem o conhecimento das distâncias, as estrelas, as nebulosas cósmicas, galáxias inteiras são incompreensíveis.

Em 1912, uma astrônoma surda e profundamente religiosa chamada Henrietta Leavitt, trabalhando no Observatório do Harvard College, descobriu um método de determinar distâncias cósmicas. Especificamente, Leavitt chegou a uma lei para calcular as luminosidades intrínsecas de certo tipo de estrelas chamadas cefeidas. Uma vez que o brilho aparente das estrelas podia ser medido diretamente, era possível inferir as distâncias. Leavitt deu à astronomia a terceira dimensão. Depois de seu trabalho, as cefeidas se transformaram em lâmpadas cósmicas de potência conhecida, marcadores flutuantes de distância espalhados pelos vastos pátios do espaço. Nas duas décadas seguintes, outros astrônomos usaram o método de aferir distância de Leavitt para medir o tamanho da nossa galáxia, a Via Láctea, e a posição da Terra dentro dela; para determinar que existem outras galáxias além da nossa; e, o mais incrível, para mostrar que o universo como um todo está se expandindo, tendo tido início num passado possível de se calcular.

Os antigos gregos fizeram tentativas de determinar distâncias no espaço. Medindo as posições dos planetas em pontos diferentes de suas órbitas, combinando essas medidas com argumentos geométricos, os gregos foram capazes de fornecer boas aproximações das *relações* entre as distâncias do Sol e dos planetas. Séculos depois, por volta de 1610, Galileu e o primeiro telescópio provocaram uma revolução na astronomia. Espiando pelo telescópio, Galileu foi capaz de ver que a Via Láctea — a faixa de luz tênue e enevoada que cruza o céu como um arco — era na verdade feita de estrelas individuais. Mas o tamanho da Via Láctea e as distâncias até as estrelas permaneceram desconhecidos.

A primeira determinação precisa da distância até o Sol foi conseguida pelo astrônomo francês Jean Richer em 1672. Richer e seu assistente mediram a posição de Marte em dois observatórios, um em Paris e o outro na Ilha de Caiena, na costa da Guiana Francesa. (Essa posição é determinada em relação ao pano de fundo de estrelas distantes. A posição relativa do Sol não pode ser determinada por esse método, a não ser num eclipse solar, pois as estrelas de fundo ficam invisíveis devido a intenso brilho da luz solar.) Como funcionam tais medições? Todos estamos familiarizados com a ideia de que, quando um objeto é visto de duas perspectivas distintas, sua posição relativa muda. Feche um olho e observe uma árvore do outro lado da rua. Agora observe a árvore usando apenas o outro olho. A posição relativa da árvore muda. Essa mudança de ângulo, chamada paralaxe, e a distância entre os dois pontos de observação (nesse caso, a separação entre os seus olhos) podem ser utilizadas para calcular a distância até a árvore. Paris e Caiena eram os dois olhos de Richer. Medindo a paralaxe de Marte e conhecendo a distância entre Paris e Caiena, Richer foi capaz de determinar a distância até o planeta vermelho. E pôde então determinar a distância até o Sol, aproximadamente a 160 milhões de quilômetros da Terra, conhecendo, dos antigos gregos, as relações de distâncias entre o Sol e os planetas.

Alguns anos depois, Isaac Newton estimou a distância até as estrelas mais próximas *presumindo* que fossem idênticas ao nosso Sol e iguais em luminosidade intrínseca. Ele pôde então calcular a que distância teria de estar o Sol para parecer tão diminuto quanto uma estrela típica. O cientista britânico concluiu corretamente que as estrelas mais próximas estão a uma distância várias centenas de milhares de vezes maior que a distância até o Sol, ou, grosso modo, a 30 trilhões ou 40 trilhões de quilômetros.[2] Pelo fato de as distâncias no cosmo serem tão grandes, os astrônomos recorreram ao uso de anos-luz em vez de quilômetros. Um ano-luz é a distância que um feixe de luz viaja num ano, aproximadamente na ordem de 10 trilhões (10^{13}) de quilômetros. Nesses termos, as estrelas mais próximas estão a poucos anos-luz de distância.

Por volta de 1838, o astrônomo alemão Friedrich Bessel e outros mediram a paralaxe de estrelas próximas. Para observar a minúscula variação angular esperada a uma distância tão grande, os astrônomos utilizaram dois pontos de observação separados pela maior distância possível: o diâmetro da órbita terrestre em torno do Sol. Uma observação foi feita no verão, a outra no inverno, quando a Terra estava do lado oposto da órbita. O experimento de Bessel confirmou a estimativa de Newton. Infelizmente, o método da paralaxe naquela época só podia ser empregado para medir distâncias até cerca de cem anos-luz. Além desse valor, a variação na posição relativa de uma estrela, mesmo tendo como base de referência a órbita da Terra em volta do Sol, era pequena demais para ser detectada. Outros métodos, como o do "conglomerado em movimento", estabelecem certas premissas em relação ao movimento das estrelas que viajam juntas em grupo e podem estender a distância máxima mensurável até cerca de quinhentos anos-luz. Mas mesmo quinhentos anos-luz, em termos cósmicos, não é uma distância tão grande assim. Os astrônomos tinham praticamente certeza de que nosso estranho universo devia se estender muito além disso. Tal era o estado do nosso conhecimento, e da falta dele, no final do século XIX.

Quando chegou ao Observatório do Harvard College, na virada do século, Henrietta Leavitt não tinha ideia de que seu trabalho levaria a um poderoso método novo de aferição de distâncias astronômicas. De fato, toda sua carreira foi marcada pela modéstia. Mesmo hoje, Henrietta Leavitt permanece uma cientista em grande parte desconhecida pelo público, ofuscada por outros astrônomos que aplicaram seu trabalho. A maioria dos livros universitários de astronomia contém apenas umas poucas linhas sobre Leavitt. A maior parte de sua vida se mantém envolta em mistério. Embora tenha sido autora de um número significativo de artigos científicos e tenha deixado uma dúzia de cadernos de anotações com dados sobre astronomia, praticamente não existem cartas pessoais além de sua correspondência com Edward Pickering, diretor do Observatório. Um livro publicado recentemente por George Johnson, *Miss Leavitt's Stars*,[3] contém quase tudo que se conhece a seu respeito.

Fotografias revelam que Leavitt tinha testa alta e face alongada, com os cabelos puxados e presos atrás da cabeça. Na maioria dos seus retratos, tanto jovem quanto mais velha, ela veste uma blusa branca, rendada e de mangas longas, com gola alta circular. Tal indumentária, conservadora até mesmo para sua época, provavelmente se devia à sua estrita formação religiosa e ao seu próprio caráter. Como escreveu o astrônomo Solon Bailey no obituário de Leavitt em 1922,

> Miss Leavitt herdou, de forma ligeiramente abrandada, as austeras virtudes de seus ancestrais puritanos. Ela levava a vida a sério. Seu senso de dever, justiça e lealdade era forte. Parecia dar pouca importância a prazeres levianos. Era membro devoto de seu círculo familiar íntimo, tinha altruísta consideração por suas amizades, era irredutivelmente leal a seus princípios, e profundamente conscienciosa e sincera em seu vínculo com a religião e a Igreja. Tinha a feliz faculdade de apreciar tudo que fosse digno e cativante nos outros, e possuía uma natureza tão plena de brilho que, para ela, toda a vida se tornava bela e cheia de significado [...]. Miss Leavitt era de natureza especialmente tranquila e reservada, e absorta em seu trabalho num grau incomum.[4]

Bailey comenta também que Leavitt era uma cientista cujo "trabalho era realizado com inusitada originalidade, habilidade e paciência".

Henrietta Swan Leavitt nasceu em 4 de julho de 1868, em Lancaster, Massachusetts, uma entre os sete filhos de George Leavitt e Henrietta Swan. George era ministro congregacionista, e Henrietta manteve-se conscienciosamente religiosa por toda a vida. Miss Leavitt, como foi chamada em sua vida adulta, frequentou o Oberlin College de 1885 a 1888. De 1888 a 1892 estudou os clássicos, línguas e astronomia na Society for the Collegiate Instruction of Women

[Sociedade para Instrução Integrada de Mulheres] em Cambridge, que viria mais tarde a se tornar o Radcliffe College. (Para assistir às suas aulas de astronomia, ela caminhava até o Observatório, a algumas centenas de metros do campus principal.) Uma de suas colegas de classe recordava-se de que Leavitt impressionava a todos "com a clareza de sua mente e a doce razoabilidade de sua natureza".[5] Depois de se graduar, Leavitt viajou e passou dois anos em casa, em Lancaster, com uma doença não revelada.

Em 1895, Leavitt reviveu sua paixão pela astronomia tornando-se assistente voluntária no Observatório do Harvard College. Ali, juntou-se a uma dúzia de outras mulheres que haviam sido contratadas pelo autoritário diretor do Observatório, Edward C. Pickering. Essas mulheres, chamadas de "computadoras", ou "harém de Pickering", eram responsáveis pelos meticulosos cálculos e registros de posição, luminosidade e cores espectrais de literalmente centenas de milhares de estrelas — a maioria delas ínfimos pontinhos negros em chapas fotográficas de vidro, mil ou mais estrelas em cada chapa. (As chapas eram negativos.)

Uma crise familiar em 1900 obrigou Leavitt a ir para longe, a Beloit, Wisconsin, onde seu pai servia como ministro. Após uma ausência de dois anos, ela escreveu a Pickering: "Eu lamento muito mais do que posso expressar o fato de o trabalho que assumi com tanto deleite, e até certo ponto empreendi com tanto prazer, ter ficado incompleto".[6] Pouco tempo depois, aos 34 anos, Leavitt aceitou uma oferta de Pickering para uma posição permanente, de período integral, no observatório, com um salário de trinta centavos a hora (equivalente a cerca de oito dólares por hora em 2005). No fim de agosto de 1902, ao chegar de volta a Massachusetts, ela escreveu ao diretor: "Finalmente eu me encontro livre para assumir [o trabalho], e espero ir para o observatório na quarta-feira à tarde, chegando aí entre as duas e meia e três horas [...]. Espero que essa longa demora não lhe tenha sido inconveniente".[7] Nessa época, Leavitt estava ligeiramente surda. Nos anos seguintes, sua audição iria se deteriorar mais e mais.

A história pessoal de Leavitt reflete em grande medida a história das mulheres na ciência. No fim do século XIX, apenas um punhado de mulheres na América, e menos ainda na Europa, havia conseguido encontrar colocação profissional em ciência. As principais barreiras eram a falta de oportunidades educacionais e atitudes culturais restritivas em relação aos papéis e às capacidades femininas. A maioria das universidades fechava suas portas a mulheres até metade do século XIX ou ainda depois. O Vassar College, criado especificamente para mulheres, foi fundado em 1861; o Wellesley em 1870; o Smith em 1871.

A primeira mulher cientista reconhecida em maior medida nos Estados Unidos foi Maria Mitchell (1816-88), astrônoma e descobridora de um cometa em 1847. Mitchell, na verdade, não aprendeu sobre astronomia na faculdade, e sim ajudando seu pai, um astrônomo amador, e lendo textos de astronomia enquanto trabalhava como bibliotecária no Nantucket Atheneum. Quando o Vassar abriu, Mitchell tornou-se ali professora de astronomia e diretora do observatório.

Em meados da década de 1870, uma mulher chamada Sarah Whiting montou um laboratório de física em Wellesley, depois de frequentar cursos de física como ouvinte no MIT (Massachusetts Institute of Technology). Os estudos acadêmicos em biologia tornaram-se acessíveis às mulheres em 1873, primeiro na Anderson School de História Natural, no litoral de Cape Cod. Em 1884, o MIT começou a permitir que mulheres se matriculassem como estudantes regulares.

A astronomia, mais do que a maioria das outras ciências, oferecia oportunidades a mulheres. A princípio porque grande parte do trabalho, tal como medir as posições e magnitudes das estrelas, era percebida como atividades de rotina, que não requeriam educação avançada. Já mais perto da virada do século XX, os cientistas começaram a empreender um bom número de grandes levantamentos astronômicos. A prática relativamente nova de acoplar câmeras a telescópios produzia fotografias contendo uma quantidade imensa de dados. Analisar, mensurar, computar e registrar tais dados requeria uma grande força de trabalho. E as mulheres, amiúde sem acesso a outros empregos, estavam dispostas a trabalhar por muito menos que os homens. Além disso, muitos cientistas de ambos os gêneros acreditavam que a natureza do trabalho em astronomia era mais adequada ao temperamento feminino. Williamina Fleming, uma colega de Leavitt que fez importantes descobertas acerca de estrelas inusitadas, colocou sua opinião nos seguintes termos em 1893: "Se por um lado não podemos sustentar que a mulher seja igual ao homem em tudo, ainda assim, em muitas coisas, sua paciência, perseverança e método a tornam superior a ele".[8] A historiadora da ciência Pamela Mack apurou que, entre 1875 e 1920, um total de 160 mulheres foram contratadas em diversos observatórios astronômicos nos Estados Unidos, inclusive no Observatório Dudley em Albany, Nova York;

no Observatório Yerkes em Wisconsin; no Monte Wilson, no sul da Califórnia; no Observatório Naval dos Estados Unidos, em Washington, DC; no Observatório Lick da Universidade da Califórnia; em Columbia, Yale e em outros lugares. O maior número de assistentes do sexo feminino na astronomia foi contratado no Observatório do Harvard College. Somente Pickering, durante sua administração, que durou de 1876 a 1919, conferiu cargos a mais de quarenta mulheres.[9]

Edward Pickering nasceu em 1846 em uma região aristocrática de Boston conhecida como Beacon Hill. Aos dezenove anos, graduou-se *summa cum laude* pela Lawrence Scientific School de Harvard. Logo em seguida passou uma década no recém-fundado MIT, demonstrando seu talento em física experimental e revolucionando o ensino da disciplina ao criar o primeiro laboratório de física dos Estados Unidos destinado à formação de estudantes. Em 1876, Pickering deixou o MIT para assumir o cargo de docente de astronomia em Harvard e diretor do Observatório do Harvard College (HCO).

Durante as duas décadas seguintes, a ênfase em astronomia sofreu uma transição histórica, passando da medição de posições e movimentos dos astros para o estudo de astros individuais como objetos físicos. De que eram feitas as estrelas? Como produziam energia? O que determinava suas cores e luminosidades? Quais eram os diferentes tipos e categorias de estrelas? Para esse fim, Pickering deu início a enormes levantamentos visando medir as propriedades dos astros, especialmente seus brilhos e cores. Em 1907, com o aperfeiçoamento dos aspectos técnicos da fotografia, proporcionando métodos novos e revolucionários de coleta de dados, Pickering deu início a projetos fundamentais para fotografar grande parte do céu. Um desses projetos, a Biblioteca Fotográfica de Harvard, alcançou uma produção de 300 mil placas de vidro. Pickering costumava ele mesmo tirar rotineiramente fotos nas noites de céu aberto, e fez mais de 1,5 *milhão* de medições de brilho estelar. Annie Jump Cannon, uma das mais distintas astrônomas do HCO e aluna de Sarah Whiting, realizou a colossal tarefa de classificar perto de 300 mil estrelas com base em suas cores espectrais.

Pickering tinha uma atitude complexa em relação à grande maioria feminina de assistentes. De um lado, era amável, compassivo e incentivador com as mulheres. De outro, claramente as explorava. Em seu "Relatório anual do observatório" do Harvard College de 1898, Pickering escreve: "Muitas de minhas assistentes [quase todas mulheres] são habilidosas apenas em seu próprio trabalho específico, mas ainda assim capazes de fazer um trabalho de rotina tão volumoso e tão bom quanto astrônomos que receberiam salários muito mais altos".[10] A astrônoma Celia Payne — que chegou ao Observatório não muito depois de iniciada a administração de Pickering, e que viria a fazer a descoberta extremamente importante de que o hidrogênio é o elemento mais abundante no universo — dizia que "Pickering escolhia sua equipe para trabalhar, não para pensar".[11]

As mulheres "computadoras" trabalhavam em duas salas no observatório. Fotos dessas salas, agora remodeladas de forma irreconhecível, mostram que tinham uma atmosfera acolhedora, com papel de parede florido, mesas de mogno, mapas estelares e fotos de astrônomos famosos (todos homens) nas paredes. Havia oito ocupantes em cada sala. Esperava-se que as mulheres trabalhassem sete horas por dia, cinco das quais no observatório. Uma fotografia de cerca de 1890 mostra as mulheres ocupadas em suas tarefas, algumas espiando através de lentes de aumento os ínfimos pontinhos e borrões nas chapas fotográficas, outras registrando números e dados, e outras ainda consultando obras de referência. Pickering, que visitava suas computadoras uma vez por dia, está majestosamente posicionado em pé num dos cantos, barbado, cheio de si, trajando um terno com colete, observando seus domínios.

Por volta de 1907, quando Pickering começou seu projeto de fotografar o céu em larga escala, atribuiu a Leavitt a tarefa de determinar o brilho de um grupo de estrelas na região do polo Norte celeste. Essas estrelas deveriam ser usadas como padrões em relação aos quais todas as outras pudessem ser comparadas. Era um projeto bastante difícil. Em primeiro lugar, um astrônomo precisa decidir como determinar quantitativamente o brilho de uma estrela a partir de sua imagem numa placa fotográfica. Uma técnica é começar com uma estrela particular, fotografá-la com um telescópio de abertura conhecida e uma câmera de tempo de exposição também conhecido, com um filme-padrão. Pode-se então reduzir a abertura do telescópio de modo que penetre apenas a metade da luz e fotografar a mesma estrela. A essa segunda imagem atribui-se um brilho igual à metade do primeiro. O processo continua, formando-se gradualmente um catálogo de imagens de brilhos conhecidos. A astrônoma analisa então as fotografias das estrelas próximas ao polo Norte. Comparando essas estrelas com o primeiro conjunto de padrões, determina-se cada um de seus brilhos. Essas estrelas representam agora um novo conjunto de padrões.

O problema que Leavitt enfrentou foi que lhe deram 277 fotografias tiradas com treze telescópios diferentes, com aberturas e tempos de exposição variados. Ela precisou achar uma forma de calibrar e comparar todos esses diferentes dados. Acabou conseguindo, com a famosa Sequência do Polo Norte, que contém estrelas com brilho variando numa razão superior a 1 milhão, desde a mais brilhante até a mais apagada.

Devemos enfatizar que todas essas sequências padronizadas de imagens tratavam apenas do brilho. Com exceção das estrelas muito próximas, cujas distâncias podiam ser determinadas pelo método da paralaxe ou do grupo em movimento, as distâncias a essas estrelas não eram conhecidas. O que se necessitava para as distâncias era de um método para determinar sua luminosidade intrínseca.

Por volta da época em que começou a trabalhar na Sequência do Polo Norte, Leavitt deu início ao projeto que levaria a uma descoberta histórica para a ciência: o estudo de estrelas variáveis. As estrelas variáveis, conhecidas há séculos, são aquelas cujo brilho varia de forma regular. A teoria predominante para explicar tais variações era que essas estrelas pertenciam a sistemas binários: duas estrelas orbitando uma em torno da outra. Cada estrela num par binário eclipsaria periodicamente a outra, produzindo reduções regulares de luz quando avistadas da Terra. Por volta de 1914, logo depois da publicação do grande artigo de Levitt, de 1912, percebeu-se que as variações de luminosidade em muitas estrelas variáveis não se devem a eclipses externos, mas a processos no interior das próprias estrelas, que fazem com que elas se retraiam e se expandam de modo rítmico ao longo de dias e até semanas. Ao contrário das variáveis, a maioria das estrelas muda sua luminosidade apenas de forma extremamente lenta, em períodos de bilhões de anos.

Para determinar se uma estrela é ou não variável, Leavitt utilizou o método de ajuste positivo/negativo. Nessa técnica, a astrônoma começa por chapas positivas e negativas da mesma região celeste, porém tiradas em dois momentos diferentes. As duas placas de vidro, cada uma com mais de mil minúsculas imagens estelares, são colocadas uma sobre a outra num alinhamento preciso. Uma estrela variável se destacaria por ter um halo maior ou menor que a imagem negativa subjacente.

Uma vez identificada a variável, são tiradas muitas outras fotografias em

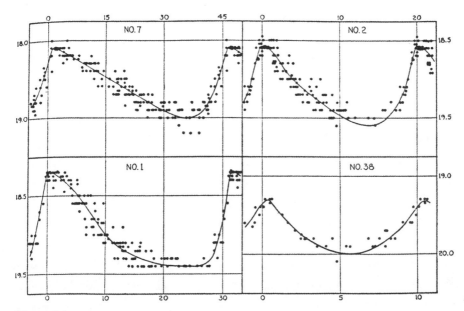

Figura 6.1

momentos diferentes, sendo comparadas de modo a determinar o ciclo completo de aumento e redução de brilho da estrela. A figura 6.1, por exemplo, mostra os ciclos luminosos de quatros diferentes estrelas variáveis. Aqui, a escala vertical é a medida do brilho da estrela, enquanto a horizontal é o tempo (em dias) em que o ciclo é medido. Os pontos representam observações feitas durante muitos ciclos distintos, todas reunidas no mesmo ciclo. O tempo necessário para a estrela completar um ciclo do ponto de maior brilho até o mínimo e retornar ao apogeu é chamado de período. Como podemos ver na figura 6.1, a estrela número 7 tem um período de cerca de 45 dias, enquanto a 2 tem um período de cerca de vinte dias.

Ao longo de sua vida, Leavitt identificou mais de 2400 estrelas variáveis, duplicando sozinha o número de variáveis conhecidas. "Que 'diabinho' da estrela variável é Miss Leavitt",[12] escreveu o professor Charles Young a Pickering. "É impossível acompanhar o ritmo dela de novas descobertas." A produtividade de Leavitt é ainda mais impressionante, considerando que sua prolongada enfermidade e questões de família a afastaram do Observatório por longos intervalos de tempo entre 1908 e meados de 1911, chegando até a dezoito meses por vez. ("Não menor do que a provação de minha doença é a de saber do aborrecimento que isso lhe causa",[13] ela escreveu a Pickering durante uma de suas ausências.)

Para seu fundamental estudo, Leavitt concentrou sua atenção num tipo particular de variáveis, denominadas cefeidas. As cefeidas, descobertas pela primeira vez em 1784, são estrelas variáveis "supergigantes" amarelas com períodos entre três e cinquenta dias. Em particular, Leavitt estudou um grupo de cefeidas tênues, todas localizadas na mesma minúscula região do espaço, uma nebulosa chamada Pequena Nuvem de Magalhães. (Muito depois do trabalho de Leavitt, descobriu-se que ambas as Nuvens de Magalhães, tanto a Grande como a Pequena, são pequenas galáxias localizadas fora da Via Láctea.)

Um ponto crítico é que, pelo fato de essas estrelas na Pequena Nuvem de Magalhães estarem estreitamente agrupadas, pode-se assumir que estejam muito próximas entre si em comparação com sua distância da Terra. Ou seja, são estrelas que estão aproximadamente à mesma distância de nós. Logo, *uma cefeida em uma amostra que pareça ter o dobro do brilho de outra na mesma amostra tem dupla luminosidade intrínseca*. À parte todos os fatores gerais multiplicativos, Leavitt está, efetivamente, medindo as luminosidades intrínsecas das estrelas.

As fotografias da Pequena Nuvem de Magalhães foram registradas com o telescópio Bruce, de 24 polegadas, na estação meridional de Harvard, em Arequipa, no Peru. Devido à debilidade dessas estrelas, algumas exposições chegavam a quatro horas. Usando muitas fotografias e seus métodos para determinar a luminosidade, Leavitt mediu o brilho aparente e o período de 24 dessas cefeidas.

O que Leavitt descobriu, para sua surpresa e deleite, foi uma relação quantitativa definida entre os períodos das cefeidas e sua luminosidade aparente (figuras 1 e 2 de seu artigo). Quanto maior o período, mais brilhante a estrela. E, uma vez que essas estrelas estão todas à mesma distância da Terra, o resultado se traduz em: maior o período, maior a luminosidade intrínseca da estrela.

Ninguém havia previsto tal relação ou qualquer tipo de relação. De fato, com base na explicação predominante sobre o que fazia a luz de uma cefeida variar, não deveria haver ligação entre o período e a luminosidade intrínseca — sendo o primeiro acidental, decorrente da separação da estrela de sua companheira binária, e a segunda uma propriedade intrínseca daquela estrela específica. Leavitt descreveu a ligação que descobriu como "notável". Como a descoberta dos hormônios feita por Bayliss e Starling, ou a descoberta do núcleo atômico por Rutherford, Marsden e Geiger, a descoberta de Leavitt da relação período-luminosidade das estrelas cefeidas foi completamente inesperada.

Leavitt tinha agora encontrado um grupo particular de estrelas que podiam servir como "faróis cósmicos", capazes de aferir as enormes distâncias no espaço. Um farol cósmico deve ter três características: (1) Deve ser identificável com facilidade. (2) Deve ter alguma qualidade que proclame sua luminosidade intrínseca. (Lembre-se de que a distância de uma estrela à Terra pode ser determinada por sua luminosidade intrínseca e seu brilho aparente, sendo o último diretamente mensurável.) (3) Deve existir em abundância e bem espalhado pelo universo.

As cefeidas atendiam a todas essas exigências. Primeiro, eram facilmente identificáveis a partir de suas cores e luz variáveis, como já se sabia havia tempo. Segundo, Leavitt tinha descoberto que suas luminosidades intrínsecas, além de um fator de calibração geral, podiam ser determinadas a partir de seus períodos, que eram diretamente mensuráveis. E terceiro, era possível encontrar cefeidas em muitos lugares, não só na Pequena Nuvem de Magalhães. Em qualquer canto nas profundezas do espaço que abrigasse uma cefeida, um astrônomo podia medir a distância até esse ponto.

Uma das primeiras coisas que notamos ao examinar o artigo de Leavitt é que foi publicado pelo Observatório do Harvard College. O poderoso observatório tinha sua própria publicação. Segundo, o artigo é assinado não por Leavitt, mas por Pickering, o diretor do observatório. No parágrafo de abertura, Pickering refere-se ao artigo que se segue como "preparado por Miss Leavitt". Era costume o diretor assinar as peças publicadas no lugar de suas assistentes.

Para ler o artigo, precisamos entender um pouquinho do jargão da astronomia. Por razões históricas, os astrônomos medem o brilho aparente em termos de algo chamado "magnitude", representada por m. Como o brilho aparente, a magnitude m depende tanto da luminosidade intrínseca como da distância. (Matematicamente, $m = -0,25 - 2,5 \, log(L) + 5 \, log(d)$, em que log significa o logaritmo, L é a luminosidade intrínseca em unidades da luminosidade solar, e *d* a distância ao objeto em unidades de parsecs, sendo 1 parsec igual a 3,3 anos-luz.) Note que, com essa terminologia, quanto mais luminosa é uma estrela, *menor* é sua magnitude, exatamente o contrário do senso comum. Nesses termos, nosso Sol tem uma magnitude de −26,5, e o olho nu consegue detectar magnitudes de até 6,5 ou menores. Os astrônomos se referem à luminosidade intrínseca em termos de "magnitude absoluta", representada por *M*. (Matematicamente, $M = 4,75 - 2,5 \ log(L)$.) Diferentemente das magnitudes, as magnitudes absolutas dependem apenas da luminosidade intrínseca.

Os resultados-chave são mostrados nas figuras 1 e 2 do artigo de Leavitt, indicando uma relação bastante definida entre magnitude e período. Ou seja, as magnitudes das estrelas geralmente decrescem com o aumento do período, e *cada período corresponde a uma magnitude muito bem definida.* A figura 2 apresenta os mesmos dados da figura 1, sendo a única diferença que o eixo horizontal é o logaritmo do período, e não o período em si.

Note a importante frase perto do final do capítulo: "Uma vez que, provavelmente, as variáveis estão aproximadamente à mesma distância da Terra, seus períodos estão aparentemente associados com sua emissão real de luz [...]". Portanto, Leavitt de fato percebeu que sua relação implicava a luminosidade intrínseca da cefeida.

É quase certo que Leavitt tenha compreendido que sua relação recém-descoberta entre o período e a magnitude podia ser usada para medir distâncias astronômicas. No entanto, ela jamais afirma isso no texto. A esse respeito, seu histórico artigo difere dos artigos anteriores que consideramos. Bayliss e Starling, em sua descoberta dos hormônios, e Rutherford, em sua descoberta do núcleo atômico, encontraram algo que não estavam procurando, mas logo perceberam seu significado e o descreveram em seus artigos. Por que Leavitt não fez o mesmo? Uma possível razão é que Leavitt e suas colegas não estavam numa posição em que fossem encorajadas a fazer alegações ambiciosas. Num contexto em que assistentes mulheres eram escolhidas "para trabalhar, não para pensar", Leavitt teria enfrentado obstáculos ao anunciar uma descoberta conceitual importante. Com toda certeza, provavelmente não teria tido acesso aos instrumentos necessários para provar uma alegação dessas. Outra explicação pode ser o medo de roubo intelectual. O Observatório de Monte Wilson, na Califórnia, em particular, tinha uma intensa rivalidade com o Observatório do Harvard College. Por fim, a omissão pode ter sido simplesmente uma questão de estilo pessoal.

Considerando a conjuntura geral, a primeira explicação parece a mais provável. Em todo caso, não há cartas remanescentes ou referências de publicações que mostrem a opinião de Leavitt sobre seu trabalho e seu significado.

Uma peça crucial, ausente mas necessária para completar a lei de Leavitt, era uma *calibragem*. Pelo fato de Leavitt não saber a distância para a Pequena Nuvem de Magalhães, ela podia determinar apenas a *razão* de luminosidades intrínsecas de duas estrelas quaisquer em sua amostra de 24. Exatamente como uma pessoa que, olhando um punhado de luzes num prédio de escritórios distante, pode aferir com facilidade as luminosidades relativas das várias lâmpadas, mas não a luminosidade absoluta de uma única lâmpada, Leavitt conhecia as luminosidades intrínsecas *relativas* de suas cefeidas, porém não a luminosidade intrínseca de qualquer uma delas.

Em 1913, um ano depois da publicação do artigo de Leavitt, o distinto astrônomo dinamarquês Ejnar Hertzsprung descobriu uma cefeida muito mais próxima da Terra do que a Pequena Nuvem de Magalhães, próxima o suficiente para que ele pudesse medir sua distância pelo método do conglomerado em movimento. Com base na distância da estrela e sua magnitude aparente, ele foi capaz de determinar sua luminosidade intrínseca. Após medir seu período, pôde então atribuir uma luminosidade intrínseca particular a um período particular no gráfico de Leavitt. Agora estava tudo calibrado! A lei resultante, chamada lei do período-luminosidade, é apresentada na figura 6.2, em que a luminosidade média de uma cefeida é mostrada em relação a seu período.

As estrelas cefeidas, embora um tanto raras, podem ser encontradas em muitos lugares por todo o universo. Assim, como já foi mencionado, constituem excelentes faróis cósmicos. A aplicação da lei período-luminosidade de Leavitt seria a seguinte: encontrar uma cefeida num conglomerado de estrelas cuja distância se quer determinar. Medir o período e o brilho aparente da cefeida. A partir desse período e da lei período-luminosidade de Leavitt (figura 6.2), deduzir a luminosidade intrínseca da cefeida. Depois, comparando a luminosidade intrínseca com o brilho aparente, inferir a distância. Agora é possível saber a distância até o conglomerado de estrelas!

Harlow Shapley, um jovem e talentoso astrônomo americano que trabalhava no Observatório de Monte Wilson na Califórnia, e que acabaria suceden-

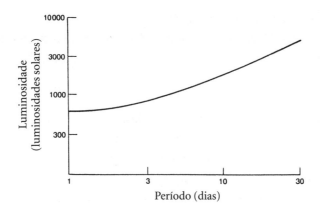

Figura 6.2

do Pickering como diretor do Observatório do Harvard College, foi um dos primeiros a apreciar a importância do trabalho de Leavitt. "Sua descoberta da relação entre período e luminosidade destina-se a ser um dos resultados mais significativos em astronomia estelar, creio eu",[14] ele escreveu a Pickering em 1917. Nesse ano e no seguinte, Shapley estendeu e aplicou o trabalho de Leavitt, buscando sistematicamente por cefeidas em "conglomerados globulares" de estrelas em vários setores da Via Láctea. Ele foi capaz de determinar a distância até cada um deles com base na lei período-luminosidade de Leavitt, e essa coleção de conglomerados permitiu-lhe desenhar pela primeira vez um mapa calibrado da galáxia. Seu resultado: a Via Láctea, uma girândola gigante de estrelas, tinha em torno de 300 mil anos-luz de diâmetro. Nosso próprio sistema solar paira a cerca de dois terços da distância a partir do centro.

Durante séculos as pessoas se perguntaram acerca da natureza das muitas nebulosas astronômicas, as enevoadas manchas de luz no céu. Mas ninguém conhecia as distâncias até as nebulosas, e tampouco se faziam parte da nossa galáxia. Em 1924, o astrônomo americano Edwin Hubble encontrou estrelas cefeidas na nebulosa de Andrômeda e pôde assim medir sua distância empregando a lei período-luminosidade de Leavitt. O resultado foi de 900 mil anos-luz, três vezes a extensão máxima da Via Láctea determinada por Shapley. A nebulosa de Andrômeda ficava fora da nossa galáxia! (Medidas modernas dão um diâmetro de 100 mil anos-luz para a Via Láctea e de 2 milhões de anos-luz para a distância até Andrômeda.)

Andrômeda acabou se revelando a galáxia grande mais próxima. Hubble foi adiante e mediu as distâncias até outras nebulosas, demonstrando que muitas delas eram também galáxias inteiras, que se localizavam fora da Via Láctea. Sabemos que, em média, as galáxias estão separadas umas das outras por cerca de vinte diâmetros galácticos e que cada uma contém cerca de 100 bilhões de estrelas. O tamanho do cosmos tornou-se imensamente maior, e a galáxia foi reconhecida como a "unidade" de matéria na grande tela do universo.

Em 1929, Hubble usou a lei de Leavitt como fundamento para medir as distâncias até um grupo de galáxias próximas, todas se afastando da Via Láctea. Ele descobriu que as distâncias eram proporcionais às velocidades de afastamento. A partir desse resultado, outros astrônomos concluíram que o universo como um todo está se expandindo. (Ver capítulo 12, sobre Hubble e a expansão do universo.)

Com telescópios no espaço, as estrelas cefeidas podem agora ser vistas a uma distância de cerca de 20 milhões de anos-luz. Portanto, simplesmente em termos quantitativos, a lei período-luminosidade estendeu as distâncias mapeadas pela humanidade de quinhentos para 20 milhões de anos-luz, aumentando o *volume* sondável do espaço pelo vertiginoso fator de aproximadamente 10^{14}.

Nenhum desses reais avanços no conhecimento do cosmo teria sido possível sem a descoberta de Henrietta Leavitt sobre a relação entre magnitudes e períodos para estrelas variáveis cefeidas.

Miss Leavitt passou a maior parte de sua carreira no HCO trabalhando não com estrelas variáveis, mas no projeto de Pickering de estabelecer padrões de magnitude para as estrelas. Não lhe foi permitido perseguir as implicações e aplicações de seu mais importante trabalho. Como comentou Celia Payne:

> Pode ter sido uma decisão sábia designar os problemas de fotometria fotográfica a Miss Leavitt [...]. Mas foi também uma decisão dura, que condenou uma cientista brilhante a um trabalho incompatível, provavelmente bloqueando o estudo das estrelas variáveis por várias décadas.[15]

Incompatível ou não, Leavitt parece ter encarado seu trabalho com entusiasmo e até com um pouco de humor. Antonia Maury, uma colega de Harvard, recorda-se de que Leavitt, ao analisar uma estrela especialmente curiosa, comentou que "nós nunca vamos entendê-la enquanto não lançarmos uma rede, pescá-la e trazê-la aqui para baixo".[16]

O título de Leavitt no HCO, do início ao fim, foi de "assistente". Em 1919, ela e sua mãe viúva passaram a residir num prédio de tijolos na Linnean Street, a algumas quadras do Observatório. Mas em breve Leavitt voltou a adoecer, dessa vez de câncer. Ela morreu em 12 de dezembro de 1921, aos 53 anos. Pouco antes de sua morte, Leavitt redigiu seu testamento, deixando seus bens e pertences para a mãe: estante de livros e livros $ 5, tela dobrável $ 1, tapete $ 40, mesa $ 5, cadeira $ 2, escrivaninha $ 5, mesa $ 5, tapete $ 20, gabinete $ 10, cama $ 15, dois colchões $ 10, duas cadeiras $ 2, um bônus Liberty valor nominal $ 100, primeira conversão 4%, $ 96,33, um bônus Liberty valor nominal $ 50 quarta conversão 4¾% $ 48,56, uma nota Victory valor nominal $ 50 4¼% 50,02.[17]

Uma de suas raríssimas gratificações foi ser nomeada membro honorário da Associação Americana de Observadores de Estrelas Variáveis. Em 1925, o professor Mittage-Leffler, da Academia de Ciências da Suécia, escreveu a Leavitt para dizer que gostaria de indicá-la para um prêmio Nobel. O cientista sueco não sabia que ela já estava morta havia três anos.

7. O arranjo dos átomos na matéria sólida

A cada tantos anos, minha esposa se aventura no nosso sombrio e encardido porão e volta com uma caixa de papelão. Depois de espanar a poeira, ela cuidadosamente descarrega o precioso conteúdo, peça por peça, coloca tudo sobre a mesa da nossa sala de jantar e revela a coleção de pedras de sua infância. Ela ainda fica fascinada pela beleza dos cristais, e eu também. A calcita amarelada, cujos picos minúsculos parecem uma cordilheira em miniatura. Corte um precipício e miraculosamente se cria um platô perfeitamente plano na forma de um hexágono. Ou a densa pepita de galena, cinza-chumbo, metálica, pesada de se segurar. Ela abre caminho para o cinzel em três direções diferentes, revelando cubos e octaedros perfeitos. Corte a pedra em pedaços ainda menores (minha esposa começa a objetar) e descobrem-se novos cubos e octaedros, octaedros dentro de octaedros, e assim por diante. Será que isso continua? Ou o topázio de cor âmbar, uma dúzia de dedos atarracados sobressaindo de um punho cerrado, cada dedo com a ponta de forma de losango. Ou a halita rosada, que parece um pequeno coquetel cheio de cubos de gelo róseos e enevoados.

Como pode o mundo inanimado criar tais superfícies planas e simetrias ordenadas? Elas mais parecem estruturas artificiais se comparadas às linhas aleatórias e curvilíneas dos litorais, do formato das nuvens e das folhas, que costumamos associar com a natureza. Forças profundas, secretas, devem estar em operação.

Em 1784, o mineralogista francês René-Just Haüy ofereceu a perspicaz sugestão de que as simetrias visíveis dos cristais possivelmente seriam consequência de simetrias invisíveis, um arranjo ordenado dos menores elementos dos cristais. Esses elementos invisíveis mínimos seriam átomos e moléculas, embora naquela época a ideia de átomo ainda não passasse de uma hipótese. Com certeza ninguém sabia as dimensões dos átomos, se é que existiam.

Pegando a ideia de Haüy, um botânico e físico do século XIX chamado Auguste Bravais descobriu que somente um pequeno número de arranjos de átomos podia se encaixar de maneira a formar padrões repetitivos no espaço. Bravais descobriu catorze desses arranjos possíveis, as chamadas células unitárias. Quatro das células unitárias de Bravais são mostradas na figura 7.1. A inferior esquerda é um cubo simples, com um átomo em cada um de seus oito vértices. Os cubos podem ser claramente empilhados num padrão repetitivo de modo a preencher o espaço, como ilustrado na figura 7.2. Aqui mostramos apenas três cubos, para termos uma figura mais clara, mas o empilhamento pode continuar indefinidamente em todas as direções. A célula unitária em cima à esquerda na figura 7.1 é como um cubo, mas com ângulos agudos entre as arestas de cada vértice, uma espécie de cubo de Salvador Dalí. Esse arranjo também pode ser empilhado num padrão periódico. A célula no canto superior direito tem lados retangulares e um átomo adicional nas faces superior e inferior. Embaixo, mais à direita, está um cubo com um átomo adicional no meio. Fazendo uso somente da matemática, Bravais havia descoberto a linguagem dos cristais. Mas era a linguagem de um país mítico. Jamais alguém tinha visto uma célula unitária.

Dando momentaneamente um salto à frente, para além da portentosa descoberta de 1912, a figura 7.3 mostra um dos primeiros cristais analisados no nível atômico, o cloreto de sódio, também conhecido como sal de cozinha. Aqui, as esferas pequenas de cor clara são átomos de sódio, e as esferas grandes e escuras são cloro. As linhas que ligam as esferas estão desenhadas apenas para ajudar a visualizar o arranjo. Essa estrutura de Tinkertoy é, de fato, uma das mais elegantes células na gramática de catorze pontos de Bravais. O formato geral é de um cubo, com um átomo de cloro em cada um dos oito vértices, mas com um átomo adicional no meio de cada aresta e cada face. Uma única *molé-*

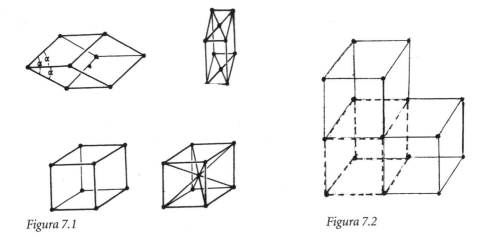

Figura 7.1   Figura 7.2

cula de cloreto de sódio, isto é, a menor porção de substância que tenha as propriedades químicas do cloreto de sódio, seria um único átomo de sódio ligado a um átomo de cloro. Mas uma *célula unitária* de cloreto de sódio requer mais de dois átomos. A célula unitária, mostrada na figura 7.3, é a menor unidade a partir da qual se pode construir um cristal de cloreto de sódio por repetição em três dimensões — ou seja, empilhando-se esse modelo sobre si mesmo vertical, horizontal e perpendicularmente ao papel, milhões e milhões de vezes — criando uma minúscula cidade constituída de tijolos de sódio e cloro. Bravais teria se deliciado.

No entanto Bravais, com seus diagramas geométricos, foi apenas o começo. A maneira como os átomos se dispõem no espaço revela muito mais do que uma explicação para as belas simetrias das rochas. Esses arranjos governam a forma como diferentes substâncias se ligam, se retorcem e interagem no espaço. De forma ainda mais profunda, esses arranjos revelam algo sobre o puxar e empurrar entre átomos, que provoca as estruturas ordenadas. O hexágono que aparece quando escavo um pequeno pico montanhoso no cristal de calcita da minha esposa está sussurrando baixinho acerca das forças elétricas entre átomos de cálcio, carbono e oxigênio estreitamente ligados — um mundo 100 milhões de vezes menor do que um pedaço de rocha do tamanho de uma bola de gude.

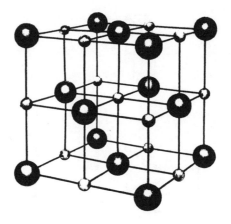

Figura 7.3

Em *As viagens de Gulliver*, Jonathan Swift imagina uma terra onde as pessoas têm quinze centímetros de altura. Para uma liliputiano, a fina costura num pedaço de seda pareceria uma tira de fetuccine, e um tabuleiro de xadrez seria um museu de esculturas. Mas a gente pequena de Swift ainda seria milhões de vezes grande demais para explorar uma célula unitária de cloreto de sódio. Mesmo os melhores microscópios do século XIX não podiam ver nada menor do que alguns décimos de milésimos de centímetro, algo ainda milhares de vezes maior que um elemento na gramática de Bravais. Durante bem mais de um século após as especulações de Haüy, os cientistas ainda tinham pouca esperança de algum dia conseguir enxergar a pequena cidade dos cristais.

Foi quando, numa tarde invernal em fevereiro de 1912, um físico alemão de 32 anos chamado Max von Laue, que fora discípulo brilhante de Max Planck, foi "de súbito acometido"[1] de um pensamento: o que acontece quando um feixe de raios X é dirigido para um cristal? Alguns cientistas acreditavam que os raios X, descobertos no final do século XIX, eram ondas de energia eletromagnética em movimento, como outras formas de luz, mas com comprimentos de onda muito pequenos, variando de 10^{-6} a 10^{-9} centímetros (de um milionésimo a um bilionésimo de centímetro). Numa visão inspirada, Von Laue imaginou que os raios X se dispersariam ao darem de encontro com as ordenadas fileiras de átomos da mesma forma que ondas de água se espalham ao se chocarem contra uma fileira de boias. Seguindo a correnteza, tais ondas se fundem, se sobrepõem e produzem padrões capazes de revelar o espaçamento entre as boias. Esse processo, chamado difração, já era conhecido para a luz visível refletindo-se em fileiras de fendas paralelas numa superfície plana de vidro. Agora Von Laue trazia a hipótese de que os raios X, depois de fluir por uma cidade em miniatura feita de cristal, deixariam padrões periódicos numa chapa fotográfica — impressões arquiteturais da localização de *átomos individuais*. Com efeito, os raios X poderiam ser usados para fotografar o interior do cristal.

Von Laue, um teórico, falava entusiasticamente sobre o efeito por ele previsto, mas teve dificuldades em persuadir seus colegas a realizar o experimento. Na época, ele era um *privatdozent*, ou professor palestrante, relativamente desconhecido na Universidade de Munique. Os raios X não eram ondas, diziam alguns físicos, e sim partículas de alta velocidade. Outros acreditavam que o calor ambiente levava os átomos nos sólidos a ficarem se empurrando, como uma multidão entusiasmada numa partida de futebol, e que esse movimento transformaria em borrões qualquer tentativa de fotografar. Como relata Von Laue no seu discurso do Nobel, em 1915: "Os mestres reconhecidos da nossa ciência alimentavam dúvidas [...]. Foi necessário certo grau de diplomacia antes que Friedrich [assistente do grande chefe, professor Arnold Sommerfeld] e Knipping [um estudante de doutorado] tivessem enfim a permissão de empreender o experimento segundo o meu plano".[2] O experimento teve início em 21 de abril de 1912. Von Laue elaborou a matemática. Friedrich e Knipping fizeram o experimento, começando com um pedaço de cristal de sulfato de cobre. Eles tiveram êxito, como mostra a figura 2 em seu artigo.

Sem perda de tempo, Von Laue enviou uma de suas fotografias de raios X para Einstein, em Praga, que lhe respondeu que "seu experimento é uma das mais belas coisas já ocorridas na física".[3] Dois dias depois, um Einstein exultante escreveu ao físico Ludwig Hopf: "É a coisa mais maravilhosa que já vi. Difração em moléculas individuais, cujos arranjos são assim tornados visíveis".[4]

Max von Laue nasceu em 1879, filho de um oficial do exército alemão. Em virtude das diversas alocações de seu pai, o jovem Von Laue mudou-se de Pfaffendorf para Brandemburgo, depois para Altona, Posen, Berlim e Estrasburgo. Após um ano de serviço militar em 1898, foi para a Universidade de Estrasburgo, vindo a terminar sua graduação em Göttingen. Em 1902, Von Laue fez sua peregrinação para a Universidade de Berlim para estudar com Planck, o maior físico teórico europeu do momento. Ali, aplicou as ideias de entropia de Planck aos campos de radiação e foi entusiástico adepto da nova teoria da relatividade de Einstein já em 1905. Uma foto de Von Laue desse período mostra um homem muito bem-apessoado, de traços fortes e bigode, olhar firme, postura nobre, quase régia, e expressão sensível mas determinada.

Em seu treinamento inicial, Von Laue desenvolveu especial interesse em óptica e o comportamento ondulatório da luz. Como ele mesmo recorda: "Eu enfim pude cultivar o que quase se poderia nomear como sentido especial ou intuição para os processos ondulatórios".[5] O que é esse "sentido especial" em ciência? Muitos dos maiores cientistas, de Einstein a Richard Feynman, tentaram descrevê-lo. Em parte, esse sentido especial é um conhecimento meticuloso da matemática de um processo. É a habilidade de compreender algo de forma abrangente, de vários pontos de vista. E é sem dúvida a capacidade de visualizar um fenômeno, mesmo que não seja visível ao olhar. Em seu olhar mental, Von Laue era capaz de imaginar uma viagem através da minúscula cidade de um cristal.

Todos nós temos alguma experiência com ondas. Onda atrás de onda no oceano, quebrando e deslizando até a praia. Ou a curva de vibração de uma corda de violino. Ou a linha oscilante de um monitor cardíaco. Uma parte crítica do "sentido especial" de Von Laue por ondas era a compreensão de como as ondas se sobrepõem, às vezes anulando-se mutuamente, às vezes se reforçando. Esse processo é chamado de interferência. A figura 7.4 ilustra como a interferência se processa. As ondas mostradas aqui têm o mesmo comprimento, isto é, a mesma distância entre cristas e vales sucessivos. As ondas A e B posicionam-se uma em relação à outra de modo que suas cristas e seus vales estejam alinhados. Tais ondas são ditas "em fase". Quando as ondas A e B se sobrepõem, elas se reforçam mutuamente, produzindo uma onda mais forte do que cada uma delas sozinha. As ondas C e D, por outro lado, estão "fora de fase" entre si. Cada vale da onda C está alinhado com uma crista da onda D. Quando as ondas C e D se sobrepõem, elas se cancelam mutuamente, gerando imobilidade. Duas partículas que convergem num mesmo ponto não podem se eliminar mutuamente, mas duas ondas podem.

Uma aplicação importante da interferência de ondas é uma grade de difração, que consiste numa fileira de fendas paralelas que dispersam a luz incidente.

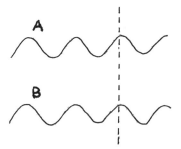 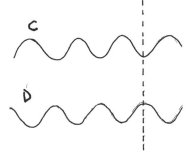

Figura 7.4

As fendas podem ser perfuradas no vidro ou em metal polido. O primeiro protótipo de uma grade de difração foi construído em 1801 pelo físico britânico Thomas Young, que estudava as propriedades da luz. Como Mozart, Young foi um menino prodígio. Aprendeu a ler aos dois anos, havia devorado a Bíblia aos seis, e foi uma das primeiras pessoas a traduzir os hieróglifos egípcios. Com sua grade de difração, Young ajudou a provar a natureza ondulatória da luz.

A figura 7.5 ilustra esquematicamente uma das grades de difração de Young. Aqui a fileira vertical de pontos representa uma seção longitudinal das fendas. Feixes de luz paralelos entram pela esquerda, espalham-se ao longo das fendas e emergem à direita em todas as direções. Em geral, mesmo que as ondas incidentes estejam em fase entre si, após a dispersão estarão fora de fase. No entanto, as ondas que se dispersam em direções especiais estarão em fase e se reforçarão mutuamente. As direções especiais de reforço são determinadas pelo comprimento de onda da luz e pelo espaçamento entre as fendas. (Por exemplo, para um comprimento de onda igual a um quinto da distância entre as fendas, as ondas dispersadas se reforçam em direções que formam ângulos de 11,5 graus, 23,6 graus e 36,9 graus em relação ao feixe incidente.) Nessas direções especiais, veremos pontos de luz brilhantes.

A forma como ocorre essa mágica é revelada na figura 7.6. Consideremos as ondas A e B, inicialmente em fase uma com a outra. Essas duas ondas irão se dispersar a partir das fendas em todas as direções, como sugerido na figura 7.5, mas, com o propósito de ilustração, a figura mostra apenas uma direção particular de dispersão, indicada pela seta. Essa direção foi escolhida cuidadosamente para a ilustração por um motivo: a onda B, depois de sair da fenda pela direi-

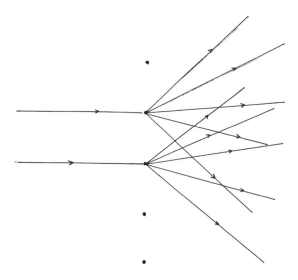

Figura 7.5

ta, percorre *exatamente um comprimento de onda inteiro* para alcançar a onda A. Consequentemente, quando as duas ondas tiverem chegado à linha tracejada, estarão outra vez em fase, e se reforçarão mutuamente em qualquer ponto correnteza abaixo. A onda B é como um relógio que parou por exatamente 24 horas e então voltou a funcionar, voltando a estar em sincronia com outro relógio, a onda A. Se todas as fendas estiverem separadas pela mesma distância, a onda A, da mesma maneira, estará um comprimento de onda inteiro atrás da onda ao seu lado (na direção mostrada), e essas ondas voltarão a emergir em fase. E assim por diante, através de mil fendas, cada uma dispersada exatamente um comprimento de onda atrás da onda ao lado, com cristas e vales se alinhando. Logo, todas as ondas dispersadas *nessa direção particular* estarão em fase.

Por comparação, consideremos o menor ângulo de dispersão mostrado para as ondas C e D. Nessa direção específica, a onda D, ao deixar as fendas pela direita, percorre *exatamente meio comprimento de onda* para alcançar a onda C. Logo, essas duas ondas estão fora de fase entre si no momento em que atingem a linha tracejada. Elas se anularão mutuamente, produzindo escuridão. De fato, cada par de ondas que se desvia nessa direção cancela-se mutuamente.

O resultado final é que as ondas dispersadas vão se reforçar mutuamente, produzindo pontos brilhantes, apenas em certos ângulos (direções). Como foi mencionado antes, esses ângulos especiais podem ser calculados simplesmente

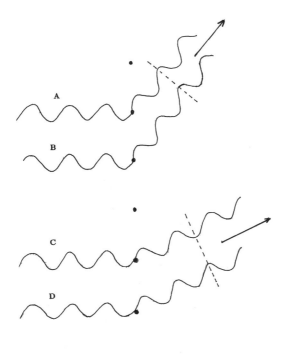

Figura 7.6

em termos do comprimento de onda da luz incidente e do espaçamento entre as fendas. Em todos os outros ângulos (direções), as ondas estarão mais ou menos fora de fase entre si, cancelando-se mutuamente.

A revelação de Von Laue foi que a minúscula cidade de um cristal se comportaria como uma grade de difração em três dimensões. Para um cristal, átomos individuais substituem as fendas e desviam a luz incidente. Analogamente às fendas paralelas de uma grade de difração, os átomos num cristal de matéria estão espaçados em intervalos constantes, exigência fundamental para que a difração funcione. Como mostra a figura 7.7, feixes paralelos de raios X entram pela esquerda, dispersam-se dentro do cristal tridimensional e emergem em muitas direções à direita.

Três dimensões oferecem novas complicações. Para uma grade de difração padrão, a interferência entre ondas ocorre apenas em uma dimensão, ao longo

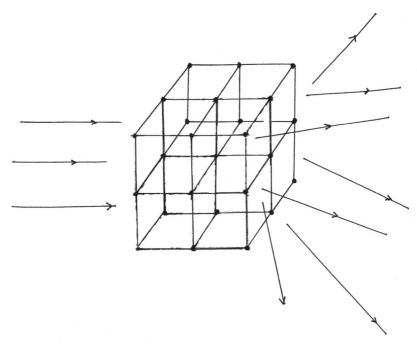

Figura 7.7

da fileira única de fendas. Mas num gradil tridimensional, como é mostrado na figura 7.7, as ondas podem interferir mutuamente ao longo de três fileiras perpendiculares de átomos. Assim, o reforço pleno exige que as ondas desviadas que chegam de átomos acima e abaixo, à direita e à esquerda, e na frente e atrás, estejam todas em fase ao emergirem do cristal. Dependendo do espaçamento entre átomos e células unitárias, e do comprimento de onda e da direção da luz incidente, pode não haver direção emergente nenhuma em que todas essas condições sejam satisfeitas. Quando essas direções existem, o que é evidenciado pelos pontos brilhantes de luz reforçada numa chapa fotográfica, as localizações e os padrões específicos desses pontos revelam grandes detalhes da grade do cristal.

Mas por que os raios X? Porque somente ondas de comprimento tão curto conseguem penetrar nas minúsculas distâncias entre átomos de matéria sólida. Uma linha de costura pode entrar em um buraco de agulha, mas um cordão de sapato não. Já se sabia em 1912 que os átomos estão separados aproximadamente de 3×10^{-8} centímetros na matéria sólida. A luz visível tem comprimentos de onda que variam de 4×10^{-5} a $7,7 \times 10^{-5}$ centímetros, ou seja, grandes demais para investigar os reduzidos espaços entre átomos. Os raios X, no entanto, são perfeitos para a tarefa. Como foi mencionado, o comprimento de onda dos raios X já havia sido determinado, variando de 10^{-6} a 10^{-9} centímetros. As ondas mais curtas nesse intervalo seriam aproximadamente um décimo do espaço entre átomos, a melhor proporção para uma grade de difração funcionar.

Para dimensionar adequadamente a ideia de Von Laue, devemos nos lembrar que em 1912 os raios X, também chamados de raios Röntgen por terem sido descobertos por Wilhelm Röntgen em 1895, não eram bem compreendidos. O X no nome significava "desconhecidos". Tudo que se sabia com certeza era que os raios X tinham extraordinário poder de penetração. Experimentos feitos pelo físico britânico Charles Glover Barkla sugeriam que os raios X eram ondas eletromagnéticas de comprimento muito reduzido. De outro lado, alguns cientistas acreditavam que os raios X fossem partículas materiais, como os elétrons de alta velocidade chamados raios-β. Assim, os padrões de difração observados por Friedrich e Knipping, que podiam ser plausivelmente produzidos apenas pela sobreposição de ondas, não só forneceram uma poderosa ferramenta para o estudo da arquitetura atômica na matéria sólida como também confirmaram a evidência da natureza ondulatória dos raios X.

Agora, o artigo em si. Ele é inusitado por ser rigidamente dividido em seções teórica e experimental, com os autores, Friedrich, Knipping e Von Laue, abordando separadamente as duas partes. Mas não é inusitado ter diversos cientistas assinando em conjunto a autoria de um artigo largamente experimental. Os experimentos, diferentemente de ideias teóricas e cálculos, muitas vezes requerem as habilidades e os recursos variados de uma equipe de pessoas.

Von Laue começa referindo-se à recente pesquisa de Barkla e às noções mais antigas de Bravais, considerando os átomos num cristal dispostos numa grade ordenada. Ele esboça então rapidamente sua proposta: por analogia com padrões de interferência unidimensionais com luz óptica (visível), os raios X deveriam produzir padrões de interferência tridimensionais após atravessar um cristal.

Ao final dessa breve seção introdutória, Von Laue anuncia que "Friedrich e Knipping testaram a hipótese acima sob minha instigação". Por hábito, Von Laue era um homem que dava crédito onde crédito era devido. Por exemplo, no seu discurso do Nobel, ele graciosamente reconhece a influência do físico Peter Paul Edward em seu pensamento sobre ondas eletromagnéticas em cristais. Aqui, porém, em seu histórico artigo de 1912, Von Laue claramente reivindica como sua a ideia da difração dos raios X. A comissão do Nobel na Suécia ficou convencida e concedeu o prêmio a Von Laue e somente a ele. De maneira análoga, é Ernest Rutherford quem sempre obtém reconhecimento pela descoberta do núcleo atômico, embora a parte experimental tivesse sido conduzida por seus assistentes Geiger e Marsden, por sugestão de Rutherford.

Na seção seguinte de seu artigo, Von Laue executa um cálculo-padrão de interferência de ondas eletromagnéticas. O que há de novo nesse cálculo é que ele considera os centros de dispersão distribuídos em três dimensões, e não em uma ou duas. Ele então focaliza o caso simples quando a célula unitária é um cubo de lado a, admitindo que esse caso especial não se aplicará a todos os cristais, mas simplificará a análise. Aqui e em outras partes, Von Laue está mais interessado nos princípios de sua ideia do que nos detalhes.

O principal resultado é dado na última equação, que mostra que o reforço pleno das ondas dispersadas ocorrerá somente se forem satisfeitas três condições, uma para cada dimensão. A primeira condição, por exemplo, requer que as ondas desviadas em átomos numa fileira paralela ao eixo x percorram distâncias que tenham entre si diferenças de um número inteiro de comprimentos de onda, de modo que estejam mutuamente em fase. Como no caso da dispersão unidimensional, essa condição é verdadeira apenas para certas direções α. A segunda e terceira condições aplicam-se a átomos em fileiras paralelas aos eixos y e z, respectivamente.

O uso operacional dessas três condições de Von Laue é o seguinte: para cada ponto brilhante observado no filme fotográfico, pode-se medir sua direção a partir do cristal e obter os três ângulos α, β e γ. (Tecnicamente falando, α, β e γ são os cossenos dos ângulos que a direção forma com os eixos x, y e z.) Tomam-se então as razões entre os ângulos. Essas razões resultam em razões inteiras: $\alpha/\beta = h_1/h_2$ e $\alpha/\gamma = h_1/h_3$. A seguir, procura-se encontrar números inteiros pequenos h_1, h_2 e h_3 que satisfaçam essas exigências. Uma vez conhecidos esses inteiros, volta-se às equações originais e resolve-se para λ/a. Se λ for conhecido, pode-se assim deduzir a. Se a for conhecido, é possível deduzir λ. (Lembre-se de que λ é o comprimento de onda de um raio X e a é o valor da aresta de uma célula unitária. Cada ponto individual pode ser resultado do reforço de apenas um comprimento de onda. Mas, se o feixe incidente contiver diferentes comprimentos de onda, isso pode gerar diferentes pontos de reforço. Evidentemente, Von Laue, Friedrich e Knipping descobriram a partir de seus resultados, mostrados nas figuras 2 e 3 do artigo, que eram necessários cinco diferentes comprimentos de onda incidentes para se ajustar a todos os pontos. Pode ter havido igualmente outros comprimentos de onda, mas nem todos capazes de satisfazer as três condições de Von Laue.

Na última seção de sua parte, "Sumário geral", Von Laue argumenta que os fenômenos de interferência observados não poderiam ter sido produzidos por raios de partículas. Em essência, uma partícula incidente pode atingir apenas um único átomo de cada vez e portanto não pode estimular uma emissão coordenada de fileiras de átomos, como é capaz um plano de ondas incidentes todas em fase entre si. Significativamente, Von Laue estava no mínimo tão preocupado em provar a natureza ondulatória dos raios X quanto em desenvolver uma nova ferramenta para medir o espaçamento atômico nos sólidos. Em retrospecto, esta última tem se mostrado muito mais importante.

Na parte experimental do artigo, Friedrich e Knipping começam por descrever o equipamento. É extremamente importante que o feixe de raios X incidente seja estreito, de modo que todas as ondas percorram a mesma distância até o cristal e portanto estejam em fase ao chegarem a ele. É também importante que as várias peças do equipamento estejam cuidadosamente alinhadas. Os experimentadores precisam se assegurar de que o feixe de raios X, que é invisível aos olhos, faça de forma adequada sua viagem-relâmpago através de todos os anteparos e orifícios alinhados para que atinja o cristal na mosca.

Eu julgo estranho e surpreendente que o cristal seja grudado ao goniômetro (um dispositivo capaz de girar o cristal) com cera comum, embora essa substância ainda seja utilizada. Que o tempo de exposição tenha sido de horas e que ainda assim possam ser vistos nítidos pontos de difração, parece-me extraordinário. Qualquer tremor do aparelho durante uma exposição tão longa, uma leve rotação do cristal em relação ao feixe incidente, teria destruído completamente o delicado padrão de interferência e produzido um tênue borrão nos filmes.

Diversos aspectos das figuras 2 e 3, os resultados-chave, são dignos de nota. Primeiro, muitos pontos de difração no filme fotográfico eram tênues demais para aparecerem bem na reprodução da figura 2, mas estão indicados no diagrama esquemático da figura 3. Segundo, os pontos possuem uma simetria quádrupla. Ou seja, se girarmos o diagrama em noventa graus, ele se parece com o original. Esse alto grau de simetria é igualmente característico do processo de difração em geral e revelador da simetria particular do cristal de sulfeto de zinco sendo examinado. Friedrich e Knipping consideram seus resultados como uma "bela prova" do arranjo ordenado de átomos num cristal. As posições dos vários pontos, utilizando as três condições de Von Laue, contêm informação sobre os comprimentos de onda incidentes e o tamanho da célula unitária. Von Laue, Friedrich e Knipping conseguiram o primeiro olhar no mundo atômico de um cristal.

Meros dois anos após o artigo, Max von Laue foi agraciado com o prêmio Nobel — um dos mais curtos intervalos entre a descoberta e o prêmio em qualquer área. A importância do trabalho foi imediatamente reconhecida. Já em 1913, o físico britânico William Lawrence Bragg aperfeiçoou enormemente o método matemático de Von Laue e, juntamente com seu pai, William Henry Bragg, usou os novos cálculos e experimentos para oferecer a primeira análise detalhada dos cristais. Pelo seu trabalho, ambos os Bragg, pai e filho, também ganharam o Nobel (a única equipe de pai e filho a alcançar o feito). Em seu discurso do Nobel, o jovem Bragg começa declarando: "Os senhores também honraram com o prêmio Nobel o professor Von Laue, a quem devemos a grande descoberta que tornou possível todo o progresso num novo campo da ciência, o estudo da estrutura da matéria pela difração de raios X".[6]

No ano de sua grande descoberta, Von Laue foi nomeado professor titular de física na Universidade de Zurique, e mais tarde, em 1919, assumiu a mesma elevada posição na Universidade de Berlim. Como pessoa, Von Laue era altamente respeitado pelo seu caráter e julgamento, e por várias décadas teve grande influência na direção da ciência na Alemanha. No entanto, detestava o Partido Nacional Socialista e o regime de Hitler. No final da década de 1930, quando Einstein e sua "física judaica" foram denunciados pelos nazistas, Von Laue foi praticamente o único físico alemão que continuou a apoiar Einstein. Durante a Segunda Guerra Mundial, em vez de se envolver com o esforço de guerra alemão, Von Laue escreveu uma história da física, que teve quatro edições e traduções para sete idiomas. O pai da difração de raios X também adorava a velocidade. Habitualmente viajava em sua motocicleta para dar suas palestras e, mais tarde, em carros esportivos. Aos oitenta anos, numa de suas corridas de carro para o laboratório, teve uma colisão fatal com um motociclista.

Pelo fato de quase toda matéria sólida existir em forma cristalina em temperaturas suficientemente baixas, a difração de raios X tornou-se um método de grande alcance para análise, saudado igualmente por químicos e biólogos como ferramenta essencial para a compreensão da estrutura da matéria. Por exemplo, um passo crucial na determinação da estrutura da dupla hélice do DNA, em 1953, foi o trabalho de difração de raios X de Rosalind Franklin. Em 1960, Max Perutz empregou a difração de raios X para determinar a estrutura de hemoglobina, a primeira molécula de proteína a ser revelada (juntamente com sua prima menor, a mioglobina.) Hoje, quase todos os laboratórios bioquímicos utilizam técnicas de difração de raios X para revelar a estrutura espacial das moléculas orgânicas.

Quando recentemente visitei um laboratório na Universidade de Brandeis, um jovem aluno de pós-graduação correu até mim, sem saber quem eu era, exclamando que tinha acabado de decodificar a estrutura de uma complexa molécula orgânica com apenas metade dos dados. Aparentemente ele estivera trabalhando a noite toda. Seus olhos estavam injetados, as mãos trêmulas. Empregando difração de raios X e analisando os padrões de interferência com um computador, descobriu um padrão que se ajustava à sua molécula depois de usar apenas uma parte da informação disponível — exatamente como um jogo de palavras cruzadas pode estar resolvido sem fazer uso de todas as pistas. Existe apenas um jeito de as letras se juntarem para formar palavras, um arranjo inevitável. "Como pode uma coisa dessas?", ele perguntou, confuso, excitado e maravilhado. E eu estava igualmente maravilhado, por haver um mundo em miniatura, subjacente ao nosso olhar, um mundo oculto que de fato existe, um mundo de beleza e lógica.

8. O átomo quântico

No final de 1911, um físico de 26 anos chamado Niels Bohr viajou para Manchester a fim de falar com o professor Rutherford. O jovem estava profundamente desanimado. Ele havia desenvolvido algumas hipóteses novas sobre átomos e, no verão anterior, tentou apresentá-las ao celebrado J. J. Thomsom, descobridor do elétron, pai do modelo do pudim de ameixas, diretor do laboratório Cavendish em Cambridge. Mas Thomsom demonstrara pouco interesse nas ideias do jovem Bohr, enterrando seu último artigo sob uma pilha de manuscritos não lidos. Agora, Bohr solicitava novamente uma audiência. Podemos imaginar a cena na barafunda que era o laboratório de Rutherford. O odor de ácidos de bateria pairando no ar. Rutherford ladrando ordens aos assistentes enquanto se entretém com a tela de sulfeto de zinco de um contador de cintilações defeituoso. Quando ergue os olhos, dá de cara com Bohr, parado timidamente com seu caderno de notas, vestindo um terno amarrotado e sapatos gastos, o cachimbo escondido no bolso, incapaz até o momento de revelar seu grande sorriso cheio de dentes. Será que o professor poderia conceder alguns minutos de seu tempo?, pergunta Bohr com uma voz débil como o farfalhar de uma folha.

Sob muitos aspectos, Rutherford e Bohr eram opostos. Enquanto Rutherford era altissonante, explosivo, confiante quase ao exagero, Bohr era quieto, tímido, retraído, sensível, filosófico. Enquanto Rutherford atacava diretamente um problema com toda energia, Bohr tinha a tendência de circundá-lo devagar, discutindo todas as possibilidades em murmúrios sussurrados. (Anos depois, segundo a lenda, Bohr advertia seus alunos: "Vocês devem falar com a mesma clareza que pensam, porém não mais que isso".[1]) Rutherford era um experimentalista, um homem de máquinas e ferramentas. Bohr trabalhava apenas com lápis e papel.

Apesar das diferenças, Rutherford imediatamente simpatizou com o dinamarquês de fala macia, reconhecendo o brilhantismo sob as maneiras hesitantes, e o convidou para ficar em Manchester. Nos seis meses que se seguiram, desenvolveu-se entre os dois uma relação quase de pai e filho, repleta de admiração mútua e de afeição. Talvez fosse exatamente esse o apoio de que Bohr necessitava. Um ano depois, de volta à Universidade de Copenhague, ele revelou seu revolucionário modelo atômico. Muitos cientistas se opuseram às propostas de Bohr porque elas viravam a física clássica de cabeça para baixo. Mas Einstein ficou encantado. Quando ouviu falar da surpreendente concordância entre a teoria de Bohr e os resultados experimentais, proclamou que essa era uma das maiores descobertas da ciência.[2]

O modelo atômico de Bohr combinava o modelo nuclear de Rutherford com a nova física quântica de Planck e Einstein. Em particular, Bohr lançava a hipótese de que um elétron em órbita circular em torno do núcleo central do átomo não podia ter uma gama contínua de energias — correspondente a uma gama contínua de distâncias médias em relação ao núcleo —, mas somente certas energias, separadas por intervalos. Como se um planeta pudesse girar ao redor de uma estrela central em órbitas a 100 milhões de quilômetros ou 400 milhões de quilômetros ou 900 milhões de quilômetros, mas nunca entre elas.

Quando Bohr se viu diante do professor Rutherford pela primeira vez, no inverno de 1911, estava atormentado por dois grandes problemas não resolvidos na física. Ambos tinham a ver com a natureza dos átomos. O primeiro era um paradoxo. Segundo a bem estabelecida teoria do eletromagnetismo, apresentada sessenta anos antes, qualquer partícula eletricamente carregada que fosse desviada de uma trajetória em linha reta deveria irradiar ondas eletromagnéticas e, em virtude disso, perder energia. Em particular, os elétrons que orbitam o núcleo central no átomo de Rutherford deveriam perder energia continuamente, o que os levaria a percorrer uma espiral até se chocar contra o pequeno núcleo. Um cálculo simples, baseado em números conhecidos na época, indicava que todos os átomos deveriam entrar em colapso por esse processo em muito menos de um segundo. Todavia, tão seguro quanto o nascer do sol, os átomos não se comportavam dessa maneira. Com exceção dos recém--descobertos átomos radiativos, os outros claramente mantinham suas estruturas e tamanhos sem qualquer mudança. Se Rutherford também se preocupava com essas contradições teóricas, manteve tais preocupações exclusivamente para si.

O segundo enigma dizia respeito às propriedades químicas periódicas dos elementos. Em 1869, o cientista russo Dmitri Ivanovich Mendeleyev publicou sua profunda mas misteriosa tabela periódica, uma classificação dos elementos químicos segundo seus pesos atômicos crescentes. Em particular, Mendeleyev mostrou que elementos organizados em ordem crescente dos pesos apresentavam repetições regulares de propriedades químicas. No começo do século, os cientistas já entendiam que as ligações químicas eram formadas por meio de forças elétricas entre os átomos. Logo, Thomsom e outros cientistas estavam se debatendo para explicar as repetições regulares de Mendeleyev em termos da posição dos elétrons, carregados eletricamente, dentro dos átomos.

Um terceiro mistério na física — embora já tivessem sido feitas algumas poucas tentativas de explicá-lo — eram os assim chamados espectros atômicos. Já discutimos a ideia geral de um espectro de radiação em relação ao artigo de Planck de 1900, no capítulo 1. Em meados do século XIX, fora demonstrado experimentalmente que cada tipo de átomo, quando energizado por calor, emite luz apenas em frequências *particulares*, específicas desse átomo. Por exemplo, átomos de hidrogênio emitem luz em frequências (ciclos por segundo) de $3,08 \times 10^{15}$, $8,19 \times 10^{14}$, $6,17 \times 10^{14}$, e outras; átomos de carbono emitem luz em frequências de $9,58 \times 10^{15}$, $1,21 \times 10^{15}$, $3,32 \times 10^{14}$ e outras. Tal qual impressões digitais, as frequências de luz emitidas por diferentes tipos de átomo o distinguem de todos os outros. Os espectros atômicos podiam ser medidos com altíssima precisão com dispositivos prismáticos que desviavam as diversas frequências, ou cores, em diferentes direções.

Se por um lado os traços observados dos espectros atômicos não violavam exatamente nenhuma lei conhecida da física, tampouco podiam ser explicados.

Por exemplo, por que havia *intervalos* entre as frequências emitidas pelos átomos, como se um cantor conseguisse cantar apenas as notas dó sustenido, sol e lá, sem nenhuma nota intermediária? A precisão com que os espectros podiam ser medidos, a obstinada insistência de um átomo em emitir repetidamente as mesmas frequências de luz, sempre idênticas à emissão de outros átomos de seu tipo, mas diferentes de todos os outros átomos, servia apenas para enfatizar o grau de ignorância da ciência na época.

Em 1885, o físico suíço Johann Jakob Balmer discerniu *padrões* na sequência de números correspondentes às frequências de luz emitidas pelo hidrogênio. (O hidrogênio é o mais simples de todos os átomos, consistindo num único elétron orbitando em torno de um único próton.) Indo além, Balmer conseguiu elaborar uma notável fórmula para esses padrões. Sua fórmula era:

$$\nu = 3{,}29 \times 10^{15} \times \left(\frac{1}{n^2} - \frac{1}{m^2}\right),$$

em que ν representa a frequência emitida em ciclos por segundo, $n = 2$, e m pode ser qualquer número superior a 3. Por exemplo, para $m = 3$, a fórmula acima dá

$$\nu = 3{,}29 \times 10^{15} \times \left(\frac{1}{4} - \frac{1}{9}\right) = 6{,}17 \times 10^{14},$$

que é uma das frequências observadas do hidrogênio. Outras frequências são obtidas usando $m = 4, 5, 6$ e assim por diante, um de cada vez, como um pianista dedilhando uma sequência de notas ascendentes. (Balmer na verdade tinha uma formulação ligeiramente diferente para seus achados, que ele discutia em termos de comprimentos de onda, e não de frequências. Mas seus resultados eram equivalentes à equação acima.)

Balmer não tinha absolutamente nenhuma teoria para essa fórmula. Era simplesmente uma abreviação matemática para expressar os padrões que via. Como discutimos no capítulo 1, sobre Planck, tal fórmula matemática, por si só, é como um calendário solar que fornece o número de horas de luz do Sol para cada dia do ano. Um calendário solar é útil para fazer planos, mas não dá nenhuma explicação para os princípios científicos que geram os resultados.

O físico suíço foi adiante para especular que todas as outras frequências emitidas do hidrogênio, mesmo aquelas ainda não observadas, podiam ser obtidas fazendo com que n, bem como m, variassem por todos os números possíveis. Por exemplo, fixando $n = 3$ e fazendo $m = 4$ ou $m = 5$, isso nos forneceria mais duas frequências previstas da luz de hidrogênio. A fórmula de Balmer era um espantoso artifício mágico. E ninguém, nem Balmer, sabia por que funcionava.

Belos padrões, como a fórmula de Balmer, não acontecem por acaso. Como o fluxo e refluxo das marés, ou a perfeita simetria hexagonal de um floco de neve, um padrão simples é uma evidência óbvia de um mecanismo primário ou princípio fundamental da natureza. Mas qual seria esse mecanismo?

Surpreendentemente, Bohr jamais tinha visto a fórmula de Balmer na época em que visitou Rutherford em Manchester. No entanto, tinha ciência dos dois primeiros problemas não resolvidos. E, como muitos outros físicos, era familiarizado com a ideia do quantum de Planck. Por fim, conhecia de primeira mão o fracasso da física clássica (isto é, não quântica) no domínio atômico. Para sua dissertação de doutorado, Bohr havia estudado o comportamento dos elétrons na matéria e descoberto de forma inequívoca que a teoria eletromagnética clássica não podia explicar as propriedades magnéticas observadas nos metais. A física clássica claramente precisava de uma revisão.

Em 1912, Bohr começou a postular modelos atômicos nos quais certos parâmetros das órbitas dos elétrons eram "quantizados" — ou seja, podiam ter apenas certos valores. Dessa forma, ele esperava explicar os dois problemas não resolvidos: por que os elétrons não se projetavam numa espiral até cair no núcleo e por que os elementos possuíam propriedades químicas periodicamente repetitivas.

Os modelos quânticos do átomo estavam no ar. Outros cientistas, inclusive Arthur Eric Haas, um estudante de doutorado na Universidade de Viena, o físico teórico holandês Hendrik Antoon Lorentz, e o físico britânico John William Nicholson, estavam introduzindo a constante quântica de Planck em modelos atômicos, procurando explicar não só os extraordinários problemas acima mencionados como também as *dimensões* do átomo. O tamanho do átomo era bem conhecido a partir de experimentos. Mas os teóricos queriam saber *por que* ele tinha esse tamanho. Que princípios fundamentais determinavam o tamanho do átomo? O modelo atômico de Rutherford não dava indícios de *por que* os elétrons orbitavam o núcleo central a distâncias de aproximadamente 10^{-8} centímetros. A constante de Planck para o quantum de energia, suspeitavam esses cientistas, poderia ser um fator-chave.

Para Bohr, a concorrência estava começando a incomodar. Numa carta da época, ele escreve que "receio ter de me apressar se [meu trabalho] pretende ser novo quando surgir. A questão é de fato premente".[3]

Então, em fevereiro de 1913, o perito em espectroscopia de Copenhague H. M. Hansen pediu a Bohr para explicar a fórmula de Balmer. Aparentemente, Bohr jamais vira essa equação mágica. "Assim que vi a fórmula de Balmer", Bohr recordou mais tarde, "toda a coisa ficou imediatamente clara para mim."[4]

Tentemos reconstruir os pensamentos de Bohr. O jovem teórico dinamarquês pode muito bem ter sido inspirado por duas pistas fundamentais na fórmula de Balmer. Primeiro, as frequências emitidas envolviam um número *subtraído* de outro. (Como foi mencionado anteriormente, Balmer não tinha a menor ideia de por que tal subtração estava presente; sabia apenas que parecia ser necessária uma subtração para ajustar os padrões nos dados.) Segundo, a fórmula de Balmer funcionava — isto é, se encaixava nas frequências observadas do hidrogênio — somente se cada um dos números n e m variasse apenas em passos inteiros.

Suponhamos, pode ter raciocinado Bohr, que cada um dos dois números inteiros na fórmula de Balmer representasse um nível de energia permitido do elétron orbitando o núcleo atômico. Que esses níveis pudessem variar apenas em passos era algo que lembrava a ideia do quantum de Planck de que a energia dos ressonadores atômicos podia variar somente em passos ou incrementos inteiros.

Vamos supor além, que por alguma estranha razão quântica essas órbitas fossem estáveis, significando que os elétrons não pudessem emitir radiação (e energia) enquanto girassem numa órbita permitida. Incapaz de emitir radiação, um elétron ao girar manteria sua energia para sempre, como um sovina que esconde o dinheiro debaixo da cama e nunca gasta um tostão. Mas, se um elétron pudesse *saltar* de uma dessas órbitas para outra de energia mais baixa, então teria de obrigatoriamente gastar parte de sua energia — uma quantidade equivalente à energia da segunda órbita subtraída da energia da primeira. (A-ha, estamos agora tendo um vislumbre do verdadeiro significado da subtração na fórmula de Balmer.) Uma vez que a energia *total* não pode mudar, a energia que o elétron perde ao dar esse salto seria usada na criação e emissão de luz, que carrega sua própria energia. As economias do sovina debaixo da cama finalmente diminuíram, e as moedas faltantes apareceram nas mãos do quitandeiro em forma de luz.

Para o golpe de misericórdia, recordemo-nos da proposta de Einstein de 1905. A energia luminosa vem em quanta individuais, com a *frequência de um quantum proporcional à sua energia*. Aplicando aqui tal proposta, um elétron, ao saltar de uma órbita permitida para outra, emite um quantum de luz cuja frequência é proporcional à sua energia. A energia nesse quantum de luz é, por sua vez, a diferença de energia entre duas órbitas permitidas para um elétron que gira. E essas energias orbitais individuais podem ser representadas apenas por números inteiros. Por fim, juntando tudo isso, as frequências atômicas seriam sempre proporcionais à diferença entre dois números, cada um deles podendo variar apenas em passos inteiros.

Bohr começa seu artigo referindo-se ao recente modelo nuclear atômico do "professor Rutherford" e afirmando que o átomo de Rutherford é instável, ou seja, que deveria desmoronar. Bohr parece deixar implícito que o modelo anterior, de Thomsom, era estável. Mas na verdade ele também desmoronaria sob as leis da física clássica, tanto em vista da radiação dos elétrons como por instabilidades mecânicas. (Thomsom procurou inicialmente estabilizar seu modelo admitindo que os elétrons seriam numerosos a ponto de formar quase um anel sólido de carga dentro do "pudim" de carga positiva. Nessa situação, os elétrons não emitiriam radiação nem percorreriam espirais adentro. No entanto, em 1910, experimentos no Cavendish mostraram que tal premissa de milhares de elétrons violavam a evidência experimental.) Em todo caso, Bohr comenta o "conhecimento geral da inadequação da eletrodinâmica clássica" no ínfimo mundo do átomo e sugere que a ideia do quantum de Planck pode fornecer uma solução.

Guiado pelo raciocínio acima, Bohr faz então algumas premissas críticas. Primeiro, a energia possível W de um elétron em órbita não pode ter qualquer valor, como aconteceria na teoria clássica, mas restringe-se a um múltiplo inteiro, τ, de metade da frequência orbital, ω, multiplicado pela constante de Planck, h. Essa premissa é escrita matematicamente na equação (2). Note que há duas frequências no artigo de Bohr: a frequência orbital, representada por ω, que é o número de rotações por segundo que o elétron realiza em torno do núcleo central do átomo; e a frequência da luz emitida quando um elétron passa de uma órbita para outra, representada por v.

A proposta aqui é muito similar à premissa de Planck em 1900, de que a energia de um "ressonador" em contato com uma radiação de corpo negro pode ser apenas um múltiplo da frequência desse ressonador. No entanto, o fator ½ introduzido por Bohr parece um tanto arbitrário. Em física, volumes podem ser escritos em tais números aparentemente inconsequentes. Por que não um fator 1, como Planck usou, ou ⅔, ou 2? Bem no final do artigo de Bohr, no §3, ele mostra que o fator preciso deve ser ½, de modo que para valores grandes de τ, em que a física clássica seria cada vez mais válida, as frequências de emissão previstas pelo seu modelo estão de acordo com aquelas previstas pela teoria eletromagnética clássica. Mesmo esse argumento não constitui uma justificativa para o fator ½, e sim uma necessidade de fazer com que os resultados deem certo. Uma justificativa plena desse fator teria de esperar a teoria quântica total, de Werner Heisenberg e Erwin Schrödinger, quinze anos depois. De fato, em todo seu artigo, apesar da bela concordância entre teoria e experimento, Bohr está agudamente cônscio de que sua teoria se calca em premissas não provadas, que é incompleta e provisória, da mesma forma que Einstein chamou de "heurística" a sua teoria do quantum de luz.

A seguir, *revertendo à física clássica* para o equilíbrio da força elétrica e da aceleração, Bohr obtém as várias fórmulas da equação (3). Note agora que todas as propriedades da órbita do elétron — sua energia W, sua frequência orbital ω, e sua distância a, do núcleo central — estão completamente determinadas em termos de constantes conhecidas: a carga elétrica e, e a massa m do elétron, a constante de Planck h, mais o número quântico τ. (Não confundir este m, da massa do elétron, com o m da fórmula de Balmer.) Logo, o número quântico τ determina tudo. À medida que τ cresce de 1 a 2, de 2 a 3 e assim por diante, diferentes órbitas conhecidas são mapeadas, com raios cada vez maiores.

Para $\tau = 1$, isto é, para o *primeiro* nível quântico, e para um núcleo com uma única carga positiva $E = e$, Bohr introduz os valores conhecidos para e, m e h e *deduz* o diâmetro do átomo de hidrogênio, $2a = 1,1 \times 10^{-8}$ centímetros. Esse número coincide com os resultados experimentais e é um triunfo fundamental da teoria.

A premissa seguinte de Bohr é que o elétron não pode irradiar energia enquanto está em uma dessas configurações quânticas. Bohr denomina essas configurações estáveis de "estados estacionários".

Agora, Bohr faz uma digressão para mencionar o recentíssimo trabalho de John Nicholson, que também propôs um modelo quântico para o átomo. Na época em que o modelo de Nicholson foi publicado, Bohr já havia desenvolvido a maior parte de sua própria teoria. Nicholson quase acertou, e isso teria rendido o Nobel a ele em vez de Bohr, mas faltava-lhe a ideia crucial dos estados estacionários (nos quais os elétrons não podem irradiar) e o salto quântico entre estados (durante o qual os elétrons emitem uma única lufada de energia). No modelo de Nicholson, os elétrons irradiam *enquanto* estão em estados quânticos particulares de energia definida, variando sua energia continuamente e assim contradizendo a premissa inicial de que possuem apenas níveis particulares, quantizados, de energia. Mais ainda, as frequências de emissão preditas por Nicholson não têm a forma matemática da fórmula de Balmer.

Em seguida, Bohr amplia e esclarece suas premissas, apresentadas como (1) e (2). Enquanto a mecânica comum (não quântica) pode explicar o equilíbrio de forças de um elétron em estado estacionário, ela não descreve como um elétron "passa" de uma órbita a outra. Ademais, quando um elétron efetivamente muda de órbita, ele emite luz numa única frequência, o que Bohr chama de "radiação homogênea".

A essa altura, ainda manipulando a primeira seção de seu artigo, Bohr já se propôs a violar a física clássica de diversas maneiras: (1) os elétrons nos átomos só podem ter certas energias e órbitas, (2) os elétrons não podem irradiar enquanto estão nessas órbitas permitidas, (3) de alguma forma, os elétrons podem "passar" de uma órbita permitida a outra, e quando o fazem emitem um único quantum de energia, com frequência dada pela relação de Einstein, $E = h\nu$.

É extremamente interessante o fato de Bohr descrever que os elétrons "passam" de uma órbita para outra. Todavia, ele não consegue oferecer uma imagem física do que entende por esse verbo. Em física clássica, o elétron pode ser acuradamente descrito como "em trajetória espiral" de uma órbita a outra à medida que lentamente perde energia. Podemos visualizar essa espiral, pois todos já vimos água descendo pelo ralo, águias subindo em voltas numa corrente de ar e outras coisas em forma espiralada.

Mas o trabalho de Balmer e Planck, conforme interpretado por Bohr, sugere que o elétron não pode ocupar o espaço entre órbitas sob qualquer forma previamente conhecida — caso contrário irradiaria energia de modo contínuo. De alguma maneira, é possível um elétron começar com um nível de energia, correspondente a uma órbita, e subitamente reaparecer em outro nível em outra órbita. Acabei de usar agora a palavra "reaparecer". Bohr emprega a palavra "passar". Alguns cientistas usam "saltar". Mas, na verdade, não temos um vocabulário adequado para descrever tais fenômenos, porque todo o nosso vocabulário provém da experiência humana com o mundo. E nós humanos não temos experiência, intuição, conexão sensória direta com o mundo atômico quântico. Nesse mundo, nossa linguagem é falha.

O próprio Bohr estava consciente dessas dificuldades com a linguagem. Em 1928, quando a mecânica quântica já estava mais desenvolvida, ele escreveu:

> encontramo-nos aqui no próprio caminho tomado por Einstein ao adaptar nossos modos de percepção emprestados das sensações para o conhecimento gradualmente mais profundo das leis da Natureza. Os entraves confrontados nesse caminho originam-se acima de tudo no fato de, por assim dizer, toda palavra na linguagem referir-se à nossa percepção ordinária.[5]

Finalmente, Bohr está pronto para ser recompensado pelas suas duras e heréticas premissas. Ele focaliza suas considerações no hidrogênio, o átomo mais simples, com um único elétron orbitando um núcleo de uma única carga positiva. Se o elétron começa num estado estacionário representado por $\tau = \tau_1$ e termina num estado de $\tau = \tau_2$, a diferença de energia é facilmente calculada pelas fórmulas anteriores de Bohr. Pela lei da conservação da energia, a mudança de energia do elétron deve ser igual à energia da luz emitida. Então, usando a relação de Einstein de que a energia do quantum de luz equivale a $h\nu$, a frequência emitida é dada pela equação (4) do artigo de Bohr. Fixando um dos valores de τ e deixando que o outro varie, Bohr consegue reproduzir a "série" de emissões espectrais observada por Balmer, Paschen e outros físicos.

A equação (4) é o reluzente triunfo da teoria atômica de Bohr. Note-se que ela tem exatamente a mesma forma matemática que as frequências observadas experimentalmente resumidas pela fórmula de Balmer (com τ_1 em lugar de m e τ_2 em lugar de n). Quando Bohr insere valores conhecidos para as "constantes" m, e e h, chega ao coeficiente numérico geral fora dos parênteses:

$$\frac{2\pi^2 m e^4}{h^3} = 3,1 \times 10^{15} \;\; \textit{ciclos por segundos}$$

que é razoavelmente próximo ao número observado experimentalmente de $3,29 \times 10^{15}$, considerando as incertezas nos valores medidos das constantes. Valores mais recentes dessas constantes mostram concordância em várias casas decimais. Logo, dadas as premissas de seu modelo, Bohr calculou teoricamente *tanto* o tamanho dos átomos *como* suas emissões de energia em termos de constantes fundamentais da natureza — e encontrou concordância com resultados experimentais conhecidos! Números que previamente tinham de ser aceitos como dados, sem explicação, agora haviam sido explicados em termos de princípios fundamentais.

Em outro êxito crucial de sua teoria, Bohr a aplica ao caso do átomo de hélio "monoionizado", isto é, um elétron orbitando um núcleo de carga $2e$, o dobro da carga do núcleo de hidrogênio. O número resultante está de acordo com as frequências de certas emissões medidas pelos espectroscopistas Alfred Fowler, E. C. Pickering e outros. Anteriormente, tais emissões haviam sido atribuídas ao hidrogênio, sem qualquer justificação teórica. Aqui existe uma predição concreta. Bohr não está somente propondo uma teoria para explicar coisas já conhecidas. Está *predizendo* que a substância material responsável pelas emissões observadas por Fowler e Pickering é hélio, não hidrogênio. Experimentos posteriores mostraram que Bohr estava correto. Com o sucesso do hélio, Fowler e outros físicos, que ficaram quase escandalizados com as pressuposições drásticas de Bohr, decidiram que devia haver algo em suas ideias.

Niels Bohr, com seu artigo, passou a ser largamente considerado o pai da moderna física atômica. Subsequentemente, ele sondaria com ainda mais profundidade o átomo, tornando-se o pioneiro em física nuclear — o comportamento não do elétron externo, mas do núcleo interno de prótons e nêutrons.

Não se pode deixar de admirar por que teria sido Bohr, e não outros teóricos, quem conceituou o primeiro modelo quântico do átomo. Nicholson esteve muito próximo. Por exemplo, por que não Einstein, que estava familiarizado com o problema dos espectros atômicos e da instabilidade radiativa do átomo de Rutherford, que claramente entendia a ideia do quantum e que era apenas alguns anos mais velho que Bohr? Depois de ver o artigo de Bohr, Einstein disse ao físico húngaro György Hevesy que ele também estivera pensando no problema dos espectros atômicos e num modelo quântico do átomo, mas, conforme Hevesy se lembra, "não tinha ânimo de desenvolvê-lo".[6] Esse comentário é um pouco intrigante, pois Einstein não era particularmente modesto em relação a suas habilidades científicas.

Talvez tenha sido a complexidade dos espectros de emissão de cada elemento, exceto o hidrogênio, o que desencorajou Einstein, que gostava das coisas simples. Ou talvez tenha sido o fato de que Einstein, em 1912, estivesse preocupado com sua nova teoria da gravidade, a relatividade geral. Talvez o sucesso de Bohr e seu pioneirismo na descoberta tivessem derivado de seu especial fascínio por paradoxos. Nesse caso, o paradoxo era que a física clássica aparentemente podia viver lado a lado com a física quântica. A primeira descrevia corretamente o equilíbrio mecânico das forças de um elétron em órbita estacionária, enquanto a última decretava, sem imagens, que o elétron podia saltar ou passar ou reaparecer em alguma outra parte sem fazer a viagem.

De fato, a forma de pensar de Bohr em termos de paradoxos e contradições formou o alicerce filosófico de seu Instituto de Física Teórica, uma casa no número 15 da Blegdamsvej, em Copenhague. Lá, Bohr criou uma "escola" científica, nos moldes dos grupos de Arnold Sommerfeld em Munique e de Werner Heisenberg em Leipzig. No instituto de Bohr, a estimulação diária com seminários brilhantes e ideias novas e perturbadoras era capaz de desconcertar os pensadores menos ágeis. O físico norte-americano John Wheeler, que estudou com Bohr em meados da década de 1930 (e que treinou o meu orientador de tese, Kip Thorne, fazendo de mim um bisneto pedagógico de Bohr), recorda-se do método usual de explicação de Bohr como "um jogo de tênis com um só jogador".[7] Cada rebatida trazia alguma contradição efetiva aos resultados anteriores, levantada por alguma nova teoria ou experimento. Após cada rebatida, Bohr corria para o outro lado da quadra com suficiente rapidez para devolver seu próprio golpe. "Não há progresso sem paradoxo", dizia o mantra de Bohr. A pior coisa que podia acontecer no seminário de algum visitante era a ausência de surpresas, depois do que Bohr educadamente murmurava as temíveis palavras: "Isso foi interessante".

9. O meio de comunicação entre os nervos

Em uma das mais notáveis narrativas de descoberta científica, Otto Loewi, aos 87 anos, recorda como lhe ocorreu a ideia de testar a maneira como os nervos se comunicam. O pensamento surgiu num sonho:

> Na noite anterior ao domingo de Páscoa [de 1921], eu acordei, acendi a luz e rabisquei algumas anotações num pedacinho de papel. Então voltei a adormecer. Ocorreu-me às seis da manhã que durante a noite eu tinha anotado alguma coisa importante, mas fui incapaz de decifrar os rabiscos. Na noite seguinte, às três da madrugada, a ideia voltou. Era o esquema de um experimento para determinar se a hipótese da transmissão química [de impulsos nervosos dos nervos para seus respectivos órgãos] que eu havia enunciado quinze anos atrás estava correta. Levantei-me imediatamente, fui até o laboratório e realizei um experimento simples no coração de um sapo segundo o projeto noturno.[1]

Loewi claramente se confundiu ao recordar alguns detalhes. O primeiro experimento relatado em seu artigo de 1921 foi realizado em fevereiro, bem antes da Páscoa. No entanto, o ponto de origem do experimento, num sonho, e o papelzinho rabiscado parecem ser verdade. Foi a história que ele contou aos amigos na época. Einstein tinha seus "experimentos mentais". Rutherford tinha

1. Max Planck, 1921.

2. Ernest Starling, 1887.

3. William Bayliss (na foto, à dir.) e Ernest Starling (à esq. do quadro-negro), *c.* 1905.

4. Albert Einstein em sua escrivaninha no escritório suíço de patentes, 1905.

5. Ernest Rutherford, *c.* 1890.

6. Ernest Rutherford no Laboratório Cavendish, *c.* 1935.

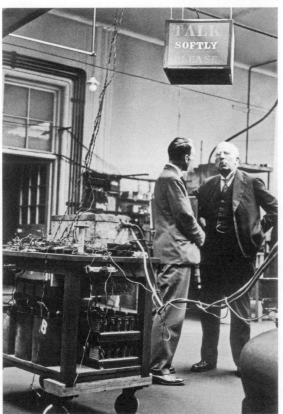

7. Henrietta Leavitt, *c.* 1898.

8. As "computadoras" do Observatório do Harvard College, diante da entrada do observatório, 1917. Henrietta Leavitt é a sexta a partir da esquerda.

9. Max von Laue em seu carro.

10. Niels Bohr no início da década de 1920.

11. Otto Loewi.

12. Werner Heisenberg (ao centro), com Enrico Fermi (à esq.) e Wolfgang Pauli (à dir.), *c.* 1928.

suas ideias "idiotas" descontroladamente intuitivas, mas pouquíssimos cientistas relataram ter recebido suas grandes ideias em sonho. Anos mais tarde, Loewi escreveu que o processo de sua descoberta de 1921 "mostra que uma ideia pode ficar adormecida durante décadas na mente inconsciente e então de repente retornar. Mais ainda, isso indica que às vezes deveríamos confiar numa intuição súbita sem exagerar no ceticismo".[2]

Em 1936, na sua volta a Graz após receber o prêmio Nobel, Loewi parou em Viena para se encontrar com Sigmund Freud. Infelizmente, nada foi registrado da conversa entre eles.

Na época do sonho de Loewi, em 1921, sabia-se havia muito que o sistema nervoso é um meio de comunicação interno nos seres vivos. Sabia-se também que sinais viajavam pelos esguios filamentos de um nervo na forma de eletricidade. O que não se sabia era como os nervos transmitiam seus impulsos elétricos a músculos, órgãos e outros nervos — no processo de ativar movimentos, respiração, digestão, circulação, reprodução e até mesmo o pensamento. Em suma, como os nervos falavam com o resto do corpo? A maioria dos biólogos acreditava que tal comunicação internervosa também era elétrica. Nessa visão, minúsculas correntes elétricas corriam dos nervos para os músculos cardíacos, ou para a glândula tireoide, ou para as antenas de outros nervos.

O experimento noturno de Loewi não foi apenas simples, mas elegante. Primeiro, ele isolou os corações de dois sapos e removeu os nervos do segundo coração. (Não se pode deixar de lembrar o procedimento usado por Bayliss e Starling.) Em ambos os corações, Loewi inseriu um tubo cheio de solução de Ringer, um líquido que se ajusta à concentração de sais no corpo e mantém com vida órgãos isolados. Loewi então estimulou o nervo vago do primeiro coração. O vago desacelera as funções dos órgãos, e o ritmo do batimento cardíaco diminuiu conforme o esperado. Após alguns minutos, ele despejou a solução de Ringer do primeiro coração para o segundo, o coração desprovido de nervos. *E ele também reduziu o ritmo*. O batimento diminuiu exatamente como se o nervo vago tivesse sido excitado. De maneira similar, quando Loewi estimulou o nervo acelerador do primeiro coração e então transferiu o líquido para o segundo, este também aumentou seu batimento. Os resultados mostravam sem sombra de dúvida que um nervo estimulado libera alguma substância química, que então ativa os órgãos. A transmissão de impulsos nervosos é química, não elétrica.

Da mesma forma que os experimentos seminais de Bayliss e Starling, em

1902, e de Rutherford, em 1911, o de Loewi era belamente projetado e suas conclusões eram inescapáveis e de longo alcance. Ao contrário desses outros cientistas, Loewi sabia exatamente o que procurava. Após seu histórico experimento de 1921, Loewi e seus colaboradores identificaram não somente os agentes químicos dos nervos, os assim chamados neurotransmissores, como a adrenalina, a dopamina e a serotonina, mas também outras substâncias naturais que tanto inibiam como intensificavam tais agentes. A comunicação da vida tem lugar por meio de uma intricada rede de testes e ajustes e controles corporais. Loewi havia desmascarado os mensageiros secretos do corpo. Ao fazê-lo, descobrira tanto os próprios mensageiros como o mundo no qual viviam. Nas décadas seguintes, o trabalho de Loewi teria impacto sobre tudo, desde o estudo da função cerebral até o tratamento de doenças neurológicas, passando por drogas que afetam os receptores dos neurotransmissores e curam enfermidades que vão desde hipertensão até úlceras estomacais. Como disse o amigo e colega de Loewi, o também ganhador do Nobel Henry Dale, no seu obituário, em 1962, tais descobertas "abriram um novo panorama" para a biologia.

Naquela madrugada de 1921, Loewi estava trabalhando em seu laboratório na Universidade de Graz, onde era chefe de farmacologia desde 1909. Na época tinha 47 anos. As fotografias mostram um homem atarracado de rosto cheio, sobrancelhas espessas e um leve bigode. Loewi adorava boa comida, bons vinhos e especialmente uma boa conversa. Nas lembranças de Dale, Loewi era "um tagarela acessível e desinibido",[3] cujos "entusiasmos e desagrados eram provocados com facilidade, recebendo pronta e efetiva expressão". Esses entusiasmos às vezes se manifestavam na forma de impaciência em novas empreitadas. Numa viagem à Inglaterra, em 1902, Loewi aprendeu inglês com uma rapidez inacreditável para poder conversar com os grandes fisiologistas britânicos, e não gostou de ver sua gramática reprovada. "Não tenho tempo de aprender inglês corretamente", ele vociferou com Dale na ocasião. "Eu quero falar logo."[4]

Loewi também adorava as artes. Ao se curvar sobre sua bancada no laboratório, sozinho na sala, pressionando os corações dos sapos com as mãos metidas em luvas, talvez estivesse cantarolando trechos de *Tristan und Isolde* ou *Die Walhüre*. Desde tenra idade, adorava a música de Wagner. O Loewi adolescente também apreciava pintura, sobretudo os primeiros pintores flamengos, e desejava estudar história da arte.

Otto Loewi nasceu em junho de 1873, em Frankfurt-sobre-o-Meno. Foi o primogênito e único filho homem de Jacob Loewi, um mercador de vinhos judeu, e Anna Willstädter. Loewi se recorda de que no Frankfurt Gymnasium tinha um desempenho ruim em ciências e matemática, mas bom em humanidades. Seguindo a insistência dos pais de que buscasse uma carreira prática, o jovem Loewi matriculou-se como estudante de medicina na Universidade de Estrasburgo em 1891. Mas seu coração não estava lá. Durante grande parte de sua formação médica, faltava a aulas sobre temas de medicina para escutar palestras de filosofia e história da arquitetura alemã. Conseguiu passar por pouco no *Physicum*, o primeiro exame da escola de medicina. Finalmente, seu interesse em medicina foi deflagrado pelos ensinamentos do professor Bernard Naunyn, um patologista experimental e chefe do departamento de clínica médica.

Um passo sutil mas influente no desenvolvimento científico de Loewi pode ter sido receber seu tema de tese em Estrasburgo do professor Oswald Schmiedeberg, largamente considerado pai da farmacologia moderna. Schmiedeberg e seus colegas sem dúvida apresentaram Loewi ao estudo do papel das substâncias químicas no funcionamento interno dos organismos vivos. Em sua autobiografia, Loewi dedica pouco espaço a Schmiedeberg. Todavia, ele já era bastante famoso por ter mostrado que quantidades mínimas da droga muscarina tinham o mesmo efeito no coração do sapo que a estimulação elétrica do nervo vago — um resultado que prefigurava em parte o futuro experimento seminal de Loewi. Na época dos primeiros trabalhos de Schmiedeberg, porém, a compreensão da arquitetura dos nervos era muito mais primitiva que em 1921 e mesmo que em 1900.

A concepção moderna de nervos começou com o trabalho do físico e fisiologista italiano Luigi Galvani. Na década de 1790, Galvani demonstrou que correntes elétricas causavam contrações musculares em sapos. (Galvani considerou o fenômeno como "eletricidade animal", distinta da "eletricidade natural" do raio e da "eletricidade artificial" obtida ao esfregar o pelo de um gato.) Os sapos constituem sujeitos particularmente adequados para tais experimentos por terem sua ação muscular extremamente responsiva e pronunciada.

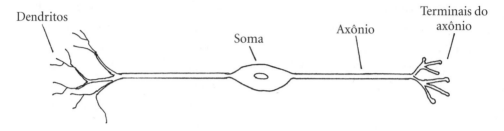

Figura 9.1

Obviamente, músculos não são nervos. Em 1842, outro cientista italiano, Carlo Matteucci, mostrou que um músculo de animal ferido produzia uma corrente elétrica. Logo, a eletricidade não só estimulava o corpo, mas também ocorria naturalmente dentro dele. O trabalho de Matteucci e outros cientistas criou o novo campo da "eletrofisiologia". Em 1849, o eletrofisiologista alemão Emil Heinrich du Bois-Reymond encontrou a "corrente de ferimento" de Matteucci também em nervos, demonstrando a natureza elétrica do sistema nervoso. Embora os detalhes não fossem conhecidos, os cientistas passaram a compreender que sinais e informações eram transportados pelos nervos por correntes elétricas.

A primeira imagem detalhada de um nervo veio do patologista italiano Camillo Golgi (1843-1926). Golgi inventou um método de tingir células e fibras nervosas endurecendo-as com bicromato de amônia ou potássio para depois mergulhá-las numa solução de nitrato de prata diluído. As células nervosas tingidas dessa maneira mostram claramente seus principais elementos. Em publicações começando em 1873, Golgi concluiu que os nervos eram constituídos de várias partes: pequenos tendões, chamados dendritos, que conduzem a um corpo nervoso arredondado, chamado soma, que por sua vez leva a uma única e fina extensão chamada de axônio (ver figura 9.1). Os axônios nervosos têm seu comprimento variando de 10^{-3} centímetros a cem centímetros, e geralmente têm 10^{-4} centímetros de largura.

Na década de 1890, o neuroanatomista espanhol Santiago Ramón y Cajal (1852-1934) mostrou que o sinal elétrico que viaja por um nervo começa nos dendritos e move-se em direção ao axônio. E, o mais importante, Ramón y Cajal descobriu que os nervos não tocam outros nervos. Existe um espaço vazio mi-

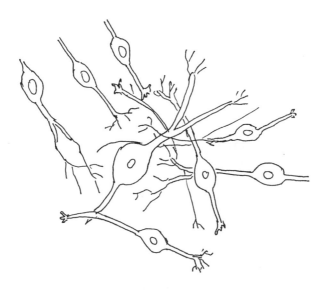

Figura 9.2

croscópico, chamado fenda sináptica ou simplesmente sinapse, entre o final do axônio de um nervo e os dendritos iniciais de outro. A sinapse tem cerca de 2×10^{-6} centímetros, ou seja, é cinquenta vezes menor que a espessura do axônio.

A identificação da sinapse, o espaço vazio entre dois nervos adjacentes, foi extremamente importante. Significava que o sistema nervoso não é uma fiação contínua. Cada nervo tem um começo e um fim. Cada nervo é uma unidade autocontida, conceito mais tarde chamado de doutrina do neurônio. Pode-se portanto pensar no sistema nervoso como uma complexa rede de nervos individuais, ou neurônios, em que cada neurônio recebe sinais de milhares de outros, retransmitindo seu próprio sinal para ainda outros neurônios. A figura 9.2 ilustra uma pequena porção dessa rede.

Um sinal elétrico passa através de um neurônio em cerca de um milésimo de segundo. De alguma maneira, esse sinal é transmitido para outro neurônio ou órgão através do vão sináptico. Uma questão crítica era o meio dessa transmissão. Até o trabalho de Loewi, em 1921, a teoria predominante era de que se tratava de uma transmissão elétrica.

Em 1896, com o diploma recém-obtido na mão, Loewi foi trabalhar no hospital municipal de Frankfurt. Depois de presenciar um alto índice de mortalidade entre pacientes com pneumonia, ele resolveu que a medicina clínica não era para ele. O jovem cientista preferia a pesquisa em fisiologia. Para sua sorte, apresentou-se uma excelente oportunidade na forma de um cargo como assistente do professor Hans Horst Meyer, um proeminente farmacologista na Universidade de Marburg. Aos 25 anos, Loewi começou o que viria a ser talvez o mais influente período de aprendizagem de sua vida. Ele trabalharia com Meyer por mais de dez anos — em Marburg durante seis, de 1898 a 1904, e então por mais cinco anos em Viena, de 1904 a 1909.

Em seu *Esboço autobiográfico*, de 1960, Loewi lembrou-se de Meyer como "grande cientista e pessoa".[5] De fato, Meyer tornou-se um poderoso mentor na vida de Loewi, tanto em essência quanto em estilo, afastando a noção de que a relação mestre-discípulo não é importante em ciência. Veremos uma relação de influência similar entre Hans Krebs e seu mentor Otto Warburg.

Um dos temas recorrentes durante seus anos com Meyer foi o trabalho de Loewi com o metabolismo. Em 1902, ele conseguiu sua primeira descoberta realmente importante: os animais não precisam comer proteínas inteiras, mas podem formar proteínas internamente a partir de seus componentes, os aminoácidos. Para chegar a essa conclusão, o cientista de 29 anos teve de alimentar cães com uma refeição pouco apetecível feita dos "produtos de degradação" do pâncreas. "Por um longo tempo, deparei com grandes dificuldades", escreveu Loewi mais tarde, "sobretudo porque a maioria dos cães não apreciava a inusitada ração. No entanto persisti, porque não tinha a menor dúvida de que acabaria tendo êxito. A minha perseverança foi recompensada"[6] após vários anos de trabalho. Pode-se perceber nesses comentários a forte autoconfiança de Loewi.

O ano de 1902 foi agitado para Loewi por outra razão. Nesse ano ele viajou à Inglaterra para visitar fisiologistas britânicos. O grande cientista alemão Carl Ludwig havia regido a fisiologia durante grande parte do século XIX, mas quando morreu, em 1895, o centro de gravidade da pesquisa fisiológica havia se transferido para a Inglaterra. Em 1902, o ambicioso jovem Loewi foi a Londres para conhecer William Bayliss e Ernest Starling, que tinham acabado de descobrir o primeiro hormônio e, mais ainda, todo o sistema hormonal como segundo meio de comunicação (ver capítulo 2). Loewi ficou "encantado com a aparência de Starling, seus traços expressivos, seus olhos brilhantes".[7] Foi então a Cambridge, onde ouviu falar do trabalho de John Langley, que dividia o sistema nervoso em duas partes: os nervos que desaceleravam as funções e órgãos, chamados nervos parassimpáticos, e os nervos que aceleravam as coisas, os nervos simpáticos.

Em Cambridge, Loewi também conheceu T. R. Elliot, então recém-graduado, que vinha começando uma série de brilhantes experimentos para demonstrar que as ações do sistema nervoso simpático podiam ser reproduzidas com a injeção da substância adrenalina. Mas reproduzir as ações dos nervos com uma substância injetada não significa necessariamente que a substância seja produzida internamente pelos próprios nervos, ou que ela transporte os impulsos dos nervos. Dois anos depois, Elliot investiu na segunda afirmação, mais significativa. Lançou a hipótese de que a adrenalina, de fato, era o meio pelo qual os nervos simpáticos transmitiam seus impulsos a outros nervos dentro do organismo. Em 1903, o próprio Loewi fez uma conjectura similar: a substância química muscarina poderia transmitir os impulsos nervosos no nervo vago para o coração. Portanto, a ideia da transmissão química dos impulsos nervosos estava no ar.

Além disso, havia problemas com a teoria elétrica. Sabia-se que os impulsos nervosos eram sinais de mão única. Um sinal que saísse do nervo A para o nervo B nunca ia do nervo B para o nervo A. Todavia, a física básica postulava que correntes elétricas podiam fluir em qualquer sentido. Outro problema era o fato observado de que os nervos podiam ou inibir ou excitar outros nervos e órgãos, comportamento em desacordo com a natureza "tudo ou nada" da descarga elétrica nessa teoria.

No entanto, a maioria dos cientistas continuava a apoiar a teoria elétrica. Foi estabelecido um mecanismo elétrico para sinais *dentro* dos nervos individuais. Além disso, agentes químicos para comunicação internervosa podiam não ser suficientemente estáveis, ou podiam não atuar com a rapidez necessária. Assim, apesar dos trabalhos de Langley e Elliot, a maioria dos fisiologistas subscrevia a teoria elétrica da transmissão nervosa. No final da década de 1910, a teoria da transmissão química estava largamente desacreditada.

De onde vêm as ideias criativas? É um processo tão misterioso nas ciências quanto nas artes. Entre 1909 — quando mudou-se para Graz, trabalhando por conta própria — e 1921, Loewi publicou cerca de vinte artigos científicos, sobre temas que variavam desde o efeito de íons inorgânicos no músculo cardíaco, passando pela modificação do diabetes por meio de drogas, até o metabolismo dos carboidratos. Ele realizou o que se considerava um excelente trabalho. Todavia, como Dale escreve em seu obituário, Loewi nada fez nesse período que sugerisse que estava prestes a "subitamente ultrapassar os limites normais"[8] de sua pesquisa passada e realizasse seu experimento fundamental. De fato, Loewi parece ter esquecido sua velha sugestão de que os nervos podiam transmitir seus impulsos por meios químicos, e não pela eletricidade. Grande parte de seu tempo em Graz era voltado para lecionar e preparar suas cinco aulas semanais, durante as quais "sofria uma espécie de medo de palco".[9] À noite, costumava frequentar concertos de câmara, alguns em sua própria casa, e socializava com escritores, atores e filósofos.

Loewi começa seu histórico artigo com uma constatação clara do problema a ser investigado: "o mecanismo de ação da estimulação nervosa". A seguir, discute brevemente seus métodos, salientando que o nervo vago de seus sapos ainda está ligado à fístula, um vaso sanguíneo dilatado. O oxigênio é constantemente irrigado, ou borbulhado, por meio da solução de Ringer, que às vezes é chamada de perfusato. Loewi relata que, depois do primeiro experimento, realizou ainda muitos outros, usando toda uma variedade de sapos: *esculenta* (rãs comestíveis), *temporaria* (sapos marrons) e rãs comuns (sem comentários). O grande número de experimentos num período de tempo, todos dando os mesmos resultados, reforça claramente a certeza de suas conclusões.

Na primeira série de experimentos, Loewi descreve como a estimulação do nervo vago produz o conhecido efeito inotrópico negativo, significando um decréscimo na força de contração do coração, e o efeito cronotrópico negativo, significando decréscimo na frequência de batimentos cardíacos. Como foi descrito anteriormente, ele dá evidências de que a solução de Ringer coletada no período de estimulação do vago pode gerar ela mesma essas atividades. A substância atropina inibe a ação de qualquer substância que tenha sido produzida pelo nervo vago e secretada na solução de Ringer. (Em escritos posteriores, cientistas mostraram que a atropina funciona bloqueando os receptores do neurotransmissor do nervo ou órgão receptor.) A figura 1 do artigo de Loewi mostra as mudanças no volume da vazão cardíaca ou na força de contração (altura das linhas), e a figura 2 mostra as mudanças no batimento cardíaco (espaçamento horizontal entre linhas). É difícil, e arrepiante, para o não biólogo dar-se conta de que se trata de corações vivos, pulsantes, que ali jazem sobre a bancada de Loewi.

As figuras 1 e 2 são eletrocardiogramas, que registram a corrente elétrica no coração. Embora ele não discuta seu equipamento, Loewi quase com certeza mediu tais correntes com um galvanômetro, inventado no início do século XIX e batizado em honra a Luigi Galvani. Um galvanômetro funciona segundo o princípio de que uma corrente que passa por uma bobina de fio metálico perto de um ímã faz a bobina girar. A força da rotação mede a intensidade da corrente. E o minúsculo movimento da bobina de um lado a outro mede as mudanças na corrente ao longo do tempo. Loewi teria colocado eletrodos nos corações dos sapos e em seguida ligado-os ao galvanômetro. A pequena oscilação da bobina pode ser registrada mecanicamente por um dispositivo semelhante ao quimógrafo de Carl Ludwig ou registrada eletricamente por algum equipamento mais moderno, como um osciloscópio.

Na segunda série de experimentos, Loewi relata que a solução de Ringer coletada durante o período no qual o nervo acelerador é estimulado produz um aumento no volume de vazão, indicando atividade cardíaca aumentada. Mais uma vez, a solução de Ringer coletada no Período Normal, isto é, no período sem estimulação dos nervos, não tem efeito sobre o coração.

Na seção de discussão, Loewi segue uma linha lógica de argumentação cautelosa, socrática. As substâncias na solução de Ringer que tiveram o mesmo efeito sobre o coração que a estimulação nervosa ou são sintetizadas como resultado da estimulação, ou não são. Em caso negativo, se as substâncias já existiam, devem ter sido liberadas como resultado da estimulação nervosa. (Em experimentos posteriores, Loewi mostrou que a segunda possibilidade é verdadeira.) As substâncias na solução de Ringer podem ser agentes que ativam o coração, ou podem ser produzidas pela atividade do coração. Os próprios experimentos de Loewi aqui favorecem a primeira possibilidade, uma vez que a solução de Ringer coletada após a estimulação nervosa pode ativar um coração desprovido de nervos.

O comportamento real dos neurotransmissores, demonstrado por Loewi em anos posteriores, é mostrado na figura 9.3. As moléculas do neurotransmissor (indicadas por pontos) são aprisionadas em recipientes moleculares (indicados por círculos) nos terminais do axônio. Quando um nervo é estimulado,

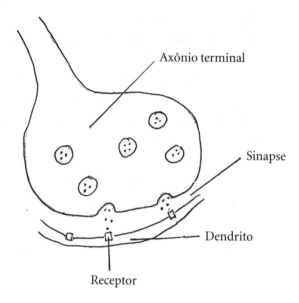

Figura 9.3

os recipientes se movem para a membrana exterior do terminal do axônio e liberam o neurotransmissor químico. As moléculas do neurotransmissor atravessam o vão sináptico e são recebidas por receptores (indicados por caixinhas) nos dendritos de outros nervos, ou nas membranas externas dos órgãos. As moléculas do receptor, por sua vez, iniciam uma corrente elétrica mediante o movimento de átomos eletricamente carregados, e o sinal nervoso continua.

No último parágrafo do artigo, Loewi anuncia que esses experimentos serão seguidos de outras investigações para determinar a identidade das "substâncias" e responder a outras questões. De fato, essas pesquisas o manteriam ocupado, e também seus colaboradores, pelos quinze anos seguintes. O tom de Loewi ao longo de artigo é modesto, confiante naquilo que demonstrou, mas cuidadoso em não anunciar muita coisa a partir de seus resultados. Em artigos posteriores, as alegações de Loewi lentamente aumentam de volume, até seu discurso do Nobel em 1936, com afirmações ressonantes "para o campo de atividade e a importância do mecanismo neuroquímico".[10]

Otto Loewi permaneceu na Universidade de Graz até 11 de março de 1938, o dia em que os nazistas invadiram a Áustria. Durante a noite, uma dúzia de jovens soldados alemães arrombou seu dormitório, levando-o para a cadeia, onde logo recebeu a companhia de seus dois filhos mais novos e outros homens judeus da cidade. Após alguns meses, ele e seus filhos foram libertados. Loewi logo recebeu uma proposta de asilo em Londres, e mais tarde em Bruxelas. No entanto, não teve permissão de emigrar antes de concordar em transferir o dinheiro de seu prêmio Nobel de um banco em Estocolmo para uma instituição controlada pelos nazistas.

Em 1940, Loewi assumiu o cargo de professor em Pesquisa em Farmacologia na Escola de Medicina da Universidade de Nova York, ali permanecendo pelo resto da vida.

Depois de sua publicação inicial no *Pflügers Archiv*, em 1921, Loewi escreveu para esse órgão mais de uma dúzia de outros artigos nos quinze anos seguintes, acrescentando mais detalhes ao processo de transmissão química. Ele acabou identificando os principais neurotransmissores, inclusive a acetilcolina, o transmissor de redução de intensidade, e a adrenalina (também chamada epinefrina), o transmissor da aceleração. Além disso, ele e seus colaboradores descobriram uma classe de enzimas, chamadas esterases, que metabolizavam e destruíam os neurotransmissores após sua atuação, e outra classe, chamada eserinas, que inibiam as esterases. Tais controles químicos forneciam um sistema muito mais elaborado e finamente equilibrado do que teria sido possível pela transmissão elétrica dos impulsos nervosos.

Estritamente falando, os experimentos iniciais de Loewi com nervos e músculos cardíacos apenas mostraram que os nervos se comunicam com *órgãos* via neurotransmissores químicos. No entanto, Dale estendeu o trabalho de Loewi para provar que os nervos se comunicam também com outros nervos pelos mesmos processos químicos. De início, Loewi resistiu à ideia de que sua transmissão química pudesse ser estendida do sistema nervoso autônomo ao sistema voluntário. Contrações musculares súbitas e outros aspectos do sistema voluntário, argumentou ele, exigiam uma resposta muito mais rápida do que a que podia ser fornecida pelos mensageiros químicos entre as sinapses. Porém, Dale mais uma vez mostrou que o sistema nervoso voluntário também era controlado por transmissão química. Logo, o trabalho de Loewi teve um caráter muito mais universal do que ele imaginara. Ele se aplica a todos os nervos em todos os organismos vivos. A maior parte da neurociência atual repousa sobre o alicerce assentado por Loewi em 1921.

Numa passagem notável de sua autobiografia, Loewi relata seus temerosos pensamentos quando esteve na prisão, em 1938. Ele não menciona seus dois filhos nem sua mulher. Em vez disso, temia a perda da possibilidade de tornar pública sua mais recente pesquisa. "Quando me acordaram naquela noite e vi as pistolas apontadas para mim, esperava, é claro, que seria assassinado. Daí por diante, durante dias e noites insones, fiquei obcecado pela ideia de que isso pudesse me acontecer antes de eu poder publicar meus últimos experimentos."[11]

10. O princípio da incerteza

Em seu livro *Memoirs*, Edward Teller descreve um momento durante seu aprendizado com Werner Heinsenberg no final da década de 1920. Certa noite, Teller foi jantar no apartamento de solteiro de Heinsenberg, onde ficou encantando de ver "um excelente piano de cauda". Sendo ele próprio músico, e possivelmente tentando impressionar seu mentor, Teller mencionou que tocava Beethoven e Mozart, mas gostava particularmente do *Prelúdio em Mi Bemol Menor*, de Bach. Ao ouvir isso, Heisenberg sentou-se e executou a peça magnificamente, chegando a substituir um *mezzo forte* a duas mãos pelo habitual *forte* de uma mão só.

O apartamento de Heinsenberg ficava convenientemente localizado no mesmo prédio em que ele se reunia com seus alunos da Universidade de Leipzig. Assim como Ernest Rutherford em Cambridge e Niels Bohr em Copenhague, Heisenberg havia criado uma "escola" internacional de físicos em Leipzig. Teller recorda-se de cerca de vinte jovens no grupo, inclusive ele mesmo (um húngaro), alguns alemães, uns poucos norte-americanos, dois japoneses, um italiano, um austríaco, um suíço e um russo. Heisenberg, o líder, tinha 27 anos. Na época, ele já havia formulado a teoria da mecânica quântica.

Os vinte discípulos de Heinsenberg respiravam física. Mas também se reuniam uma noite por semana para brincadeiras, pingue-pongue e xadrez. Mesmo aqui Heisenberg demonstrava sua supremacia. Depois de ser batido por seus alunos no pingue-pongue, ele se pôs a treinar intensivamente numa longa viagem de navio de Xangai para a Europa. Na volta, ninguém mais conseguiu vencê-lo.

Teller descreve tal competitividade como "meio séria, meio de brincadeira".[1] O que quer que fosse, começou em idade precoce. Quando garoto, Heisenberg era fisicamente frágil. Sua esposa Elisabeth lembra-se de que, para resolver esse problema, ele corria toda noite alguns quilômetros em volta do parque Luitpold, conferindo constantemente seu tempo no cronômetro. Depois de três anos nesse regime, ele tinha adquirido a força de um atleta e dedicou-se a escalar montanhas, percorrer trilhas e esquiar. Perto disso, o pingue-pongue era fácil.

Aos 21 anos, Heisenberg havia completado seu ph.D. em física teórica. Era o ano de 1923. Seu professor na época, Max Born, lembrou-se mais tarde de que seu aluno "parecia um garoto da fazenda, de cabelo curto e claro, olhar límpido e inteligente, e uma expressão radiante no rosto [...]. Sua inacreditável rapidez e agudeza de captação possibilitavam-lhe fazer uma quantidade colossal de trabalho sem muito esforço".[2]

Depois de trabalhar com Born na Universidade de Göttingen, Heisenberg fez a peregrinação a Copenhague para trabalhar com Bohr, a reverenciada figura paterna de tantos jovens físicos da época. Ali, em 1925, Heinsenberg fez seu grande trabalho ao desenvolver um arcabouço matemático para o informal modelo quântico do átomo.

Dois anos depois, em 1927, Heinsenberg publicou seu histórico artigo sobre o Princípio da Incerteza, uma consequência de seu trabalho anterior em mecânica quântica. Esse artigo afirmava que a natureza é impossível de ser conhecida além de certos limites. Assim como o anjo Rafael diz a Adão em *Paraíso perdido* que "o grande Arquiteto/ Agiu sabiamente em ocultar e não divulgar/ Seus segredos para serem examinados por quem/ Deveria admirá-los",[3] Heisenberg anunciou ao mundo que boa parte da natureza está permanentemente oculta de nossa vista. Matéria e energia não podem ser medidas e avaliadas com precisão absoluta. O estado do mundo físico, ou mesmo de um único elétron, paira numa nuvem de incerteza. Consequentemente, e contradizendo séculos de pensamento científico, o futuro não pode ser previsto a partir do passado.

Quando Heinsenberg começou a trabalhar com Bohr, em 1924, havia respostas e perguntas na mesma medida sobre as novas ideias da física quântica — um belo prelúdio para uma significativa arrancada da ciência. Quase tudo girava em torno da estranha "dualidade onda-partícula" da natureza.

Apenas um ano antes, em 1923, o físico norte-americano Arthur Compton confirmara experimentalmente a proposta de Einstein de que a luz consistia não de uma onda contínua de energia, e sim de um enxame de partículas individuais chamadas fótons. Quando Compton fez incidir raios X sobre elétrons, cada elétron ricocheteava como se tivesse sido atingido por uma única e ínfima bola de bilhar. A partir da intensidade e da direção do ricochete, Compton pôde inferir que cada bola de bilhar de luz tinha sua própria energia e sua própria quantidade de movimento, exatamente como ocorria com partículas como os elétrons. Segundo a física clássica, a quantidade de movimento p de uma partícula de massa m e velocidade v é simplesmente o produto das duas, $p = m$v. Numa colisão entre duas partículas, a quantidade de movimento pode passar de uma partícula para a outra, mas a quantidade de movimento total das duas permanece constante. Compton descobriu o mesmo fenômeno com fótons e elétrons. O feixe de raios X se comportava como se fosse formado de bilhões de fótons individuais. No caso de um fóton, que não tem massa porém possui um comprimento de onda λ, sua quantidade de movimento efetiva foi descoberta experimentalmente por Compton como sendo $p = h/\lambda$, em que h é a constante quântica de Planck. Tal resultado está exatamente de acordo com as propostas de Einstein.

Em oposição a essa visão da luz como partícula havia séculos de evidências de que a luz se comportava como onda. Durante séculos, os cientistas documentaram que, quando a luz atravessa um pequeno orifício, ela se espalha em todas as direções, da mesma maneira que uma onda de água se espalha em pequenas ondulações após contornar uma rocha. Essas ondas de dispersão podem frequentemente se sobrepor, produzindo cristas e vales e outros "padrões de interferência", conforme descrito no capítulo 7, sobre Max von Laue e a difração dos raios X. Não há problema em se pensar na luz como onda. O problema está em pensar na luz também como partícula. Partículas, como mostra a experiência, não se espalham pelo espaço. Elas permanecem altamente localizadas, em um lugar de cada vez. Como pode algo se comportar tanto como onda quanto como partícula?

O "experimento da dupla fenda" — discutido no capítulo 3, sobre o primeiro artigo de Einstein — ilustra esse tipo de existência dupla, ou dualidade onda-partícula, da luz. Lembremos a característica essencial daquele experimento: mesmo quando a fonte de luz é tão tênue que emite apenas um fóton por segundo, uma minúscula bola de bilhar de energia e quantidade de movimento definidas — de modo que apenas um fóton de cada vez atinja uma tela com dois orifícios bem separados —, a luz se comporta como se *passasse através dos dois orifícios simultaneamente*. Ou seja, cada fóton parece tomar ao menos dois caminhos distintos rumo à tela, cada um passando por um orifício. Além disso, viajando em direção à tela, a luz interfere consigo mesma como sobreposição de duas ondas, com uma onda emergindo de cada orifício.

Pouco depois do trabalho de Compton, o físico francês Louis-Victor de Broglie propôs que a dualidade onda-partícula devia se aplicar à matéria e também à luz. Em particular, uma partícula de quantidade de movimento p, fosse um elétron ou um fóton, deveria ter um comprimento de onda efetivo de $\lambda = h/p$, exatamente o resultado obtido por Compton. Em outras palavras, mesmo um único elétron deveria se comportar como se ocupasse uma região difusa do espaço. Como uma onda, um elétron deveria ser capaz de se sobrepor a si mesmo, desaparecendo onde se esperaria que estivesse e aparecendo em local inesperado. Em 1927, os físicos norte-americanos Clinton Davisson e L. H. Germer confirmaram experimentalmente a hipótese de De Broglie. Dispararam elétrons contra um grande cristal de níquel e descobriram os mesmos padrões de interferência de ondas que Von Laue havia descoberto para o raios X bombardeando cristais.

Um traço crucial da dualidade onda-partícula é que a trajetória de uma partícula em movimento pode ser medida e conhecida apenas no sentido probabilístico. Por exemplo, o padrão de luz encontrado no experimento da dupla fenda, como visto novamente na figura 10.1, é criado apenas depois que muitos fótons atingiram o filme de registro. Pode-se dizer, por exemplo, que 20% dos fótons pousaram na linha mais clara no centro, 5% em cada uma das linhas mais claras em cada lado da linha central, 2% em cada linha do par seguinte, e assim por diante. Mas não se pode predizer onde cada fóton individual pousará sobre o filme. Por outro lado, se partículas não tivessem propriedades de ondas, se não se espalhassem e interferissem entre si, então a trajetória de cada partícula individual, desde a emissão até a tela, poderia ser determinada.

Figura 10.1

Mesmo quando o filme é substituído por um grande grupo de detectores de fótons individuais, de modo que cada fóton emitido seja detectado de cada vez, talvez indicado por um clicar forte, não podemos prever qual detector clicará após cada fóton ser emitido da fonte. Tudo que podemos fazer é somar os cliques em diferentes locais e dar a fração de fótons que atinge cada ponto. Essa fração é chamada probabilidade. Analogamente, quando jogamos um par de dados, não podemos predizer com certeza qual será a soma. No entanto, podemos dar com precisão a probabilidade de cada soma, ou seja, a fração de vezes em que obteríamos cada soma se jogássemos os dados milhões de vezes.

Essa natureza probabilística da realidade exigiu uma revisão da física. Na física pré-quântica, cada partícula era vista como tendo uma posição e uma velocidade definidas a cada instante no tempo. Conforme uma partícula se movia através do espaço, era possível mapear sua trajetória contínua, como uma bola de gude rolando pelo chão. Essa noção parece óbvia. Mas, segundo a física quântica, não se pode determinar o trajeto de uma única partícula viajando de A para B porque cada partícula se comporta como se tomasse muitos caminhos diferentes para ir de A para B. Na melhor das hipóteses, podem-se determinar trajetos médios percorridos por muitas partículas.

De que maneira descrever uma realidade como essa? Bohr tentou em 1913, com seu modelo quântico do átomo. Ao postular que cada elétron podia ter apenas certas energias, correspondentes a determinadas órbitas em torno do núcleo atômico, Bohr foi capaz de explicar as frequências particulares de radiação emitidas pelo hidrogênio. As órbitas quantizadas de Bohr equivaliam a pensar em cada elétron como uma onda, que se espalharia regularmente com certos raios envolvendo o núcleo. Mas Bohr construíra um modelo, não uma teoria. Seu postulado quântico foi criado para esse modelo. Ademais, Bohr não conseguia descrever o caminho tomado por um elétron quando "saltava" de uma órbita quântica permitida para outra, e tampouco era capaz de explicar a possibilidade de tal salto. Enfim, o modelo simplificado de Bohr aplicava-se apenas a átomos de hidrogênio, com um único elétron orbitando o núcleo.

Em 1925, Heisenberg, então com 23 anos, pupilo de Bohr, elaborou uma teoria detalhada de mecânica quântica. Para conseguir esse feito, ele utilizou um ramo da matemática chamado álgebra matricial. Nesse esquema, cada objeto físico, como um fóton ou um elétron, é representado por um *arranjo* de números em vez de um número único para posição, outro número único para quantidade de movimento e assim por diante. O arranjo, em oposição a um número único, reflete a multiplicidade de possibilidades para o objeto. Outra matriz de números representa uma medição. Quando a matriz medição é multiplicada pela matriz objeto, o resultado representa uma medição física do objeto, como um detector de fótons clicando ao ser atingido por um único fóton.

Em sua autobiografia, Heisenberg descreve o momento de transcendência criativa ao perceber que sua nova teoria da mecânica quântica teria êxito. No fim de maio de 1925, depois de meses debatendo-se com sua teoria, ele ficou doente, com febre alta, e tirou uma licença de duas semanas da Universidade de Göttingen.

> Fui direto para Heligoland, onde esperava me recobrar rapidamente no estimulante ar marinho [...]. Além dos passeios diários e longas horas nadando, não havia nada em Heligoland para me distrair do meu problema [...] quando os primeiros termos pareceram estar de acordo com o princípio da energia, fiquei bastante empolgado e comecei a cometer incontáveis erros de aritmética. Como consequência, eram quase três da madrugada quando tive o resultado final dos meus cálculos à minha frente. O princípio da energia tinha se mantido para todos os termos, e eu não podia mais duvidar da consistência e coerência matemáticas do tipo de mecânica quântica para o qual meus cálculos apontavam. Primeiro, fiquei profundamente alarmado. Tive a sensação de que, através da superfície de

fenômenos atômicos, eu estava olhando para um interior estranhamente belo, e me senti atordoado com o pensamento de que agora precisava mergulhar nessa riqueza de estruturas matemáticas que a natureza tinha colocado à minha frente com tanta generosidade. Estava excitado demais para dormir.[4]

No ano seguinte, o físico austríaco Erwin Schrödinger propôs uma formulação alternativa para a mecânica quântica, representando objetos por ondas contínuas de probabilidade em vez de matrizes. As diferentes formulações de Heisenberg e Schrödinger revelaram-se equivalentes, e ambos ganharam o prêmio Nobel pelo desenvolvimento da mecânica quântica.

O princípio orientador de Heisenberg em sua teoria altamente matemática era que os objetos em si não tinham significado físico. Apenas *medições* de objetos têm significado físico. Existe sentido em falar da localização de um objeto em A e em B se esse objeto é medido em A e em B — como quando medimos um único fóton ao ser emitido em A e posteriormente quando atinge um detector em B. Mas não tem sentido, segundo Heisenberg, discutir o objeto entre as medições, ou seja, em seu trajeto de A para B. É quase como se o objeto não existisse entre as medições. Tal noção, claro, é uma afronta ao senso comum. Conforme declarou Heisenberg em seu discurso do Nobel em 1933, "os fenômenos naturais nos quais a constante de Planck tem um papel importante podem ser entendidos apenas renunciando a uma descrição visual deles".[5] Esse ponto de vista é tanto filosófico como físico.

O lado filosófico de Heisenberg pode ter sido parcialmente moldado pela sua educação e formação amplas. Ele nasceu em Würzburg, num mundo de cultura e privilégio, em dezembro de 1901. Seu pai, August Heisenberg, era estudioso erudito em línguas e tornou-se professor titular de Línguas Gregas Médias e Modernas na Universidade de Munique. Sua mãe, Annie Wecklein, era poeta e filha do diretor-geral do Max-Gymnasium, em Munique. Extremamente protegido por seus pais, o jovem Heisenberg deixava de falar com qualquer um que ele julgasse tê-lo tratado de forma incorreta, e nunca mais dirigiu seu olhar para um certo professor escolar que uma vez bateu nas suas mãos com uma vareta. Como o jovem Einstein, Heisenberg era movido por uma liberdade e independência interior, bem como uma propensão a questionar todas as coisas.

Depois de frequentar a escola Maximillian em Munique, Heisenberg foi para a Universidade de Munique estudar com Arnold Sommerfeld, e daí para Göttingen para trabalhar com Born. Sem dúvida, a disposição filosófica de Heinsenberg foi fortemente influenciada pelo tempo que passou em Copenhague com Niels Bohr, de 1924 a 1926. Bohr personificava uma das mentes filosóficas mais aguçadas em toda a ciência. Como Heisenberg disse mais tarde acerca de seu treinamento: "Com Sommerfeld, eu aprendi física, junto com um traço de otimismo; com Max Born, matemática; e Niels Bohr me apresentou ao fundo filosófico dos problemas científicos".[6]

Heisenberg começa seu artigo de 1927 sobre o Princípio da Incerteza reconhecendo as inconsistências na "interpretação física" da mecânica quântica. Apesar de sentir que "o esquema matemático da mecânica quântica não precisa de revisão", o jovem físico alemão questiona a nossa compreensão de conceitos fundamentais tais como massa, posição e velocidade — em outras palavras, a ideia básica da mecânica e do movimento. A abrangência e a ousadia de tal contestação fazem lembrar a abertura do artigo de Einstein sobre relatividade, em 1905.

Para apoiar suas suspeitas, Heisenberg aponta para uma das equações fundamentais em sua mecânica quântica: $qp - pq = -i\hbar$. Aqui q representa uma medição da posição da partícula e p representa uma medição de sua quantidade de movimento. O símbolo $\hbar$ representa a fundamental constante de Planck dividida por 2π. E o símbolo i é a raiz quadrada de -1, um número estranho e belo que infelizmente não temos tempo de discutir aqui. O significado físico dessa equação é que, se medirmos a posição de uma partícula e então sua quantidade de movimento, obtemos uma resposta diferente do que se medirmos primeiro a quantidade de movimento e depois sua posição. *Cada medição perturba inevitavelmente a partícula, de uma maneira que depende da grandeza medida, de modo que os resultados de uma medição subsequente ficam alterados.* Antes da mecânica quântica, os físicos acreditavam que podiam simplesmente medir a posição e a quantidade de movimento de uma partícula com tanta precisão quanto quisessem, uma circunstância representada pela equação $qp - pq = 0$. Os efeitos quânticos tornam impossíveis tais medições precisas e simultâneas.

Heisenberg interpreta a mecânica quântica em termos de descontinuidades. Como vimos no artigo de Bohr, os elétrons orbitando um átomo possuem energias descontínuas, no fato de poderem ter somente determinadas energias, com lapsos entre essas energias. Heisenberg ilustra essa ideia de descontinuidade com o gráfico, chamado linha de mundo, de uma partícula movendo-se ao longo do espaço e do tempo. Se a curva for descontínua, com vazios em certos lugares, então torna-se impossível definir posição e velocidade (a tangente à curva) nesses lugares.

A seção seguinte do artigo é a mais impressionante. Lembremos que seu princípio orientador é concentrar-se naquilo que pode ser observado. Ele nos pede para considerar exatamente o que deve ser entendido pelas palavras "posição do objeto". (Mais tarde, faz o mesmo com a palavra "velocidade".) Essas palavras não têm nenhum significado para Heisenberg, a não ser quando definidas por uma observação física real do objeto.

Então, no estilo de Einstein, ele constrói um experimento hipotético, mas bastante viável. Suponhamos que o intuito seja determinar a posição de um elétron. Então fazemos incidir luz sobre ele. A luz, depois de se refletir no elétron, é coletada por uma lente e transformada numa imagem numa chapa fotográfica ou em algum outro detector. Pela localização da imagem no detector, deduzimos a posição do elétron. (Nosso olho humano determina posições de objetos da mesma maneira, com uma lente para focalizar e uma retina como ela de detecção.)

A ideia-chave é que a luz, conforme demonstrado por Einstein e Compton, carrega quantidade de movimento. Assim, quando um fóton de luz atinge o elétron, ele dá ao elétron um empurrão e o elétron sai voando. *Nós perturbamos o elétron para vê-lo.*

Se o elétron estava tranquilamente em repouso antes da observação, agora está se movendo. Mais ainda, está se movendo em alguma direção desconhecida, porque não podemos medir o ângulo do fóton desviado com precisão absoluta. Sabemos apenas que ele passou pela lente. *Para determinar a posição do elétron, conferimos a ele uma velocidade parcialmente desconhecida.*

Existe uma troca entre a incerteza da posição e a incerteza da quantidade de movimento do elétron. (Como foi mencionado, a quantidade de movimento é a velocidade multiplicada pela massa.) Podemos medir a posição do elétron com precisão cada vez maior usando luz de comprimento de onda cada vez menor. (Como foi discutido no capítulo 7, sobre Von Laue, para investigar detalhes cada vez menores, necessitamos de dispositivos de teste mais e mais refi-

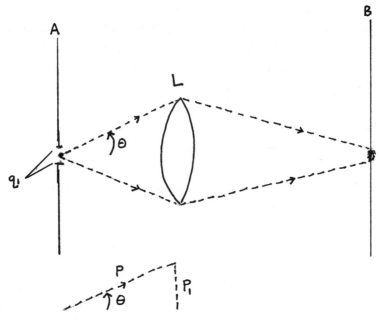

Figura 10.2

nados.) Porém, como podemos ver pela relação de Compton, $p = h/\lambda$, um comprimento de onda menor corresponde a uma quantidade de movimento maior para o fóton, resultando numa transferência de quantidade de movimento maior (parcialmente desconhecida) para o elétron.

Agora, tornemos essas ideias quantitativas. A situação é ilustrada na figura 10.2. Aqui, o elétron encontra-se em algum ponto no plano A, à esquerda. Nós fazemos incidir luz sobre ele, a luz é focalizada pela lente, representada por L, e então atinge a chapa fotográfica no plano B, à direita.

Em virtude da natureza ondulatória da luz e do fenômeno da difração pela lente, a imagem do elétron na chapa fotográfica não será um ponto perfeito. Em vez disso, a imagem estará borrada, como se o elétron tivesse sido esfregado sobre uma região $q_1 = \lambda/sen\theta$, para usar a notação de Heisenberg. Aqui, λ é o comprimento de onda da luz usada e θ é metade do ângulo das possíveis trajetórias do raio de luz através da lente (indicadas pelas linhas tracejadas na ilustração). Essa fórmula da mancha para q_1 provém da teoria ondulatória da luz e é bem conhecida desde o começo do século XIX. Devido ao borrão da luz, é impossível localizar exatamente a posição do elétron. No entanto, a incerteza na posição q_1 pode ser diminuída reduzindo-se o comprimento de onda λ da luz.

Infelizmente, diminuindo o comprimento de onda aumentaremos a (desconhecida) quantidade de movimento conferida ao elétron pelo fóton. Não podemos saber a trajetória exata que um fóton de luz percorre ao viajar do elétron no plano A para sua imagem no plano B. Tudo que sabemos é que o caminho do fóton deve estar em algum lugar entre as linhas tracejadas. Se a quantidade de movimento inicial do fóton é p, então após o desvio de um ângulo θ ele terá uma quantidade de movimento lateral $p_1 = p\ sen\theta$, como está mostrado na parte inferior da figura. É essa quantidade de movimento lateral que é incerta.

Uma vez que θ é o máximo desvio possível, sabemos que a quantidade de movimento lateral do fóton após o desvio pode estar em qualquer parte de zero a $p\ sen\theta$. Com base na lei da conservação da quantidade de movimento total, o elétron irá adquirir uma quantidade de movimento lateral igual e oposta (no plano A). Logo, a quantidade de movimento lateral do elétron após o desvio devido à luz estará em qualquer ponto entre zero e $p\ sen\theta$. Em outras palavras, a quantidade de movimento do elétron após o desvio é *incerta* dentro desses valores. Usando a relação de Comptom entre a quantidade de movimento e o comprimento de onda, $p = h/\lambda$, podemos expressar essa incerteza na quantidade de movimento do elétron como $p_1 = h\ sen\theta/\lambda$.

Podemos diminuir essa incerteza na quantidade de movimento *aumentando* o comprimento de onda. No entanto, tal aumento tornará *maior* a incerteza na posição, q_1.

Uma medida quantitativa desses dois efeitos que competem entre si pode ser vista multiplicando-se q_1 e p_1 juntos. Das equações acima, obtemos

$$q_1 p_1 = h.$$

O resultado acima é o famoso Princípio da Incerteza de Heisenberg. Ele diz que embora possamos medir a posição com a precisão que queremos (q_1 muito pequeno), *ou* a quantidade de movimento com a precisão que queremos (p_1 muito pequeno), não podemos medir ambas com toda a precisão que queremos. A equação nos dá a incerteza combinada. Quanto menor a incerteza de uma, maior a incerteza da outra. Como exemplo, suponhamos que um elétron, que tem massa de $9,1 \times 10^{-28}$ gramas, tenha uma incerteza em sua velocidade de um centímetro por segundo. Considerando que nos átomos os elétrons viajam a velocidades de 100 milhões de centímetros por segundo, ou em torno disso, essa é uma incerteza reativamente minúscula. Então, de acordo com a relação de Heisenberg, a incerteza na posição do elétron é de cerca de sete centímetros, gigantesca para a escala dos átomos. Ou suponhamos que façamos a incerteza de posição ser 10^{-9} centímetros, cerca de um décimo do tamanho do átomo. Então, a incerteza na velocidade chega a colossais 7×10^9 centímetros por segundo.

Porém tais incertezas, e na verdade todos os efeitos quânticos, são totalmente desprezíveis no mundo cotidiano. Por exemplo, apliquemos a equação de Heisenberg a uma bola de beisebol em vez do elétron. Uma bola de beisebol tem massa de aproximadamente 140 gramas. Uma incerteza na velocidade de um centímetro por segundo corresponde a uma incerteza na posição de $4,7 \times 10^{-29}$ centímetros, muito, muito menor que o tamanho de um núcleo atômico.

O Princípio da Incerteza de Heinsenberg é uma declaração de princípio. Na física pré-quântica, obviamente reconhecia-se que qualquer medição prática tinha incertezas a ela associadas — o vidro da lente poderia ter sido lapidado mais refinadamente, a bancada do laboratório podia ter tremido um pouco e assim por diante. Mas, *em princípio*, era possível construir instrumentos que tornassem essas incertezas tão pequenas quanto se desejasse. As incertezas de Heisenberg são diferentes. Não importam os instrumentos que consigamos construir, existe uma limitação fundamental no quanto podemos reduzir essas incertezas ao mínimo. Esse limite fundamental é causado pela essencial e inevitável dualidade onda-partícula.

Na seção seguinte de seu artigo, Heisenberg estende o princípio da incerteza para outros pares de variáveis observáveis, tais como medições de energia E e tempo t, e medições de momento angular J e ângulo w. O tom da seção final sugere não só a disposição de Heisenberg em clarificar sua discussão, mas também seu profundo respeito pelo seu mentor, "professor Bohr".

A mecânica quântica, junto com a relatividade, é a pedra angular de toda a física moderna. A compreensão de átomos e partículas subatômicas, lasers, chips de silício e tanta coisa mais no mundo de hoje, depende fundamentalmente da mecânica quântica. Se a constante de Planck fosse muito menor do que é, então os efeitos quânticos se reduziriam à irrelevância mesmo para partículas subatômicas. Se a constante de Planck fosse muito maior, como na fantasia clássica de George Gamow, *Mr. Thompkins Explores the Atom* [Sr. Tompkins explora o átomo], as cadeiras comuns, junto com seus ocupantes, rotineiramente sumiriam para reaparecer do outro lado da sala. A mecânica quântica alterou a nossa visão da natureza da realidade. O Princípio da Incerteza de Heisenberg significa, entre outras coisas, que o futuro não pode ser determinado a partir do passado. A posição futura de uma partícula pode ser determinada apenas se sua posição e velocidade forem conhecidas. O Princípio da Incerteza decreta que essa condição é possível apenas dentro de limites. O Princípio da Incerteza decreta que o mundo da certeza divisado por Galileu e Newton não existe.

Werner Heinsenberg parecia estar sofrendo pessoalmente de seu Princípio da Incerteza quando fui ouvi-lo falar no CalTech — Califórnia Institute of Technology —, no começo da década de 1970. Na época, eu era estudante de pós-graduação em física e estava encantado por conhecer uma lenda viva em meu campo. O auditório estava lotado. Várias centenas de docentes e alunos agitavam-se ansiosamente nas cadeiras. O orador foi apresentado. E então Heisenberg arrastou-se para o atril. A pessoa que um dia fora descrita como sendo "um simples rapaz da fazenda, de olhar claro e inteligente e expressão radiante", me pareceu um homem velho e cansado, de face enrugada e um peso sombrio nas costas. Mas essa não foi a minha maior surpresa. Na recepção para Heisenberg que se seguiu no elegante clube de professores do CalTech, Richard Feynman, professor titular do Instituto e ele próprio ganhador do prêmio Nobel, levantou-se e atacou Heisenberg verbalmente pela tolice que fora sua palestra; na verdade, chegou a ponto de zombar da sua cara. Sob os mordazes comentários de Feynman, detectei não somente uma discordância em relação ao novo trabalho científico de Heisenberg, mas também desprezo pelo homem, um profundo ressentimento pelo fato de o fundador da física quântica ter ajudado os nazistas a tentar construir a bomba atômica. Fiquei estarrecido com o drama.

Ali estava um exemplo de primeira mão da controvérsia e amargura que Heisenberg provocou entre muitos colegas cientistas ao optar por permanecer na Alemanha durante a Segunda Guerra Mundial. Tal controvérsia o assombrou pelo resto da vida, embora ele tenha continuado a receber medalhas, títulos honoríficos e convites para palestras.

Durante a maior parte da guerra, Heisenberg foi professor de física na Universidade de Berlim e diretor do Instituo de Física Kaiser Wilhelm. A maioria dos cientistas alemães judeus, como Einstein, Lise Meitner, e Hans Krebs, já havia fugido ou sido expulsa da Alemanha. Outros, como Max Planck e Max von Laue, permaneceram no país, mas se opuseram ao regime nazista, conseguindo evitar pesquisas relacionadas com a guerra.

Os motivos e o pensamento de Heisenberg provavelmente permanecerão sempre envoltos num véu de incerteza. Ele de fato trabalhou no desenvolvimento de uma bomba atômica alemã. Mas há evidência de que ele e seus colegas jamais pensaram que uma bomba seria construída pelos nazistas. Sua estimativa do tempo e dos custos necessários para o projeto excediam de longe os recursos disponíveis. Pode-se perguntar o que Heisenberg teria feito se as condições necessárias tivessem lhe sido dadas.

Heisenberg não apoiou o regime brutal dos nazistas. Como afirmou mais tarde o físico austro-americano Victor Weisskopf: "Ele deve ter sido levado ao mais profundo desespero e depressão ao ver seu amado país mergulhado tão profundamente num abismo de crime, sangue e assassinato".[7] Heisenberg poderia ter emigrado, poderia ter se juntado ao movimento clandestino antinazista, ou poderia ter se retirado da vida pública. Mas ele não era herói e, tendo ganhado o Nobel, era proeminente demais para se recolher ao ostracismo. E quanto à emigração, a primeira alternativa? Aqui, Heisenberg teve uma escolha terrível. Em sua autobiografia, intitulada *Inner Exile* [Exílio interno], a esposa de Heisenberg, Elisabeth, diz que seu marido sentia que deixar a Alemanha teria poupado sua reputação, mas nada mais. Emigrando, "ele teria abandonado seus amigos e alunos, sua família em geral, a física [...] só para se salvar. Era uma ideia que ele não era capaz de suportar".[8]

11. A ligação química

Linus Pauling certa vez relatou o momento em que decidiu ser químico. Corria o ano de 1914. Treze anos de idade, cursando o segundo ano do ensino médio na Washington High School, em Portland, Oregon, Pauling foi convidado pelo amigo Lloyd Jeffress para assistir a alguns experimentos químicos. Num dormitório do primeiro andar, com Linus observando, o outro garoto combinou açúcar e cloreto de potássio numa tigela de cerâmica e então derramou ácido sulfúrico. Imediatamente a mistura chiou e ferveu, produzindo um jorro de vapor e um montinho de carvão preto. Linus já se interessava por ciência, especialmente insetos e minerais. Ficou fascinado pela ideia de que algumas substâncias podiam transformar-se em outras. "Eu vou ser químico!", ele anunciou ali mesmo.[1]

Quando o jovem Linus chegou em casa, começou a ler o livro de química deixado por seu pai, um farmacêutico que morrera repentinamente de peritonite quatro anos antes. Outro farmacêutico amigo da família deu ao garoto alguns produtos químicos para começar seus próprios experimentos. Um vizinho lhe trouxe peças de vidro. Um dos avôs, que trabalhava à noite como vigia numa fundição, conseguiu frascos de ácido sulfúrico, ácido nítrico e permanganato de potássio.

A carreira de Linus Pauling tinha começado. No final de sua longa vida, em 1994, ele era amplamente considerado o maior químico do século XX. No centro de suas numerosas conquistas, Pauling empregou a nova teoria quântica dos físicos europeus para estudar como os átomos se ligam uns aos outros. Mais do que qualquer outro, Pauling foi o pioneiro da teoria moderna da ligação química.

Que metais devem ser combinados com o ouro para lhe dar mais força? Por que o sal tem gosto salgado e o açúcar, adocicado? O que torna a borracha mole e elástica? Por que o ferro enferruja? O que acontece quando a comida é digerida? Como a penicilina é extraída e destilada do fungo *Penicillium*? É possível criar uma forma de seda sintética? Como fazer um óleo lubrificante que não fique fino demais no calor, nem espesso demais no frio? Essas perguntas são todas relativas à química. Enquanto a física se preocupa com as partículas elementares da matéria e as forças entre elas, a química se ocupa mais das propriedades das porções *agregadas* da matéria e como essa matéria reage com outra matéria. Enquanto os físicos estudam a estrutura do átomo individual, o químico investiga como um átomo interage com outros para formar moléculas e compostos. Muitas propriedades da matéria no mundo da experiência humana derivam da maneira como os átomos se ligam a outros átomos. Esse é o território da química.

Em 1922, quando Linus Pauling tirou seu diploma de bacharel em ciências em engenharia química pelo Oregon State College e iniciou seu trabalho de pós-graduação no CalTech — California Institute of Technology —, não existia uma teoria fundamental da ligação química. Todavia, os químicos sabiam muita coisa sobre as ligações com base nos experimentos.

Primeiro foi o átomo. Nos primeiros anos do século XIX, o químico britânico John Dalton havia descoberto que os elementos químicos se combinavam para criar compostos em pesos relativos muito específicos. Por exemplo, um grama de hidrogênio sempre se combinaria com oito gramas de oxigênio para formar água. A descoberta de Dalton dava sustentação à antiga noção grega de átomos e à plausível hipótese de que átomos individuais de elementos diferentes têm pesos diferentes. O átomo tornou-se a unidade básica da química. Mas o principal interesse da química era como os átomos se combinavam com outros átomos para formar moléculas.

Pouco depois do trabalho de Dalton, em 1819, o químico sueco Jöns Jakob Berzelius propôs que os átomos se ligavam a outros átomos por meio de forças elétricas. Cargas positivas atraíam cargas negativas. Esses fenômenos elétricos básicos eram bem conhecidos na época, embora os elementos subatômicos específicos responsáveis pela carga, como elétrons e prótons, estivessem ainda muito longe de ser detectados.

Como foi mencionado no capítulo 8, sobre o átomo quântico de Bohr, em 1869 o químico russo Dmitri Ivanovich Mendeleyev publicou sua misteriosa tabela periódica, uma classificação de elementos químicos segundo a ordem crescente dos pesos atômicos. Os elementos agrupados em ordem crescente de pesos mostravam repetições regulares de propriedades químicas. (Elementos de mesma coluna da tabela tinham as mesmas propriedades, como diz Pauling no seu artigo.) Por exemplo, comecemos pelo lítio, o terceiro elemento mais leve. Pulando os sete elementos seguintes na lista chegamos ao sódio, o $11^{\underline{o}}$ elemento em termos de peso, que tem as mesmas propriedades químicas que o lítio. Pulando mais sete elementos chegamos ao potássio, o $19^{\underline{o}}$ elemento em termos de peso, que tem propriedades semelhantes às do lítio e do sódio. Ou comecemos pelo berílio, o quarto elemento mais leve. Pulando sete elementos, somos conduzidos ao magnésio, com propriedades similares às do berílio. Outros sete e chegamos ao cálcio, com propriedades similares. A compreensão desses padrões mágicos, como os padrões das emissões espectrais dos átomos, teria de esperar pelo desenvolvimento da física quântica, cinquenta anos mais à frente. No entanto, mesmo no século XIX, os químicos perceberam que as propriedades químicas das substâncias eram determinadas pela forma como um átomo se liga a outro, ou seja, a natureza da ligação química.

No fim do século XIX, já era visível que havia dois tipos diferentes de ligações químicas. A primeira, chamada de ligação polar ou iônica, ocorre quando um átomo positivamente carregado atrai um átomo carregado negativamente. Considerando que em geral os átomos são eletricamente neutros, com sua carga positiva contrabalançada por igual quantidade de carga negativa, uma ligação polar se formaria quando um átomo neutro transfere parte da sua cara negativa para outro átomo neutro, tornando o primeiro átomo positivo e o segundo, negativo. O segundo tipo de ligação, chamada de apolar, e mais tarde ligação covalente, ocorre entre dois átomos neutros. Aqui, os dois átomos estão mais próximos um do outro, e parte das cargas elétricas dentro dos átomos é puxada por ambos. Desses dois tipos de ligações, a covalente é mais forte, mais versátil, e geralmente mais importante em fenômenos complexos.

Com a descoberta da carga negativa do elétron por J. J. Thomson em 1897, e a descoberta de Ernest Rutherford do núcleo atômico positivamente carregado em 1911, essas noções de ligações químicas tornaram-se mais precisas. Os elétrons, orbitando o núcleo central nas partes mais externas do átomo, seriam as partículas responsáveis pelas ligações químicas. Nas ligações iônicas os elétrons seriam transferidos de um átomo a outro. Nas ligações covalentes, os elétrons permaneceriam dentro ou perto de seus átomos originais, mas seriam atraídos simultaneamente pelos núcleos de dois átomos.

Em 1916, o eminente químico americano Gilbert Newton Lewis (1875--1946) propôs que as ligações covalentes sejam provocadas pelo *compartilhamento de pares* de elétrons entre os átomos. Segundo Lewis, cada um dos dois átomos numa ligação covalente contribuiria com um elétron para a ligação. Os dois elétrons formariam um par, que viajaria junto e seria compartilhado pelos dois átomos. Além disso, o par de elétrons compartilhados atrairia os núcleos positivamente carregados de *ambos* os átomos, mantendo-os assim unidos e criando o vínculo. A proposta de Lewis teve um grande poder explicativo. No entanto, era apenas uma proposta, sem fundamentação teórica e sem muitos detalhes quantitativos. Tal fundamentação não seria possível antes de 1925, quando já estaria criada toda uma teoria de mecânica quântica.

O ano acadêmico de 1926-7 teve uma importância enorme para Pauling e a história da química. Nesse ano, Pauling, então com 25 anos, já uma estrela em ascensão com o ph.D. recém-obtido no CalTech e doze artigos publicados na bagagem, ganhou uma bolsa de intercâmbio Guggenheim. O jovem químico viajou para a Europa a fim de aprender a nova física quântica. Grande parte dessa física fora criada por homens da sua própria idade. Werner Heinsenberg também tinha 24 anos na época. Wolfgang Pauli, de quem se falará mais adiante, era apenas um ano mais velho.

Pauling passou a primeira parte do ano de sua bolsa de estudos no Instituto de Física Teórica de Munique, sob a direção de Arnold Sommerfeld; depois, foi para o instituto de Niels Bohr, em Copenhague, e mais tarde para Zurique. No instituto de Sommerfeld, que fervilhava com a nova física quântica, Pauling viu-se na invejável posição de ser o único químico. Percebeu imediatamente que a mecânica quântica forneceria a base para a compreensão da estrutura das moléculas e da natureza da ligação química.

Em Zurique, Pauling foi fortemente influenciado por dois outros jovens cientistas: Walter Heitler, de 23 anos, e Fritz London, de 27. Heitler e London estavam justamente completando seu primeiro cálculo de mecânica quântica de uma ligação química de elétron compartilhado, dois elétrons compartilhados na molécula de hidrogênio, H_2. A ambição de Pauling se inflamou. Uma fotografia desse período o mostra alto e esguio, com nariz e pomo de adão proeminentes, queixo quadrado, cabelo castanho cacheado e, o mais importante, um olhar de suprema confiança. Como ele escreve, mesmo quando garoto "eu tinha a sensação de que podia entender tudo [...] bastava tentar com afinco".[2]

A autoconfiança parece ter vindo numa idade bem prematura, trazida tanto por capacidade natural como pelas circunstâncias familiares. Além de sua obsessão de infância por insetos e minerais, Pauling fora um leitor precoce. Aos nove anos, já tinha lido a Bíblia, *A origem das espécies*, de Darwin, histórias antigas, e parte da *Enciclopédia britânica*, que frequentemente recitava para um primo mais jovem. Depois da morte do pai, a mãe de Pauling, Belle, passou a depender dele para ajudar no seu próprio sustento e das duas irmãs mais novas, Pauline e Lucile. O filho mais velho aceitou seus novos deveres.

Quando os insetos deixaram de satisfazer a florescente mente científica do jovem Pauling, ele começou a estudar minerais. Seus livros discutiam grãos brancos de quartzo, feldspato rosado e grãos negros de mica, sendo ele capaz de reconhecer tudo isso nos pedaços de granito que achava numa parede rochosa perto de sua casa. Para seu deleite, o mundo da teoria podia ser combinado com o do experimento. O mundo da responsabilidade familiar podia ser equilibrado com o da ciência. Em nenhuma parte a autoconfiança, a seriedade, a intencionalidade de propósitos e autoconsciência de Pauling ficaram mais evidentes do que na primeira entrada de seu diário, datada de 20 de agosto de 1917. Ele tinha dezesseis anos na época.

Hoje estou começando a escrever a história da minha vida [...]. Esta "história" não pretende ser escrita em forma de diário ou como narrativa contínua — em vez disso, deverá ser uma série de ensaios sobre temas importantes para a minha mente. Servirá para me lembrar das resoluções que tomei, das promessas e também dos momentos bons que tive, e de ocorrências importantes na minha passagem por este "vale de lágrimas" [...]. Com frequência, espero, lançarei os olhos sobre o que escrevi antes e refletirei e meditarei sobre os erros que cometi.[3]

Ao retornar da Europa, em 1927, Pauling foi nomeado professor assistente de química no CalTech. No ano seguinte, aos 27, publicou o primeiro de seus artigos pioneiros sobre a ligação química.

No artigo seminal de Pauling de 1928 estava implícita a percepção de que as órbitas dos elétrons em átomos sozinhos, isolados, não tinham o formato certo para ligar-se a outros átomos. (A mecânica quântica decreta que as órbitas dos elétrons existem em formatos muito particulares, tais como esferas, halteres, trevos e assim por diante. Algumas dessas órbitas são mostradas na figura 11.1.) Em vez disso, propunha Pauling, as órbitas de ligação surgem de uma combinação, ou "híbrido", das órbitas dos átomos isolados. Sua brilhante ideia era que as órbitas híbridas mais alongadas e direcionadas, como um dedo apontando, seriam aquelas usadas pela natureza na ligação covalente. As órbitas com maior alongamento direcionado teriam um alcance mais longo de um átomo a outro, fornecendo a ligação mais forte possível entre eles. Num certo sentido, átomos ligados deveriam apontar um para o outro. Para chegar a essa proposta, Pauling provavelmente foi guiado tanto por um profundo bom senso como pelo conhecimento de física teórica, tanto por pensar em imagens como por resolver equações matemáticas.

Para entender mais do artigo de Pauling, primeiro é necessário rever algumas das ideias básicas da física quântica. Na verdade, teremos de discutir mais conceitos científicos neste capítulo do que no anterior. A maioria desses conceitos vem da física. No final, teremos assentados os alicerces para grande parte da química moderna.

Um conceito-chave da nova física quântica era a ideia de órbitas permitidas. Como propusera Niels Bohr em seu modelo bruto em 1913, elétrons em órbita ao redor do núcleo do átomo podiam ter apenas certas energias, separadas por vãos regularmente espaçados. (Ver capítulo 8 sobre Bohr.) A teoria quântica detalhada de Werner Heisenberg e Erwin Schrödinger estendia a ideia de Bohr, de energias restritas para "estados quânticos" restritos. Um estado quântico envolvia não só a energia do elétron como também o formato e orientação de sua órbita. Tais energias e órbitas podiam ter apenas certos valores. Logo, eram "quantizadas".

Outro conceito importante era a noção de probabilidade, em lugar de certeza. O elétron, ou qualquer partícula subatômica, era representado por uma "função de onda", que fornecia a probabilidade de o elétron estar em determinado lugar em determinado momento. (Uma função de onda às vezes também é chamada de *eigenfunction* [função própria, em alemão], como no artigo de Pauling.) Cada estado quântico do elétron — isto é, cada especificação de seus parâmetros energéticos e orbitais — corresponde a uma função de onda específica. Uma vez que o elétron se comporta tanto como onda quanto como partícula, deve-se pensar nele ocupando muitas posições simultaneamente, com algumas posições mais prováveis que outras.

As órbitas permitidas na mecânica quântica podiam ser divididas em "níveis" e "subníveis". Cada valor da energia correspondia a um nível específico. Por exemplo, o estado quântico $\tau = 1$ de Bohr é chamado de nível K, o estado $\tau = 2$, nível L, e assim por diante. Grosso modo, o nível de um elétron especifica sua distância média em relação ao núcleo. Por outro lado, o *subnível* do elétron relaciona-se com o *formato* de sua órbita. (Dois elétrons podem ter a mesma distância média em relação ao núcleo, mas formatos de órbitas muito diferentes.) O subnível de um elétron é especificado por outro número quântico, representado por l. O estado quântico $l = 0$ é chamado de subnível s. O estado quântico $l = 1$ é chamado de subnível p, e assim por diante à medida que l aumenta. Da mesma forma que o número quântico τ, o número quântico l só pode mudar em valores inteiros, levando à conclusão de que tanto a energia quanto o formato orbital do elétron são "quantizados" e podem ter apenas certos valores.

A figura 11.1a mostra o formato da órbita do subnível s. Pode-se imaginar o núcleo atômico na origem das coordenadas XYZ. A maneira de interpretar a ilustração é a seguinte: quanto mais longe a curva está da origem, maior é a probabilidade de encontrar o elétron nessa direção específica, de modo que o formato da curva fornece a variação da probabilidade em diferentes direções. Como pode ser visto, o subnível s é uma esfera perfeita, com distâncias iguais em todas as direções, significando que o elétron no subnível s tem igual probabilidade de ser encontrado em qualquer direção a partir do núcleo.

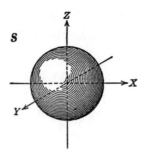

Figura 11.1a

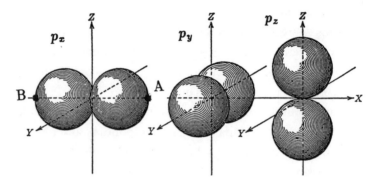

Figura 11.1b

A figura 11.1b mostra o formato das órbitas do subnível p. Agora, o formato não é uma esfera perfeita em torno da origem, mas parece mais um par de halteres, com duas esferas se tocando. Os halteres podem ter três *orientações* diferentes, dirigidas segundo os eixos X, Y e Z, e levando a três subníveis p diferentes, aqui chamados p_x, p_y e p_z. Por exemplo, consideremos o subnível p_x. Os lobos esféricos se estendem a uma distância maior da origem nos dois pontos do eixo X denotados por A e B. Logo, um elétron no subnível p_x tem maior possibilidade de ser encontrado ao longo do eixo X definindo uma direção particular no espaço. Quando se muda a direção rumo a um ponto no eixo Z ou no eixo X, a probabilidade diminui para zero. O mesmo tipo de análise se aplica aos subníveis p_y e p_z. O subnível da órbita de um elétron é especificado pelo formato (valor l) e pela orientação (por exemplo, p_x, p_y ou p_z).

Níveis e subníveis constituem a geografia do mundo quântico. Para um elétron, níveis e subníveis são os continentes entre oceanos.

Duas outras ideias quânticas são críticas para a compreensão do artigo de

Pauling: o spin intrínseco de uma partícula subatômica e o princípio da exclusão, ambos formulados em 1925.

Para explicar as radiações observadas de átomos e o comportamento dos elétrons, os físicos americano-holandeses George Uhlenbeck e Samuel Goudsmit propuseram que cada elétron gira [*spins*] em torno de seu próprio eixo invisível como um minúsculo giroscópio. Ao contrário da física clássica (pré--quantum), esse spin não poderia nunca acelerar ou desacelerar. Tal como a massa e carga elétrica, o spin era uma propriedade fixa do elétron. O físico teórico austríaco Wolfgang Pauli foi além, sugerindo que o spin podia ter uma entre duas orientações: podia apontar para cima, "up", ou para baixo, "down". A direção "up" era arbitrária, mas, uma vez escolhida, o elétron podia apontar ou nesse sentido ou no sentido oposto, sem nenhuma alternativa intermediária. Assim, a orientação do spin, tal como a orientação orbital, era quantizada. A orientação do spin tornou-se parte adicional do estado quântico do elétron. Agora, o estado quântico completo consistia em *quatro* propriedades: energia, formato da órbita, orientação da órbita e orientação do spin, todas especificadas por números quânticos.

Pauli, como Einstein e Heisenberg, era um prodígio. Em 1919, aos dezenove anos, já dominara tão bem a nova teoria da relatividade geral de Einstein que foi convidado a escrever um longo artigo sobre o tema para a *Encyclopedia of Mathematical Sciences*. Aos 21 anos, Pauli recebera seu ph.D. das mãos de Arnold Sommerfeld na Universidade de Munique, que receberia a visita de Pauling alguns anos depois. Pelos dois anos seguintes, Pauli trabalhou em Copenhague com o grande Bohr, pai do modelo quântico do átomo.

Logo depois de discutir a natureza quântica do spin do elétron, Pauli usou as propriedades de simetria da função quântica de onda para deduzir seu famoso Princípio da Exclusão (mais tarde chamado Princípio da Exclusão de Pauli): dois elétrons não podem ocupar o mesmo estado quântico. Em outras palavras, dois elétrons em órbita ao redor de um núcleo atômico não podem ter os mesmos números quânticos de energia, formato orbital, orientação orbital e orientação do spin. Em particular, *no máximo dois elétrons podem ocupar o mesmo nível e subnível,* um com spin apontando para cima ["up"] e outro com spin para baixo ["down"]. Devido às suas diferentes orientações de spin, esses dois elétrons teriam estados quânticos distintos. Mas um terceiro elétron nos mesmos nível e subnível é excluído porque existem apenas duas orientações de spin possíveis. Um terceiro elétron teria necessariamente o mesmo estado quântico que um dos dois primeiros e, portanto, seria proibido pelo Princípio de Pauli.

O Princípio da Exclusão de Pauli explica como níveis e subníveis vão sendo preenchidos à medida que se avança para elementos mais e mais pesados, com mais e mais elétrons orbitando o núcleo central. O nível K tem um único subnível, o subnível S. Logo, pode haver apenas dois elétrons no nível K (um com spin "up" e outro com spin "down"). O átomo mais leve de todos, o hidrogênio, tem um único elétron. A seguir vem o hélio, com dois elétrons. A partir do hélio, o nível K está totalmente preenchido e não pode conter mais elétrons. No elemento seguinte, o lítio, é preciso começar preenchendo o nível L. O nível L tem quatro subníveis: um subnível s e três subníveis p, p_x, p_y e p_z. Já que cada um desses subníveis pode conter dois elétrons (um com spin up e outro com spin down), o nível L pode conter um máximo de oito elétrons. Por exemplo, o lítio, com um total de três elétrons, tem dois elétrons no nível K e um elétron no nível L. O neônio, com um total de dez elétrons, tem dois elétrons no nível K e oito no nível L. A partir do neônio, o nível L está completamente preenchido e deve--se começar a preencher o nível seguinte, o M. O sódio, por exemplo, com um total de onze elétrons, tem um elétron no nível M. E assim por diante.

Elétrons em níveis completamente preenchidos ficam "trancados". Não podem ser partilhados com outros átomos. Assim, apenas os elétrons em níveis não completamente preenchidos, tais como o único elétron no nível K do hidrogênio ou o elétron único no nível L do lítio, estão disponíveis para ser compartilhados com outros átomos. E, já que é esse compartilhamento que cria a ligação química covalente, *as propriedades químicas de um elemento são em grande parte determinadas pelo número de elétrons na última camada, não estando ela preenchida.* Tais elétrons são chamados elétrons de valência, e o número deles é chamado de valência do elemento.

O Princípio da Exclusão de Pauli, por fim, explicava os misteriosos padrões de repetição na tabela periódica. Uma vez que as valências se repetem regularmente à medida que os níveis vão sendo preenchidos, e recomeça a partir do nível seguinte, as propriedades dos elementos se repetem. O lítio tem as mesmas propriedades químicas do sódio porque ambos os elementos têm um elétron em sua camada externa.

A ligação química covalente também se articula no Princípio da Exclusão. Dois elétrons compartilhados por dois átomos numa molécula podem agir mais efetivamente sobre ambos os átomos, e dessa maneira ligá-los mais fortemente, quando esses elétrons passam a maior parte do tempo entre os dois núcleos atômicos, na mesma região do espaço. Por sua vez, os elétrons ocupam a mesma região do espaço quando seus números quânticos espaciais, ou seja, sua energia e seus números quânticos orbitais, são os mesmos. Pelo Princípio da Exclusão, sua orientação de spin deve ser oposta. Logo, a ligação química do elétron compartilhado é formada por um par de elétrons com o mesmo estado quântico espacial e spins opostos. Em tal situação, como diz Pauling no começo do artigo, "a função de onda [da molécula] é simétrica nas coordenadas posicionais [espaciais] dos dois elétrons [...] de maneira que cada elétron esteja associado em parte com um dos núcleos e em parte com o outro".

A genialidade de Linus Pauling nesse caso foi seu lampejo de achar soluções para as equações da mecânica quântica. Essas equações só têm soluções exatas quando há um elétron envolvido. Tão logo haja dois ou mais elétrons, como sempre é o caso na ligação covalente, então são possíveis apenas soluções aproximadas. Estritamente falando, os estados quânticos antes discutidos aplicam-se apenas a elétrons isolados orbitando um único núcleo atômico. Mesmo em um átomo só, quando há mais de um elétron presente, os bem definidos e organizados estados quânticos correspondentes a valores específicos de τ, l e outros números quânticos tornam-se apenas aproximados. Em moléculas, nas quais elétrons orbitam dois núcleos atômicos e não apenas um, a situação é ainda mais complexa. Como diz Pauling no artigo, quando dois átomos se ligam em uma molécula, "o intercâmbio de energia resultante da formação de vínculos de elétrons compartilhados é grande o bastante para mudar a quantização, destruindo os dois subníveis com $l = 0$ e $l = 1$ do nível L". Os subníveis de um átomo só, tais como os orbitais s e p na figura 11.1, não são mais apropriados.

Então, como proceder? Encontrar boas soluções aproximadas em qualquer campo é tanto arte como ciência. E, aqui, a visão física é uma dádiva. Pauling foi guiado pela sua compreensão de que um par de elétrons, para ser atraído com força para dois núcleos atômicos e ligados entre si, deve estar em situação tal que os elétrons se sobreponham o máximo possível. Além disso, raciocinou Pauling, *tal sobreposição será mais elevada para as órbitas mais alongadas*. Órbitas mais alongadas oferecem mais espaço físico para os dois elétrons viajarem juntos entre os dois núcleos, exercendo atração sobre ambos. Órbitas mais alongadas também têm alcance maior de um núcleo atômico para outro.

Para ilustrar a ideia de alongamento, as órbitas do subnível p (figura 11.1b) são mais alongadas que a órbita do subnível s (figura 11.1a), que não tem elongação nenhuma. A órbita da figura 11.4, a ser discutida mais adiante, tem uma elongação ainda maior. As órbitas de maior elongação formam as ligações mais fortes. *E átomos numa molécula sempre ajustam suas interações e orientações de modo a formar a ligação mais forte possível.* De modo similar, dois ímãs próximos sem qualquer fricção vão se orientar naturalmente de modo que seus polos opostos se aproximem ao máximo. Ou, outro exemplo ainda, uma bola de gude rolando num piso desnivelado tende a se assentar no nível mais baixo do piso, onde ele está mais próximo do centro da Terra. O arranjo particular com a ligação mais forte é chamada de "estável". Ligações instáveis mudam e se alteram de modo a se tornarem estáveis. Ligações estáveis têm a menor energia possível. Ligações estáveis, como a bolinha na parte mais baixa do piso, encontram-se no fundo do "compartimento de energia" e tendem a permanecer onde estão.

Dado seu princípio orientador de órbitas alongadas, Pauling usou uma técnica que ele chama de "fenômeno de ressonância Heisenberg-Dirac". Nesse método, busca-se uma combinação de duas órbitas de átomos sozinhos, ou dois estados quânticos aproximados em geral, que tenham vínculos mais fortes que qualquer uma das órbitas dos átomos sozinhos. No começo da década de 1930, Pauling cunhou o termo "híbrido" para tais órbitas combinadas. A figura 11.4 retrata uma órbita híbrida.

Pauling aplicou essas ideias à ligação química extremamente importante do átomo de carbono. O carbono é o elemento central em biologia. Graças a suas propriedades de ligação, que lhe permitem criar uma grande variedade de vínculos fortes com um, dois, três ou quatro outros átomos, o carbono é ideal para formar as moléculas complexas requeridas pela vida. Um átomo de carbono tem dois elétrons no nível K e quatro no nível L, estes disponíveis para se ligar.

Uma das moléculas carbônicas mais simples é o metano, CH_4, que consiste em um átomo de carbono e quatro de hidrogênio. No metano, cada um dos quatro elétrons do nível L do átomo de carbono faz par com o elétron de um átomo de hidrogênio. O metano é frequentemente representado pela figura

Figura 11.2a   Figura 11.2b

11.2a, onde cada linha simboliza uma ligação química covalente. Outra representação, concebida por Gilbert Lewis e mostrada na figura 11.2b, substitui cada linha por dois pontos. Estes simbolizam os dois elétrons compartilhados na ligação.

Agora, segundo a aproximação quântica mais simples do átomo de carbono, usando as quatro órbitas do átomo sozinho, os quatro elétrons de valência do carbono devem formar quatro pares de ligação com um elétron compartilhado, com um par preenchendo o subnível s e um par em cada um dos três subníveis p. Como se pode ver pela figura 11.1b, os três subníveis p formam ângulos retos entre si. Com base nesta teoria simples, seria de esperar que três das ligações carbônicas numa molécula de metano devam estar em ângulo reto (noventa graus) entre si. A quarta, pertencente ao subnível s, esfericamente simétrico, poderia estar em qualquer direção arbitrária.

Essa imagem, porém, não está de acordo com os experimentos. Desde o século XIX, sabe-se experimentalmente que as quatro ligações carbônicas numa molécula com base de carbono apontam nas quatro direções de um tetraedro regular, formando entre si ângulos de 109,47 graus. A situação é ilustrada na figura 11.3. Um tetraedro regular, como é mostrado na figura 11.3a, é uma figura tridimensional de quatro faces, sendo cada face um triângulo equilátero. (Aqui, a linha tracejada é a aresta invisível do triângulo da base. Essa linha é omitida na figura 11.3b.) A figura 11.3b mostra as ligações observadas do átomo de carbono. Se ele for colocado no centro do tetraedro, representado pelo ponto maior, então as quatro ligações carbônicas, as linhas tracejadas que vão do ponto central até cada um dos vértices do tetraedro, formam entre si ângulos de 109,47 graus.

Por alguns anos essa contradição entre os ângulos retos das órbitas do subnível p e os ângulos de tetraedro observados nas ligações carbônicas constituiu um problema para a aplicação da teoria quântica à ligação química.

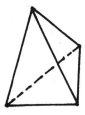 

Figura 11.3a *Figura 11.3b*

Pauling foi capaz de encontrar um *híbrido* dos subníveis *s* e *p*, denotado por (*s-p*), que era consideravelmente mais alongado do que *s* ou *p* sozinhos, tendo assim uma energia mais baixa do que as órbitas *s* ou *p* sozinhas. Tomemos, por exemplo, a direção X como direção da primeira ligação. Pauling descobriu que a combinação $(s\text{-}p)_1 = \frac{1}{2} s + \frac{\sqrt{3}}{2} p_x$ tinha a máxima concentração possível na direção X. Esse subnível híbrido é mostrado na figura 11.4. Quando Pauling encontrou subníveis híbridos *s-p* para os outros três pares eletrônicos, $(s\text{-}p)_2, (s\text{-}p)_3$ e $(s\text{-}p)_4$, descobriu que eram todos idênticos a $(s\text{-}p)_1$, exceto pela rotação de direção, e o ângulo de rotação era exatamente 109,47 graus. Que triunfo! As órbitas híbridas idênticas de Pauling para as ligações de carbono apontavam de fato nas direções dos vértices de um tetraedro regular. E Pauling sabia por quê. Mais ainda, ele havia desenvolvido uma técnica nova e poderosa para calcular outras ligações químicas.

Todas essas ideias e cálculos são resumidos no artigo de Pauling de 1928 por uma única frase — uma frase discreta, casual e sem rodeios: "Descobriu-se também que, como resultado do fenômeno de ressonância, a disposição tetraédrica das quatro ligações do átomo de carbono tetravalente é a ligação estável". Não são dados maiores detalhes. No entanto, pode-se perceber qual deve ter sido sua empolgação quando ele, uma década depois, descreveu detalhadamente os cálculos em seu livro-texto fundamental *The Nature of the Chemical Bond* [A natureza da ligação química]: "Um resultado de cálculo surpreendente, de grande significação química [...] é que o segundo orbital [mais alongado] é equivalente ao primeiro [...] e que *sua direção de ligação forma o ângulo tetraédrico de 109,47 graus com a primeira*".[4] O itálico é de Pauling.

Alguns historiadores da química consideram o artigo seguinte de Pauling, publicado em 1931 no *Journal of the American Chemical Society*, como o mais importante desse ramo da ciência no século XX. No entanto, o artigo de 1928 foi

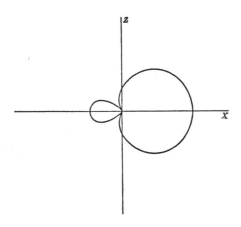

Figura 11.4

o primeiro. E está claro nesse artigo que Pauling já havia concebido, formulado e aplicado com sucesso seu conceito-chave de ligação híbrida, embora se refira a ela apenas brevemente.

A descoberta de que podia explicar as ligações de carbono foi um "resultado surpreendente". Pauling adorava surpresas. Surpresas o sacudiam. Surpresas atiçavam sua imaginação. Numa carta a um amigo, datada de 1980, Pauling escreveu:

> Eu tentava encaixar o conhecimento que adquiria no meu sistema de mundo [...]. Quando aparece algo que eu não entendo, que não consigo encaixar, isso me incomoda: fico pensando no assunto, remoendo, e em último caso faço algum trabalho com ele [...]. Muitas vezes não fico interessado por algo novo que [já] tenha sido descoberto, pois mesmo sendo novo, não me surpreende nem me interessa.[5]

Ao longo de sua carreira, Pauling foi sacudido e provocado por muitas descobertas. Além do seu trabalho fundamental sobre a ligação química, fundamental para boa parte da química, Pauling estudou a estrutura das substâncias com cristalografia de raios X (ver capítulo 7, sobre Von Laue), fez trabalhos pioneiros em biologia molecular, revelou alguma das estruturas fundamentais das proteínas. Em anos posteriores, além de químico, atuou também como biólogo. Em 1935, descobriu como o oxigênio se liga à hemoglobina, um fator decisivo na forma como o oxigênio é transportado pelo sangue. Em 1936, descobriu como moléculas de proteínas se enrolam e desenrolam, algo que agora sabemos ser um fator-chave em seu comportamento e suas propriedades. Em 1949, fez a primeira identificação de uma doença molecular, a anemia falciforme, causada quando células vermelhas do sangue assumem uma forma alongada. Numa conferência anos depois, Pauling afirmou: "A forma de obter novas ideias é ter ideias aos montes".[6] Seu prêmio Nobel de química em 1954 foi merecido muitas e muitas vezes.

Na segunda metade do século XX, a estatura de Linus Pauling cresceu para assumir proporções lendárias. Nenhum outro cientista exceto Einstein era tão conhecido do público norte-americano. Como Einstein, Pauling projetava uma certa imagem de pessoa acessível. Ele havia crescido numa família de recursos modestos, cortado lenha e esfregado chão de cozinha para sustentar seus estudos na faculdade, adorava histórias de amor e romances além das leituras mais intelectuais, tornou-se um defensor nacional da vitamina C, adorava filmes da Doris Day e teve um casamento feliz que durou 59 anos.

Em 1945, no fim da Segunda Guerra Mundial, a carreira de Pauling ampliou-se drasticamente. Sobretudo por causa do poder extremo e do pavor gerado pelas armas nucleares, físicos e químicos do mundo todo foram forçados a assumir uma posição perante a guerra. Anteriormente, vimos as posições tomadas por Von Laue, Heisenberg e outros. Com sua determinação característica, Pauling resolveu que, pelo resto de sua vida, dedicaria metade do seu tempo ao ativismo pela paz — a aprender acerca de relações e leis internacionais, tratados, histórias nacionais, movimento pacifista e outros temas relacionados com a questão de como abolir a guerra no mundo. Deu numerosas palestras sobre o assunto. Com sua esposa, Ava Helen, fez circular uma petição para pôr um fim aos testes nucleares e, em 1958, apresentou a petição (com mil assinaturas de 49 países) para as Nações Unidas. Nesse ano também publicou seu influente livro antiguerra *No More War!* [Chega de guerra!]. Em 1961, ajudou a organizar uma importante conferência de paz em Oslo. Por esses esforços, Pauling foi laureado com o prêmio Nobel da paz em 1962, a única pessoa a ganhar um Nobel tanto em ciência como por esforços pela paz.

Num ensaio no início da década de 1950, exatamente na época em que a bomba de hidrogênio estava sendo desenvolvida, Pauling escreveu:

Como pessoas de diferentes crenças, diferentes naturezas, diferentes ideais, diferentes raças podem conviver? Como um homem pode conviver com um vizinho de quem não gosta? Não se preparando para brigar com ele — esse não é o método civilizado. Em vez disso, diferentes pessoas e diferentes grupos de pessoas aprenderam a conviver em paz, a respeitar mutuamente suas qualidades, até mesmo diferenças — aprenderam isso em toda esfera exceto nas relações internacionais. Agora chegou a hora de as nações aprenderem esta lição [...]. Tenho certeza de que podemos ter esperança. O palco está agora armado para um grande ato — a abolição final da guerra e a conquista de uma paz permanente.[7]

12. A expansão do universo

É uma noite gelada no final da década de 1920, no pico do Monte Wilson no sul da Califórnia. Depois do jantar, Edwin Hubble caminha pela estradinha de terra que vai do pequeno mosteiro até o prédio com o enorme domo do telescópio Hooker, de cem polegadas, o maior telescópio do mundo. Só o domo tem mais de trinta metros de diâmetro e quase 35 de altura. Vestindo seu casaco de pelo de camelo e uma boina preta, Hubble entra pela modesta porta. Sobe a escada metálica até o piso de concreto da armação do telescópio, mais um lance de degraus até a plataforma que cerca o instrumento, e aí mais um lance até a "plataforma de observação". Com exceção de um único assistente, ele está só. Lá fora, a noite vai caindo. Ao seu sinal, o maciço domo se abre lentamente com um longo ribombar. O céu é um rasgo purpúreo e escuro pontilhado de estrelas. Hubble grita suas ordens para o assistente lá embaixo, graus e minutos do ângulo de direcionamento que deseja, e o telescópio gira em busca do alvo, o rangido de metal contra metal, o estalar e retinir de suas alavancas de seis metros.

Nessa noite Hubble planeja fotografar galáxias distantes, tão distantes que sua luz levou milhões de anos viajando pelo espaço até chegar à Terra. O astrô-nomo estuda a vista através da ocular. Quando a posição está correta, risca um fósforo, acende o cachimbo e senta-se na cadeira baixa de madeira trabalhada.

Dali em diante, um mecanismo de relógio girará o telescópio automaticamente na velocidade correta para compensar a rotação terrestre, de modo que as galáxias não fujam de vista. Mas trata-se de um mecanismo silencioso. As luzes no observatório são apagadas, deixando o astrônomo no escuro, exceto pelo leve luzir de seu cachimbo e a diáfana luz das estrelas acima. Ele ficará ali sentado durante horas ao longo da noite silenciosa e fria. De tempos em tempos, gritará novas ordens para o assistente, ficará de pé e espiará pela ocular. O telescópio em si paira acima dele como um gigantesco pássaro agachado. Seu torso, o tubo de luz, estende-se a cerca de dez metros. Suas maciças pernas e coxas, a estrutura de sustentação, estão presas ao piso por cabos metálicos. Esse pássaro pesa cem toneladas. Hubble é um homem grande, mais de 1,85 metro de altura, um tronco de barril de ex-boxeador peso-pesado. Sentado sob a cauda do pássaro gigante, porém, observando o espaço, tem o tamanho de uma formiga.

Em 4 de fevereiro de 1931, na pequena biblioteca do Observatório de Monte Wilson, a uma pequena distância do telescópio Hooker, Albert Einstein anunciava que sua concepção original de um universo estático não era mais válida. Edwin Hubble, então com 41 anos, bem como meia dúzia de outros astrônomos de primeira linha, estava por ali. Como resultado das descobertas de Edwin Hubble, prosseguiu Einstein, era preciso considerar que o universo estava em movimento. O cosmo se expandia. O próprio espaço se distendia, com as galáxias distantes voando para longe umas das outras, como pontos pintados na superfície de um balão inflável. Segundo um repórter da Associated Press, "um arfar de estarrecimento varreu a biblioteca".[1] E a notícia se espalhou como um raio mundo afora.

Em 1543, Copérnico propôs que o Sol, e não a Terra, seria o centro do nosso sistema planetário. Em todos os séculos seguintes, a descoberta de Edwin Hubble da expansão do universo foi provavelmente o acontecimento mais importante no campo da astronomia. Se o universo está em expansão, significa que está mudando. De fato, o universo deve ter evoluído através de uma série de grandes eras, cada uma inimaginavelmente diferente da anterior. No passado, o universo era muito menor e mais denso. Houve uma época em que as galáxias se tocavam. Mais longe no passado, as estrelas ainda não haviam se formado a partir das densas nuvens de gás primordial. Ainda mais longe no passado, os elétrons ferviam, sendo arrancados da parte externa dos átomos. Recuando o suficiente, toda a matéria que vemos no cosmo estava comprimida num volume menor que um átomo. Esse ponto no tempo, ou um momento antes, foi o "começo", hoje chamado de big bang. Medindo a velocidade com que o universo se expande, os astrônomos podem calcular que o big bang ocorreu cerca de 15 bilhões de anos atrás. Assim, a descoberta de Hubble teve um significado enorme, não só para a ciência, mas também para a filosofia, a teologia e até mesmo para a psicologia humana.

Edwin Hubble percorrera um caminho tortuoso até aquele momento com Einstein na biblioteca no alto da montanha. Nascido em Marshfield, Missouri, no fim de 1889, e ao completar o ensino médio em Chicago, podia ter sido facilmente um atleta profissional ou advogado, ou ainda meia dúzia de outras ocupações, em vez de astrônomo. Aos dezesseis anos, era o astro do time de basquete da Central High School de Chicago. Numa única competição de atletismo no último ano de colégio, foi campeão no salto com vara, arremesso de peso, salto em altura parado, salto em altura com corrida, arremesso de disco, arremesso de martelo e, em 6 de maio de 1906, estabeleceu o recorde estadual de Illinois para o salto em altura. Depois de se formar com um desempenho acadêmico notável na Universidade de Chicago, ganhou uma Bolsa Rhodes, que sempre fora uma obsessão pessoal sua. Outra obsessão, a astronomia, encontrou forte resistência por parte de seu pai, que era advogado e corretor de seguros. Em Oxford, Edwin não lia sobre astronomia nem matemática, mas jurisprudência. Como explicou a um amigo, na volta para casa teria de ganhar dinheiro para sustentar a família. Mesmo assim, Edwin ainda arranjava tempo para vencer eventos de atletismo em Oxford, e fez uma luta de boxe de exibição com um campeão francês. Quando voltou aos Estados Unidos, em 1913, Hubble abriu um escritório de advocacia em Louisville, Kentucky, para onde seus pais tinham se mudado. O direito, porém, jamais encheu sua barriga. Um ano depois, Hubble estava de volta à Universidade de Chicago, como aluno de pós-graduação. Ele iria se dedicar à astronomia no fim das contas.

Edwin Hubble parece ter sido um indivíduo quase sobre-humano: bonito, forte, atlético, inteligente, inquieto, ambicioso, arrogante, reservado. Já com pouca idade lia os clássicos, bem como história e ciência. Um colega de classe no ensino médio lembra que Edwin rejeitava a autoridade dos professores e os questionava com uma atitude de sabichão. Outro colega, Albert Colvin, recorda-se que Edwin "agia como se tivesse todas as respostas [...]. Ele parecia estar sempre procurando uma plateia a quem pudesse expor uma ou outra teoria".[2] De acordo com sua irmã, Betsy, Edwin "tentava fazer coisas para provar que era capaz de fazê-las",[3] e frequentemente narrava seus feitos com proporções exageradas e heroicas.

O êxito de Hubble na realização de suas ambições foi além de qualquer possível exagero. Ironicamente, quando publicou seu famoso artigo de 1929, afirmando a existência de uma relação linear entre as distâncias e as velocidades de afastamento das galáxias, desconfiava ter feito algo importante, mas não sabia o quê.

Antes da descoberta de Hubble, praticamente toda cultura humana se baseava na ideia de um universo sem mudanças, um cosmo em estase. As estrelas no céu certamente parecem estar fixas e imóveis, com exceção da imponente revolução causada pela rotação da Terra. Conforme escreveu Aristóteles em *Sobre os céus*: "Ao longo de todo o tempo passado, de acordo com os registros transmitidos de geração em geração, não encontramos vestígio de mudança nem no todo do céu acima nem em nenhuma de suas partes próprias".[4] De fato, tanto cientistas como poetas tomavam a imobilidade dos céus como metáfora suprema de constância e permanência, em contraste com a natureza efêmera de todos os fenômenos terrenos. Copérnico, que tanto desafiou o nosso pensamento astronômico, escreveu que "o estado de imobilidade é encarado como mais nobre e divino do que o de mudança e instabilidade, que, por este motivo, deve pertencer à Terra, e não ao [Universo]".[5] E no *Julio César*, de Shakespeare, Julio César diz a Cássio:

> Mas eu sou firme qual a Estrela d'Alva
> Que, por seus muitos dotes de firmeza,
> Não tem par nem igual no firmamento.[6]

Einstein, em sua teoria cosmológica de 1917, simplesmente assumiu que o universo não mudava em grande escala. Na verdade, ele estava tão certo de que o universo tinha de ser estático que se dispôs a rever e complicar as elegantes equações de sua teoria da gravidade de 1915, a relatividade geral, para explicar a presumida imobilidade dos céus. Essas equações mostram como matéria e energia geram gravidade, e como a gravidade por sua vez afeta a geometria do espaço e do tempo. Em sua revisão, Einstein acrescentou um número a suas equações, às vezes chamado de termo lambda ou constante cosmológica. O termo lambda atua como um tipo de força de repulsão, equilibrando a atração da gravidade, permitindo assim que estrelas e nebulosas do universo permaneçam firmes em posições fixas. Como diz o grande físico de origem alemã no final de seu artigo: "Este termo [lambda] é necessário apenas para o propósito de tornar possível uma distribuição quase-estática da matéria, como requer o fato das pequenas velocidades das estrelas".[7]

Alheios a Einstein, que não era astrônomo, certos dados astronômicos recentes já sugeriam que a matéria do universo não estava parada em balanceado equilíbrio. Desde 1912, um rapaz de origem rural de Mulberry, Indiana, chamado Vasco Melvin Slipher vinha reunindo evidências de que algumas das "nebulosas" estavam voando para longe do sistema solar com velocidades fantásticas. Slipher tivera acesso ao telescópio de 24 polegadas do Observatório Lowell no Arizona. (As 24 polegadas referem-se ao diâmetro da lente ou espelho do telescópio. Diâmetros maiores conseguem reunir mais luz e portanto ver objetos mais tênues, bem como oferecer uma resolução mais fina dos detalhes.)

As nebulosas são as manchas de luz permanentes, enevoadas, no céu. Muitas são conhecidas desde a Antiguidade. Galileu, com seu primeiro telescópio, mostrou que algumas das nebulosas eram congregações de estrelas individuais, de brilho muito tênue e próximas demais entre si para serem distinguidas a olho nu. A nebulosa cósmica mais expressiva é a esmaecida faixa de luz que cruza o céu como um arco, a chamada Via Láctea, ou simplesmente a galáxia. A Via Láctea é o grande sistema de estrelas em forma de espiral que é o lar da nossa própria estrela, o Sol. Hoje sabemos que a Via Láctea contém cerca de 100 bilhões de estrelas. Sabemos também que há na verdade três tipos de nebulosas: os conglomerados globulares, que são sistemas esféricos de cerca de 1 milhão de estrelas localizados dentro da Via Láctea; as nebulosas galácticas, que são nuvens de poeira e gás também localizadas dentro da Via Láctea; e as nebulosas extragalácticas, outros sistemas gigantes de estrelas fora da Via Láctea. As nebulosas extragalácticas são, na verdade, outras galáxias. Mas em 1912 não se conhecia grande parte desses fatos. E, o mais significativo, as distâncias até esses objetos eram desconhecidas. Até meados da década de 1920, os astrônomos debatiam acaloradamente se as nebulosas estavam localizadas dentro da Via Láctea ou eram "universos de ilhas" separados, muito mais distantes.

Em 1914, Slipher já havia medido as velocidades de treze nebulosas. Mais precisamente, Slipher medira as *cores* das nebulosas. O que as cores têm a ver com a velocidade? Quando uma fonte de luz em movimento viaja na nossa direção, suas cores têm a frequência desviada para o extremo azul do espectro; quando ela se afasta, as cores se desviam para o vermelho. Esse fenômeno — denominado desvio Doppler, em homenagem a Christian Johann Doppler, que o analisou pela primeira vez, em 1842 — é exatamente análogo à mudança de tom no apito de um trem em movimento. Quando o trem se aproxima, o tom do apito fica mais agudo do que quando o trem está parado; quando o trem se afasta, o tom se torna mais grave. Pelo tamanho do desvio na cor (para a luz) ou no tom (para o som), podemos calcular a velocidade do objeto em movimento. Usando esse método, Slipher concluiu que a nebulosa espiral média se movia *afastando-se* da Terra a uma velocidade de cerca de seiscentos quilômetros por segundo, cem vezes mais depressa do que a velocidade de qualquer outro tipo de objeto celeste conhecido.

No início da década de 1920, Slipher já tinha medido as velocidades de afastamento de aproximadamente quarenta nebulosas, com os mesmos resultados em termos gerais. Suas descobertas foram consideradas importantes, mas ninguém sabia o que significavam. Seriam as nebulosas em espiral constelações de estrelas relativamente pequenas e próximas, como os conglomerados globulares, ou sistemas estelares maiores, como a Via Láctea, a grandes distâncias da nossa própria galáxia? Hubble, assim como outros astrônomos, ficou intrigado em relação ao significado dos resultados de Slipher. Como escreveu o eminente astrônomo Arthur Eddington em seu influente livro *The Mathematical Theory of Relativity* [A teoria matemática da relatividade], de 1923: "Um dos problemas mais estarrecedores da cosmogonia é a grande velocidade das nebulosas espirais".[8] Estarrecedores em grande parte porque as distâncias não eram conhecidas.

De fato, o maior obstáculo para grande parte da astronomia era a determinação da distância. Quando detectamos luz de um corpo celeste, como uma estrela ou nebulosa, medimos apenas o seu brilho aparente. Para conhecer sua distância, precisamos também saber sua luminosidade intrínseca, exatamente como precisamos saber a potência de uma lâmpada para inferir sua distância com base no brilho que parece ter aos nossos olhos.

Como foi descrito detalhadamente no capítulo 6, em 1912 Henrietta Leavitt, do Observatório do Harvard College, descobriu um método de medir a distância até certo tipo de estrelas chamadas cefeidas variáveis. As cefeidas variam na intensidade de sua luz de forma regular e repetitiva, com períodos (ciclos de tempo) entre três e cinquenta dias. Em resumo, Leavitt encontrou uma relação entre o período de uma cefeida e sua luminosidade intrínseca. A distância para a cefeida podia então ser calculada medindo seu período e seu brilho aparente. Pela lei do período-luminosidade de Leavitt, e pelo período medido, era possível inferir sua luminosidade intrínseca. A partir da sua luminosidade intrínseca e brilho aparente medido, podia-se inferir sua distância.

Em 1918, o astrônomo norte-americano Harlow Shapley buscou sistematicamente cefeidas em vários pontos da Via Láctea, visando mapear o tamanho da galáxia. Concluiu que a Via Láctea tinha cerca de 300 mil anos-luz de diâmetro. Lembre-se que um ano-luz é a distância que a luz percorre em um ano, aproximadamente 10 trilhões de quilômetros. Outra unidade de distância às vezes usada é o parsec, que equivale a 3,3 anos-luz. Como referência, a estrela mais próxima do nosso Sol, Alfa Centauri, está a cerca de quatro anos-luz.

Tendo determinado o tamanho aproximado da Via Láctea, Shapley afirmou, com uma série de argumentos, que as nebulosas estavam todas dentro da nossa galáxia. Segundo ele, não havia universos-ilhas, nem nebulosas extragalácticas. Foi Edwin Hubble, em 1924, quem provou que Shapley estava errado.

Depois que Hubble obteve seu título de ph.D. em astronomia na Universidade de Chicago, em 1917, foi oferecida a ele uma posição no Observatório de Monte Wilson da Carnegie Institution de Washington. Mas Hubble quis servir na Primeira Guerra Mundial. Conseguiu um adiamento para assumir o cargo e, com a fanfarronice habitual, juntou-se à Força Expedicionária Norte-Americana na França, galgando posições rapidamente até a patente de major. Em outubro de 1919, retornou a Monte Wilson, exatamente quando o telescópio de cem polegadas estava sendo completado. Hubble ainda não tinha trinta anos, era esperto, bem treinado em astronomia e ambicioso. E, talvez o mais importante, teve acesso ao maior telescópio do mundo. Edwin Hubble estava no lugar certo na hora certa.

Em 1924, Hubble descobriu uma cefeida na nebulosa de Andrômeda, e conseguiu assim medir sua distância. O resultado foi 900 mil anos-luz, três vezes a extensão máxima da Via Láctea, conforme determinada por Shapley. A nebulosa de Andrômeda ficava além da nossa galáxia. Era uma outra galáxia em si! (Conforme mencionado no capítulo 6, medições mais recentes atribuem um diâmetro de 100 mil anos-luz à Via Láctea, e a distância para a galáxia de Andrômeda é de cerca de 2 milhões de anos-luz.) Andrômeda acabou se revelando a galáxia externa mais próxima da nossa. Hubble foi adiante, medindo as distâncias até muitas outras nebulosas, mostrando que muitas delas eram também galáxias inteiras localizadas muito além da Via Láctea. No entanto, em vez de chamar esses objetos de galáxias, Hubble e outros astrônomos usaram o termo "nebulosas extragalácticas" por muitos anos.

Depois de identificar as nebulosas como extragalácticas, Hubble introduziu um significativo sistema de classificação para galáxias, baseado nas suas formas. E, trabalhando com seu colega astrônomo Milton Humason, começou a estender a escala de distâncias. Mesmo com o telescópio gigante de cem polegadas, as estrelas cefeidas não podiam ser vistas a distâncias superiores de cerca de 5 milhões de anos-luz. Para mais longe que isso, Hubble usou as estrelas supergigantes O e A, mais luminosas, que possuem características específicas e uma gama bastante estreita de luminosidades. Essas estrelas têm luminosidades intrínsecas mais ou menos conhecidas e podem ser vistas a até cerca de 10 milhões de anos-luz. Todavia, não são tão confiáveis para medidas de distâncias quanto as cefeidas. Como se pode imaginar, as estimativas de distância tornam-se cada vez menos confiáveis à medida que se chega a objetos mais distantes. No fim da década de 1920, Hubble estava pronto para embarcar em seu trabalho mais famoso: a medição das distâncias até as misteriosas nebulosas que se afastavam, descobertas por Slipher.

A história da descoberta de Hubble referente à expansão do universo está repleta de ironias, golpes de sorte, ignorância, algumas tragédias e oportunidades perdidas. Enquanto Slipher, Leavitt e Hubble faziam suas descobertas com telescópios, os astrônomos teóricos exploravam o universo com papel e lápis. Grande parte desse trabalho teórico era desconhecido de Hubble.

Em 1917, na mesma época em que Einstein formulava seu modelo cosmológico, um astrônomo teórico holandês chamado Wilhelm de Sitter propôs um modelo alternativo, também baseado na teoria da relatividade geral de Einstein. De Sitter educadamente chamou seu modelo de "Solução B", e o de Einstein, "Solução A". Ambas as soluções resolviam as equações de Einstein da relatividade geral, modificadas pelo termo lambda. Ambas as soluções admitiam um universo estático, no qual a geometria do espaço não mudava com o tempo. De Sitter, porém, fez uso de uma premissa adicional segundo a qual a quantidade de matéria no universo era desprezível comparada com o termo lambda. Na verdade, o astrônomo holandês ignorou totalmente a matéria. Em seu modelo idealizado, o termo lambda constituía a única força em ação no universo.

Havia duas consequências para a premissa de De Sitter, nenhuma delas presente no modelo de Einstein. Primeiro, o tempo corre com velocidades diferentes em lugares diferentes. (Não confundir esse efeito com a noção de Einstein da relatividade especial, segundo a qual o tempo corre com velocidades diferentes para observadores *em movimento*, um em relação ao outro. No universo de De Sitter, o tempo corre em velocidades diferentes mesmo para dois observadores em repouso um em relação ao outro, se estiverem em locais diferentes.) Como resultado dessa variabilidade temporal, a frequência de luz emitida num local se modificaria ao alcançar o segundo local. Por quê? Lembremos que a frequência da luz nada mais é do que a velocidade das oscilações da luz. Essas oscilações, por sua vez, são como o balançar do pêndulo de um relógio. Se o relógio bate com diferentes velocidades em locais diferentes, então a frequência do mesmo feixe de luz também deve ser diferente em locais diversos. Segundo o modelo de De Sitter, a frequência de um feixe de luz *diminui* à medida que viaja pelo espaço. Uma vez que as frequências mais altas visíveis aos olhos correspondem a cores azuis e as mais baixas ao vermelho, os cientistas afirmam que o feixe de luz de frequência decrescente passa por um desvio para o vermelho. Quanto mais longe a luz viaja no universo de De Sitter — isto é, quanto mais separadas estão a emissão e a recepção da luz —, maior é o desvio para o vermelho. Tal desvio iria mascarar o efeito Doppler, mas seria provocado não pela velocidade de afastamento, e sim por uma redução do ritmo de passagem do tempo.

A segunda característica inusitada do modelo de De Sitter era que, se um grupo de partículas (ou nebulosas) fosse colocado em qualquer ponto do universo, elas se separariam, repelidas pelo termo lambda antigravidade. Em tal situação, o efeito Doppler também faria com que a luz emitida por uma nebulosa fosse desviada para o vermelho ao ser recebida por uma segunda nebulosa.

Juntos, esses dois fenômenos — o desvio contínuo para o vermelho de um feixe de luz em movimento e a repulsão mútua das nebulosas — ficaram conhecidos como "efeito De Sitter". Ambos os fenômenos contribuem para um desvio da luz para o vermelho. Conforme comenta De Sitter em seu artigo de 1917: "As linhas do espectro [cores] de estrelas ou nebulosas muito distantes devem estar, portanto, sistematicamente deslocadas para o vermelho [...]".[9] Apesar dessa afirmação clara, muitos cientistas ficaram confusos acerca do significado do efeito De Sitter, misturando os dois fenômenos distintos que provocam o predito desvio para o vermelho de nebulosas distantes.

De Sitter estava muito mais em contato com a astronomia observacional do que Einstein. Em particular, conhecia as observações de Slipher. No fim do artigo, De Sitter lista as velocidades observadas de três nebulosas, Andrômeda, NGC 1068 e NGC 4594, calculando a velocidade de afastamento em seiscentos quilômetros por segundo. A solução A, o modelo de Einstein, não conseguia explicar tais velocidades de afastamento (ou desvios para o vermelho). No modelo de Einstein, o tempo corria em todo lugar com a mesma rapidez, e as partículas permaneciam imóveis. De Sitter sugeria com toda a satisfação que os dados pareciam favorecer a solução B.

Em 1922, Alexander Friedmann, um cientista russo de 34 anos, da Academia de Ciências de Petrogrado (São Petersburgo) resolveu explorar matematicamente soluções cosmológicas para a relatividade geral de Einstein que *mudavam no tempo*. Friedmann fez ver que a premissa de estaticidade de Einstein e De Sitter não era verificada nem essencial. Podia-se começar com as equações de Einstein para a gravidade sem exigir que todas as variáveis permanecessem constantes no tempo. No modelo de Friedmann, o universo começava num estado de densidade extremamente elevada e então se expandia no tempo, tornando-se mais ralo à medida que isso acontecia. O artigo de Friedmann passou largamente despercebido, exceto por Einstein, até bem depois da descoberta de Hubble em 1929. Em 1925, Friedmann morreu de febre tifoide, aos 37 anos. O físico russo não viveu para ver a validação definitiva de sua teoria.

Tanto o modelo de De Sitter como o de Friedmann ofendiam as sensibilidades filosóficas de Einstein: o de De Sitter porque alegava ter achado uma solução para as próprias equações de Einstein na ausência de massa, contradizendo a forte crença deste de que as propriedades do espaço deviam ser determinadas pela matéria; e a solução de Friedmann porque Einstein acreditava que o cosmo era estático. Einstein publicou respostas imediatas a ambos os artigos, alegando ter achado neles inconsistências matemáticas. No entanto, como ele mesmo e outros se deram conta mais tarde, Einstein reagiu rápido demais e cometeu erros. O grande físico admitiu relutantemente que as cosmologias de De Sitter e Friedmann também eram soluções possíveis para o "problema cosmológico". Todavia, não acreditava em nenhuma das duas.

No ano acadêmico de 1924-5, um jovem abade belga chamado Georges Lemaître, com formação em física e em teologia, foi ao Observatório do Harvard College num intercâmbio de pós-doutorado. Num encontro em Washington nesse mesmo ano, Lemaître ouviu falar da descoberta de Hubble de que Andrômeda se encontrava fora da nossa galáxia. Como os resultados de Slipher também eram conhecidos, Lemaître interpretou os achados de Hubble como evidência para um universo em movimento. Voltou correndo para Louvain e calculou um modelo cosmológico para um universo em expansão, essencialmente o mesmo modelo produzido por Friedmann alguns anos antes. Em seu histórico artigo de 1927, Lemaître afirmava: "As velocidades de afastamento das nebulosas extragalácticas são um efeito cósmico da expansão do universo".[10] Lemaître foi adiante, predizendo que a velocidade de afastamento de cada galáxia deveria ser proporcional à sua distância em relação a nós — um resultado-chave não apontado por Friedmann em seu artigo, anterior mas ainda desconhecido.

É importante compreender a predição de Lemaître, que, em última análise, tornou-se essencial para decifrar o significado do artigo de Hubble de 1929. Embora Lemaître tivesse usado sua solução para a equação de Einstein para deduzir essa lei crucial, ela é fácil de apreender sem matemática avançada, como se mostra na figura 12.1. Representamos as galáxias como pontos numa régua, inicialmente separados por um centímetro (linha superior). Agora começamos a esticar a régua, o que corresponde à expansão do espaço. Após um minuto,

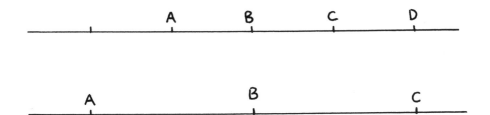

Figura 12.1

suponhamos que a régua tenha dobrado de tamanho, de modo que agora haja dois centímetros entre dois pontos vizinhos (linha inferior). Do ponto de vista de *qualquer* galáxia — a galáxia B, por exemplo —, parece que são as outras galáxias que estão *se afastando*. As galáxias à esquerda movem-se mais para a esquerda, as galáxias à direita, mais para a direita. Suponhamos agora que estamos na galáxia A. Consideremos a visão sob nosso ponto de vista. A galáxia B, inicialmente a um centímetro de nós, afastou-se para dois centímetros. Logo, ela aumentou sua distância de nós em um centímetro em um minuto, ou seja, teve uma velocidade de afastamento relativa a nós de um centímetro/minuto. A galáxia C, inicialmente a dois centímetros, afastou-se para quatro centímetros, com um aumento de distância de dois centímetros em um minuto, ou seja, uma velocidade de afastamento relativa a nós de dois centímetros/minuto. Em suma, galáxias que estão ao dobro da distância de nós afastam-se com o dobro da velocidade. Esse resultado é geral. Em qualquer espaço uniformemente em expansão, a velocidade de afastamento é proporcional à distância.

Lemaître cometeu o erro de publicar seu artigo seminal na obscura publicação *Annals of the Scientific Society of Brussels*. Em 1928, enquanto Lemaître estava na Universidade de Cambridge para outro intercâmbio, fez seu artigo chegar às mãos de Sir Arthur Eddington, um dos mais renomados e influentes astrônomos da época. Entre muitas conquistas, em 1919 ele triunfalmente mediu a curvatura da luz de uma estrela ao passar pelo Sol, no valor previsto pela teoria da relatividade geral de Einstein, e em 1923 publicou seu livro sobre relatividade, amplamente lido em todo o mundo. Por algum motivo, Eddington prestou pouca atenção ao artigo de Lemaître, e aparentemente ele se extraviou.

Enfim voltamos a Edwin Hubble. Quando Hubble começou a medir as distâncias para as nebulosas com desvio para o vermelho de Slipher, no final da década de 1920, eis o que ele sabia: essas nebulosas tinham enormes desvios para o vermelho, implicando grandes velocidades de afastamento em todas as direções. Sabia também, por suas próprias medições, que muitas nebulosas eram extragalácticas e, consequentemente, importantes no grande quadro do universo. Tinha conhecimento do efeito De Sitter, popularizado no livro de Eddington de 1923. E *não sabia* dos artigos de Friedmann ou Lemaître. Logo, parece improvável que pudesse ter tido na cabeça o conceito de um universo em expansão. Mesmo com dados sugerindo uma relação linear entre velocidade de afastamento e distância, ainda há um grande salto conceitual e filosófico até a noção de um universo *dinâmico*, um universo em que o próprio espaço está se esticando, um universo em expansão. A esse respeito, é proveitoso lembrar que o efeito De Sitter tinha lugar num cosmo estático. De Sitter tampouco tinha a noção de um universo em expansão.

Hubble começa seu artigo de 1929 apresentando os resultados de Slipher mencionando o "termo K", que era uma velocidade de seiscentos a oitocentos quilômetros por segundo que devia ser subtraída das velocidades de todas as nebulosas espirais de Slipher para cancelar suas enormes velocidades de afastamento e fazê-las parecer como um grupo comum de objetos astronômicos com velocidades aleatórias. Hubble denomina esse termo um "paradoxo" porque não havia explicação para ele. No entanto, havia alguma evidência de que o termo K podia variar com a distância. Ou seja, as velocidades de afastamento para as nebulosas não eram todas iguais.

Alguns astrônomos, inclusive A. Dose, Knut Lundmark e Gustaf Strömberg, tinham anteriormente tentado ver se o desvio para o vermelho estava correlacionado com a distância. Na verdade, era esse o projeto que Hubble estabelecera para si — e a correlação linear acaba sendo o seu grande triunfo. Hubble considera corretamente essas tentativas anteriores como "inconvincentes". Primeiro de tudo, Lundmark, em seu trabalho de 1925, estimou as distâncias até as nebulosas pela técnica questionável de comparar seus diâmetros aparentes e brilhos aparentes com galáxias-padrão de diâmetro e brilho padronizados. Esse método pressupõe que todas as galáxias sejam iguais e, nesse caso, uma galáxia que parece ter a metade do tamanho está no dobro da distância. Hubble, na maior parte, apoia-se no método mais confiável das variáveis cefeidas e na lei período-luminosidade de Leavitt. E, é claro, tem a enorme vantagem de dispor do telescópio Hooker de cem polegadas. Segundo, Lundmark, em sua tentativa de ver se o termo K variava com a distância, fez ajustes tanto para uma dependência linear como para uma quadrática, chegando à desconcertante conclusão de que o termo K deveria na verdade começar a *diminuir* a partir de certa distância.

Note que Hubble se refere ao desvio para o vermelho como "velocidades radiais aparentes". Hubble é decididamente um astrônomo de observação, não um teórico, e é o desvio para o vermelho, e não a velocidade radial, que é medido diretamente. Na verdade, Hubble é cético em relação a todas as teorias.

Hubble prossegue mencionando os vários métodos que utilizará para medir distâncias. Além de usar as confiáveis variáveis cefeidas e as estrelas O, ele partirá do pressuposto de que as estrelas mais brilhantes numa nebulosa tenham todas a mesma luminosidade, de cerca de 30 mil vezes a luminosidade do Sol. Ele exprime essa luminosidade máxima em termos da notação astronômica padrão, $M = -6{,}3$, em que M, a "magnitude absoluta", está relacionada com a luminosidade L (expressa em unidades de luminosidade do Sol) por $M = 4{,}75 - 2{,}5 \, log(L)$. Hubble mais tarde usa também a "magnitude aparente", m, que depende, como o brilho aparente, da distância bem como da luminosidade. Em particular, se r é a distância ao objeto em parsecs, então $m = M - 5 + 5 \, log(r)$. Algumas dessas notações astronômicas foram discutidas no capítulo 6.

A tabela 1 do artigo fornece os principais resultados de Hubble. Na primeira coluna estão as 24 nebulosas da amostra, dispostas em ordem crescente de distâncias. A terceira coluna dá a distância para cada nebulosa, a quarta fornece a velocidade em quilômetros por segundo. Uma velocidade positiva significa que a nebulosa está se afastando da Terra e suas cores estão desviadas para o vermelho. Uma velocidade negativa significa que a nebulosa está se aproximando da Terra e suas cores estão desviadas para o azul. Pela distância e magnitude aparente, m, sendo esta última medida diretamente, Hubble pôde calcular a magnitude absoluta, M, de cada nebulosa. (A magnitude absoluta é equivalente a sua luminosidade intrínseca.)

O desvio para o vermelho de uma nebulosa mede a sua velocidade em relação à Terra. Mas a Terra é vinculada ao Sol, e o Sol se move pela Via Láctea numa velocidade e direção a serem determinadas, chamadas de movimento solar. Para obter as velocidades das nebulosas em relação à Via Láctea, e não somente ao Sol, é preciso subtrair o movimento solar. É esse o propósito da longa equação com X, Y e Z. A, D e V_0 representam a direção e a velocidade do Sol através da Via Láctea. Aqui e em outras partes, Hubble está trabalhando e pensando muito dentro do contexto mental da estrutura galáctica. Ele utiliza a notação e os conceitos matemáticos de movimento dentro da Via Láctea, ainda que, em último caso, vá aplicá-los a objetos muito distantes dela. Devemos nos lembrar de que apenas alguns anos antes ainda não estava estabelecido que as nebulosas ficavam além da Via Láctea. A astronomia extragaláctica, nessa época, é um campo extremamente novo, um campo em que Hubble foi um pioneiro.

Como se pode ver pela tabela, embora haja alguns casos excepcionais, as velocidades das nebulosas são em sua maioria de afastamento e em sua maioria *aumentam com a distância*. Hubble faz então a afirmativa de que "os dados na tabela indicam uma correlação linear entre distâncias e velocidades", ou seja, Hubble está propondo algo mais do que simplesmente que as velocidades aumentam com a distância. Está propondo que os dados sugerem uma lei específica: as velocidades são proporcionais às distâncias. Ao dobrar a distância, a velocidade dobra. É esse o significado de "correlação linear".

Hubble deu um grande salto de fé na sua proposta, embora estivesse ciente do "material escasso, tão pobremente distribuído". Na verdade, os pontos que aparecem na figura 1 do artigo têm desvios bastante grandes em relação à linha reta (correlação linear) que Hubble desenhou através deles. Mas a situação é na verdade ainda mais precária do que Hubble percebeu na época. O resultado de Lemaître, mostrando que a velocidade de afastamento das nebulosas deveria ser proporcional à sua distância, vale apenas para um universo cuja massa seja uniformemente distribuída, de modo que o cosmo possa se expandir uniformemente em todas as direções. Os dados de Hubble atingem uma distância de cerca de 2 milhões de parsecs, ou cerca de 6 milhões de anos-luz. Atualmente os astrônomos sabem que a distribuição da matéria no universo não começa a parecer uniforme até se chegar a distâncias de pelo menos 100 milhões de anos--luz. A essa distância, a granulosidade causada pelas galáxias individuais começa a se uniformizar e desaparecer, exatamente como grãos de areia individuais numa praia desaparecem quando vistos de uma altura de cinco metros ou mais. Para distâncias menores, a relação linear entre velocidade de afastamento e distância prevista para um universo homogêneo (uniforme) e em expansão não é válida. Hubble não conhece o modelo de universo em expansão de Le-

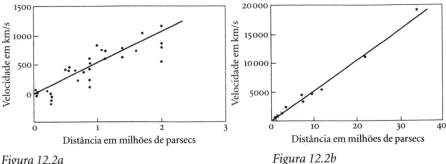

Figura 12.2a   *Figura 12.2b*

maître nem suas predições. Ele teve um palpite de sorte ao afirmar a existência de uma lei linear, e mesmo seus próprios dados não sustentam muito bem esse palpite.

Em 1931, Hubble e Milton Humason usaram métodos novos para estender suas observações a 100 milhões de anos-luz. A figura 12.2a mostra os dados de Hubble de 1929, a figura 12.2b os dados ampliados de Hubble e Humason dois anos mais tarde. Como se pode ver, a lei linear na figura 12.2b é muito mais óbvia e justificada.

Como verificação importante de sua proposta, Hubble aplica então sua lei linear para nebulosas tênues demais para que suas distâncias possam ser determinadas diretamente. Pelas velocidades de afastamento, ele pode ver onde elas caem no gráfico e atribuir-lhes distâncias. A partir dessas distâncias, ele pode calcular suas luminosidades, uma propriedade intrínseca das nebulosas. Pode então comparar essas luminosidades com as luminosidades cujas distâncias podem ser determinadas diretamente. Ele descobre grande semelhança.

Toda a discussão teórica no artigo de Hubble é relegada ao último parágrafo. Ali ele menciona o **modelo de De Sitter** e apenas este. De Sitter, aparentemente, exerceu alguma influência sobre Hubble. Para começar, o trabalho do cientista holandês fora publicado em inglês e popularizado por Eddington. Além disso, De Sitter, e depois Eddington, aplicou a matemática e os confusos resultados do modelo a dados reais, o desvio para o vermelho de nebulosas conhecidas. Esse gesto deve ter aquecido o coração de Hubble, sempre voltado para os dados. E, por fim, Hubble visitou Leiden no **verão de 1928**, onde De Sitter pessoalmente o encorajou a estender os desvios para o vermelho de Slipher para desvios mais elevados e nebulosas menos visíveis.

Assim, mediante o efeito De Sitter, Hubble tem consciência de que seus "dados numéricos podem ser introduzidos em discussões sobre a curvatura geral do espaço" e podendo ser, portanto, de grande importância para a cosmologia. Todavia, Hubble não menciona a ideia de um universo em expansão. Parece provável que ele não tivesse conhecimento desse conceito.

Aqui há várias ironias. Primeiro, como foi mencionado, em 1929 Hubble não tinha dados suficientemente bons para sustentar sua alegação de uma relação linear entre velocidade e distância. Segundo, a única teoria que usou para interpretar seus achados, o modelo de De Sitter, foi posteriormente abandonado em favor dos modelos de Friedmann e Lemaître. Logo, mesmo que sua alegação tenha por fim se revelado verdadeira, Hubble provavelmente não entendeu sua significação na época.

No final de 1929, bem depois de o artigo de Hubble ter sido impresso, Lemaître enviou a Eddington um *segundo* exemplar de seu modelo de 1927, de um universo em expansão. Agora, com os resultados de Hubble publicados, tudo subitamente se encaixou na mente de Eddington. Ali estava uma solução (teórica) para as equações de Einstein predizendo uma relação linear entre o desvio para o vermelho e a distância como consequência de um universo homogêneo em expansão. Do lado experimental, Hubble recém afirmara tal relação nas fugazes cintilações das nebulosas distantes. Eddington imediatamente divulgou o artigo de Lemaître e o convenceu a publicá-lo em inglês. O artigo de Friedmann foi relembrado por Einstein e outros, e devidamente celebrado. No início de 1931, Eisntein estava preparado para fazer seu anúncio na biblioteca do Observatório de Monte Wilson, renegando seu modelo estático, jogando fora em grande medida o termo lambda — que ele sempre tinha considerado um feio apêndice para sua graciosa teoria da gravidade — e homenageando Edwin Hubble. ("O trabalho do seu marido é lindo",[11] disse Einstein à mulher de Hubble numa viagem a Pasadena, mais tarde nesse mesmo ano.) Dentro de um ou dois anos a ideia de um universo em expansão, com um começo do tempo, estava sendo ansiosamente digerida pelo público. O jornalista George Gray, na edição de fevereiro de 1933 da *Atlantic*, descreve a descoberta como "um quadro radicalmente novo do cosmo — um universo em expansão, uma imensa bolha soprando, se distendendo, se espalhando, tornando mais fino o tecido, se perdendo".

Hubble, como muitos cientistas, traçava uma linha definida entre o que considerava o mundo objetivo da ciência e o mundo subjetivo das humanidades. Em sua importante autobiografia, *Realm of the Nebulae* [Reino das nebulosas], publicada em 1936, ele escreve:

> A ciência é a única atividade humana realmente progressiva. O corpo do conhecimento positivo é transmitido de geração em geração, e cada uma contribui para a estrutura crescente [...]. A concordância é assegurada por meio da observação e do experimento. Os testes representam a autoridade externa que todos os homens precisam reconhecer [...]. A ciência, uma vez lidando apenas com tais julgamentos, é necessariamente excluída do mundo dos valores. Ali não há autoridade externa reconhecida. Cada homem apela ao seu deus privado e não reconhece nenhuma corte de apelação superior.[12]

Filósofos e historiadores modernos discordariam em parte da severa distinção que Hubble faz entre a ciência e outras profissões. Embora os dados reais da ciência possam ser objetivos, a "atividade humana" envolvida no empreendimento científico está cheia dos mesmos preconceitos, paixões e julgamentos pessoais que caracterizam as outras empreitadas humanas. Na verdade, tais fatores pessoais podem ser essenciais para fortalecer e impulsionar um homem como Edwin Hubble através de sua carreira científica.

13. Antibióticos

Não muitos dias após a chegada [dos Lacedemônios] à Ática, a praga começou a se manifestar entre os atenienses. Dizia-se que ela havia irrompido anteriormente em muitos lugares na vizinhança de Lemnos e em outras regiões; mas era impossível lembrar-se de uma pestilência de tal extensão e mortalidade em alguma outra parte. Tampouco os médicos tiveram de início alguma serventia, ignorantes que eram da maneira apropriada de tratá-la, e eles próprios morreram aos montes [...] pessoas de boa saúde eram subitamente atacadas por violentos calores na cabeça, rubor e inflamação nos olhos, as partes internas como a garganta ou a língua ficavam ensanguentadas, emitindo um cheiro não natural e fétido. Esses sintomas eram seguidos de espirros e rouquidão, após o que a dor logo chegava ao peito, produzindo tosse forte. Quando se fixava no estômago, ela provocava distúrbios; e se seguiam descargas de bile de toda espécie nomeada pelos médicos, acompanhadas de grande aflição. Na maioria dos casos seguiam-se vômitos ineficazes, produzindo violentos espasmos [...]. Externamente o corpo ficava vermelho, lívido, e irrompiam pequenas pústulas e úlceras [...]. [Vítimas] sucumbiam, na maioria dos casos, no sétimo ou oitavo dia da infernal inflamação [...] os corpos de homens morrendo empilhados uns sobre os outros, e criaturas semimortas vagando pelas ruas.[1]

Assim reza uma passagem de *A história da Guerra do Peloponeso*, na qual Tucídides relata em primeira mão a peste que varreu Atenas em 430 a.C., segundo ano da guerra entre Atenas e Esparta. Um mistério para a ciência nos 2300 anos seguintes, a peste era causada pela bactéria *Yersinia pestis* e transmitida para os seres humanos primeiro por pulgas de ratos, e então de um humano para outro. No século XIV ela foi chamada de Peste Negra. Um quarto da população da Europa, ou cerca de 25 milhões de pessoas, sucumbiu a suas agonias. De 1894 a 1914, um novo surto da peste espalhou-se dos portos meridionais da China para o resto do mundo, matando outras 10 milhões de pessoas.

A peste é um exemplo de doença infecciosa. Outras incluem a *influenza*, gripe que matou de 20 milhões a 40 milhões de pessoas na epidemia mundial de 1918, pneumonia, sífilis, tifo, difteria, meningite, gonorreia, hepatite, pólio, varíola, sarampo, cólera, tétano, febre amarela. Uma outra, a tuberculose, começa quando a bactéria *Mycobacterium tuberculosis* se instala no tecido pulmonar e o destrói, deixando massa morta e furos. Ao longo de toda a história moderna, a tuberculose ceifou mais vidas do que qualquer outra calamidade. A tuberculose e todas as doenças infecciosas são causadas por micro-organismos, minúsculas criaturas vivas invisíveis aos olhos.

Na primavera de 1928, um biólogo escocês chamado Alexander Fleming trabalhava em seu pequeno laboratório na Escola de Medicina do St. Mary's Hospital, em Londres, quando notou algo estranho. Uma de suas colônias da bactéria estafilococo fora contaminada por um bolor branco e penuginoso. O estafilococo é um gênero comum de bactéria, descoberto no final do século XIX. Essa bactéria pode ser encontrada nas membranas mucosas e na pele de muitos animais de sangue quente, e tem o seu nome em função do seu formato esférico (*coccus*) e da tendência de se congregar em cachos como de uvas (em grego, *staphyle* significa "cacho de uvas"). Uma vez que as lâminas de vidro nas quais Fleming fazia a cultura de suas bactérias frequentemente ficavam expostas ao ar livre, o qual, como se sabe, é repleto de outros micróbios e esporos, não era incomum achar tais contaminações. Mas, nesse caso, a área de estafilococos mais próxima do bolor fora milagrosamente dissolvida. Onde deveria haver aglomerados amarelos e opacos, os estafilococos estavam claros como orvalho. Suas paredes celulares tinham se rompido. Alguns estafilococos infectam feridas e envenenam alimentos. Outros produzem doenças infecciosas. E haviam sido chacinados pelo bolor branco.

Nessa época, Fleming era um biólogo já maduro, de 47 anos de idade. Olhos azuis, cabelo claro, suficientemente baixo para ser chamado de "Pequeno Flem" pelos colegas no St. Mary's, era imensamente respeitado por sua inteligência tranquila e observação aguçada. Um de seus associados, John Freeman, comentou que o Pequeno Flem "era capaz do silêncio mais eloquente que qualquer outro homem que eu conheci".[2] Outro amigo, C. A. Pannett, com quem Fleming havia compartilhado todas as honras máximas quando eram estudantes de medicina no St. Mary's, escreveu que Fleming "nunca gostou de falar, mas, quando resolvia expressar sua opinião em palavras, você podia ter absoluta certeza de que seria uma opinião inteligente no mais alto grau".[3]

Embora sossegado e excessivamente modesto, Fleming possuía um senso de humor peculiar e maldoso. Pannet lembrava-se de que o amigo "adorava criar dificuldades para si mesmo, pelo simples prazer de superá-las. Certa vez ele se propôs a jogar uma partida inteira de golfe usando um único taco".[4] Em outra ocasião, Fleming, que tinha elevado a tarefa de fazer vidraria de laboratório a uma forma de arte, criou um gato de vidro que parecia vivo. Depois fez um grupo de minúsculas criaturas fugindo do gato.

Uma qualidade oposta revelou-se de suprema importância. Fleming dedicava-se a um tipo de desordem estudada. Muitas vezes repreendia os colegas por serem ordeiros e asseados demais, por guardarem as lâminas e os tubos de ensaio todo dia no fim da tarde. Fleming costumava deixar seus pratos de bactérias putrefatos espalhados pelo laboratório durante semanas seguidas. Depois, olhava para eles cuidadosamente para ver se algo de inesperado ou "interessante" tinha ocorrido.

O surgimento do bolor branco na cultura de estafilococos foi uma ocorrência desse tipo. Fleming não estava pesquisando agentes antibacterianos. Estava, sim, investigando as formas anormais de estafilococos para um artigo acadêmico de rotina. Desde sua tese na escola de medicina, em 1908, sobre "Infecções bacterianas agudas", ele vinha se dedicando a encontrar meios de combater infecções bacterianas, as quais considerava as doenças mais perigosas que ameaçavam a raça humana.

Fleming imediatamente transplantou o bolor misterioso e começou a testá-lo. Colocado num caldo nutriente, a substância branca e fofa transformou-se numa massa felpuda verde-escura, depois tornou amarelo-claro o caldo sobre o qual crescia. O crescimento diminuía aos 37 graus e acelerava aos vinte graus (temperatura ambiente). Em pouco tempo Fleming já havia identificado o bolor como um fungo *Penicillium*. Quais eram seus efeitos sobre as outras bactérias? Num procedimento muito praticado, o biólogo escocês abriu um sulco numa massa de ágar-ágar, um nutriente gelatinoso, colocada num prato de vidro, preencheu o sulco com um caldo carregado de bolor e em seguida depositou culturas de várias bactérias em linhas formando ângulos retos. O fungo *Penicillium* matou não só o estafilococo, mas também bactérias que causam infecções de estreptococo, pneumonia, sífilis, gonorreia, gangrena gasosa, meningite cerebral e difteria. E, o mais importante, o bolor não era tóxico. Fleming injetou quantidades relativamente grandes do material em coelhos e camundongos sem resultados nocivos. Em contraste, quase todos os agentes antibacterianos previamente conhecidos, a maioria produtos químicos severos, destruíam leucócitos e outras partes do sistema imune natural dos animais. A penicilina, como Fleming batizou o ingrediente ativo do seu bolor, parecia ser o antisséptico ideal. Mas levaria mais de uma década até que o extrato do bolor pudesse ser suficientemente concentrado, destilado e estabilizado para uso medicinal.

Quando um colega, Merlin Price, visitou Fleming pouco depois da primeira aparição do mofo branco, encontrou o biólogo em seu pequeno laboratório completamente cercado de lâminas e pratos de colônias bacterianas — verdadeiras colchas de vermelhos, verdes e amarelos. Outros pratos de cultura estavam espalhados ao acaso pelos cantos. Tubos de ensaio e lâminas de vidro atulhavam as bancadas. Como de hábito, Fleming deixara a porta aberta, de modo que qualquer jovem pesquisador podia entrar e pegar emprestada uma amostra de estafilococos ou pneumococos ou algum outro micróbio. "Dê uma olhada nisto", disse o Pequeno Flem, apontando para o seu poderoso bolor. "As coisas caem do céu."[5]

Pryce mais tarde contou: "O que me chamou a atenção foi que ele não se limitava a observar, mas agia imediatamente. Muitas pessoas observam um fenômeno, até sentem que pode ser importante, mas não vão além da sensação de surpresa — e depois esquecem. Isso nunca acontecia com Fleming".[6]

Acredita-se que os primeiros micro-organismos foram descobertos por volta de 1670, pelo funcionário público e cientista holandês Antoni van Leeuwenhoek. Espiando pelo seu novo microscópio, Van Leeuwenhoek deve ter ficado atônito ao descobrir todo um mundo de minúsculos animais numa gota de água de charco — girando, vibrando, se retorcendo e contorcendo, impulsionando-se com seus pelos ondulantes, rotores e gotículas de plasma pulsantes — exatamente como Galileu, meio século antes, ficara atônito ao descobrir crateras na Lua com seu novo telescópio.

Van Leeuwenhoek pôde ver dois tipos diferentes de micro-organismos: bactérias, como o estafilococo; e protozoários, como as amebas. Protozoários são organismos unicelulares com uma célula completa e núcleo celular. As bactérias, também organismos unicelulares, carecem de núcleo. Elas datam de 3,5 bilhões de anos e são as formas de vida mais antigas da Terra. As bactérias são também os organismos mais abundantes do planeta. Um punhado de solo rico contém bilhões delas. Tanto os protozoários como as bactérias têm tipicamente 3×10^{-4} centímetros de diâmetro, aproximadamente dez vezes menores que o menor objeto visível a olho nu. No fim do século XIX foi descoberto um terceiro tipo de micro-organismo, o vírus. Os vírus são ainda menores que as bactérias e podem se reproduzir apenas controlando a máquina metabólica de uma célula hospedeira.

A ideia de micro-organismos serem a causa de doenças infecciosas surgiu nas décadas de 1860 e 1870, defendida com maior intensidade por Louis Pasteur (1822-95). O grande cientista francês chegou a sua teoria dando uma grande volta. Pasteur começou a carreira como químico. No começo dos anos 1850, ficou fascinado pela descoberta de que as moléculas orgânicas giravam o plano da luz polarizada, enquanto compostos inorgânicos não o faziam. Moléculas orgânicas, é claro, estão associadas à vida. Seguindo esse punhado de dados aparentemente esotéricos, Pasteur começou por estudar a fermentação alcoólica quando descobriu que um de seus subprodutos tinha essa peculiar propriedade de polarizar a luz. Ao examinar a fermentação mais de perto, descobriu que ela estava de fato associada a um organismo vivo, um organismo de dimensões microscópicas, a saber, a levedura. Em 1863, Pasteur voltou a sua atenção ao problema prático da doença do vinho, intimamente relacionada com a fermentação. Com seu microscópio, foi capaz de identificar um micro-organismo específico para cada uma das várias doenças.

Gradualmente, Pasteur desenvolveu sua própria "teoria dos germes" da doença: as doenças infecciosas são causadas por organismos vivos microscópicos. O letal antraz foi uma das primeiras doenças humanas identificadas com um micro-organismo, o bacilo antraz. Nas duas décadas seguintes, a ideia de Pasteur foi estendida a tuberculose, cólera, difteria, tifo, gonorreia, pneumonia e peste. Os biólogos percebiam agora que todas essas enfermidades, e muitas outras, eram causadas e transmitidas por micro-organismos. A humanidade necessitaria de meios para derrotá-los.

Dois tipos de armas se apresentavam: vacinação e quimioterapia. Na vacinação, o corpo usa suas próprias defesas naturais para atacar um micróbio invasor, defesas estas deflagradas pela injeção de uma forma morta ou reduzida do micro-organismo. Em 1880, por exemplo, Pasteur desenvolveu uma vacina contra o antraz, bem como vacinas para cólera de galinha e raiva. O bacteriologista alemão Emil von Behring, um dos primeiros imunologistas, desenvolveu vacinas contra tétano e difteria no final dos anos 1880.

Na quimioterapia, produtos químicos como o mercúrio ou compostos de arsênico eram aplicados ou ingeridos para matar micro-organismos perigosos. Em 1881, o médico e químico alemão Paul Erlich descobriu que um corante químico chamado azul de metileno era absorvido por certas bactérias específicas, mas não por outras, levando-o a propor o conceito de "bala mágica", uma droga que destruiria seletivamente organismos invasores específicos. No começo de 1909, o próprio Erlich desenvolveu uma droga chamada Salvarsan 606, que era eficaz contra sífilis. Um problema com a quimioterapia era (e ainda é) que a maioria dos produtos químicos são tóxicos. Assim o mercúrio, usado para tratar a sífilis, o quinino para a malária, compostos de arsênico para tratar disenteria amebiana, ácido carbólico para matar infecções de estafilococos e gangrena em ferimentos, fenol, azul de metileno, ácido bórico — todos matam células e tecidos saudáveis além dos organismos invasores.

Vacinação e quimioterapia representavam duas abordagens filosoficamente distintas. Na primeira, confiava-se nos mecanismos de defesa naturais do corpo — um organismo vivo que era uma coisa miraculosa, quase totalmente equipado com tudo que precisava para sobreviver. Na segunda, atacavam-se as doenças com todos os meios possíveis, inclusive produtos químicos inorgânicos, compostos sintéticos e até mesmo radiação eletromagnética.

* * *

Em 1877, Pasteur e seu colaborador Jules François Joubert descobriram que algumas bactérias do ar pareciam inibir o crescimento das bactérias antraz. Aí estava uma ideia nova. Evidentemente, um micro-organismo podia matar outro, numa versão em miniatura do mundo maior. A ideia também sugeria uma maneira intermediária para combater doenças, um meio-termo entre as defesas internas naturais do corpo e os produtos químicos externos. Pasteur descobrira uma terceira arma, e escreveu que "nos organismos inferiores, mais ainda do que nas grandes espécies animais e vegetais, a vida enfrenta a vida [...] estes fatos podem, talvez, justificar as maiores esperanças do ponto de vista terapêutico".[7] No entanto, Pasteur não deu seguimento a suas grandes esperanças.

Em 1885, dois bacteriologistas franceses, A. V. Cornil e V. Babes, reafirmaram a ideia de Pasteur e foram além, sugerindo que a tuberculose, a maior assassina de todas, poderia ser derrotada por uma bactéria rival. Pouco depois um botânico suíço descobriu que a bactéria *Pseudomonas fluorescens* podia inibir o crescimento da letal *Bacterium typhusum*, causa da febre tifoide. Em 1899, dois bacteriologistas alemães, Rudolf von Emmerich e O. Loew, descobriram que a *P. fluorescens* também ajudava a tratar de feridas de pele, presumivelmente matando ou suprimindo os micro-organismos causadores de infecções superficiais.

O trabalho de todos esses cientistas contribuiu para estender a história natural ao nível microbiano, criando um novo tipo de ecologia do mundo microscópico. Aqui, organismos minúsculos viviam juntos numa relação dinâmica, às vezes auxiliando-se mutuamente, outras vezes enfrentando-se, assim como no mundo macroscópico. Em particular, por volta de 1900 já era sabido que alguns micro-organismos podiam combater outros. O processo foi chamado de antagonismo bacteriano. Todavia, naquela época poucos biólogos pesquisaram o antagonismo bacteriano como tratamento para doenças infecciosas. Uma das principais razões para tal limitação era que dificilmente se imaginaria a ingestão deliberada de germes. Matar um germe com outro germe numa cultura sobre uma lâmina de vidro era uma coisa. Injetar germes num corpo vivo para matar outros germes era algo bem diferente.

Alexander Fleming nasceu em Ayrshire, Escócia, em 1881, filho de um fazendeiro de recursos modestos. O jovem Fleming ia diariamente a pé para a escola em Dorval, a seis quilômetros de distância. Aos treze anos, mudou-se para Londres para viver com seus irmãos e uma irmã. Em 1900, entrou para o Regimento Escocês de Londres. Como era especialmente bom no tiro com rifle, permaneceu no regimento até 1914.

Havia doze grandes escolas de medicina em Londres. Fleming morava perto de três delas. Mais tarde ele escreveu: "Eu não tinha conhecimento de nenhuma das três, mas havia jogado polo aquático contra St. Mary's, então foi para a St. Mary's que fui" (com uma bolsa).[8] O jovem de olhos azuis recebeu seu diploma em 1906, e em 1908 passou nos exames finais de medicina, ganhando a Medalha de Ouro da Universidade de Londres. Ele já era considerado brilhante.

Em 1906, aos 25 anos, Fleming entrou para o laboratório de Almroth Edward Wright, um dos pioneiros da imunologia. Wright tinha conseguido desenvolver com êxito uma vacina contra a febre tifoide, que foi testada em soldados na Índia. Desde 1902, ele era catedrático de patologia na St. Mary's. Como Rutherford, Bohr, Heisenberg e Otto Warburg, que encontraremos no capítulo 14, Wright criou uma espécie de ateliê para cientistas que estavam começando a desabrochar, e seus estudantes eram dedicados a ele. Tratava-se de um homem grande, ursino, de ombros redondos e sobrancelhas expressivas. Vagava pelo seu laboratório com andar lento, quase desengonçado. Como Warburg, acreditava no trabalho duro e com frequência varava a noite com seu microscópio e suas bactérias. Era também encantador e erudito, e fazia jorrar trechos inteiros da Bíblia, de *Paraíso perdido*, de Shakespeare ou Dante. Além disso, era apaixonado, franco, dogmático, às vezes afirmando seu ponto de vista exageradamente — o total oposto de seu jovem e quieto aprendiz Alexander Fleming. Outros estudantes de Wright nesse período, com personalidades variadas, incluíam Stuart Douglas, Leonard Noon, Bernard Spilsbury e John Freeman. Na hora do chá, Wright instalava-se em sua cadeira e discorria sobre imunologia e o mundo, enquanto seus discípulos se amontoavam no chão ao seu redor para escutá-lo.

Almroth Wright estava intensamente comprometido com a ideia da vacina como terapia, e era cético em relação a outros tratamentos contra doenças. No início, o jovem Fleming seguiu a doutrina do mestre e trabalhou com ele para testar as resistências específicas do sangue no combate a infecções específicas. Quando eclodiu a Primeira Guerra Mundial, Fleming alistou-se no Corpo

Médico Real, num laboratório de pesquisa de ferimentos, e demonstrou a ação antibacteriana do pus. Durante os anos seguintes testemunhou em primeira mão que quase todos os antissépticos e germicidas químicos de aplicação externa matavam tanto os glóbulos brancos benéficos do sangue como os micro--organismos nocivos. No entanto, Fleming acabaria tomando um rumo diferente do seu mestre. Com sua determinação tranquila, embarcou na missão de descobrir um antisséptico externo que não fosse prejudicial ao corpo.

Em 1921, Fleming tornou-se diretor assistente do Departamento de Inoculação no St. Mary's, ainda trabalhando sob "O Velho", como Wright era chamado. Pouco depois, o escocês fez uma importante descoberta, um prelúdio de seu trabalho futuro com a penicilina. Um dia, quando estava sofrendo com um resfriado, soltou um espirro numa cultura bacteriana de *Micrococcus lysodeikticus*. Seguindo sua rotina habitual de deixar as colônias de bactérias espalhadas pelo laboratório, dez dias depois observou que as bactérias perto de seu próprio muco nasal haviam sido dissolvidas.

Durante as semanas seguintes, Fleming e seu colega, o dr. V. D. Allison, descobriram que o mesmo agente antibacteriano no muco estava também presente em outras secreções corporais, inclusive na saliva e nas lágrimas humanas. (Allison posteriormente relatou que ele e Fleming produziram muitas lágrimas para o experimento comprando e cortando grandes quantidades de limões.) Evidentemente, os dois cientistas haviam descoberto um antisséptico "interno", feito no corpo. O Velho ficou encantado. Usando seu conhecimento de latim, Wright batizou de lisozima a substância antibacteriana, pois era um tipo de enzima e "lisava", ou dissolvia, certas bactérias. Não foi surpresa que a lisozima não fosse tóxica, já que surgia do próprio corpo. Infelizmente, os micróbios sobre os quais ela agia com mais força, como o *Micrococcus lysodeikticus*, não eram particularmente perigosos. O trabalho de Fleming com a lisozima recebeu pouca atenção, embora ele tenha publicado cinco artigos sobre a substância entre 1922 e 1927.

Grandes descobertas em ciência são às vezes acidentais e às vezes intencionais. Bayliss e Starling, e Rutherford, por exemplo, tropeçaram em suas descobertas decisivas por acidente. Loewi, Planck e Bohr sabiam muito bem o que estavam procurando. Mesmo as situações acidentais, porém, em geral requerem mentes preparadas.

Já no primeiro parágrafo de seu histórico artigo de 1929, Fleming reconhece a natureza acidental de sua descoberta. Quase de imediato travamos contato com seu estilo modesto. Há em seu tom uma reserva, um distanciamento, um caráter desincorporado, quase como se ele não estivesse envolvido em seus próprios experimentos. "Notou-se que", "Descobriu-se que", e assim por diante. E o importantíssimo ponto 8 no sumário: "Sugere-se que". Comparemos esse tom com a voz ativa e autoconfiante de Ernest Rutherford em seu artigo: "Examinaremos primeiro", ou de Einstein: "Vamos levantar esta conjectura". É óbvio que existe uma ampla variação de estilo pessoal entre os grandes cientistas.

Apesar de sua humildade, Fleming é um observador aguçado e não teme usar uma linguagem vívida. Os primeiros parágrafos, especialmente, descrevem com muita sensibilidade as cores e texturas de seus organismos: a "massa branca e penuginosa" do fungo, a "cor amarela forte" que "se difunde pelo meio", a mudança para uma "massa felpuda verde-escura". Essas descrições, que seguiam uma narrativa convencional em bacteriologia, eram bem diferentes das passagens abstratas nos artigos de física do século XX, nos quais os objetos de estudo iam se tornando mais e mais distantes da percepção sensorial humana.

Fleming tem o cuidado de fazer a distinção entre "bacteriolítico" e "bactericida", o que em termos técnicos significa a capacidade de dissolver bactérias e de matar bactérias, respectivamente, mas as duas coisas acabam se reduzindo a uma só. Ocasionalmente ele se refere ao pH de sua substância, que é uma medida do grau de acidez (pH baixo) ou alcalinidade (pH alto), sendo o pH 7 o valor neutro.

No pé da primeira página, Fleming afirma que sua espécie antibacteriana de *Penicillium* se parece muito com *P. rubrum* (uma identificação sugerida pela qual ele agradece no final do artigo ao micologista Mr. La Touche). Mais tarde, descobriu-se que a espécie era *P. notatum*, descrita pela primeira vez em 1911 por Richard Westling em sua tese de doutorado na Universidade de Estocolmo. Em boa prática científica, Fleming testa outros bolores e descobre que apenas o *Penicillium* inibe bactérias. Ele então batiza o agente ativo de penicilina.

Na seção seguinte do artigo, Fleming usa alguns dos mesmos métodos para testar a ação antibacteriana da penicilina (por exemplo, corte vertical de penicilina, traços amostrais horizontais de bactérias) que utilizou oito anos antes para a lisozima, embora não mencione a lisozima em parte alguma do artigo. No entanto, muitos anos depois, em sua palestra do prêmio Nobel, ele credita a descoberta da lisozima como "de grande utilidade para mim"[9] em seu trabalho com a penicilina. A lisozima também era um agente antibacteriano, também fora descoberta por acidente como uma "contaminação" de uma cultura bacteriana e também era inócua para células sadias. De fato, o trabalho anterior de Fleming com a lisozima serviu como uma espécie de modelo mental, da mesma forma como o trabalho de Krebs sobre o ciclo da ornitina serviria de modelo para sua posterior descoberta do ciclo do ácido cítrico (ver capítulo 14).

A figura 2 do artigo dá a primeira indicação de quais bactérias a penicilina mata e quais não. Estafilococo, estreptococo, pneumococo, gonococo e difteria sucumbem à penicilina. Todos pararam de crescer nas proximidades do talho vertical preenchido com penicilina. Aqui captamos imediatamente a diferença crítica entre a penicilina e a lisozima: os micróbios inibidos na figura 2 estão entre os mais perigosos para os seres humanos.

Como mostra a figura 2, porém, a penicilina não mata todas as bactérias nocivas. *B. influenzae* e *B. coli* não são afetadas e continuam crescendo até o fosso de penicilina. (O *B.* significa *Bacterium*, o gênero; *infuenzae* e *coli* são espécies diferentes do mesmo gênero.) Posteriormente, descobriu-se que o tifo, a peste e a tuberculose, entre outras bactérias, também são insensíveis à penicilina. Além disso, a penicilina, assim como a estreptomicina e outros antibióticos que viriam a ser descobertos, não têm eficiência nenhuma contra vírus.

A seguir, Fleming mede a ação antibacteriana da penicilina por opacidade, ou transparência, de uma mistura de penicilina com várias bactérias. Quando a penicilina é eficaz, ela dissolve as bactérias, deixando a solução clara. Ele vai adiante e mede as várias propriedades da penicilina, tais como eficácia quando aquecida ou solubilidade em líquidos diversos. Note que os experimentos são descritos com suficiente detalhe para serem quantitativamente reproduzidos por outros cientistas.

Fleming mede a força da penicilina com várias potências, ou diluições, e em vários períodos de tempo. Evidentemente, o poder antibacteriano a princípio aumenta e depois diminui com o tempo. Esse fator de fenecimento acabará se revelando um obstáculo sério para Fleming e outros cientistas em suas tentativas de criar aplicações médicas para a penicilina.

A tabela III mostra novamente quais bactérias são afetadas pela penicilina, dessa vez em diluições variadas. As mais afetadas são os tipos de cocos piogênicos, sendo que "piogênico" refere-se àquelas bactérias que causam infecções de pus e "cocos" são aquelas fisicamente redondas. As menos afetadas são as bactérias gram-negativas, as que possuem uma membrana externa adicional cobrindo as paredes celulares e portanto resistem à "oxidação de Gram". Anos depois, biólogos descobriram que a penicilina funciona impedindo que certas bactérias fabriquem uma proteína necessária para construir sua parede celular. Sem essa parede, elas se dissolvem.

A pequena seção intitulada "Toxicidade da penicilina" é extremamente importante. Como foi comentado, quase todos os agentes antibacterianos previamente conhecidos matavam leucócitos (glóbulos brancos do sangue), reduzindo portanto a resistência natural do animal.

Nas duas seções seguintes, Fleming faz muito uso do resultado de que algumas bactérias são sensíveis à penicilina e outras não. A penicilina pode ser usada para isolar bactérias numa mistura delas, matando as sensíveis e deixando o resto crescer, como um herbicida. A *B. influenzae*, em particular, pode ser isolada e facilmente identificada dessa maneira. (Ironicamente, mais tarde descobriu-se que um vírus, e não a *B. influenzae*, causa a gripe. Ou seja, Fleming isolara uma bactéria inofensiva.) Como sugere o título do artigo, Fleming considera essa aplicação de "isolamento" um importante resultado de seu trabalho. Em retrospectiva, é claro, tratamento e cura de doenças são de longe a aplicação mais importante.

Na seção de discussão, Fleming compara a penicilina a outros agentes antibacterianos, tanto bacterianos como químicos, e argumenta que ela é ao mesmo tempo mais potente e menos tóxica.

O ponto mais importante no sumário é o número 8, redigido no estilo cauteloso típico de Fleming: "Sugere-se que ela [a penicilina] possa ser um antisséptico eficiente para aplicar, ou injetar, em áreas infectadas com micróbios sensíveis a penicilina". Aqui Fleming mostra claramente que compreende a importância potencial de seu fungo para combater doenças. Além disso, deseja que consideremos que a penicilina possa ser não só aplicada superficialmente, como o ácido carbólico é aplicado em feridas de pele, mas também "injetada". Quando Fleming mostrou a Wright seu artigo antes da publicação, o Velho pediu ao seu ex-aluno que tirasse o ponto 8. O ponto 8 era uma desafio, uma heresia. O mestre opunha-se a qualquer sugestão de que as defesas naturais internas do corpo fossem insuficientes para combater doenças. Wright sabia também que todos os antissépticos até o momento tinham se revelado tóxicos. Fleming argumentou tranquilamente com seu professor. No final, o Pequeno Flem bateu o pé. O ponto 8 permaneceu no artigo.

Mas a história estava muito longe de terminar. Embora Fleming tivesse descoberto um antibiótico potente, a substância tinha de ser isolada, concentrada e purificada quimicamente antes de poder ter algum uso medicinal. E precisava ser curada de sua incômoda propriedade de fenecer depois de uma semana. Fleming não era químico. Para esses procedimentos, recorreu ao auxílio de um jovem colega do laboratório de Wright chamado Frederick Ridley, que não fora treinado como químico, mas sabia mais sobre química que qualquer outra pessoa no laboratório. Ridley não teve êxito.

Em 13 de fevereiro de 1929, Fleming leu seu artigo sobre penicilina para o Clube de Pesquisa Médica em Londres. O público bocejou. Não foi feita uma única pergunta. A maioria dos biólogos ainda não estava convencida de que poderia ser benéfico colocar um germe dentro do corpo para matar outro. E o carismático Almroth Wright, que poderia ter sacudido a plateia para que prestasse atenção à nova ideia, não aceitava um desafio desses de um ex-aluno. Enfim, o próprio Fleming carecia da personalidade de defender de maneira convincente a sua descoberta. Segundo Sir Henry Dale, então presidente do clube, Fleming "foi muito tímido e excessivamente modesto em sua apresentação; ele a fez sem muito entusiasmo, com um dar de ombros".[10]

Por algum tempo a penicilina de Fleming passou largamente despercebida. Três outros químicos britânicos, Harold Raistrick, R. Lovell e P. W. Clutterbuck, tentaram isolar e destilar o agente ativo da penicilina. Também fracassaram, por causa da instabilidade e da delicadeza da substância. Em particular, como Lovell relatou mais tarde, os três químicos não perceberam que alterar o pH de modo a torná-lo alcalino num ponto crucial teria lhes permitido neutralizar os efeitos destruidores do éter no processo de extração. Em 1934, ainda convencido do potencial terapêutico de seu bolor, Fleming contratou outro bioquímico, mais uma vez sem sucesso. Languidamente, seguia mencionando a penicilina em suas publicações.

O difícil problema de purificar e estabilizar quimicamente a penicilina precisava de mais atenção da comunidade científica. E essa atenção, por sua vez, requeria uma mudança de pensamento acerca da viabilidade dos antissépticos externos. Nos cinco anos seguintes, tal transformação ocorreu — provocada em parte pelo sucesso parcial das drogas de sulfonamida sintética e também pela descoberta de René Dubos do agente antibacteriano gramicidina. Esses novos desenvolvimentos, conforme comentou Fleming em sua palestra do Nobel em 1945, "mudaram completamente a mentalidade médica com respeito à quimioterapia de infecções bacterianas".[11]

Em 1938, dois cientistas britânicos em Oxford, Howard Florey e Ernst Boris Chain, ambos líderes da "mentalidade médica" renovada, mais uma vez tomaram para si o desafio da penicilina e tiveram êxito. Acabaram produzindo penicilina em sua forma cristalina pura, cerca de 40 mil vezes mais concentrada do que a substância original de Fleming. A essa altura, a Segunda Guerra Mundial já tinha começado, e antibióticos eram terrivelmente necessários no campo de batalha. Em 1941, a nova droga foi testada com sucesso em pessoas enfermas. Após esse triunfo, Florey recrutou a ajuda de pesquisadores e indústrias nos Estados Unidos para produzir penicilina em grande escala.

Em 1943, induzido pelo seu estudo da penicilina, o microbiologista americano Selman Abraham Waksman descobriu a estreptomicina. A estreptomicina derrotava a tuberculose e a peste. A era dos antibióticos realmente tinha chegado. A penicilina, o primeiro antibiótico efetivo e não tóxico, e os antibióticos que se seguiram vêm salvando milhões de vidas desde então.

Além de suas aplicações imediatas e vitais, a descoberta da penicilina foi parte de uma noção nova e importante, a de que agentes químicos e biológicos externos podiam ser injetados no corpo para combater enfermidades. Produtos de tecnologia médica cada vez mais avançados — orgânicos e inorgânicos, naturais e sintéticos, químicos e biológicos — puderam ser desenvolvidos fora do corpo e então usados no seu interior.

O trabalho de Fleming também ajudou a mudar a concepção da bacteriologia e da ecologia do mundo microbiano em geral. Antes da penicilina, os bacteriologistas presumiam que as bactérias estavam separadas do restante do mundo natural, que elas "contaminavam", e que a contaminação devia ser evitada a todo custo. Fleming abria as portas para a contaminação. Ele deixava seus recipientes destampados, e a porta do laboratório aberta. Ao fazê-lo, ajudou a criar uma noção mais ampla, na qual as bactérias são parte do sistema ecológico total. As bactérias vivem juntas, crescem juntas, competem. Uma bactéria matando outra é simplesmente parte desse comportamento maior.

No fim, a penicilina contribuiu para uma nova sensação de fortalecimento. Pela primeira vez na história, as pessoas sentiam que a ciência podia vencer o flagelo mortal da doença infecciosa. Os seres humanos tinham dado um grande passo em sua interminável batalha com a mortalidade.

Tal fortalecimento e esperança podem ser ouvidos nas palavras do professor G. Liljestrand, do Royal Caroline Institute da Suécia, em sua apresentação do prêmio Nobel de 1945 para Fleming, Chain e Florey: "Numa época em que a aniquilação e a destruição por meio de invenções humanas têm sido maiores do que jamais foram na história, a introdução da penicilina é uma demonstração brilhante de que o gênio humano é igualmente capaz de salvar a vida e combater a doença".[12]

14. O meio de produção de energia em organismos vivos

Energia é a moeda corrente da natureza. Nada acontece sem energia. Um taco rebatendo, um suflê sendo preparado, o chilro de um pardal — tudo exige energia.

Neste momento, sentado diante do meu teclado, o sobe e desce dos meus dedos requer cerca de meio joule de energia por minuto. (Eu digito devagar.) O joule, batizado em homenagem ao físico britânico James Prescott Joule, é definido como a energia de movimento de um bloco de um quilograma movendo-se à velocidade de um metro por segundo. Numa conferência na Sala de Leitura da Igreja de St. Anne, em Manchester, em 1847, Joule propôs que a energia total fosse constante. A energia total de qualquer sistema autocontido nunca aumenta nem diminui, embora possa aparecer em diferentes formas, podendo mudar de uma para outra. Por exemplo, parte da energia calorífera num forno a carvão aceso pode ser transformada em energia mecânica de um eixo giratório, e pode transformar-se em energia elétrica gerada por meio de uma usina de eletricidade.

Enquanto estou aqui sentado digitando, onde reside a energia antes de fluir para os meus dedos? Essa energia, transmitida pela contração dos meus músculos, provém da energia química armazenada nas moléculas de trifosfato de adenosina (ATP) nas células musculares. Para animar meus dedos neste momento, 7 trilhões de moléculas de ATP estão rompendo suas ligações atômicas a cada minuto. E de onde veio essa energia? Da quebra dos carboidratos no pãozinho que comi esta manhã. A energia nesses carboidratos, por sua vez, veio da luz solar que brilhou sobre certos campos de trigo na primavera passada. E essa energia luminosa originou-se nas reações nucleares nas entranhas do Sol. Para ser exato, a energia para um minuto de digitação foi fornecida pela fusão de 100 bilhões de átomos de hidrogênio no Sol. Em certo sentido, meus dedos são movidos a energia nuclear.

O conceito de energia sempre foi fundamental em física. Empédocles e os gregos antigos conheciam vários tipos de energia e chegaram a uma ideia rudimentar da conservação da energia total. Leonardo da Vinci mediu a potência dos músculos, de molas armadas e da pólvora em termos de suas energias gravitacionais equivalentes e sua capacidade de erguer pesos. Gottfried Wilhelm Leibniz, um contemporâneo e ferrenho rival de Isaac Newton, propôs uma medida quantitativa para a energia de massas em movimento, que ele chamou de *vis viva*, ou força viva. Em meados do século XIX, o fisiologista e físico britânico Julius Robert Mayer reiterou a equivalência de todos os tipos de energia, inclusive o calor.

Por outro lado, a importância da energia em biologia tem uma história muito mais curta. Como vimos no capítulo 2, a aplicação da física e da química em biologia teve de enfrentar a crença filosófica de que a matéria viva obedece a leis diferentes da matéria não viva. Logo, a importância da energia para a biologia obteve reconhecimento apenas quando o organismo vivo começou a ser visto como um tipo de máquina mecanicista.

Grande parte dessa mudança de pensamento ocorreu no século XIX, liderada por cientistas na Alemanha. Em particular, enquanto a moderna lei da conservação de energia estava sendo articulada na década de 1840, o químico Justus von Liebig e Julius Mayer propuseram, cada um em um momento, que as necessidades energéticas dos animais eram supridas somente pela quebra química dos alimentos. Um galope, um ranger de dentes, um bafo quente numa noite fria de inverno não teriam possibilidade de ocorrer sem ingestão de comida. Da mesma forma que uma bola no nível do chão não podia começar a rolar sem ser empurrada, a energia numa coisa viva não podia ser criada do nada. O físico Hermann von Helmholtz, árduo defensor da visão mecanicista da vida e admirador das ideias de Liebig, mostrou que músculos em funcionamento liberam energia calorífera. Essa energia, bem como a energia mecânica do músculo que se move, devia estar previamente armazenada no alimento.

No final do século XIX, dois fisiologistas alemães, Adolf Eugen Fick e Max Rubner, começaram a testar a plausível hipótese de Mayer e Liebig em maiores detalhes quantitativos. As energias requeridas para o calor corporal, contrações musculares e outras atividades físicas foram tabuladas e comparadas com a energia química armazenada na comida. Cada grama de gordura, carboidrato e proteína tinha seu equivalente em energia. No fim do século, Rubner concluiu que a energia usada por uma criatura viva equivalia exatamente à energia consumida em alimento. Em outras palavras, a lei da física referente à conservação da energia era válida também em biologia. Na contabilidade energética, um ser vivo podia ser considerado um depósito de tantas e tantas molas comprimidas, bolas em movimento, pesos em balanço e repulsões elétricas.

Mas a lei de Rubner não marcou o fim das investigações. Os cientistas são levados a conhecer não somente como as coisas funcionam em geral, mas também os detalhes. Algumas vezes com os detalhes surgem lampejos de percepção. Como, exatamente, uma molécula de glicose de um doce é manipulada no corpo para fornecer energia? Quais são, detalhadamente, as etapas químicas? Esse era um problema para a bioquímica.

Em 1937, um bioquímico alemão de 37 anos chamado Hans Adolf Krebs descobriu o processo específico pelo qual a maior parte da energia é liberada da comida. Em maior profundidade, ele e outros cientistas mostraram que esse processo, agora chamado de ciclo de Krebs, opera em todo tipo de animal e planta do planeta, de seres humanos até bactérias unicelulares. As moléculas, os passos químicos, são os mesmos. Até as plantas, cuja absorção inicial de energia é luz, e não comida, produzem moléculas orgânicas para sua energia armazenada. Evidentemente, o ciclo de Krebs é o principal mecanismo de liberação de energia em todos os seres vivos, e sua universalidade oferece um forte argumento de que toda a vida do planeta teve um início em comum. O ciclo de Krebs, como o DNA, é um hieróglifo antigo da vida.

Detalhes à parte, o quadro geral de como o alimento se converte em energia foi pintado pela primeira vez no fim do século XVIII pelo grande Antoine-Laurent Lavoisier (1743-94), amplamente considerado o pai da química moderna. Lavoisier mostrou que substâncias orgânicas sofrem combustão com oxigênio, liberando energia e deixando como resíduo dióxido de carbono e água. (Moléculas orgânicas, compostas principalmente por organismos vivos, contêm carbono, hidrogênio e muitas vezes oxigênio, além de átomos adicionais.) Por exemplo, suponha que comecemos com a glicose, um carboidrato alimentar de alta energia. A reação química de Lavoisier seria representada pela equação

$$C_6H_{12}O_6 + 6O_2 \rightarrow 6CO_2 + 6H_2O + \textit{Energia}$$

Essa equação, como todas as outras, é um tipo de taquigrafia. Uma molécula de glicose, representada por $C_6H_{12}O_6$, tem seis átomos de carbono (C), doze de hidrogênio (H) e seis de oxigênio (O). E assim por diante. A equação de Lavoisier diz que uma molécula de glicose combina-se com seis moléculas de oxigênio para produzir seis moléculas de dióxido de carbono, seis moléculas de água e energia. Essa energia pode ser na forma de calor, como na concepção inicial de Lavoisier, mas pode também assumir qualquer outra forma.

O processo de combinar glicose com oxigênio é chamado de oxidação. Pode-se dizer também que a glicose "queima" no corpo para produzir energia, uma vez que a reação de Lavoisier é bastante similar ao que ocorre quando um pedaço de lenha sofre combustão no ar. (A madeira é feita em grande parte de celulose, que é uma forma de glicose.) Em ambos os casos, a glicose se combina com oxigênio para produzir dióxido de carbono e água. A diferença é que em fogo aberto a energia é liberada erraticamente e a altas temperaturas, ao passo que no corpo a queima é mais controlada e a temperatura, bem mais baixa.

Em todos os tipos de queima, a fonte de energia reside, em última instância, nas repulsões elétricas entre elétrons dos vários átomos envolvidos. Essas forças repulsivas podem ser comparadas a molas comprimidas. Elas liberam sua energia acumulada quando os elétrons se rearranjam para formar novas moléculas. Devido às forças e geometrias atômicas específicas, as "molas comprimidas" numa molécula de glicose estão sob uma tensão de repulsão muito maior do que em várias moléculas de água. Assim, quando a glicose se transforma em água, ela libera energia. O oxigênio é fundamental nesse processo, porque recebe os átomos de hidrogênio da glicose de alta energia para formar água de baixa energia. Sem oxigênio, a reação de Lavoisier não pode ocorrer. Nós morremos quando paramos de respirar porque paramos de produzir energia em nossos corpos.

Por volta de 1930, os cientistas já tinham uma compreensão razoável das energias nas ligações químicas. Os bioquímicos também compartilhavam da noção de que as reações de Lavoisier não podiam ocorrer numa etapa única. Como patinadores num ringue de gelo, as moléculas tendem a esbarrar umas nas outras apenas duas de cada vez. Assim, é extremamente improvável que seis moléculas de oxigênio se encontrem ao mesmo tempo com uma molécula de glicose. Muito mais provável seria uma sequência de passos e moléculas intermediários, movendo átomos de hidrogênio para o oxigênio, um ou dois átomos por vez. Foi essa coreografia que Krebs se propôs a descobrir.

Em sua autobiografia *Reminiscences and Reflections* [Reminiscências e reflexões], publicada no ano de sua morte, 1981, Hans Krebs descreve a si mesmo em seus primeiros anos como "tímido, solitário, sempre inseguro [...] nunca agressivo nem rebelde — ao contrário, eu queria ser como todo mundo".[1] Aparentemente, um jovem cientista não precisa ser um revolucionário autoconfiante, como Einstein, para realizar um grande trabalho. Krebs recorda-se de seus pais como pessoas "severas", que franziam o cenho diante de qualquer sinal de emoção. Embora o jovem Krebs se esforçasse nos estudos, terminando habitualmente entre os melhores da classe, seu pai expressava ceticismo acerca do potencial intelectual do filho e com frequência dizia aos filhos, com um suspiro de resignação, que "não se pode fazer uma bolsa de seda com orelhas de porco". Apesar de memórias dolorosas como essa, Krebs credita ao pai ter despertado seu interesse em coisas vivas, levando-o para longas caminhadas pelos campos nos arredores Hildesheim.

Na Universidade de Göttingen, Krebs aprendeu a importância da química para a biologia. Em particular, estudou com Franz Knoop, que investigava como a gordura é metabolizada em etapas intermediárias, e que mais tarde faria um trabalho crucial apontando para o ciclo de Krebs. Com intenção de estudar medicina como o pai, um cirurgião de ouvido, nariz e garganta, Krebs graduou-se na Universidade de Hamburgo em 1925. Lá, de 1926 a 1930, trabalhou como um dos muitos assistentes de Otto Warburg no Instituto Kaiser Wilhelm de Biologia, em Berlim-Dahlem. Na época, Warburg estava demonstrando como catalisadores ajudam na combustão do alimento — trabalho que lhe daria o Nobel em 1931.

Krebs considerou Warburg o professor mais influente na sua vida. Já inclinado por natureza a aceitar autoridade, Krebs praticamente idolatrava Warburg, que dirigia seu laboratório como um rei, exigindo absoluta obediência e respeito de seus alunos. (Warburg tinha sido ele mesmo aprendiz do grande químico, também ganhador do Nobel, Emil Fischer, que conduzia seus súditos com mão de ferro.) A caracterização de Warburg feita por Krebs pode ser lida na declaração daquilo que ele mais admirava num cientista:

> Ele estabelecia elevados padrões de pesquisa e de conduta geral [...]. Sua dedicação se manifestava em suas longas e regulares horas de trabalho e em seu desprezo por aqueles que buscavam dar continuidade a suas carreiras disputando posições, bajulando e cortejando os influentes, ou publicando trivialidades pelo simples ato de publicar. Ele estava preparado para enfrentar dores infinitas em cada aspecto de seu trabalho [...]. E também se orgulhava do fato de que, quando encontrava um erro (o que não acontecia com frequência), ele o admitia e publicava imediatamente uma correção.[2]

No final do aprendizado de Krebs, Warburg não ajudou seu estudante de trinta anos a achar um emprego. Como Krebs se recorda, lembrando tão mordazmente a atitude do pai:

> [Warburg] não pensava que eu tivesse capacidade suficiente para ter êxito numa carreira de pesquisador[3] [...] eu cheguei à conclusão de que meus talentos eram bastante medíocres. Foi apenas o meu agudo interesse que me levou a continuar tentando uma posição que me desse a perspectiva de pesquisar.[4]

Por fim, o estudante "medíocre" conseguiu um cargo, outra vez no trabalho hospitalar, primeiro no Hospital Municipal de Altona e mais tarde na clínica médica da Universidade de Freiburg. Foi ali, em 1932, que ele descobriu um dos primeiros ciclos metabólicos em biologia, chamado de ciclo da ornitina. Nesse processo, uma molécula orgânica chamada ornitina é transformada em citrulina, que é transformada em arginina, que é transformada de volta em ornitina. Ao longo desse ciclo, as moléculas intermediárias absorvem amônia e liberam ureia. A amônia, um subproduto de outras reações químicas, é uma toxina. Assim, o ciclo da ornitina é uma maneira de o organismo vivo livrar-se dos venenos internos.

Em junho de 1933, Krebs, que era judeu, perdeu o emprego sob o governo nacional-socialista e foi forçado a deixar a Alemanha. Graças a um convite de Sir Frederick Gowland Hopkins, o proeminente bioquímico da Inglaterra, Krebs conseguiu um posto em Cambridge. Ao entrar num lar britânico, sentiu--se absolutamente encantado pela "afabilidade e calor humano britânicos. Eu nunca tinha sentido nada parecido".[5]

Em 1935, Krebs foi indicado professor de farmacologia na Universidade de Sheffield, uma pequena instituição com apenas oitocentos alunos. Foi ali, dois anos depois, que ele descobriu o famoso ciclo bioquímico que leva seu nome.

No começo da década de 1930, a produção de energia pela oxidação do alimento, chamada respiração, era uma importante área de estudo em bioquímica. Na verdade, várias das etapas intermediárias no ciclo de Krebs já haviam sido descobertas por outros cientistas. Até o trabalho de Krebs, porém, ninguém sabia qual era a relação entre essas reações isoladas. Krebs reconheceu que provavelmente existia um processo cíclico envolvido e descobriu um passo crucial que faltava no ciclo, combinando assim todo o trabalho anterior num quadro unificado.

Talvez o trabalho prévio mais importante de todos tenha sido a pesquisa do bioquímico húngaro-americano Albert Szent-Györgyi. Szent-Györgyi havia descoberto que para o estudo da respiração o músculo de voo dos pombos era ideal, em virtude de sua intensa atividade metabólica. Esse músculo queima alimento numa proporção muito elevada. (Peso por peso, o músculo de voo de um colibri também queima alimento numa proporção muito elevada, mas os colibris são miúdos e ariscos.) Considerando que a respiração requer oxigênio, o ritmo respiratório pode ser medido pelo índice de consumo de oxigênio. Em 1935, Szent-Györgyi descobriu que quatro moléculas orgânicas específicas — ácido succínico, ácido fumárico, ácido málico e ácido oxaloacético —, quando adicionadas ao músculo do pombo, aumentam significativamente o ritmo da respiração. Além disso, o consumo aumentado de oxigênio é muito maior do que o necessário para extrair a energia dessas moléculas adicionadas. Evidentemente, não são elas próprias a fonte da energia. Em vez disso, elas auxiliam, ou "catalisam", as reações de produção de energia de outras moléculas. Para fazê--lo, precisam ser usadas e reusadas vezes e vezes seguidas. Essas quatro moléculas têm estrutura similar, todas com quatro átomos de carbono, e podem ser convertidas umas nas outras pela remoção de átomos de hidrogênio e adição de moléculas de água, da seguinte maneira:

$$-2H \qquad +H_2O \qquad -2H$$
$$C_4H_6O_4 \rightarrow C_4H_4O_4 \rightarrow C_4H_6O_5 \rightarrow C_4H_4O_5$$

Succínico Fumárico   Málico Oxaloacético

A peça de trabalho mais importante vinda a seguir foi fornecida no começo de 1937 por Franz Knoop, com quem Krebs estudara em Göttingen, e C. Martius. Knoop e Martius descobriram algumas etapas químicas na oxidação do ácido cítrico, que não é um alimento em si, mas é encontrado em pequenas quantidades em muitos alimentos. Em particular, Knoop e Martius descobriram que o ácido cítrico é convertido em ácido aconítico, que é convertido em ácido isocítrico (com os mesmos átomos do cítrico, mas com ligações diferentes entre os átomos), que é convertido em ácido a-oxoglutárico nas seguintes reações:

$$-H_2O \qquad +H_2O \qquad -2H$$
$$C_6H_8O_7 \rightarrow C_6H_6O_6 \rightarrow C_6H_8O_7 \rightarrow C_5H_6O_5 + CO_2$$

Cítrico Aconítico Isocítrico α-Oxoglutárico

A reação acima representa uma "oxidação" de ácido cítrico, porque os átomos de hidrogênio são arrancados do ácido isocítrico e posteriormente combinados com átomos de oxigênio (não mostrado) para formar água. O mesmo ocorre na cadeia de reações de Szent-Györgyi. Já se sabia que o ácido a-oxoglutárico, com a adição de um átomo de oxigênio, podia ser transformado em ácido succínico mais dióxido de carbono. Logo, juntando os dois conjuntos de reações acima, Krebs soube que *havia um trajeto metabólico contínuo do ácido cítrico ao ácido oxaloacético.*

Em Sheffield, os mais valiosos assistentes de Krebs eram Leonard Eggleston e William Arthur Johnson. Eggleston começou a trabalhar para Krebs em 1936, aos dezessete anos, e permaneceu seu auxiliar e colaborador fiel até 1974. Johnson, recém-graduado em química na Universidade de Sheffield, viu-se no lugar certo na hora certa. Seu trabalho conjunto com Krebs no ciclo de Krebs veio integrar sua tese de doutorado.

Após uma discussão de métodos bioquímicos, Krebs e Johnson começam o artigo mostrando que o citrato (ácido cítrico), como as quatro moléculas de Szent-Györgyi, é um catalisador na respiração. Ou seja, pequenas quantidades de citrato aumentam grandemente a absorção de oxigênio no músculo ativo do pombo, bem mais do que seria necessário para oxidar o citrato. Seguindo a tabela I, que mede o consumo de oxigênio com e sem citrato adicionado, Krebs ressalta que após 150 minutos o citrato aumentou o consumo de oxigênio em 460 miligramas de músculo de pombo, de 1187 para 2080 microlitros (μl), um aumento de 893 microlitros — enquanto seriam necessários apenas 302 microlitros de oxigênio para oxidar, ou consumir totalmente, o citrato. Logo, como outros catalisadores, o citrato deve estar agindo vezes e vezes seguidas, sem ser permanentemente consumido. Porém, uma vez que Knoop e Martius já haviam demonstrado que o citrato é definitivamente consumido para formar ácido α-oxoglutárico na presença de oxigênio, deve haver algum outro processo que *reabasteça* continuamente o citrato. Essa ideia é essencial para o raciocínio de Krebs. Na seção VI ele próprio mostrará como o citrato é regenerado.

Uma breve digressão sobre métodos experimentais. Para medir a quantidade de oxigênio consumida em suas reações bioquímicas, Krebs e Johnson utilizaram um tubo em U chamado manômetro, que contém uma quantidade conhecida de líquido e gás. Quando o gás (por exemplo, oxigênio) é absorvido, a pressão no tubo se altera numa quantidade correspondente, provocando variação na altura do líquido. A variação de altura informa o oxigênio consumido. A quantidade de ácido cítrico e outros compostos químicos produzidos é medida por um colorímetro, que emprega luz e filtros coloridos para medir precisamente a cor do líquido. O produto químico a ser quantificado reage com outros compostos, produzindo uma substância colorida. A quantidade dessa substância (que por sua vez é uma medida da quantidade do produto original) determina a cor da solução líquida, que é medida pelo colorímetro.

Na seção IV, Krebs se refere ao já mencionado trabalho de Martius e Knoop. Agora, porém, ele sabe que o ácido cítrico — e portanto, possivelmente, toda a cadeia de reações Martius-Knoop — é um elemento-chave na respiração.

A seção V recorre ao trabalho anterior do bioquímico sueco Thorsten Thunberg, que mostrou que um composto químico chamado malonato bloqueia a oxidação do succinato em fumarato (parte da sequência de reações de Szent-Györgyi). Krebs repete o experimento de Thunberg e agora prova que o malonato inibe a oxidação do citrato (impedindo-o de se transformar em ácido aconítico etc.) na respiração. Esse resultado é mais uma evidência de que o citrato é parte da mesma cadeia de reações envolvendo o succinato e o fumarato. Se esses dois conjuntos de reações não fossem parte de uma longa cadeia única, não haveria razão para que o bloqueio do fumarato impedisse também a produção do ácido aconítico, da mesma forma que um congestionamento de trânsito numa rodovia no Canadá não deve ter efeito no fluxo de carros em Cuba. *Logo, Krebs mostrou que as reações descobertas por Szent-Györgyi e por Martius e Knoop estão provavelmente ligadas em uma única cadeia.*

Krebs inicia a seção VI expondo o que sabe das etapas químicas da respiração (deixando de fora os ácidos intermediários aconítico e isocítrico, e chamando o ácido α-oxoglutárico pelo nome de seu primo próximo, o ácido α-cetoglutárico): ácido cítrico → ácido α-cetoglutárico → ácido succínico → ácido fumárico → ácido *l*-málico → ácido oxaloacético. De seu trabalho anterior, Krebs sabe que o ácido cítrico deve ser de alguma forma regenerado. E, de fato, ele prova isso com seu experimento seguinte, resumido com a afirmação de que "o músculo é capaz de formar grandes quantidades de ácido cítrico se houver ácido oxaloacético presente". Esse resultado é uma nova contribuição de Krebs, e fundamental para suas conclusões. Se o ácido cítrico não se regenerasse, então toda a cadeia de reações ficaria interrompida. O ácido cítrico conduz ao ácido oxaloacético junto com as cadeias de Knoop-Martius e Szent-Györgyi. O ácido oxaloacético, por sua vez, conduz ao ácido cítrico.

Assim, Krebs descobriu agora um ciclo metabólico, ou ciclo repetitivo. Alguma molécula desconhecida, com dois carbonos, presente no tecido muscular e que Krebs chama provisoriamente de "triose", combina-se com a molécula de quatro carbonos do ácido oxaloacético para formar a molécula de seis carbonos do ácido cítrico. O ácido cítrico então segue as várias etapas bioquí-

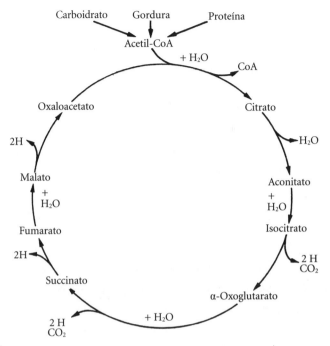

Figura 14.1

micas de Martius e Knoop e de Szent-Györgyi para ser oxidado em ácido oxaloacético, que então se combina com nova triose para repetir o ciclo. Na seção VII, Krebs apresenta o ciclo em sua forma esquemática e inteira. (Uma versão moderna do ciclo, completada em 1951, aparece na figura 14.1.) Note-se que Krebs chama seu ciclo recém-descoberto de ciclo do ácido cítrico. Só mais tarde ele viria ser conhecido como ciclo de Krebs.

No item 6 da seção VII, Krebs descobre que o ciclo do ácido cítrico ocorre em muitos outros tecidos animais. De fato, agora sabemos que o ciclo ocorre *em cada célula* de um organismo vivo. Toda célula viva é como uma cidade em si, trocando matérias-primas e produtos com o mundo externo através da membrana celular; e o ciclo de Krebs é a usina central de energia dessa cidade. Embora Krebs não tenha encontrado seu ciclo na levedura ou na bactéria *B. coli*, isso se deve somente ao fato de seus experimentos na época não incluírem a proteína portadora que acompanha o citrato através da membrana celular para essas células. Experimentos posteriores provaram que o ciclo de Krebs de fato ocorre também nesses organismos.

No item 7, Krebs realiza um importante experimento de acompanhamento para mostrar que o ritmo de síntese do ácido cítrico a partir da "triose" e do ácido oxaloacético é suficientemente rápido para alimentar o processo inteiro da respiração. (O ciclo precisa ser percorrido duas vezes para oxidar cada molécula de glicose que entra. Portanto, como mostra a equação de Lavoisier, cada molécula de citrato produzida deve ser acompanhada pelo consumo de três moléculas de oxigênio.) Este resultado confirma a proposta de Krebs de que o ciclo do ácido cítrico é o processo dominante na respiração.

A última frase do artigo mostra claramente que Krebs compreende a importância de seu trabalho: "Os dados quantitativos sugerem que o 'ciclo do ácido cítrico' é o trajeto preferencial através do qual o carboidrato é oxidado em tecidos animais". Krebs havia descoberto um processo universal em biologia. Dez anos antes, o cientista holandês Albert Jan Kluyver argumentara que a grande gama de processos metabólicos em micro-organismos podia ser reduzida ao processo simples de oxidação de moléculas orgânicas. Agora, Krebs refinara o traçado desse processo e fora além, propondo que ele operava em cada célula viva. O ciclo de Krebs representava uma das primeiras compreensões completas de um processo bioquímico de fundamental importância.

É fascinante refletir por que determinado cientista faz uma descoberta em determinado momento. No capítulo 8, especulei por que foi Niels Bohr quem propôs o primeiro modelo quântico do átomo. Como vimos, o trabalho de Martius e Knoop, no começo de 1937, foi um precursor essencial para o trabalho de Krebs mais tarde nesse mesmo ano. Krebs, porém, estava cercado por outros cientistas talentosos interessados nos mesmos problemas, ou em problemas semelhantes. Martius, Knoop, Szent-Györgyi, Warburg, Otto Meyerhof, Karl Lohmann, Karl Meyer, Fritz Lipmann, para citar alguns. Por que teria sido Krebs aquele a descobrir o processo? Além de suas excelentes técnicas de laboratório, sua determinação de entender o processo da respiração e sua completa familiaridade com o trabalho de outros bioquímicos que o precederam, grande parte do sucesso de Krebs deveu-se indubitavelmente ao seu reconhecimento de um processo cíclico. Hans Krebs pensava em termos de ciclos. Exatamente como Von Laue visualizava a sobreposição de ondas no mundo em miniatura dos cristais, Krebs visualizava ciclos, processos que andam em círculos, repetindo-se por vezes e mais vezes seguidas. E sua experiência prévia com o ciclo da ornitina também foi essencial. Conforme ele escreveu mais tarde: "Para visualizar o mecanismo cíclico foi de fundamental relevância, cinco anos antes, eu ter me compenetrado no primeiro ciclo metabólico descoberto, o ciclo da ornitina de síntese da ureia".[6] Desde Krebs, a ideia de processos cíclicos em biologia tem sido de imensa importância.

Por alguns anos, após o artigo de Krebs-Johnson, publicado em 1937, houve dúvidas acerca do significado e da sequência do ciclo de Krebs. Em particular, alguns bioquímicos pensavam que o citrato era apenas uma etapa paralela menos importante do processo, e que era o aconitato, e não o citrato, que se formava a partir da triose e do oxaloacetato. Se fosse verdade, essa crença desmentiria muitas das suposições de Krebs. No final dos anos 1940, porém, estudos teóricos feitos pelo bioquímico britânico Alexander Ogston mostraram que Krebs estivera certo o tempo todo.

Restava ainda a intrigante identidade da "triose" de Krebs, um derivado do alimento composto de dois carbonos. Havia muito que se sabia que uma molécula de glicose, $C_6H_{12}O_6$, precisa ser quebrada em duas moléculas de ácido pirúvico, $C_3H_4O_3$, antes de poder ser oxidada na respiração. Em 1951, o bioquímico germano-americano Fritz Albert Lipmann mostrou que o ácido pirúvico interage com uma enzima, que ele chamou de coenzima A, para formar o acetil-C_2H_3O, portanto uma molécula com dois carbonos. A coenzima A introduz o acetil no ciclo de Krebs para combinar-se com ácido oxaloacético e água e formar ácido cítrico. Logo, o acetil é a "triose" de Krebs. Lipmann e Krebs compartilharam o prêmio Nobel de fisiologia ou medicina de 1953.

Finalmente, demonstrou-se que não apenas carboidratos, como a glicose, mas também proteínas e gorduras podiam ser quebradas em acetil ligado à coenzima A (representada na figura 14.1 por acetil-CoA) e processadas pelo ciclo de Krebs. Logo, essencialmente todo alimento que comemos passa por esse ciclo. A comida entra pelo alto, água e carbono fluem de baixo, e cada uma das moléculas orgânicas intermediárias é repetidamente montada e desmontada. Aproximadamente um terço da energia do alimento é liberado na preparação para o ciclo de Krebs, e os outros dois terços pelo ciclo em si.

Conforme mencionado, a energia no ciclo é obtida combinando átomos de hidrogênio com átomos de oxigênio para formar água de baixa energia. Note-se na figura 14.1 a saída de átomos de hidrogênio em quatro pontos ao longo do ciclo. Funcionalmente, pode-se pensar no ciclo de Krebs como um meio de arrancar átomos de hidrogênio de moléculas orgânicas para obter oxigênio. Em última análise, a energia liberada por esse processo é armazenada em moléculas de ATP, descoberto por Karl Lohmann em 1929. Essa molécula, como a glicose, tem grande quantidade de energia acumulada em suas repulsões elétricas, mas a energia do ATP pode ser liberada rápida e facilmente, sem necessidade de outras moléculas e uma cadeia grande de reações. Aproximadamente dez moléculas de ATP são formadas em cada volta do ciclo de Krebs. Assim, cada minuto da minha digitação requer cerca de 1 milhão de milhão de milhão de voltas do ciclo. Essas voltas estão ocorrendo a cada momento, imperceptivelmente, e em cada célula do meu corpo. Se cada volta do ciclo de Krebs fizesse um leve som, como um alfinete caindo, eu ficaria surdo com o rugido.

Com as descobertas do ATP, dos detalhes do metabolismo muscular e do ciclo de Krebs, o período de 1920 a 1950 em bioquímica poderia ser chamado de era da energia. Nos anos 1950, a descoberta da estrutura do DNA deu início à era da informação.

Em 1967, Sir Hans Krebs foi obrigado a desistir de sua cátedra em Oxford, pois atingira a idade de aposentadoria obrigatória, 67 anos. Mas ele se sentia apto e disposto, e não tinha intenção de se aposentar da ciência, havia incorporado a ética do trabalho de seu mentor, Otto Warburg. De 1968 até sua morte, em 1981, Krebs publicou mais 116 artigos de bioquímica. Perto do fim desse período, um jornalista, que sabia que ele adorava música, perguntou-lhe por que continuava a fazer pesquisa científica quando podia desfrutar sua aposentadoria para escutar mais música. Escutar boa música não era o maior prazer para um amante dessa arte? Krebs replicou que "pode haver um prazer ainda maior — a criação da música".[7]

15. Fissão nuclear

No dia de Natal de 1938, Otto Frisch foi visitar sua tia, Lise Meitner, num pequeno hotel na cidade de Kungälv, na costa ocidental da Suécia. Ambos eram físicos nucleares. Frisch, um homem jovem bem-apessoado, de 34 anos, de origem judaica como sua tia, fora despedido de seu posto em Hamburgo e agora trabalhava em Copenhague. Meitner, que cultivara uma carreira científica de trinta anos no Instituto Kaiser Wilhelm em Berlim, e fora diretora de seu próprio laboratório, sendo comparada a madame Curie por Einstein, também fora forçada a fugir da Alemanha e agora ocupava uma modesta posição em Estocolmo. Naquela manhã de Natal, Frisch encontrou sua tia na mesa do café da manhã refletindo sobre uma carta. Era uma carta de Otto Hahn, seu colaborador de muito tempo em Berlim.

Por alguns anos, Hahn e Meitner haviam bombardeado núcleos de urânio com nêutrons, produzindo novas famílias de elementos radiativos. Todo mundo sempre presumira que tais núcleos artificialmente criados teriam massa próxima à do urânio. Como o tório, por exemplo, com 97% da massa do urânio. Ou o actínio. Por qualquer raciocínio lógico, o diminuto nêutron, uma única partícula subatômica viajando em baixa velocidade, não tinha a energia para tirar mais do que uma ínfima lasca do gigantesco núcleo do urânio. A carta de Hahn alegava que em um experimento recente, nos detritos radiativos após um bombardeio de nêutrons, ele encontrara bário. O bário é um átomo com metade da massa do urânio. Era como se o núcleo de urânio tivesse se partido em dois! Era como se uma pedra lançada de um estilingue tivesse rachado uma montanha. "Talvez você possa elaborar algum tipo de explicação fantástica", escrevia Hahn no bilhete. "Nós mesmos sabemos que ele não pode se arrebentar e formar bário."[1]

Meitner e o sobrinho deram um passeio pela neve, ele de esqui, ela a pé. Gradualmente, foi tomando em forma na cabeça dos dois a ideia de que o núcleo de urânio podia de fato ser dividido em dois por um minúsculo nêutron, não sendo rachado e partido, nem tendo um pedaço arrancado, mas sendo ligeiramente deformado de sua forma esférica normal. Uma vez deformado, o núcleo ficaria ainda mais alongado pelo desequilíbrio de suas forças internas, vindo por fim a "fissionar-se" em dois. Conforme concluíram os dois cientistas, o núcleo de urânio era na verdade uma ratoeira armada, esperando apenas uma leve cutucada para explodir. A energia não estava na cutucada, mas nas forças repulsoras comprimidas ali existentes.

Meitner calculou a liberação de energia esperada de uma única fissão: 200 milhões de elétrons-volts. Em termos mais familiares, fissionar um grama de urânio produziria cerca de 10 milhões de vezes a energia de um grama de carvão queimando, ou a detonação de um grama de TNT. Ernest Rutherford havia descoberto o núcleo atômico em 1911. Agora Meitner e Hahn tinham descoberto como liberar a colossal energia confinada em seu interior. Como Prometeu, Meitner e Hahn apresentaram o fogo para a raça humana. Haveria consequências boas e ruins.

Lisa Meitner nasceu em Viena em 1878. Seus pais, Hedwig e Philipp, eram de ascendência judaica, mas o judaísmo não fazia parte de suas vidas, e todos seus oito filhos foram batizados e criados como protestantes. Philipp era advogado e um ávido jogador de xadrez. Ele e a esposa frequentavam socialmente círculos que incluíam escritores, advogados e outros intelectuais. Como testemunho desse ambiente, todas as cinco filhas da família Meitner receberam educação superior, numa época em que era extremamente difícil para moças conseguirem ir além da escola secundária. Como Lise se recordou muitos anos depois: "Pensando nos tempos da minha juventude, percebe-se com algum espanto quantos problemas existiam então na vida de moças comuns [...] e entre esses problemas, o mais difícil era a possibilidade de uma formação intelectual normal".[2]

Mesmo quando criança, aos oito e nove anos, Lise mantinha um livro de matemática debaixo do travesseiro e demonstrava uma espécie de ceticismo e uma independência de espírito características de um cientista. Segundo recordações de um amigo da família, quando a avó de Lise a avisou que não deveria costurar no sábado — o Shabat judaico — senão os céus desabariam, Lise resolveu fazer um experimento. A menininha tocou levemente sua agulha de bordar e olhou para cima. Nada aconteceu. Então ela deu um único ponto, esperou, olhou para cima. Mais uma vez, nada. Por fim, ficou satisfeita por sua avó estar errada e seguiu costurando alegremente.[3]

Meitner penou para se tornar cientista. Entretanto, seu estudo formal em Viena terminou quando ela tinha catorze anos. Por extrema persistência, conseguiu obter seu certificado Matura (equivalente ao ensino médio atual) no verão de 1901, e entrou na Universidade de Viena alguns meses depois. Em 1905 obteve seu ph.D., apenas a segunda mulher na cidade a conseguir doutorado em física.

Em setembro de 1907, Meitner viajou para Berlim para continuar seus estudos com o grande Max Planck. Na época, as mulheres ainda eram excluídas das universidades alemãs. Para frequentar as aulas de Planck, Meitner teve de pedir permissão especial. Já então era fascinada pelo novo campo da radiatividade, o misterioso processo pelo qual alguns átomos emitiam espontaneamente raios e partículas de alta energia. Na Universidade de Viena, Meitner havia projetado e realizado um dos primeiros experimentos mostrando que as "partículas alfa" subatômicas podiam ser desviadas ao passar através da matéria. (Ver capítulo 5.)

No outono de 1907, Meitner foi apresentada a Otto Hahn, um químico que pesquisava radiatividade no Instituto Químico da Universidade de Berlim, era charmoso, informal e não se opunha a trabalhar com mulheres. Assim começou uma das mais importantes parcerias da história da ciência.

Para começar, as mulheres eram proibidas de atuar no Instituto Químico. O que fazer? A única possibilidade era Meitner juntar-se a Hahn em seu laboratório no porão, reformado a partir de uma oficina de carpintaria. Hahn tinha liberdade para ir a outros laboratórios nos andares de cima, porém Meitner era solicitada a permanecer no porão do instituto. Depois de um ano, uma nova lei permitiu mulheres nas universidades prussianas. Um ano depois, Meitner teve permissão de acessar as áreas superiores do edifício. Todavia, mesmo com sua nova liberdade, Meitner era claramente uma estranha num mundo masculino. A maioria dos homens mal podia conceber a ideia de mulheres cientistas. Quando Ernest Rutherford conheceu Meitner, no fim de 1908, depois de ela ter publicado diversos artigos importantes, disse: "Ah, eu pensei que você fosse homem!".[4]

Em 1911, Hahn recebeu a proposta de chefiar o departamento de radio-química do novo Instituto de Química Kaiser Wilhelm em Dahlem. Pouco depois, Meiter foi convidada a ir trabalhar lá.

Hahn era quatro meses mais novo que Meitner. Filho de um comerciante prussiano em boa situação financeira, tinha se graduado em química pela Universidade de Marburg e obtido seu doutorado em 1901. Em 1904, Hahn foi a Londres, sendo apresentado ao novo campo da radiatividade por Sir William Ramsay. Ali, Hahn descobriu o radiotório, uma forma radiativa do tório. No ano seguinte, trabalhou com Rutherford no Canadá. Em 1906, Hanh retornou à Alemanha na posição de *privadozent* (palestrante, professor não efetivo). Ele era o único químico em Berlim envolvido com radiatividade.

Da mesma maneira que a equipe médica formada por Bayliss e Starling, Meitner e Hahn se completavam muito bem. A formação de Meitner era em física, a de Hahn em química. Embora projetasse e realizasse experimentos, Meitner era forte em matemática e aptidões gráficas, em pensamento conceitual, em elaborar generalizações. A grande habilidade de Hahn estava em trabalho químico de laboratório, detalhado e meticuloso, particularmente em separar e identificar diferentes substâncias por suas propriedades químicas.

Uma fotografia de Meitner e Hahn em seu laboratório em 1910 sugere outras diferenças. Hahn, com seu espesso bigode wilhelminiano, encara a câmera de frente com ar tranquilo e confiante, mão no bolso do colete, revelando uma corrente de ouro. Meitner, uma mulher pequena e magra, está virada de lado, quase se escondendo, expressão acanhada e tímida na face, como se fosse uma criança acabando de ser repreendida pelos pais, olhos afundados nas órbitas, olheiras que viriam a se tornar ainda mais profundas e escuras com a idade.

Por muitos anos, Meitner foi dolorosamente tímida. Embora participasse do trabalho em parceria em pé de igualdade, tornando-se a líder intelectual da equipe, a princípio assumiu um papel subserviente em relação a Hahn. Um vislumbre desse relacionamento e da conduta autodepreciativa de Meitner pode ser constatado numa carta que ela escreveu a Hahn no começo de 1917, quando ele estava afastado, servindo na Primeira Guerra Mundial, e ela foi deixada a sós com seus experimentos:

> Caro Herr Hahn! O experimento da pechblenda é obviamente importante e interessante, mas não posso fazê-lo neste momento — não fique zangado, por favor [...]. Ontem apresentei um colóquio. Pensei no senhor e falei alto, olhando para as pessoas, e não para o quadro-negro [...]. Fique bem e, *por favor, não fique zangado* com o atraso na pechblenda.[5]

No decorrer dos seus trinta anos de trabalho em conjunto, Meitner e Hahn estiveram entre os líderes mundiais na ciência da radiatividade. Descobriram dezenas de novas substâncias radiativas, mapearam os índices de desintegração de átomos, mediram as potências de penetração das partículas subatômicas alfa e beta. Aos poucos, Meitner foi sendo alçada à estatura que merecia. Em 1917, foi nomeada chefe de seu próprio laboratório no Instituto Kaiser Wilhelm (KWI). Passara a existir portanto um Laboratorium Meitner, de física, e um Laboratorium Hahn, de química. Em 1919, aos 41 anos, Meitner recebeu o título de docente no KWI, a primeira mulher na Alemanha a obter esse título. (Hahn o recebera nove anos antes.) Meitner estava também adquirindo independência em relação a Hahn. Embora continuasse a trabalhar com ele de tempos em tempos até 1938, de 1921 a 1934, Meitner foi autora de 56 artigos próprios, sem Hahn. Tal conquista e reconhecimento tornaram seu exílio forçado em 1938 ainda mais amargo. Porém, para ela, o crédito inadequado pela descoberta da fissão nuclear seria a experiência mais amarga de todas.

A radiatividade foi descoberta, acidentalmente, em 1896, quando o físico francês Antoine-Henri Becquerel percebeu que uma chapa fotográfica coberta tinha ficado embaçada por sais de urânio que estavam numa mesa próxima. Em 1893, a cientista polonesa Marie Sklodovska Curie e seu marido francês Pierre Curie descobriram vários elementos novos, inclusive o polônio e o rádio, que emitiam raios e partículas de alta energia. Por volta de 1900, sabia-se que tais elementos "radioativos" emitiam dois tipos de partículas eletricamente carregadas: partículas alfa, com carga positiva e com cerca de quatro vezes a massa do átomo de hidrogênio; e partículas beta, com carga negativa e uma massa pequeníssima. Na verdade, as partículas beta acabaram se revelando idênticas aos elétrons subatômicos, descobertos em 1897 por J. J. Thomson.

Quando Rutherford e seus colaboradores descobriram o núcleo atômico, 100 mil vezes menor que o átomo como um todo, o físico neozelandês fez diversas especulações acertadas. Primeiro, as partículas de alta energia emitidas na radiatividade originavam-se dentro do núcleo atômico. Logo, predisse Rutherford, a radiatividade era estritamente um processo nuclear. Segundo, alguma força de atração devia contrabalançar a enorme força repulsora que existiria entre as cargas positivamente carregadas (prótons) do núcleo. Caso contrário, os prótons sairiam voando por todos os lados, como gatos briguentos jogados dentro de um barril. Rutherford suspeitava também que uma população de partículas eletricamente neutras poderia estar compartilhando moradia com os prótons. Essas partículas, chamadas nêutrons, foram descobertas pelo físico britânico James Chadwick em 1932.

Com a descoberta do nêutron, a física nuclear deu um grande salto adiante. Os cientistas passaram a contar com uma geografia mais refinada do poderoso centro do átomo. Havia dois tipos de partículas subatômicas no núcleo do átomo, prótons e nêutrons. Os nêutrons eram ligeiramente mais pesados que os prótons. Era sabido também que as propriedades químicas dos átomos — a forma como reagem com outros átomos — eram determinadas pelo número de elétrons negativamente carregados nas porções mais externas do átomo (ver capítulo 11, sobre Pauling). Uma vez que os átomos eram em geral eletricamente neutros, o número de elétrons devia ser equilibrado por igual número de prótons dentro do núcleo. Logo, com efeito, o número de prótons no núcleo fixava a identidade química do átomo, ou seja, que elemento específico ele era. Hidrogênio, o elemento mais leve, tinha um próton no núcleo. O carbono tinha seis. O urânio, 92. Muito da confusão nos primeiros tempos da radiatividade provinha do fato de cada elemento atômico, com um número específico de prótons no núcleo, poder ter um número variável de nêutrons. Por exemplo, uma forma de urânio tinha 143 nêutrons no núcleo. Outra forma tinha 146. Formas do mesmo elemento com diferentes números de nêutrons foram chamadas de isótopos desse elemento. O número de prótons no núcleo foi chamado de número atômico e representado pela letra Z. O número total de prótons mais nêutrons foi chamado de massa atômica e representado pela letra A.

Com esses conceitos, as emissões e transformações radiativas agora se tornaram em parte um problema de contabilidade. Uma partícula alfa, pesada e medida pela curvatura de sua trajetória num campo magnético, consistia em dois prótons e dois nêutrons. Uma partícula beta era simplesmente um elétron, criado como subproduto quando um nêutron se transformava num próton. A aritmética nuclear seria então a seguinte: quando um átomo radiativo emite uma partícula alfa, seu número atômico diminui em dois e a massa atômica diminui em quatro. Quando um átomo emite uma partícula beta, seu número atômico *aumenta* em um, enquanto sua massa atômica permanece a mesma. Esses processos são ilustrados na sequência de reações nas quais um átomo de urânio gradualmente se transforma em chumbo:

$$^{238}_{92}\text{U} \rightarrow \alpha + ^{234}_{90}\text{Th} \rightarrow \beta + ^{234}_{91}\text{Pa} \rightarrow \beta + ^{234}_{92}\text{U} \rightarrow \alpha + ^{230}_{90}\text{Th}$$
$$\rightarrow \alpha + ^{226}_{88}\text{Ra} \rightarrow \ldots ^{206}_{82}\text{Pb}$$

Aqui, partículas alfa e beta são representadas por α e β respectivamente. As letras latinas são símbolos de elementos. U representa urânio, Th, tório, Pa, protactínio (descoberto por Hahn e Meitner em 1918), Ra, rádio, e Pb, chumbo. O número subscrito que precede cada elemento é o seu número atômico, e o sobrescrito, a massa atômica.

As partículas beta emitidas em desintegrações radiativas eram medidas com um contador Geiger, desenvolvido no início dos anos 1900 por Hans Geiger e aperfeiçoado nas décadas seguintes. Um contador Geiger consistia em um fio eletricamente carregado colocado no sentido longitudinal num tubo cheio de gás. Penetrando por uma abertura no tubo, uma partícula beta arrancaria elétrons nos átomos de gás, e os elétrons liberados fluiriam para o fio carregado positivamente alterando a corrente que passava. Pela rapidez e intensidade da variação de corrente, podia-se avaliar os fluxos de partículas beta penetrando no detector. As partículas alfa eram geralmente medidas por um instrumento com uma abertura mais fina, chamado câmara de ionização. Nesse dispositivo, era aplicada uma voltagem entre duas placas paralelas. Assim como no contador Geiger, uma partícula alfa que penetrasse deslocaria elétrons dos átomos de gás entre as placas; os átomos eletricamente carregados resultantes, ou íons, se moveriam então para as placas de carga elétrica oposta. (Lembre-se de que cargas iguais se repelem; cargas opostas se atraem.)

A contagem do contador Geiger ou da câmara de ionização media o índice de desintegração dos átomos radiativos. (Por desintegração, não queremos dizer que o núcleo atômico se decompunha, mas que apenas emitia uma partícula alfa ou beta.) Uma característica fundamental dessas desintegrações é a meia-vida, também chamada de período. A meia-vida é o tempo que leva para que se desintegre metade dos átomos. Por exemplo, suponhamos que certo isótopo de urânio tenha uma meia-vida de 24 minutos e comecemos com mil átomos da substância. Depois de 24 minutos, cerca de quinhentos átomos terão se desintegrado, deixando quinhentos sem desintegrar. Mais 24 minutos e metade destes, ou cerca de 250 átomos, terá se desintegrado. E assim por diante. Não existem duas substâncias radiativas com o mesmo período. Dessa forma, Meitner, Hahn e outros cientistas podiam medir períodos para descobrir e identificar novas espécies radiativas, como impressões digitais numa população.

Permaneciam duas perguntas: por que alguns núcleos atômicos se desintegram e outros não? Um núcleo de carbono com seis prótons e seis nêutrons poderia ficar intacto para sempre, enquanto um núcleo de urânio com 92 prótons e 147 nêutrons se desintegraria após 24 minutos. A explicação reside na complexa competição de forças dentro do núcleo — uma força de repulsão elétrica entre os prótons e uma força nuclear de atração entre todas as partículas nucleares, tanto prótons como nêutrons. Todos os sistemas da natureza tentam alcançar a mais baixa energia possível, como uma bola rolando por um piso desnivelado tende a se assentar no ponto mais baixo da superfície. Alguns núcleos, com um número particular de nêutrons e prótons, já se encontram num nível bem baixo de energia, como a bola num buraco no chão. Esses núcleos são "estáveis" e permanecerão inalterados por um longo tempo. Outros, com um número diferente de nêutrons e prótons, e portanto um arranjo diferente de forças e energias, podem reduzir sua energia emitindo uma partícula alfa ou beta. Estes são os núcleos radiativos. De fato, um estudo da radiatividade ajudou Hahn, Meitner e outros cientistas a entender a natureza das forças em confronto no centro do átomo.

Em 1934, a filha dos Curie, Irène, e seu marido Frédéric Joliot descobriram a "radiatividade artificial". Nesse surpreendente fenômeno, um átomo habitualmente estável, não radiativo, podia ser transformado em radiativo quando bombardeado por partículas alfa. Evidentemente, uma partícula alfa, quando absorvida por um núcleo atômico, perturba o equilíbrio das forças e energias desse núcleo. Tais núcleos perturbados se "aliviam" cuspindo partículas subatômicas.

Pouco depois disso, o físico italiano Enrico Fermi raciocinou que nêutrons se constituiriam em projéteis muito melhores que as partículas alfa. Os nêutrons, sendo eletricamente neutros, não seriam repelidos pela força repulsora dos prótons nucleares. Quando Fermi disparou nêutrons contra o urânio, o núcleo com o maior número atômico conhecido, acreditou ter criado novos elementos, que batizou com prefixos "eca". (Em grego, *eka* significa "além de".) Por exemplo, um elemento criado artificialmente com número atômico 94, produzido quando um núcleo perturbado de urânio emitia duas partículas beta, Fermi batizou de eca-ósmio — ósmio porque seria um elemento químico semelhante ao ósmio (que tem número atômico 76). Como grupo, elementos com número atômico maior que 92 são denominados transurânicos. Fermi, como todos os outros cientistas, considerava certeza que os novos núcleos produzidos pelo bombardeamento do urânio com nêutrons teriam massa próxima à do urânio.

Em 1935, Hahn e Meitner seguiram a pista de Fermi com os experimentos com o urânio, voltando a trabalhar em parceria depois de vários anos dedicados aos seus projetos de pesquisa individuais. Aqui, as soberbas habilidades de Hahn como químico eram essenciais, pois os cientistas desejavam determinar quais novos elementos haviam sido produzidos em seus bombardeios de nêutrons. Os métodos químicos comuns eram inúteis devido à ínfima quantidade dos novos elementos radiativos. Para identificar as novas substâncias radiativas, Hahn e Meitner se aproveitaram do fato de que, quando átomos radiativos de um elemento são dissolvidos numa solução do mesmo elemento em forma não radiativa (um isótopo diferente), eles se comportam como não radiativos numa separação química. Por exemplo, se o ferro for bombardeado com nêutrons produzindo uma nova substância radiativa, os candidatos mais prováveis para essa nova substância poderiam ser o cromo, o manganês e o cobalto, todos próximos ao ferro em termos de número atômico. Pequenas quantidades desses candidatos podem ser adicionadas a uma solução de ácido nítrico, junto com a nova substância radiativa, e precipitadas individualmente por meios químicos de combinação com outras substâncias. Se a substância radiativa desconhecida precipitar com manganês (conforme determinado testando-se o precipitado com um contador Geiger, por exemplo), pode-se assumir que se trata de um isótopo do manganês.

Em breve Meitner e Hahn passaram a ter a companhia de Fritz Strassmann, um dos ex-assistentes de Hahn, que arriscara a carreira, e até mesmo a vida, recusando-se a participar das organizações nazistas. Strassmann entrara na lista negra na maioria das colocações profissionais, porém Meitner persuadiu Hahn a contratá-lo pela metade do salário.

Para seu deleite e consternação, os três cientistas encontraram um zoológico atulhado de novas espécies radiativas, com muitos períodos e sequências de emissões beta diferentes. Em uma sequência, $^{239}_{92}U$ $\left(^{238}_{92}U + n\right)$ desintegrava-se com um período de dez segundos, em outra com um período de quarenta segundos, e ainda em outra, em 23 segundos. Como podia um mesmo núcleo radiativo levar a tantos resultados diferentes? Também era motivo de confusão o fato de as reações parecerem mais prováveis quanto mais *lentos* (com menos energia) fossem os projéteis de nêutrons, exatamente o contrário da expectativa.

Em março de 1938, no auge desses experimentos provocantes e estarrecedores, as tropas alemãs ocuparam a Áustria. A essa altura, Meitner, não disposta a ocultar sua origem judaica, e não mais protegida pela cidadania austríaca, tornou-se alvo óbvio das leis antissemitas dos nazistas. Em breve perderia seu emprego; mais ainda, Heinrich Himmler, chefe da polícia secreta, emitira uma ordem estabelecendo que nenhum professor universitário teria permissão de deixar a Alemanha. Meitner parecia estar numa armadilha. Mas, com a ajuda de vários cientistas, inclusive Hahn, conseguiu escapar pela fronteira holandesa em 13 de julho. Não tinha passaporte, nem emprego, e levava pouquíssimo dinheiro. Após uma breve permanência na Holanda, Meitner mudou-se para a Dinamarca, onde desfrutou da hospitalidade de seu amigo Niels Bohr e sua esposa Margrethe. Em pouco tempo, a convite do físico sueco Manne Siegbahn, mudou-se para o Instituto Nobel de Física, na Suécia.

Entrementes, no final de 1938, Hahn e Strassmann tinham obtido resultados ainda mais intrigantes. Os dois acreditavam ter presenciado o decaimento do $^{239}_{92}U$ em $^{231}_{88}Ra$, com a emissão de partículas alfa:

$$^{238}_{92}U + n \rightarrow {}^{239}_{92}U \rightarrow \alpha + {}^{235}_{90}Th \rightarrow \alpha + {}^{231}_{88}Ra$$

Ao menos os cientistas tinham determinado que um produto do bombardeio do urânio por um nêutron aparentemente tinha *as propriedades químicas do rádio*. Logo, propuseram a cadeia de reações acima. Na verdade, nenhum dos intermediários entre urânio e rádio fora observado. O tório não fora detectado. As partículas alfa não haviam sido detectadas. Em vez disso, esses intermediários foram *inferidos*, na sequência necessária de passos para ir do urânio ao rádio. E, a partir de testes químicos, os cientistas julgaram ter produzido rádio.

Para ser absorvida por um núcleo atômico, uma partícula alfa precisa se aproximar com velocidade e energia altas o bastante para superar a força elétrica de repulsão, chamada barreira de Coulomb, e ficar presa ao núcleo pela força nuclear de atração. Como elemento de coesão, a força nuclear de atração é poderosa, mas só pode ser sentida numa distância muito próxima, de modo que a partícula alfa precisa de fato tocar e penetrar no núcleo para poder ser "colada". Inversamente, parecia ser necessário *adicionar* ao núcleo uma grande dose de energia para permitir que uma partícula alfa se liberte da potente cola nuclear e escape do núcleo. E aqui estava Hahn propondo que um único nêutron, viajando a baixa velocidade, podia conferir energia suficiente ao núcleo de urânio para liberar *duas* partículas alfa. Parecia impossível!

Em 13 de novembro, Hahn encontrou-se com Meitner em Copenhague para discutir os propostos resultados de partícula α dupla. Ele fora convidado a dar uma palestra no instituto de Bohr, e Meitner pegou o trem para Estocolomo. Fazia quatro meses desde que os dois cientistas tinham se visto pela última vez. Segundo a biógrafa de Meitner, Ruth Lewin Sime, o encontro entre Meitner e Hahn foi mantido em segredo fora de Copenhague, por causa do medo de pôr em risco a já precária situação de Hahn na Alemanha. (De diversas maneiras ele já havia desafiado os nazistas.) Meitner, a física, disse a Hahn que sua proposta de reação era extremamente implausível com bases físicas e que ele deveria retornar a Berlim e repetir seus testes químicos para o rádio. Como Strassmann contou mais tarde:

[Meiter] solicitou com urgência que esses experimentos fossem verificados mais uma vez, de maneira intensiva e com todo cuidado. Felizmente, a opinião e o julgamento de L. Meitner tinham tanto peso entre nós em Berlim que os necessários experimentos de controle foram imediatamente realizados.[6]

O que Meitner pedira a Hahan foi assegurar-se de que era de fato rádio a substância produzida pelo bombardeio do urânio com nêutrons. Para extrair "rádio" dos detritos radiativos, Hahn e Strassmann tinham usado o elemento bário. Pelo fato de o bário ($Z = 56$) e o rádio ($Z = 88$) terem propriedades químicas similares, estando na mesma coluna na tabela periódica (ver capítulo 11), o rádio se comportaria como bário numa solução química e se precipitaria num composto de bário (como sulfato de bário ou carbonato de bário), formando compostos como sulfato de rádio ou carbonato de rádio. Dessa maneira, o rádio se separaria de outros elementos de propriedades químicas distintas.

Seguindo a sugestão de Meitner, Hahn e Strassmann tentaram ir adiante na separação entre "rádio" e bário. Para fazer isso, valeram-se do fato de que o bromo de rádio é menos solúvel do que o bromo de bário. Isto é, uma solução contendo átomos de bário e rádio e íons de bromo precipitará mais depressa e em concentração mais alta do que o bromo de bário. Logo, o precipitado sólido, com aparência de sal, no fundo do recipiente terá uma relação de rádio para bário mais alta do que a solução original. Num segundo passo, o precipitado no fundo é redissolvido numa segunda solução, e mais bromo é adicionado. Agora, um segundo precipitado deposita-se no fundo do recipiente. Este segundo precipitado deve ter uma relação de rádio para bário ainda mais alta que o da primeira solução. O processo é repetido. Cada precipitação sucessiva é chamada de nova "fração", com uma proporção crescente de rádio para bário em cada fração sucessiva. A maior proporção de rádio para bário deveria estar no último precipitado; a menor, no primeiro.

Para sua surpresa, Hahn e Strassmann encontraram a mesma proporção de "rádio" para bário em todas as frações, dizendo em seu artigo que "a atividade [medida radiativa da quantidade de "rádio"] estava distribuída igualmente entre todas as frações de bário". Evidentemente, o bromo de "rádio" e o bromo de bário eram identicamente solúveis. Hahn presumira razoavelmente que o remanescente do bombardeio de nêutrons com propriedades químicas de bário devia ser o rádio, um elemento próximo ao urânio. No entanto, ele tinha evidência de que o remanescente, o assim chamado "rádio", podia ser o próprio bário. Um núcleo de bário é aproximadamente metade de um núcleo de urânio. Como isso era possível?

Hahn era um químico soberbo, provavelmente o melhor radioquímico do mundo na época, e confiava em seus experimentos químicos. Todavia, agora acabara de descobrir algo que lhe era impossível entender em bases físicas. Sua insegurança fica clara na linguagem que usa para introduzir seus novos experimentos, "que publicamos com hesitação devido aos resultados peculiares". Alguns cientistas talvez não tivessem publicado tais resultados, surpreendentes e revolucionários, com medo de passarem por tolos. Hahn está ciente de, que se tiver de fato encontrado bário nos remanescentes do bombardeio de nêutrons — resultado que não pode efetivamente reconhecer, apesar da evidência de seus próprios e cuidadosos experimentos —, então ele partiu o núcleo de urânio em dois. Essa consciência é sublinhada no penúltimo parágrafo do artigo, quando ele sugere um novo experimento para encontrar tecnécio. Tecnécio seria outro fragmento de fissão aparentado do bário, uma vez que o número de massa do isótopo mais provável do tecnécio, 101, somado ao número de massa do isótopo mais comum do bário, 138, resulta no número de massa o urânio original, 239. (O "número de massa" de Hahn é o que chamamos anteriormente de massa atômica.)

Hahn encerra o artigo com uma afirmativa ao mesmo tempo angustiada e modesta: "Ainda não podemos nos obrigar a um passo tão drástico [a identificação definitiva de bário nos remanescentes], que contraria toda a experiência anterior em física nuclear. Talvez possa haver uma série de coincidências inusitadas que tenham nos dado indicações falsas".

Enquanto caminhavam pela neve no dia de Natal de 1938, ponderando sobre os resultados "fantásticos" de Hahn, Meitner e seu sobrinho Otto Frisch lembraram-se de uma bela metáfora proposta por Niels Bohr. O lendário físico dinamarquês havia comparado o núcleo do átomo com uma gota de líquido. Da mesma forma como as moléculas dentro de uma gota d'água, os prótons e nêutrons dentro de um núcleo atômico compartilhavam energia com tanta rapidez que teriam de se mover juntos como um fluido, e não como partículas individuais. A superfície externa móvel de um núcleo atômico seria unida e moldada pela força de coesão nuclear, da mesma maneira que a força de tensão

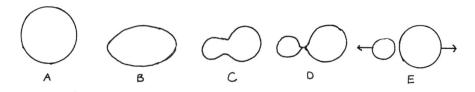

Figura 15.1

molecular de superfície mantém unida uma gota de líquido. No entanto, como perceberam Meitner e Frisch, a enorme força repulsora existente entre 92 prótons num núcleo de urânio enfraquecia tremendamente a "tensão superficial", permitindo que o núcleo mudasse facilmente de formato. Conforme dizem no artigo, "o núcleo de urânio tem apenas uma pequena estabilidade de forma".

A ideia física básica é esta: lembre-se de que existem apenas duas forças competindo num núcleo atômico. Pelo fato de a força nuclear de atração ter *curto alcance*, apenas partículas nucleares muito próximas umas das outras são mantidas coesas. Por outro lado, a força elétrica repulsora é de *longo alcance* e pode ser sentida entre prótons distantes entre si. Quando o núcleo é esférico, essas duas forças opostas se equilibram. Mas quando o núcleo de urânio é ligeiramente deformado, as partículas nucleares, em média, se distanciam. Esse aumento de distância enfraquece significativamente a atração total da força de atração de curto alcance, mas quase não altera o efeito da força repulsora de longo alcance, "dando uma mãozinha" a esta última. Uma vez dominante, a força de repulsão separa ainda mais as partículas do núcleo, que se torna mais e mais alongado, fazendo a força repulsora sobrepujar ainda mais a força de atração, e assim por diante, até que o núcleo se divida em dois pedaços. Essa evolução é ilustrada na figura 15.1, sendo que a sequência de passos vai de A até E. Depois deste último estágio, E, as duas partes fissionadas se afastam voando, impulsionadas pela força elétrica repulsora entre elas.

O nêutron incidente não precisa fornecer muita energia — a energia para a fissão já está presente na enorme força elétrica de repulsão, temporariamente mantida sob controle. O nêutron inicial precisa apenas agitar ligeiramente o núcleo para deformá-lo levemente. (Numa fascinante nota de rodapé da história, a fissão na verdade já fora proposta vários anos antes, em 1934, pela química alemã Ida Noddack. Num artigo publicado obscuramente e desconsiderado como implausível em termos teóricos, Noddack sugeria que o resultado mais provável de se bombardear núcleos pesados com nêutrons era sua divisão em vários fragmentos grandes em vez de alterar ligeiramente suas massas, como acreditavam Fermi e outros.)

O cálculo da liberação de energia, a partir do tamanho conhecido do núcleo de urânio e da quantidade de carga elétrica que ele contém, envolve apenas ciência pré-quântica e pode ser feito por qualquer aluno de primeiro ano numa faculdade de física. Em seu artigo, Meitner e Frisch discutem a energia disponível também em termos de "fração de coesão", que está relacionada com a energia média com que cada próton ou nêutron se liga ao núcleo. A fração de coesão varia com o número de prótons e nêutrons, pois a contribuição relativa das energias devidas às forças de atração e repulsão varia.

Outro termo técnico que Meitner e Frisch utilizam é "isômero". Um isômero é um núcleo atômico que foi excitado a uma energia interna mais elevada. Tal núcleo excitado geralmente se livra da energia em excesso pela emissão de fótons de alta energia. Dois núcleos atômicos com o mesmo número de prótons e nêutrons podem ter níveis de energia interna distintos, sendo portanto isômeros diferentes.

No sétimo parágrafo de seu breve artigo, Meitner e Frisch usam pela primeira vez na história a palavra "fissão" para descrever a divisão do átomo. Depois de conversar com um biólogo americano, Frisch cunhou a expressão por analogia com o processo no qual uma célula viva se divide em duas.

Meitner e Frisch vão além, discutindo as desintegrações prováveis que se seguiriam à fissão do urânio em bário e criptônio. Também sugerem corajosamente que muitas das afirmativas anteriores de Meitner, Hahn, Strassmann e Fermi podiam estar erradas. Em particular, os elementos "eca-" de Fermi, com Z maior que 92, podem na verdade ter números atômicos muito menores que 92. Talvez todos os experimentos deles nos últimos anos, bombardeando urânio com nêutrons, tivessem na verdade fissionado o urânio, produzindo elementos muito mais leves e mais comuns do que as muitas novas espécies nucleares exóticas que propuseram. Uma vez que seria de esperar que diferentes números de nêutrons se ligassem aos dois fragmentos fissionados após cada bombardeio, os muitos isótopos diferentes desses elementos mais leves podiam se mascarar como muitas espécies nucleares novas, sendo erroneamente identificados como elementos eca. (As suspeitas de Meitner e Frisch estavam corretas. Embora Enrico Fermi tivesse feito algumas descobertas dignas do prêmio

Nobel, ele não "descobriu novos elementos radiativos com número atômico maior que o do urânio", como reza a citação para o seu prêmio Nobel, em 1938. Esse Nobel foi concedido equivocadamente.)

Após o revelador passeio na floresta, Frisch e Meitner voltaram a Copenhague para contar a Bohr a ideia da fissão, exatamente no momento em que este estava embarcando para os Estados Unidos. Segundo as memórias de Frisch, o grande físico atômico bateu na testa e disse: "Puxa, como fomos tolos! Deveríamos ter visto isso antes".[7]

Frisch foi para seu próprio laboratório e repetiu o experimento de Hahn, medindo os fragmentos de fissão à medida que iam se soltando do núcleo, e confirmou que eles de fato tinham as energias calculadas por ele e Meitner. Nesse meio-tempo, Bohr estava aflito para compartilhar a extraordinária notícia. Felizmente, sua cabine no transatlântico sueco-americano MS *Drottningholm* era equipada com uma lousa. Pode-se perfeitamente imaginar a empolgação de Bohr ao apresentar a descoberta a Leon Rosenfeld, um jovem físico a bordo com ele. Quando o navio atracou em Nova York, em 6 de janeiro de 1939, Bohr foi recebido por Enrico Fermi e John Wheeler e contou-lhes a novidade. Nessa noite, Rosenfeld deu às pressas um pequeno seminário em Princeton relatando as descobertas. Dez dias depois, Bohr e Fermi anunciaram os resultados na V Conferência de Física Teórica em Washington, DC, tendo o cuidado de dar crédito aos quatro cientistas originais. Todo mundo correu de volta a seus laboratórios para repetir o experimento de Hahn. Durante fevereiro de 1939, pelo menos quinze novos artigos sobre fissão foram submetidos à *Nature* na Grã-Bretanha, à *Physical Review* nos Estados Unidos e à *Comptes Rendus* na França. No fim de 1939, mais de uma centena de artigos sobre fissão haviam sido publicados por cientistas do mundo inteiro. O núcleo atômico fora partido, com a promessa de atordoantes quantidades de energia. Era o início da era nuclear.

Quase como personagens de uma tragédia grega antiga, Meitner e Hahn pareciam ter reservado para si destinos diferentes. Por muitos anos, foram bons amigos, além de colegas próximos. Por outro lado, os acontecimentos mundiais e suas diferenças de personalidade acabaram por separá-los. Meitner era politicamente uma liberal. Hahn apoiava ardentemente o nacionalismo e o poderio alemães, embora se opusesse aos nazistas e os desafiasse dando apoio aos cientistas privados de seus direitos, inclusive Meitner. (Quanto a isso, havia algumas semelhanças com Von Laue e Heisenberg, com quem travamos contato em capítulos anteriores.) Hahn permaneceu em Berlim e tornou-se uma figura proeminente na Alemanha do pós-guerra. Nas palavras do colega Rod Spence, que escreveu um texto sobre o químico alemão para as *Biographical Memoirs* da British Royal Society, Hahn era "valorizado por suas qualidades humanas, simplicidade de modos, transparente honestidade, bom senso e lealdade".[8] Meitner foi obrigada a fugir da Alemanha com pouco mais do que as roupas do corpo, banida para um país cuja língua ela não falava, e nunca foi capaz de voltar a se estabelecer plenamente como pesquisadora.

A descoberta da fissão criou uma nova encruzilhada no caminho. Os experimentos bem-sucedidos de Hahn com Strassmann para encontrar bário foram resultado direto da colaboração de Meitner, tanto antes quanto depois de seu exílio na Suécia. Todavia, para Hahn, era politicamente impossível colocar o nome de Meitner em seu artigo da descoberta com Strassmann. (Apesar de tê-la citado nos agradecimentos de um artigo de atualização, quatro semanas mais tarde.) Meitner ficou arrasada. Em fevereiro de 1939, ela escreveu a seu irmão Walter:

> Eu não tenho autoconfiança [...]. Hahn acabou de publicar coisas absolutamente maravilhosas baseado em nosso trabalho juntos [...] por mais que esses resultados me deixem feliz por Hahn, tanto pessoal como cientificamente, muita gente aqui deve pensar que eu não contribuí com absolutamente nada para isso — e agora estou bastante desanimada.[9]

Em 1945, numa decisão que foi muito contestada, Hahn ganhou sozinho o prêmio Nobel de 1944 pela descoberta da fissão. Foi um Nobel na área de química. O prêmio Nobel de física nesse ano foi para Wolfgang Pauli, pela descoberta do princípio da exclusão em mecânica quântica (ver capítulo 11). Na verdade, muitos cientistas sentiram que o prêmio de física deveria ter ido para Meitner, pelo seu papel na descoberta da fissão. A própria Meitner sentiu-se desconsiderada. Numa carta a Birgit Broomé Aminoff, uma cientista e esposa de um membro da diretoria da Fundação Nobel, ela escreveu:

> É certo que Hahn merece plenamente o prêmio Nobel de química. Não há dúvida quanto a isso. Mas acredito que Frisch e eu contribuímos com uma parcela nada insignificante para o esclarecimento do processo da fissão do urânio — como ele se origina e o fato de produzir tanta energia, e isso era algo muito remoto para Hahn. Por essa razão julguei um pouco injusto ter sido chamada nos jornais de *Mitarbeiterin* [assistente] de Hahn, no mesmo sentido que Strassmann o foi.[10]

A questão aqui é complexa. Se Meitner tivesse podido ficar na Alemanha em boa posição, certamente teria sido coautora do trabalho sobre fissão com Hahn e Strassmann. Mesmo de longe, ela desempenhou um papel crucial na reanálise cuidadosa de Hahn de seu experimento e na conclusão de que havia de fato partido o urânio em bário. No entanto, a determinação conclusiva foi uma realização no campo da *química*, e Hahn chegou a essa conquista sozinho. Como vimos, a contribuição mais notável de Meitner a essa saga científica foi a *interpretação* dos resultados de Hahn, sua compreensão nos termos da física. Assim, pode-se dizer que, à parte suas diferenças como químico e física, Hahn *descobriu* a fissão nuclear, enquanto Meitner *interpretou* essa descoberta. E, certo ou errado, o comitê do Nobel em Estocolmo tem uma longa história de preferência à descoberta experimental em lugar da interpretação teórica. (Uma história similar envolve Dicke versus Penzias e Wilson na descoberta da radiação cósmica de fundo. Ver capítulo 19.) De sua parte, Hahn desejava manter a descoberta da fissão como um triunfo da química. Os físicos, Hahn repetiu sempre durante anos, tinham declarado a fissão "impossível".

Depois de ganhar o Nobel, Otto Hahn juntou-se a Werner Heisenberg como principal estadista da ciência na Alemanha e foi nomeado presidente da Kaiser Wilhelm Gesellschaft, em Göttingen. Meitner também recebeu homenagens, mas nada que chegasse aos pés de um Nobel. Em 1946, foi proclamada Mulher do Ano pelo Clube Nacional Feminino Norte-Americano de Imprensa. Em 1947, recebeu o prêmio Viena de Arte e Ciência; em 1949, a Medalha Max Planck (dividida com Hahn); em 1962, uma medalha de Göttingen e numerosos diplomas honorários. Em 1947, ganhou seu próprio laboratório no Instituto Real de Tecnologia da Suécia, mas nunca sua prometida cátedra por lá. A

Suécia seria seu desconfortável lar até retirar-se para a Inglaterra, em 1960. Em 1966, aos 86 anos, dividiu o prêmio Enrico Fermi com Hahn e Strassmann. Durante anos, Hahn e Meitner escreveram artigos de congratulações mútuas em seus respectivos aniversários.

A criação da bomba atômica, obviamente, irá assombrar para sempre toda a discussão sobre a fissão nuclear. Em agosto de 1945, Otto Hahn foi informado que uma bomba atômica fora construída pelos Aliados e lançada sobre Hiroshima. Hahn e outros cientistas nucleares alemães estavam em cativeiro em Farm Hall, um solar inglês perto de Cambridge. Nas palavras do major britânico T. H. Rittner:

> Hahn ficou completamente abalado pela notícia e disse que se sentia pessoalmente responsável pelas mortes de centenas de milhares de pessoas, pois tinha sido sua a descoberta original que tornara a bomba possível. Disse-me que chegara a considerar o suicídio quando percebeu as terríveis potencialidades de sua descoberta.[11]

Cerca de quinze anos depois, numa carta pessoal a um colega, Lise Meitner deu sua própria opinião sobre seu trabalho em física nuclear nos anos que antecederam a guerra: "[Na época] podia-se amar o trabalho sem viver atormentado pelo medo das coisas malévolas e sinistras que as pessoas poderiam fazer com maravilhosos achados científicos".[12]

16. A mobilidade dos genes

Em 13 de maio de 1947, Barbara McClintock acordou cedo para terminar sua plantação de milho da primavera, um ritual anual cultuado fazia vinte anos. "Eu estava tão interessada no que fazia que mal podia esperar para levantar de manhã e começar o trabalho",[1] disse ela certa vez. De seu pedregoso acre de terra, ela podia olhar numa direção e ver a janela de seu laboratório no Departamento de Genética da Carnegie Institution. Em outra direção, podia contemplar a água e mais adiante o pequeno vilarejo de Cold Spring Harbor, em Long Island. Muito provavelmente, estava vestindo calças largas e uma camisa branca de mangas curtas. Quarenta e quatro anos, cabelo curto despenteado, óculos de aro metálico e um sorriso endiabrado, tinha uma silhueta esguia, menos de cinquenta quilos. Quem poderia adivinhar pela sua aparência e conduta que ela era uma das maiores biólogas do mundo, a autoridade máxima em genética do milho, apenas a terceira mulher a ser eleita para a Academia Nacional de Ciências, a primeira mulher presidente da Sociedade Americana de Genética? Um indício de tal poder era perceptível em seus olhos, que irradiavam uma inteligência destemida e penetrante. Mas sua descoberta mais importante ainda estava em andamento.

Sozinha, caminhou pelas fileiras semeadas. Conhecia pessoalmente cada uma de suas várias centenas de plantas. Conhecia as matrizes que havia cruzado para produzir a planta, conhecia a conformação genética das matrizes, conhecia seus cromossomos sob as lentes do microscópio. Uma plaquinha de madeira enfiada no chão ao lado de cada semeadura identificava sua herança. No decorrer da estação de crescimento, de maio a outubro, ela viria todos os dias ao campo regar as plantas, nutri-las e espiar seus padrões de cores, listras e cerosidade. De fato, ela era famosa entre os colegas pelos seus extraordinários poderes de observação. Quando chegasse a época de cruzar a nova geração, ela tomaria todas as precauções de fazer os cruzamentos mais meticulosos, para assegurar que o pólen correto fertilizasse os óvulos corretos.

O milho é peculiar em seu ciclo de vida em duas fases. Na primeira fase, uma semente na terra gera uma planta que tem porções tanto masculinas como femininas, o pólen masculino dentro dos pendões no alto da planta, os óvulos femininos na base das "sedas" grudentas que emergem de folhas especiais no caule. Na segunda fase do ciclo, o pólen da planta original ou de alguma planta próxima fertiliza os óvulos. Uma mudança de vento pode impregnar óvulos vizinhos com diferentes pólens. E cada óvulo torna-se um núcleo único de milho. Logo, núcleos diferentes no mesmo caule podem ter pais diferentes.

Para conseguir os cruzamentos, ou acasalamentos, cobrem-se os brotos que carregam os óvulos com sacos de um plástico especial pregueado, protegendo-os de pólens indóceis. Dentro do plástico, os brotos continuam crescendo. Colocam-se sacos marrons em torno dos pendões no alto das plantas, para impedir que o pólen se espalhe ao vento. Quando se estiver pronto para o cruzamento, recolhe-se cuidadosamente a poeira cor de açafrão do pólen da planta que se deseja, aspergindo-o na seda apropriada. É um procedimento minucioso e monótono.

McClintock fazia todo o trabalho de campo ela mesma, inclusive as tarefas de rotina. Não confiava suas plantas a ninguém e não tolerava tolices. Conforme escreveu certa vez a um colega, o Departamento de Genética "tem um encarregado da estufa, mas ele não é muito esperto".[2]

Desde tenra idade, McClintock sempre fora irritadiça e orgulhosa, ferozmente independente, e mais tarde brilhante. Nasceu Eleanor McClintock, em junho de 1902, em Harford, Connecticut, filha de Henry McClintock, um médico, e Sara Handy, uma brâmane de Boston. Segundo os relatos de McClintock, seus pais decidiram que Eleanor era um nome "delicado" e "feminino" demais para o seu temperamento e o mudaram para Barbara.[3] Quando criança, ela se lembra, "adorava ficar sozinha [...] só pensando nas coisas".[4] Durante o primeiro ano de McClintock em Cornell, ela se recusou a entrar para uma república feminina ao perceber que algumas pessoas eram convidadas e outras não. Como disse a Evelyn Fox Keller, que fez extensivas entrevistas com ela no fim dos anos 1970: "Havia ali uma linha divisória que colocava você numa categoria ou em outra. E eu não aceitava isso".[5] Um ano depois, aos dezoito anos, tornou-se de súbito uma dissidente notável no campus ao cortar o cabelo bem curto.

No penúltimo ano, McClintock escolheu um curso de genética e adorou. Permaneceu em Cornell como pós-graduanda, num programa criado por Rollins A. Emerson, o mais famoso geneticista de milho da época. Depois e tirar seu ph.D. em botânica em 1927, aos 24 anos, McClintock continuou sua pesquisa em Cornell. Nessa época, já sabia que genética era a sua paixão, sua autorrealização, sua vida. Anos mais tarde, ela contou a Keller: "Não havia essa forte necessidade de uma ligação pessoal com alguém. Eu simplesmente não sentia isso. E nunca consegui entender o casamento".[6]

Em 1934, a fonte dos cargos de pesquisa em Cornell havia secado. McClintock, agora uma geneticista mundialmente conhecida, não obteve mais apoio financeiro nem ofertas de emprego. Ficou amargurada, jogando grande parte da culpa de seus problemas no fato de ser uma mulher num mundo de homens. "Nessa época", ela se recorda, "em meados da década de 1930, a carreira para a mulher não era algo que tivesse muita aprovação. A gente se estigmatizava por ser solteirona e mulher de carreira, especialmente em ciência".[7] Na verdade, as oportunidades profissionais para mulheres cientistas nos Estados Unidos não melhoraram muito até depois da Segunda Guerra Mundial, e mesmo a partir daí as melhorias só se deram aos poucos. Por fim, McClintock obteve um emprego na Universidade de Missouri, e então, em 1942, um cargo como pesquisadora em Cold Spring Harbor.

Como era comum para geneticistas celulares, mas incomum para a maioria dos outros biólogos, McClintock realizava tanto o trabalho de reprodução no campo como o de laboratório, estudando nos microscópicos os cromossomos que continham os genes. Antes de seu trabalho em Cornell no fim dos anos 1920 e começo dos 1930, o principal organismo para tais estudos era a *Drosophila*, a mosca de frutas, útil pelo seu rápido ciclo de vida. O milho, por sua vez, tinha as vantagens de traços genéticos altamente visíveis, como cores dos grãos e marcas nas folhas, e seus cromossomos eram maiores que os da *Drosophila*, podendo portanto ser estudados com mais facilidade sob o microscópio. (Acabaram sendo encontrados cromossomos grandes na glândula salivar da *Drosophila*.) Refinando novos métodos de coloração de células, McClintock foi a primeira pessoa a identificar e caracterizar os dez diferentes cromossomos do milho. No início dos anos 1930, ela tornara o milho, ou *Zea mays*, de igual importância que a *Drosophila* para os geneticistas.

McClintock tinha especial curiosidade pela maneira como os cromossomos de milho podiam aparecer em lugares específicos e depois se reagrupar, no processo de introduzir mutações e mudanças em traços genéticos. Com um cuidadoso processo de reprodução, ela descobriu que podia gerar plantas cujos cromossomos passavam regularmente por essas mutações de "rompimento-fusão". (Ver figura 16.4 como exemplo.)

Uma planta específica chamada B-87, cultivada em 1944 nos seus campos em Cold Spring Harbor, chamou a atenção de McClintock de que algo inusitado estava acontecendo nessas mutações particulares. Por exemplo, ela descobriu que algumas dessas plantas, grãos individuais de milho, tinham cores manchadas. O fenômeno, também encontrado na coloração das folhas, foi chamado de variegação. Um grão começa com uma única célula, que então se divide em duas, cada qual se dividindo em duas, e assim por diante, até que seja criado o grão inteiro, com cada célula supostamente passando adiante uma cópia exata dos genes das células originais. Cópias exatas de genes de uma célula para a seguinte deveriam produzir um grão de cor uniforme. Grãos manchados, com nódoas de púrpura, amarelo e vermelho, significavam que *um gene que governa o pigmento estava sendo ligado e desligado em vários pontos da série de divisões celulares*. Ele era ligado, e uma mancha púrpura começava a crescer; era desligado, e a púrpura sumia dando lugar ao fundo amarelo. Tal gene liga-desliga foi chamado de "gene mutável", ou "gene instável". Na teoria-padrão da hereditariedade podiam ocorrer mutações, claro, mas eram consideradas permanentes, e não transitórias, e também se julgava que fossem aleatórias.

Surpreendentemente, essas mutações eram aleatórias. Com seu olhar aguçado, McClintock notou que o tamanho das pintas coloridas intercaladas e o número relativo de pintas de cada tamanho eram *constantes* ao longo de todo o ciclo de vida da planta. O tamanho das pintas indicava quão cedo no processo de divisão celular tinha ocorrido a mutação, com pintas maiores sendo originadas por mutações mais precoces (e portanto agindo havia mais tempo). O número relativo de pintas indicava a rapidez de mutação. Mutações ocorrendo ao acaso não teriam produzido traços com tamanha constância e uniformidade.

Evidentemente, essas mutações estavam sendo controladas. Havia algo alterando os genes dos cromossomos de milho de forma regular e sistemática. Essa ideia já era, em si, uma revolução. Até então, os biólogos tinham encarado os genes como elos fixos na cadeia cromossômica, imutáveis exceto em mutações casuais, enviando informação e instruções num caminho de sentido único, dos cromossomos para o resto do organismo.

McClintock passou os vários anos seguintes tentando descobrir o que estava controlando a ordenada variegação do milho. Durante esse período, ficou obcecada com o problema. Trabalhava dia e noite, quase sempre sozinha, às vezes passando noites maldormidas num catre no laboratório. Ela sempre adorara quebra-cabeças. Como disse certa vez acerca de suas aulas de ciência do ensino médio no Brooklin: "Eu resolvia alguns dos problemas de uma maneira que não eram as respostas que o tutor esperava [...]. Era uma tremenda alegria, todo o processo de achar a resposta, era pura felicidade".[8]

Agora, naquele fim de manhã primaveril, 13 de maio de 1947, parada em meio a suas novas plantas, McClintock sentia estar perto da resposta do que controlava as mutações regulares no milho. Juntou suas fichas de dez por quinze centímetros onde anotava a genealogia de cada planta, e voltou ao laboratório. Em poucos meses olharia os cromossomos de sua nova geração ao microscópio. E então faria a maior descoberta de sua vida.

Evelyn Witkin, então uma jovem pesquisadora no Departamento de Genética da Carnegie, lembra-se do dia em março ou começo de abril de 1948 em que McClintock lhe telefonou: "[McClintock] não cabia em si de tanta empolgação, estava quase incoerente, falando rápido demais. Ela tinha chegado à conclusão de que aquela coisa se movia".[9] "Aquela coisa" era um elemento genético no cromossomo. McClintock descobrira que *elementos genéticos mudavam efetivamente de posição nos cromossomos*, reagrupando-se de maneiras controladas. Essas mudanças de posição, por sua vez, causavam as variegações.

Não se podia mais pensar nos genes como elos fixos na cadeia, ou nos cromossomos como reservatórios estáticos de instruções. *O cromossomo, e os genes nele contidos, eram um sistema dinâmico, mudando durante um único tempo de vida, simultaneamente controlando e sendo controlados pelo resto do organismo.* McClintock concebeu algumas dessas ideias, mas não todas, naquele momento.

Mesmo hoje, os biólogos não compreendem os detalhes de como a informação do organismo em desenvolvimento é devolvida aos cromossomos.

A era moderna da genética começou no fim dos anos 1850, com o trabalho do monge e botânico austríaco Gregor Mendel. Examinando os traços visíveis de ervilhas de jardim através de muitas gerações, Mendel chegou à ideia de que cada traço era controlado por um *par* de fatores individuais, depois chamados genes, herdados de cada um dos pais. Cada fator podia vir com diversas variações, por exemplo, olhos azuis ou olhos castanhos. Quando o par de fatores herdados para um traço era de duas variedades distintas, havia o domínio de um dos fatores, que foi chamado "dominante", enquanto o outro foi denominado "recessivo".

A figura 16.1 ilustra um experimento mendeliano típico e sua análise. Aqui consideramos um único traço, a cor das pétalas das flores, e apenas os genes que governam esse traço. Suponhamos que a flor de uma planta possa ser vermelha ou branca. Comecemos com dois grupos de plantas "puras", um grupo que tenha exibido apenas flores vermelhas por muitas gerações, e outro que tenha exibido apenas brancas. Quando uma vermelha pura é cruzada com uma branca pura, a descendência não é de uma coloração rosa misturada, mas toda vermelha. Evidentemente, o fator vermelho domina o fator branco, como se atuasse sozinho. A situação é mostrada no diagrama A, em que V representa a forma dominante (vermelha) do gene e v, a forma recessiva (branca). Cada planta vermelha pura tem dois genes vermelhos (VV), enquanto cada branca pura tem dois brancos (vv). Cada filha, tendo um gene de cada um dos pais, precisa ser Vv. Como o vermelho domina o branco, essas plantas são todas vermelhas. O diagrama B mostra os resultados do cruzamento incestuoso de uma filha Vv com outra. Há quatro possibilidades de combinações de genes dos filhos, cada um igualmente provável. Logo, em muitos desses cruzamentos, observa-se que três quartos dos descendentes têm flores vermelhas (com pelo menos um gene vermelho) e um quarto tem flores brancas (com dois genes brancos). A partir de tais experimentos, Mendel chegou a suas ideias.

Em 1890, o zoólogo alemão Theodor Boveri, usando um microscópio para estudar as mudanças pelas quais as células passam na divisão e reprodução, lançou a hipótese de que os fatores de hereditariedade de Mendel estivessem

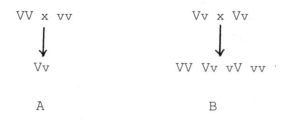

Figura 16.1

localizados nos cromossomos, os corpos compridos vistos no núcleo de cada célula de cada organismo vivo. Um cromossomo típico tem cerca de um milésimo de centímetro, ou algumas vezes menor do que aquilo que pode ser visto a olho nu.

No período de 1910-5, o biólogo norte-americano Thomas Hunt Morgan confirmou a sugestão de Boveri, mostrando que os genes estão dispostos de forma linear no cromossomo. Um estudante de Morgan, A. H. Sturtevant, na época ainda um aluno de graduação, mapeou pela primeira vez meia dúzia de genes num único cromossomo da *Drosophila*.

McClintock passava grande parte do tempo estudando o comportamento dos cromossomos ao microscópio. Para entender seu trabalho, é preciso entender como os cromossomos, e a informação genética que eles contêm, são passados adiante de uma célula a outra. Essa transferência ocorre de duas maneiras distintas. A primeira, durante a divisão celular normal dentro da vida de um organismo, é chamada mitose. A segunda, chamada meiose, ocorre na formação de uma célula de espermatozoide ou óvulo ao acasalar-se com outro organismo.

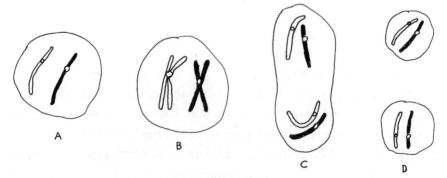

Figura 16.2

A mitose é ilustrada na figura 16.2. O conjunto todo de cromossomos (dez no milho, 23 nos seres humanos) vem em pares mendelianos, um cromossomo de cada par herdado do pai e um da mãe. Pares mendelianos, também chamados pares homólogos, têm genes para os mesmos traços nas mesmas posições nos cromossomos, mas podem ter variedades diferentes para cada gene (tal como flores vermelhas versus brancas). Na parte A da figura 16.2, é mostrado apenas um único par homólogo, o cromossomo branco herdado de um dos pais e o preto de outro. (As cores branca e preta são usadas apenas para distinguir os dois

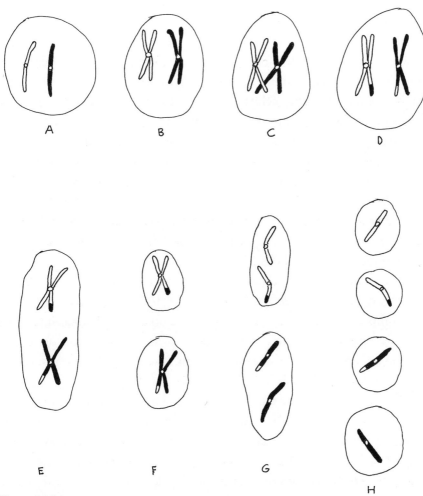

Figura 16.3

cromossomos.) Cada cromossomo tem um pequeno nó ao longo de seu comprimento, chamado centrômero, indicado por um círculo. O centrômero funciona como uma alça que puxa o cromossomo pela célula durante o processo de divisão celular. Na parte B, cada membro do par homólogo se duplicou, produzindo uma cópia exata de si mesmo chamada de cromátide-irmã. Na parte C, ao começar a divisão celular, cromátides-irmãs são separadas num processo chamado anáfase. Finalmente, em D, a divisão celular está completa. A célula original dividiu-se em duas novas células. Cada uma das novas células tem exatamente os mesmos cromossomos que a original. Os organismos usam a mitose para aumentar de tamanho, para fabricar mais tecido, para crescer.

A meiose é ilustrada na figura 16.3. Aqui as partes A e B são iguais às da mitose, figura 16.2. Mas na parte C surge uma coisa nova. As pernas das duas cromátides do par homólogo "fazem permuta" e efetivamente transferem genes entre si. Nos passos E e F, a célula se divide, com cada membro duplicado do par homólogo indo para novas células *separadas*. Em G, as cromátides-irmãs de cada cromossomo se separam, e em H, finalmente temos *quatro* novas células, cada uma com um *único cromossomo*. Cada uma dessas quatro células está preparada para se acasalar e juntar com uma célula do sexo oposto. Note que a meiose produz o dobro de células novas que a mitose (quatro em vez de duas), e cada célula final tem a metade dos cromossomos. Cada membro de um par homólogo, ou mendeliano, foi isolado numa célula separada. Além disso, alguns desses cromossomos se tornaram híbridos, como genes novos, do processo de permuta entre cromátides.

É importante enfatizar uma distinção crítica entre meiose e mitose conforme esquematizadas acima: genes podem mudar de posição na meiose, mas não na mitose. Segundo a compreensão tradicional da biologia celular, com exceção de mutações aleatórias, os genes passados adiante de uma célula a outra dentro do ciclo de vida de um organismo, na mitose, permaneciam em posições fixas no cromossomo. McClintock iria derrubar essa visão.

Numa técnica de importância crucial, McClintock e outros biólogos usaram o processo de permuta das cromátides na meiose para mapear a localização de um gene em relação a outro ao longo do cromossomo. Como se pode ver nas partes C e D da figura 16.3, essa permuta age como uma tesoura que corta um cromossomo em dois, removendo a parte abaixo do corte e substituindo-a com alguma outra coisa. Suponhamos que os genes, digamos Q e T, estejam inicialmente no mesmo cromossomo. A probabilidade de serem separados pelo corte da permuta é proporcional à distância entre eles. Se Q e T estiverem muito próximos, as chances de o corte ocorrer entre eles, e portanto separá-los, é pequena. Se Q e T estiverem distantes, a chance de o corte ocorrer entre eles é grande. Analisando os números relativos de cromossomos contendo tanto Q como T após a permuta — conforme evidenciado pelos traços dos descendentes — pode-se calcular a distância que existia entre Q e T no cromossomo original.

O primeiro indício de que os genes podiam se mover nos cromossomos foi algo que McClintock chamou de fenômeno dos setores gêmeos. Em 1946, ela notou que algumas seções das plantas de milho exibiam um índice de mutações muito diferente daquele da planta como um todo. Por exemplo, se o número médio de traços amarelos numa folha de milho variegada fosse de cinco por centímetro quadrado, algumas seções tinham duas ou oito. E, o mais importante — um detalhe mínimo, possível de ser visto apenas pelo observador mais aguçado —, essas seções esquisitas vinham em *pares* adjacentes, com um membro do par tendo um número mais elevado de mutações que a média, e o outro vizinho, lado a lado, com um número inferior à média. Ali estava uma grande pista! Já que cada uma das seções da folha se originava de uma célula progenitora diferente, parecia que uma dessas células progenitoras tinha dado algo à outra durante a mitose. Anos depois, McClintock lembrava-se que o fenômeno dos setores gêmeos "era tão surpreendente que deixei tudo de lado, sem saber — mas tinha certeza de que seria capaz de descobrir o que era que uma célula ganhava e a outra perdia, porque era isso que parecia".[10]

O fenômeno dos setores gêmeos sugeriu a McClintock que elementos genéticos podiam mudar de lugar durante o ciclo de vida de um único organismo. Como ela viria a descobrir, o fenômeno era causado por material genético passando de um cromossomo para sua cromátide-irmã durante a divisão celular. E ela também acabaria por demonstrar que *elementos genéticos podiam mudar de posição em um único organismo*, alterando funções ao fazê-lo.

Além de analisar padrões de variegação, McClintock estava estudando núcleos celulares ao microscópio. Ali descobriu que os cromossomos de suas plantas variegadas mostravam quebras regularmente recorrentes em lugares específicos nos cromossomos. Esse achado mais uma vez sugeriu a ela algum mecanismo de controle externo. Havia algo controlando as quebras nos cromossomos, que por sua vez poderia estar associado com as variegações.

Além de conhecer suas plantas como suas próprias roupas, McClintock conhecia também os cromossomos das plantas. Era sempre o cromossomo 9 que se quebrava, e o cromossomo 9 sempre se quebrava a uma distância de um terço da distância do centrômero à ponta do braço mais curto. (O centrômero, raramente no meio, divide o cromossomo num braço curto e num braço longo.) McClintock chamou essa posição de quebra de loco *Ds*, sendo "*Ds*" uma forma abreviada para "dissociação". Numa terminologia confusa, McClintock e outros geneticistas usam palavra "loco" para se referir ao material genético físico bem como à posição do cromossomo. Assim, "loco *Ds*" podia ser usado tanto para a posição de rompimento como para o elemento genético causador do rompimento.

Após muitos cruzamentos e observações, McClintock descobriu que o loco *Ds* vinha tanto na forma dominante (chamada *Ds*) como na recessiva (chamada *ds*). Mais ainda, nem mesmo o *Ds* atuava sempre para produzir quebras no cromossomo 9. McClintock concluiu que um segundo elemento controlador estava controlando a ação do *Ds*. Este segundo elemento ela chamou de loco *Ac*, sendo "*Ac*" a abreviatura para ativador [*activator*]. Quando o *Ac* estava presente, o *Ds* agia de modo a produzir a quebra; quando o *Ac* estava ausente, o *Ds* não agia.

Talvez de maior importância fosse que o trabalho de McClintock sugeria que a variegação aparecia quando o *Ds* era movido, ou "transposto", para o local do gene do pigmento, bloqueando sua ação.

O artigo seminal de McClintock, de 1948, seu primeiro anúncio de que elementos genéticos podiam mudar de posição num cromossomo dentro do ciclo de vida de um mesmo organismo, foi publicado no relatório anual de sua instituição, assim como o de Henrietta Leavitt em 1912. Esses relatórios anuais, embora sem a mesma circulação ampla que as publicações científicas nacionais, eram lidos por outros profissionais da área. Note-se que no artigo de McClintock não se faz nenhuma referência à qualquer outro cientista ou seu trabalho, como tampouco fizera Leavitt. Essas publicações institucionais representavam basicamente trabalho em progresso, quase como se fossem notas de laboratório.

Em geral, os artigos de McClintock eram densos e difíceis de ler, e este não é exceção. Com frequência, tem-se a impressão de que ela está soterrando o leitor numa miscelânea de resultados, com pouca organização orientadora ou análise unificadora. Outro fator de complicação é que nesse artigo McClintock estava mais interessada no processo de controle do que na transposição de genes.

Ela começa o artigo resumindo a maneira como os genes mutáveis, que ela chama também de locos mutáveis e locos instáveis, podem ser ligados e desligados em sua manifestação de traços. Traços genéticos observáveis, tais como cor de pigmento, marcas listradas e graus de cerosidade, são chamados fenótipos. Ela lista um número de genes que mostram "instabilidade". Aqui, como anteriormente na cor das flores, uma letra minúscula significa a forma recessiva do gene, enquanto uma maiúscula significa a forma dominante. Por exemplo, *c*, a forma recessiva da cor do pigmento, resulta numa camada externa incolor do grão, chamada aleurona, enquanto *C* resulta numa aleurona colorida. McClintock então resenha seus achados em que genes mutáveis não provocam mudanças sem a presença de um segundo fator de controle, o *Ac*.

Na seção intitulada "Natureza da ação do *Ac*: o loco *Ds*", McClintock discute a localização do *Ds* no cromossomo 9, com distâncias medidas em "unidades de permuta". Ela então descreve a maneira particular como o *Ds* causa a mutação, ilustrada na figura 16.4, com a sequência de passos de A a C. Uma outra terminologia nessa seção, "tecidos esporofíticos", refere-se ao material próprio

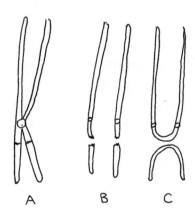

Figura 16.4

da planta, tal como folhas e caule. "Tecido endospérmico" é a substância dentro do grão usada como alimento pelo embrião em crescimento.

Mais adiante nessa seção, McClintock menciona pela primeira vez que "o loco *Ds* pode mudar de posição no cromossomo", processo este que mais tarde ela chamará de "transposição". (Em algumas páginas, ela sugere que o *Ac* também pode mudar de localização.) Ela detalha que o *Ds* às vezes passa de "uma posição algumas unidades à direita de *Wx* [um gene associado à cerosidade] para uma posição entre *I* [um gene que bloqueia a cor] e *Sh* [um gene que provoca encolhimento de endosperma no grão]". A situação é ilustrada na figura 16.5, em que é mostrado apenas o braço curto do cromossomo, à esquerda do centrômero. As linhas superior e inferior mostram respectivamente as posições inicial e final do *Ds*.

Na subseção "Os efeitos da dosagem de *Ac*", McClintock apresenta sua descoberta de que os efeitos do elemento ativador *Ac* variam com a quantidade de *Ac* presente. Diferentemente da maioria das células, em que os cromossomos aparecem em pares homólogos, os cromossomos do endosperma vêm em trios homólogos (chamados $3n$), dois maternais e um paternal. Assim, cada traço pode ter zero, um, dois ou três genes *Ac* dominantes controlando-o, representados respectivamente por *ac ac ac, Ac ac ac, Ac Ac ac* e *Ac Ac Ac*.

Perto do fim da seção, McClintock comenta que alguns dos efeitos de doses variáveis de *Ac* são obtidos mesmo quando um único gene *Ac* está presente na célula inicial. Como pode ser isso? Pegando uma ideia anteriormente proposta por outros biólogos, ela conjectura que mesmo um único gene *Ac* deve vir em formas de intensidade variável. Evidentemente, ela retrata o *Ac* como constituído de "um número de unidades idênticas e provavelmente dispostas linearmente", como uma fileira de pequenas moedas. Nessa imagem, um gene *Ac* pode transferir algumas de suas moedinhas a uma cromátide-irmã durante o processo de mitose, de modo que "uma cromátide ganha unidades que a cromátide-irmã perde". O número total de moedas permanece o mesmo. A transferência física de material genético, com uma cromátide ganhando e outra perdendo, pode enfim explicar a observação reveladora de McClintock referente ao fenômeno do setor gêmeo. Notemos que McClintock não provou que o *Ac* vem em intensidades variáveis. Ela está se apoiando em algumas observações recentes dos efeitos variáveis do *Ac*, no seu conhecimento do fenômeno do setor gêmeo e numa grande dose de intuição.

250

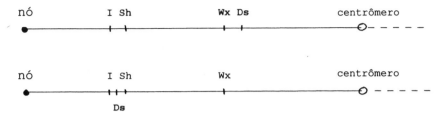

Figura 16.5

Na seção intitulada "Os mutáveis locos *c*", McClintock discute outros genes controlados pelo *Ac*, relacionados com a cor do pigmento, c^{m-1} e c^{m-2}. Ela nota que os locos *Ds* e *c* parecem ser controlados pelo *Ac* de maneira "surpreendentemente parecida". Mais uma vez, ela lança uma hipótese. É levada a suspeitar que o loco *c* pode agir por meio da quebra do cromossomo exatamente como o *Ds*. A suspeita de McClintock aqui é importante e também é um inspirado salto de fé. Já que ela sabe que o *Ds* provoca quebras e que o *Ds* se move pelo cromossomo, um passo adicional (que ela ainda não dá) concluiria que *a transposição do Ds provoca todas as mutações por ela consideradas.*

Mais algumas observações sobre notação: uma barra entre combinações de genes significa que eles provêm de cromossomos diferentes de um par ou trio homólogo. Assim, por exemplo, "*C ds/ c ds/ c ds*" significa que o primeiro cromossomo no trio tem genes *C* e *ds*, o segundo tem *c* e *ds*, e o terceiro, *c* e *ds*. Para indicar diferentes formas do mesmo gene de um conjunto homólogo de cromossomos, é usada uma notação mais simples sem barras, tal como "*ac Ac Ac*".

Na seção "Conclusões", McClintock repete sua evidência de que algumas das variegações são causadas por acréscimos ou decréscimos "graduais" num gene como *C* ou *Wx*. Ela menciona novamente a hipótese de alguns ganhos e perdas de "unidades idênticas" em cromátides-irmãs que podem explicar o fenômeno do setor gêmeo.

Nesta última seção, McClintock é cautelosa quanto a ir além de seus dados, rotulando suas conjecturas como "interpretações" e "hipóteses de trabalho". Ao mesmo tempo, tal como uma física ou química teórica, está claramente buscando um princípio simplificador que unifique e explique todos os disparatados fenômenos que observou. Como escreve perto do final: "Com tantos locos mutáveis comportando-se de maneira praticamente igual, é improvável que estejam envolvidos muitos mecanismos diferentes, não relacionados".

* * *

O artigo de 1948 de Barbara McClintock é muito mais especulativo e não resolvido que qualquer outro dos artigos fundamentais que consideramos até agora. Este artigo realmente dá a sensação de um relatório interno. Além disso, é difícil de ler. A geneticista norte-americana tem alguns resultados palpáveis, algumas hipóteses, algumas questões não respondidas.

Ademais, em retrospecto, o artigo parece não ter foco. Embora seja o texto no qual McClintock relata pela primeira vez sua descoberta da transposição — que genes e elementos genéticos podem mudar de posição no cromossomo —, a transposição não é absolutamente o assunto central do artigo. Na verdade, McClintock está muito mais preocupada com o processo de "controle", uma palavra que ela usa ao longo do artigo inteiro. A bióloga quer saber o que controla a mutação ordenada que ela observou no milho. Os "locos" do título, na verdade, referem-se aos genes mutáveis em si, e não à posição dos genes. A sua tentativa de conclusão mais penetrante é que elementos genéticos são graduados e podem ser passados de forma fragmentada de uma cromátide-irmã para outra. Esse fenômeno está relacionado com a transposição — mas é distinto dela —, em que um gene se move de um local do cromossomo para outro no mesmo cromossomo, com uma conjunta mudança de função. Nesse artigo de 1948, a ideia da transposição, que acabaria por se tornar a descoberta mais importante de sua carreira, está quase oculta no emaranhado de seus muitos outros resultados. Com certeza sua importância não foi bem compreendida.

Um ano depois, em seu relatório de 1949 para a Carnegie Institution, McClintock já viria a perceber que a transposição pode ser responsável por muitas das ordeiras mutações no milho. Ali, ela escreve que:

> um estudo continuado [...] revelou um tipo de fato envolvendo o loco *Ds* que parece ser responsável pela origem e subsequente comportamento de todos os locos mutáveis controlados pelo *Ac*. Este fato causa uma transposição do loco *Ds* de um local no complemento cromossômico para outro.[11]

Vemos portanto o pensamento de McClintock evoluindo e progredindo. Em 1951, num artigo altamente influente intitulado "Organização cromossômica e expressão dos genes", publicado no *Cold Spring Harbor Symposia on Quantita-*

tive Biology, ela identificava a transposição como um importantíssimo fenômeno relacionado com a organização e a natureza dinâmica dos cromossomos. Numa carta a seu colega George Beadle, mais cedo nesse mesmo ano, escreveu: "Parece-me que poderíamos muito bem parar de lidar com os genes no velho sentido e tentar enxergar o núcleo como um sistema organizado com vários tipos de controles da ação dos [genes] determinadores".[12]

O reconhecimento pleno da descoberta de McClintock, da transposição de genes, foi adiado pelo menos por duas razões. A primeira foi que inicialmente pensou-se que o fenômeno aplicava-se apenas ao milho. A segunda foi que, exatamente quando os biólogos estavam começando a abraçar a ideia, em 1953, James Watson, Francis Crick e Rosalind Franklin descobriram a estrutura do DNA, a molécula que contém a informação genética. A essa altura, muitos geneticistas voltaram sua atenção aos detalhes moleculares da hereditariedade e da transferência de informação, em vez da organização e comportamento sistêmico do cromossomo como um todo, que era o interesse de McClintock. A transposição foi eclipsada pelo DNA.

Nos 25 anos seguintes, porém, mais e mais evidências apontavam para a importância e universalidade da transposição. No fim da década de 1960, biólogos descobriram que algumas bactérias desenvolvem imunidade a antibióticos mudando a posição de seus genes no cromossomo. A posição de um gene, na verdade, governa em parte a sua função, a função de genes vizinhos e a interação do gene com o resto do organismo.

Gradualmente, a transposição foi reconhecida como mecanismo universal, importante em muitas formas de vida. Em 1970 descobriu-se que um processo similar à transposição permite que um organismo desenvolva a enorme quantidade de anticorpos necessários a partir de um número relativamente pequeno de genes. O rearranjo de genes permite que um volume de informação muitíssimo maior seja codificado e posto em ação, exatamente como o rearranjo das letras *a, r, c, o* permitem criar as palavras "caro", "cora", "roca" além do "arco" original. Em 1983, McClintock foi laureada com o prêmio Nobel pela sua descoberta da transposição genética.

Dois aspectos específicos da genialidade de McClintock a ajudavam a resolver charadas científicas: sua capacidade de enxergar padrões nas características genéticas do milho, da mesma forma que os físicos do fim dos anos 1800 notaram padrões nas emissões espectrais dos átomos, e sua habilidade de estudar um organismo tanto no nível microscópico de seus cromossomos como no nível global da planta inteira. Num raro e notável comentário a Keller no final dos anos 1970, McClintock descreveu seus momentos criativos de descoberta:

> Quando você de repente vê o problema, alguma coisa acontece — você tem a resposta antes de ser capaz de colocá-la em palavras. Tudo se passa subconscientemente. Aconteceu comigo muitas e muitas vezes, e sei quando levar isso a sério. Eu tenho uma certeza absoluta. E não fico falando. Não preciso contar a ninguém. Simplesmente tenho certeza de que é aquilo.[13]

17. A estrutura do DNA

Em um dos episódios de *Jornada nas estrelas: A nova geração*, o comandante Data fratura uma parte do corpo, se não me engano a mão, e fica olhando para o visível emaranhado de fios e chips de computador saltando de seu pulso. Embora Data seja uma máquina, nós o encaramos como um ser humano. Ele tem aparência humana. Age com os outros personagens com compaixão e doçura. Dá a impressão de saber distinguir o certo do errado. Portanto, há algo de perturbador para nós nessa cena, não tanto pelo fato de Data estar machucado, mas por ele ver o interior de seu próprio mecanismo. O segredo de seu ser está totalmente exposto. Todas as complexidades de suas ações corporais e pensamentos, as profundezas sutis de seus sentimentos, os mistérios aparentemente infinitos de um ser vivo, reduzidos a determinada amperagem de corrente elétrica fluindo através de fios protuberantes, em padrões específicos de zeros e uns dentro dos componentes de um computador. Sentimos uma espécie de violação da ordem natural das coisas. Como pode uma criatura conhecer-se dessa maneira, espiar seu próprio funcionamento interno? Teoricamente, é concebível que essa criatura possa construir a si mesma, num círculo estonteante e sem início, em que o criador cria a si próprio, o universo imagina a si mesmo.

Nos últimos cinquenta anos, nós seres humanos descobrimos muito do nosso próprio mecanismo — a estrutura química de uma molécula chamada

DNA. A maioria das moléculas possui uma estrutura química fixa. A molécula de DNA, por sua vez, tem pedaços que variam, e as variações e os arranjos específicos desses pedaços, como a ordem das letras para formar palavras, grafam quimicamente as instruções de como formar um ser humano, ou qualquer organismo vivo. Outras moléculas transportam as instruções codificadas na molécula de DNA, criando ossos e músculos, sangue, fígado, cérebro, pulmões ou guelras, pele ou conchas, pelos ou penas, flores e caules.

A estrutura do DNA foi descoberta em 1953 por James Watson, Francis Crick e Rosalind Franklin. O artigo seminal de Watson e Crick na *Nature*, indiscutivelmente o texto sobre biologia mais importante do século XX, é tão famoso que com frequência não é encontrado nos exemplares da revista arquivados nas bibliotecas. As páginas 737 e 738 da edição 171 vêm sendo arrancadas como pedras roubadas da Igreja do Santo Sepulcro em Jerusalém. O artigo tem pouco mais de uma página, mal chegando a mil palavras no total. O texto de Franklin segue duas páginas adiante.

A molécula de DNA tem a forma de uma escada em espiral. Cada uma das duas pernas da escada forma uma hélice. Cada degrau da escada consiste em duas pequenas moléculas presas entre si, podendo ser um entre quatro tipos: C-G, G-C, A-T, T-A. A sequência particular de degraus escada acima contém toda a informação genética para criar um organismo. Por exemplo, A-T seguido de G-C seguido de A-T é o código para a serina, um dos vinte aminoácidos que formam proteínas; G-C seguido de A-T é o código da arginina, outro aminoácido.

Molécula por molécula, um ser humano ou um rato é fabricado a partir de uma receita específica de aminoácidos e outras substâncias químicas ordenadas com base na sequência de degraus na escada de DNA. A receita completa para fazer um ser humano, por exemplo, requer cerca de 5 bilhões de degraus. Uma bactéria típica requer apenas cerca de 5 milhões.

E como são lidas as instruções? Pelo toque. Moléculas distintas diferem em formato. As moléculas que constituem os blocos de construção e seus pedreiros vagueiam para cima e para baixo ao longo da escada de DNA, ligando-se momentaneamente quando o formato se ajusta ao formato de um degrau ou grupo de degraus específico na escada. Dessa maneira, pedaços de vida são parcialmente juntados, deixam o DNA e juntam mais pedaços.

A escada de DNA é extremamente longa em comparação com sua largura.

13. Linus Pauling.

14. Edwin Hubble.

15. Alexander Fleming, 1932.

16. Hans Krebs.

17. Lise Meitner e Otto Hahn no laboratório de Hahn, no porão do Instituto de Química da Universidade de Berlim, 1909.

18. Rosalind Franklin servindo café em cadinhos no laboratório de Jacques Mering, em Paris, *c.* 1948.

19. Barbara McClintock (à dir.) com L. C. Dunn, *c.* 1940.

20. Francis Crick (à esq.) e James Watson durante um passeio pelos fundos da faculdade em Cambridge, c. 1952.

21. Max Perutz com seu modelo da hemoglobina.

22. Robert Dicke no início da década de 1950.

23. Steven Weinberg na Universidade de Cambridge, 1975.

24. Arno Penzias (à dir.) e Robert Wilson diante do radiotelescópio Crawford, em Holmdel, Nova Jersey.

25. Jerome Friedman junto a um painel de controle do Acelerador Linear de Stanford, no final dos anos 1960.

26. Paul Berg em seu laboratório na Universidade Stanford.

Para os humanos, o DNA total tem cerca de dois metros de comprimento, mas apenas 0,2 milionésimos de centímetro de largura. As moléculas de DNA residem dentro de cada célula viva, nos cromossomos (ver capítulo 16, sobre McClintock). Para caber dentro da célula, de tamanho milhares de vezes menor, a escada precisa se enrolar e se dobrar muitas e muitas vezes. A escada de DNA não conduz a lugar nenhum, e ao mesmo tempo conduz a tudo.

Da mesma forma que nas outras colaborações científicas que vimos, Watson, Crick e Franklin trouxeram diferentes habilidades e temperamentos para o trabalho com o DNA. Crick, nascido em Northampton, Grã-Bretanha, em 1916, tinha formação em matemática e física pelo University College de Londres. Após a Segunda Guerra, durante a qual serviu o Almirantado Britânico projetando circuitos para minas magnéticas, Crick perdeu o interesse em física e resolveu passar para biologia. Em 1951, aos 35 anos, foi para Cambridge. Ali esperava contribuir com sua considerável habilidade matemática para o estudo das moléculas de proteínas no seu doutorado. Naquela época, e em toda a década anterior, o método de maior êxito para averiguar a estrutura das proteínas e outras moléculas complexas era a difração de raios X. Nesse método, o padrão de raios X dispersados por uma molécula revela o arranjo de suas partes (ver capítulos 7 e 18).

Rosalind Franklin, uma experimentalista talentosa em difração de raios X chegou ao vizinho King's College em Londres também em 1951. Nascida em 1920, filha de um próspero banqueiro de Londres, Franklin obteve seu doutorado em Cambridge, em 1945. Depois trabalhou por três anos em Paris, onde refinou suas técnicas em difração de raios X, tornando-se uma autoridade mundial na estrutura do carvão.

James Watson, nascido em Chicago, Estados Unidos, em 1928, era formado em biologia e genética de bactérias. Depois da pós-graduação na Universidade de Indiana, estudando com Salvador Luria, Watson foi para Copenhague, onde esperava aprender um pouco de química.

Desde o começo do século XX, e ainda antes, genética, hereditariedade e desenvolvimento embrionário vinham sendo temas fundamentais em biologia. O influente mentor de Watson, Luria, embora não fosse químico, suspeitava que a compreensão do funcionamento dos genes provavelmente exigiria um conhecimento detalhado de sua estrutura química. Uma pista essencial foi fornecida em 1944, quando o biólogo norte-americano Oswald Avery e seus colegas descobriram fortes evidências de que a molécula ativa nos genes era o ácido desoxirribonucleico, ou, abreviadamente, DNA. Os componentes químicos do DNA já eram conhecidos desde a década de 1920: açúcares de cinco carbonos chamados desoxirribose (figura 17.1); grupos de fosfatos, consistindo de um átomo central de fosfato ligado a quatro átomos de oxigênio (figura 17.2); dois compostos de anéis duplos contendo nitrogênio chamados guanina e adenina (figura 17.3); e dois compostos de anel simples contendo nitrogênio chamados timina e citosina (figura 17.4). (Lembremos que na notação química, C, H, O e N simbolizam carbono, hidrogênio, oxigênio e nitrogênio, os três primeiros sendo os principais átomos de todos os compostos orgânicos.) Os quatro compostos de nitrogênio são coletivamente chamados de bases.

Os componentes químicos do DNA haviam sido determinados com relativa facilidade. Mas o arranjo espacial desses componentes — como eles se encaixam mutuamente no espaço tridimensional — foi uma questão inteiramente diferente. Desde o trabalho do químico-físico holandês Jacobus Hendricus van't Hoff nos anos 1870, sabia-se que o mesmo grupo de átomos podia se ligar de formas distintas, dando origem a diferentes estruturas e formatos para a molécula resultante. E, o mais importante, essas formas diferentes tinham comportamentos e propriedades diferentes. Portanto, era crucial determinar o arranjo espacial específico de moléculas de DNA. Desvendar essa estrutura, por sua vez, quase com certeza exigia difração de raios X.

Em Copenhague, Watson tornou-se obcecado por entender a estrutura do DNA. No outono de 1951, aos 23 anos, foi a Cambridge estudar difração de raios X com Max Perutz, que na época estava utilizando a técnica para estudar a estrutura das proteínas (ver capítulo 18).

Assim, com menos de um ano de diferença, Watson e Crick chegaram a Cambridge e Franklin a Londres, a uma hora de trem. Como acabou sucedendo, Franklin faria as imagens cruciais de raios X do DNA, enquanto Watson e Crick usariam sua intuição científica e as fotografias de Franklin para construir modelos tridimensionais de cartolina e metal. Apesar da proximidade, Watson e Crick nunca trabalharam diretamente com Franklin. Na verdade, Watson descreve sua relação com Franklin como "desagradável". Suas personalidades e estilos não poderiam ter sido mais diferentes.

Em suas memórias, *What Mad Pursuit* [Que busca maluca], Francis Crick escreve que "Jim e eu nos demos bem imediatamente, em parte por nossos interesses serem tão semelhantes e em parte porque, desconfio, certa arrogância juvenil, uma mistura de postura implacável e impaciência com desleixo no pensar, tomava conta de nós naturalmente".[1] É possível argumentar que Jim Watson e Francis Crick eram impacientes não só com o desleixo no pensar. Eram impacientes, ponto final. Davam suas opiniões rapidamente e sem vacilar. Watson, que na época usava uma vasta e rebelde cabeleira, recorda em suas memórias que Crick "falava mais alto e mais rápido que qualquer outra pessoa e, quando ria, ficava óbvio o local em que se encontrava dentro do Cavendish".[2]

Enquanto Watson e Crick tinham ambos uma "arrogância juvenil" e adoravam fazer brincadeiras com amigos nos pubs de Cambridge, Franklin era mais séria e menos sociável. Frederick Dainton, que foi seu professor na graduação na Universidade de Cambridge, escreveu a sua biógrafa Anne Sayre que Franklin era "uma pessoa muito fechada com elevados padrões pessoais e científicos, e intransigentemente honesta".[3] Era também, nas palavras do seu supervisor de doutorado, Ronald Norris (que ganhou o Nobel de química em 1967), "teimosa e difícil de supervisionar".[4] Sob todos os aspectos, Franklin era uma pessoa independente, capaz inclusive de atos de estoicismo. Durante a guerra, enfiou acidentalmente uma agulha de costura no joelho e percorreu sozinha a pé a longa distância até o hospital para removê-la.

Franklin foi para o King's College em Londres para trabalhar com difração de raios X no DNA. Na época, o físico Maurice Wilkins, também no King's, já se dedicava havia anos a esse tipo de estudo. Segundo Watson, os estudos moleculares do DNA na Inglaterra nos anos 1950 eram, "para todos os efeitos práticos, propriedade de Maurice Wilkins".[5] Até então, Wilkins fizera um progresso apenas limitado, em parte porque, sem que ele soubesse, suas amostras de DNA continham uma mistura de duas formas da substância, confundindo as imagens de raios X.

Franklin e Wilkins entraram em rota de colisão quase de imediato. Partilhavam os mesmos laboratórios, mas trabalhavam separadamente. De tempos em tempos, Watson pegava um trem de Cambridge para Londres para conversar com Wilkins ou escutar uma palestra de Franklin. Enquanto Watson e Crick estavam sempre fervilhando com novas ideias e modelos de DNA, confiando muito em seus instintos e bom senso, Franklin se atinha mais aos dados, era mais cautelosa em seu estilo científico. Como disse certa vez a Dainton, "os fatos falam por si".[6]

Desvendar a estrutura do DNA exigiria, mais do que qualquer outra coisa, conhecimento de química. E o químico supremo em 1950 era Linus Pauling, que vivia nos Estados Unidos (ver capítulo 11). Na primavera de 1951, Pauling e Robert Corey publicaram um artigo mostrando que muitas moléculas de proteínas estão dispostas no formato de hélice, o que Pauling chamou de hélice alfa. A hélice alfa foi a primeira estrutura helicoidal conhecida em biologia. Ela era linda e excitou a imaginação de outros bioquímicos. O DNA não era uma proteína, mas era também uma molécula orgânica complexa, e alguns biólogos especularam que talvez ela também tivesse a forma de hélice. Pauling começou a trabalhar para quebrar a estrutura do DNA, a molécula mais valorizada da biologia.

A partir do momento que Watson e Crick se encontraram, no outono de 1951, decidiram competir com Pauling para revelar os segredos do DNA. Como escreve Watson em seu celebrado livro *A dupla hélice*: "Nossas conversas de almoço rapidamente se centraram em como os genes eram agrupados. Em poucos dias após a minha chegada, já sabíamos o que fazer: imitar Linus Pauling e vencê-lo em seu próprio jogo".[7]

Uma técnica principal seria experimentar diferentes modelos tridimensionais feitos de pedaços de papel, cartolina e metal, cortados nos formatos dos vários componentes do DNA. Watson descreve a abordagem:

> Logo fui informado [por Crick] de que a realização de Pauling era um produto do senso comum, não o resultado de um complicado raciocínio matemático. A hélice alfa não fora encontrada apenas observando as imagens de raios X; o truque essencial, em vez disso, foi perguntar que átomos gostam de se sentar perto uns dos outros. Em lugar de lápis e papel, as principais ferramentas de trabalho eram um conjunto de modelos de moléculas que se pareciam superficialmente com brinquedos de crianças em idade pré-escolar. Logo, não vimos razão para não solucionar o DNA do mesmo modo. Tudo que tínhamos a fazer era construir um conjunto de modelos de moléculas e começar a brincar.[8]

Os brinquedos com os quais Watson e Crick começaram a brincar, os componentes conhecidos do DNA, são mostrados nas figuras 17.1 a 17.4.

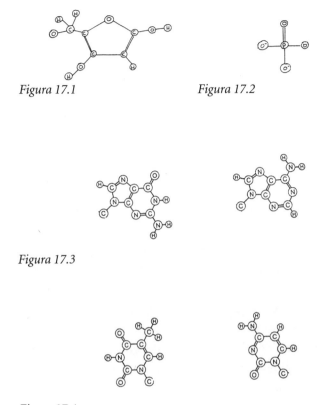

Figura 17.1 *Figura 17.2*

Figura 17.3

Figura 17.4

Em 1950, pelo menos um século de descobertas em biologia havia assentado a base para desvendar o DNA. Primeiro foi a ideia essencial de que organismos vivos completos não estão já formados dentro de ovos, como acreditavam muitos biólogos proeminentes dos séculos XVII e XVIII, mas são criados peça por peça no desenvolvimento do embrião. Esse cenário revisto exigia que houvesse *instruções* para fazer com que as novas peças fossem passadas adiante de uma célula a outra e de uma geração a outra. Em segundo lugar, havia o emergente estudo de biologia celular e o reconhecimento gradual de que o núcleo da célula continha instruções para criação. (As células de alguns organismos primitivos, como bactérias, não contêm núcleos, mas carregam igualmente instruções de criação.) E terceiro, a descoberta de que a molécula específica que armazenava tais instruções era o ácido desoxirribonucleico, o DNA.

O núcleo da célula foi descoberto em 1831, pelo cientista britânico Robert Brown. O importantíssimo processo de divisão celular, no qual uma célula se transforma em duas no crescimento de um organismo, foi observado pela primeira vez pelo botânico suíço Karl Wilhelm von Nägeli em 1842. Durante a divisão celular, ocorria uma enorme mudança no núcleo da célula, levando à suspeita de que o núcleo desempenhava um papel crítico no processo de crescimento e reprodução. (Lembremos do capítulo 16 que há dois processos diferentes nos quais a informação genética é passada de uma célula a outra: a divisão celular comum no *crescimento* de um organismo em desenvolvimento e a combinação de óvulo e espermatozoide para formar uma nova célula na *reprodução* de um novo organismo.) Uma questão crucial era se existia alguma substância conservada, uma marca genética, fisicamente transmitida de uma célula a outra no crescimento ou na reprodução.

Observações iniciais sugeriam que o núcleo da célula se dissolvia durante a divisão celular e a fertilização. Sendo assim, seria difícil sustentar a ideia de uma substância genética conservada sendo transmitida. Todavia, na década de 1860, com experimentos mais cuidadosos e observações através do microscópio, o biólogo alemão Edward Strassburger concluiu que o núcleo da célula não se dissolve, e sim divide-se em dois, com cada "célula filha" recebendo algum material da "célula mãe".

Simultaneamente ao trabalho de Strassburger, Gregor Mendel mostrava que os traços de hereditariedade estão embutidos num par de fatores discretos, mais tarde chamados de genes, com um fator proveniente do pai e outro da mãe. Numa tragédia nada incomum em termos de pesquisa científica, o trabalho de Mendel permaneceu desconhecido dos biólogos celulares até 1900 (ele o publicou apenas de forma obscura), quando foi redescoberto por Hugo de Vries, da Holanda, Karl Correns, da Alemanha, e Erich Tschermack von Seysenegg, da Áustria. Portanto, o trabalho de Mendel, ironicamente, não desempenhou nenhum papel no desenvolvimento da genética até 1900.

Em 1879, Walther Flemming, da Universidade de Kiel, numa observação microscópica muito meticulosa, descobriu que certos corpos, de formato alongado no núcleo da célula, dividiam-se longitudinalmente durante a divisão celular. Um indício altamente promissor! A essa altura, havia boas razões para lançar a hipótese de que os cromossomos continham a informação genética fundamental. Em 1890, o biólogo alemão Theodor Boveri mostrou que os cromossomos mantinham sua identidade durante todo o ciclo de vida da célula. Boveri argumentou que ali estava a casa dos genes.

Como foi discutido no capítulo 16, a especulação de Boveri foi provada em torno de 1910 por Thomas Hunt Morgan e seus discípulos, tendo descoberto que certos traços herdados, como o sexo e a cor dos olhos, eram passados adiante em grupos, como seriam se estivessem localizados fisicamente nos cromossomos. Além disso, o aluno de Morgan A. H. Sturtevant foi capaz de mapear a localização física dos fatores mendelianos, isto é, os genes, em cromossomos particulares. Agora, havia pouca dúvida de que os genes residiam dentro dos cromossomos. Os genes eram substâncias físicas, com endereço conhecido.

Em 1928, em experimentos com ratos, o biólogo britânico Fred Griffith descobriu que bactérias virulentas, mesmo depois de mortas com calor, podiam transformar bactérias não virulentas em virulentas. Concluiu que o material genético estava sendo passado adiante do primeiro para o segundo tipo de bactérias. Então, em 1944, Oswald Avery e colegas cultivaram toneladas de bactérias virulentas e as separaram em seus vários componentes bioquímicos: proteínas, gorduras, carboidratos, DNA e RNA (uma molécula aparentada do DNA). Após experimentos cuidadosos, Avery concluiu que o componente responsável por converter bactérias não virulentas em virulentas nos experimentos de Griffith era o DNA.

A molécula de DNA, se de fato fosse a portadora da informação genética, necessitaria de pelo menos duas características: um meio químico de codificar a informação e um meio de copiar a si mesma para os processos de divisão celular.

Em meados de novembro de 1951, Watson pegou o trem de Cambridge para Londres para ouvir a primeira das palestras ocasionais de "Rosy" sobre suas imagens de raios X do DNA. Ela falou para uma plateia de aproximadamente quinze pessoas num velho e decrépito auditório. Pouco do que Franklin disse parece ter causado alguma impressão em Watson dessa vez. No entanto, ele prestou atenção ao estilo dela, à sua aparência, recordando que sua apresentação foi "rápida, nervosa [...] sem vestígio de entusiasmo ou frivolidade [...]. Os anos de treinamento cristalográfico cuidadoso, sem emoções, tinham deixado sua marca".[9] Watson sempre afirmaria que Franklin não sabia como interpretar seus próprios dados, não tinha a intuição e a percepção necessárias.

Logo após a palestra, Watson e Wilkins caminharam pela Strand até o restaurante Choy, no Soho. Segundo as memórias de Watson, Wilkins parecia feliz em sua crença de que Franklin fizera pouco progresso desde sua chegada ao King's. Afirmou a Watson que suas fotos de raios X, embora mais nítidas que as dele, não revelavam muita coisa sobre a estrutura do DNA. No que Watson estava mais interessado era se o DNA tinha forma de hélice, a mesma forma descoberta por Pauling. Crick fizera cálculos matemáticos detalhados indicando qual deveria ser a aparência das imagens de difração de raios X de uma molécula helicoidal, mas tais propriedades ainda não se faziam ver nessa época nas imagens de Franklin.[10]

Na verdade, Franklin já tinha feito a descoberta crucial de que o DNA podia existir em duas configurações diferentes, que ela chamou de A e B. A forma A era cristalina. A forma B continha mais água e era mais solta, mais esticada. Na maioria das amostras de DNA, as formas A e B estavam misturadas, provocando uma imagem de difração de raios X complexa e indecifrável.

No verão de 1952, com procedimentos laboratoriais esmerados que envolviam inserir bolhas de hidrogênio em soluções salinas e então controlar cuidadosamente a umidade da amostra de DNA, Franklin foi capaz de obter amostras muito puras de ambas as formas de DNA. Ela teve então de extrair finas fibras unitárias do material, montar uma "câmera multifocal capaz de uma varredura vertical" e orientar precisamente o feixe colimado de raios X da câmera para produzir as imagens.

Uma fotografia particular da forma B, rotulada de n. 51, era especialmente reveladora e indicava com clareza uma estrutura helicoidal aos conhecedores. Essa foto é mostrada no seu artigo. O grande X formado pelos pontos escuros é evidência de uma estrutura helicoidal. O espaçamento entre pontos escuros sucessivos em cada braço do X fornece a distância de cada volta completa da hélice, 34 Å, sendo "Å" o símbolo para a unidade "angstrom", equivalente a 10^{-8} centímetros. (O angstrom, unidade de distância na escala atômica, foi batizado em homenagem ao físico sueco Anders Ångström.) A distância maior do centro do X para o topo da figura fornece a distância entre bases sucessivas de nitrogênio, um décimo de uma volta completa, ou 3,4 Å. O ângulo entre os braços superiores do X está relacionado com o diâmetro da molécula, 20 Å.

Franklin analisou com tranquilidade suas novas fotos do DNA. Em sua seção do Relatório do Conselho de Pesquisa Médica do King's em 1952, ela propôs corretamente uma estrutura helicoidal de fita dupla para o DNA, com as duas pernas retorcidas da escada feitas de fosfatos e açúcares e os degraus feitos de bases nitrogenadas. Além disso, foi capaz de deduzir toda a informação quantitativa mencionada acima, inclusive o ângulo de ascensão, ou declividade, da hélice. O que ela não sabia era como as bases se encaixavam para formar os degraus — um detalhe fundamental não revelado pelas imagens de difração de raios X.

Em meados de janeiro de 1953, Pauling propôs um modelo helicoidal triplo para o DNA. Os cientistas logo perceberam que o modelo de Pauling não podia estar correto, não por causa do número de pernas, mas porque a molécula não se comportava devidamente como ácido, liberando átomos de hidrogênio positivos quando dissolvida água. Watson e Crick ficaram exultantes. O grande químico tinha dado uma bola fora, uma bola fora com bases químicas, e não estruturais. Entusiasticamente, os dois amigos de Cambridge enfiaram-se no pub Eagle "para fazer um brinde ao fracasso de Pauling",[11] conforme conta Watson.

Duas semanas depois, Watson viu a fotografia n. 51 de Franklin pela primeira vez. (Foi Wilkins quem mostrou a foto para Watson, sem permissão ou conhecimento de Franklin.) Como Watson recorda, "no instante em que vi a foto, meu queixo caiu e meu pulso ficou acelerado [...]. O padrão era inacreditavelmente mais simples do que os obtidos anteriormente".[12]

O mais óbvio no padrão era a estrutura helicoidal, revelada pela cruz escura. Se Watson tivesse analisado a foto com mais cuidado, com o conhecimento que tinha Crick dos padrões de difração dos raios X, poderia também ter inferido a partir das *intensidades relativas* dos pontos escuros que a molécula tinha duas fitas, uma dupla hélice. Em particular, cada perna do X tinha um ponto negro faltando na quarta posição, contando do centro. Essa ausência sugeria que a molécula era uma dupla fita. Em vez disso, Watson simplesmente presumiu que o DNA tinha uma dupla fita, por causa de uma vaga intuição de que "objetos biológicos importantes vêm em pares".[13]

Nas semanas seguintes, Watson e Crick se debateram para descobrir como as bases nitrogenadas se encaixam para formar os degraus da escada em espiral.

De uma cartolina rígida, Watson recortou figuras no formato das quatro bases. Dois problemas essenciais confrontavam os cientistas: (1) considerando que as quatro bases tinham formas e tamanhos diferentes, como era possível que produzissem degraus sucessivos *da mesma largura*? E se os degraus não tivessem a mesma largura, a escada se deformaria para dentro e para fora, criando um formato horrivelmente complexo, impossível de gerar o padrão de imagem simples da difração de raios X. (2) Como se prenderiam as bases entre si e às pernas da escada feitas de fosfato-açúcar? Resultados experimentais conhecidos referentes ao grau de acidez do DNA, bem como outras evidências, sugeriam que cada degrau da escada fosse feito de duas ou mais bases presas entre si por átomos de hidrogênio. Mas esses fatos eram apenas uma pequena parte da solução.

A princípio, Watson tentou fazer cada degrau da escada com duas bases idênticas presas entre si — em outras palavras, degraus de C-C, A-A, T-T e G-G, em que C, A, T e G representam citosina, adenina, timina e guanina, respectivamente. Tais degraus tinham largura desigual e eram portanto inaceitáveis. Ademais, Watson havia desconsiderado uma pista importante descoberta pelo químico americano Erwin Chargaff em 1950: no DNA, a quantidade de A é igual à quantidade de T, e a quantidade de C equivale à de G. Voltaremos a esse fato em breve.

Poucos dias depois, o colega de sala de Watson e Crick, Jerry Donahue, forneceu outra pista crucial que Watson não ignorou. Os livros teóricos estavam ligeiramente errados quanto à estrutura das bases. Watson precisaria colocar os átomos de hidrogênio em locais diferentes, mudando as moléculas da forma "enol" para a forma "ceto". (Note os átomos de hidrogênio mudando de lugar nas figuras 17.3 e 17.4.) A colocação desses átomos de hidrogênio governava a forma como as bases podiam se ligar umas às outras.

Segundo as memórias de Watson: "Quando cheguei à nossa sala ainda vazia na manhã seguinte [meados de fevereiro de 1953], fui logo tirando os papéis da minha mesa para ter uma superfície grande e plana para formar os pares de bases presas por pontes de hidrogênio". Watson mal pôde esperar chegarem as peças de metal da loja de ferragens e recortou ele próprio as bases de cartolina. "De repente tomei consciência de que um par adenina-timina preso por duas pontes de hidrogênio tinha formato idêntico a um par guanina-citosina."[14] (Ver figura 17.5.) O novo emparelhamento produziria degraus da mesma largura e também satisfaria automaticamente o resultado de Chargaff, uma vez que cada

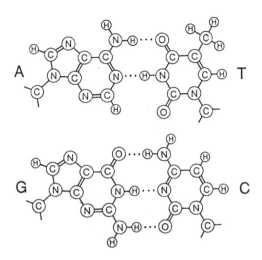

Figura 17.5

A sempre seria parceira de uma T, e cada G de uma C. Qualquer que fosse o número de moléculas A numa seção de DNA, o número de moléculas T seria igual etc.

O formato geral do modelo resultante de dupla hélice é mostrado na única figura do artigo de Watson e Crick. Essa difícil figura foi na verdade desenhada pela esposa de Crick, Odile, já conhecida por suas pinturas de nus. A dupla hélice viria ser de longe a sua criação artística mais famosa.

Uma ilustração em close da estrutura do DNA é mostrada na figura 17.6. Aqui, as duas fitas retorcidas da hélice são feitas de fosfatos (cada um indicado pelo P dentro de um círculo) e açúcares (indicados por um pentágono). As bases são os quadrados. A linha tracejada entre as bases emparelhadas em cada degrau representa uma "ponte de hidrogênio" fraca que mantém unidas as duas bases.

A partir do modelo de Watson e Crick, que foi detalhadamente confirmado, compreendemos as duas características essenciais do DNA: como ele codifica informação e como copia a si mesmo. A codificação é feita pela sequência específica das bases nitrogenadas nos degraus, conforme analisado anteriormente. E a cópia é feita quebrando-se a escada pelo meio, pelas pontes de hidrogênio tracejadas. Após essa quebra, cada lado remanescente tem uma das pernas e metade de um degrau. Uma vez que C sempre emparelha com G e A com T, cada metade da escada contém toda a informação da escada inteira. Do mar de

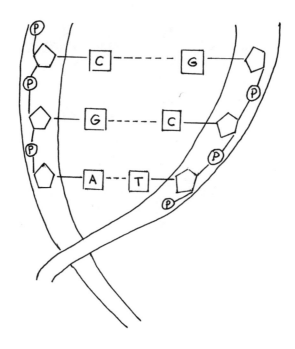

Figura 17.6

ingredientes bioquímicos que cerca os cromossomos pode-se fabricar a metade que falta a cada remanescente, produzindo duas escadas inteiras a partir da escada original. É dessa maneira que o DNA se autocopia.

Watson e Crick começam seu histórico artigo criticando o recente modelo de fita tripla de Pauling e Corey. Eles propõem então seu próprio modelo, que chamam de "radicalmente diferente". Seu estilo aqui e ao longo do resto do artigo é vívido e conciso.

Para entender parte da terminologia: ácido é uma substância que libera átomos de hidrogênio positivos (íons) quando dissolvido na água; sal é um ácido em que o íon H^+ foi substituído por outro íon carregado positivamente. O sal mais comum é o cloreto de sódio, NaCl, também conhecido simplesmente como sal de cozinha. Uma ponte de hidrogênio é uma ligação fraca entre o átomo H^+ de carga positiva de uma molécula e um átomo de carga negativa em outra molécula. Tais ligações fracas são fáceis de quebrar no processo de cópia.

A maneira como os grupos de açúcar e fosfato se ligavam entre si nas pernas da escada, ou "cadeias", já era conhecida. Contando no sentido horário a partir do oxigênio no topo de cada molécula de açúcar (figura 17.1), o quinto carbono num açúcar liga-se ao oxigênio de um grupo fosfato (figura 17.2), que por sua vez liga-se ao terceiro carbono do açúcar seguinte. Tal sequência é chamada de "ligação 5'3'". Devido às posições das várias ligações que prendem as bases às pernas de ambos os lados, as duas cadeias de açúcares e fosfatos precisam correr em sentidos opostos, ligações 5'3' de um lado e ligações 3'5' do outro. (Note na figura 17.6 que os pentágonos de açúcar apontam em sentido oposto nas duas pernas.)

Watson e Crick dão a seguir alguns dados quantitativos sobre as dimensões de cada molécula, todos descobertos anteriormente por Franklin. Aqui, cada "radical" é um grupo açúcar-fosfato, que compreende uma unidade da cadeia. Cada fita dá uma volta completa a cada dez radicais, a uma distância de 34 Å.

Em seguida, Watson e Crick discutem a "característica singular da estrutura", ou seja, a natureza dos degraus que mantêm as duas pernas da escada unidas. *Os degraus, na verdade, contêm toda a informação genética e também o segredo de como a molécula copia a si mesma.* As quatro bases nitrogenadas estão divididas em dois grupos: as purinas, que são as bases de anel duplo, guanina e adenina; e as pirimidinas, as duas bases de anel simples, timina e citosina. Obedecendo ao mandamento de Donahue, de que a natureza usa apenas as formas "ceto" das bases, e não "enol", elas podem se emparelhar por meio de pontes de hidrogênio apenas de determinadas maneiras.

Em retrospectiva, Watson e Crick se referem agora aos resultados de Chargaff acerca da proporção de A, T, C e G. É fascinante que tenham ignorado esse indício até depois de terem achado um modelo de acordo com ele. Como aparte, tal negligência não é incomum na maneira como a ciência é efetivamente praticada. Numa história análoga, a extraordinária semelhança no formato das costas opostas da África e da América do Sul, como se fossem duas peças de um quebra-cabeça que se encaixam, foi ignorada durante séculos, enquanto os geólogos acreditavam que massas de terra podiam se mover apenas verticalmente ao longo do tempo. No entanto, uma vez proposta por Alfred Wegener, em 1912, a ideia do deslocamento continental (horizontal) possibilitando que África e América do Sul pudessem um dia ter estado unidas, a complementaridade de seus formatos costeiros tornou-se um fator poderoso para sustentar a nova teoria. Há muitos outros exemplos desse tipo, nos quais observações surpreendentes mas inexplicadas são amplamente ignoradas até que surja uma teoria nova para explicá-las.

Perto do fim do artigo, os cientistas referem-se aos dados de difração de raios X previamente publicados, chamando-os de "insuficientes para um teste rigoroso" do modelo por eles proposto. Essa afirmativa é um tanto enganosa. A imagem de raios X feita por Franklin do DNA tipo B, que não só confirmava parcialmente o modelo de Watson e Crick, mas também contribuiu para de início motivar sua criação, já tinha sido vista pelos dois cientistas e foi publicada duas páginas depois no mesmo número da *Nature*. É verdade que nenhuma das imagens de difração de raios X revelava muita coisa sobre a organização das bases.

Agora, vamos ao artigo de Franklin, que já foi discutido em parte. Ela teve a colaboração de Raymond Gosling, um assistente de pesquisa seis anos mais novo. O "timonucleato de sódio" no título refere-se a um sal de DNA extraído do timo do bezerro, uma fonte comum de DNA.

Franklin começa discutindo a distinção entre DNA A e DNA B, as duas formas que ela descobrira um ano e meio antes. Ela apresenta sua famosa imagem de raios X do DNA B, que anunciava "estrutura helicoidal!" a todos que a viram.

Franklin interpreta a imagem de raios X em termos de uma "função estrutural", representada por F_n. A função estrutural é uma fórmula teórica — elaborada anteriormente por Stokes, Crick, Cochram e Vand — que relaciona a estrutura da molécula com a amplitude (intensidade) e a fase (crista ou vale) da onda de raio X que emerge da molécula. "Reflexões" são simplesmente os pontos de raios X em seu filme fotográfico. Comparando as localizações desses pontos com a fórmula da função estrutural, ela podia determinar as dimensões da molécula de DNA, conforme discutido anteriormente.

A seguir ela fornece evidência de que os grupos fosfato se encontram na perna externa da dupla hélice e que a hélice é uma dupla fita.

Notemos a cautela da linguagem que ela emprega, em especial quando comparada com a de Crick e Watson em seu artigo. Por exemplo, enquanto os dois propõem uma estrutura "radicalmente diferente" para o DNA, sem qualificações, Franklin diz que a evidência "não pode, no presente momento, ser tomada como prova direta" da estrutura helicoidal e que a molécula "provavelmente" é uma dupla fita.

Ao resumir as várias contribuições, é possível dizer que o trabalho de Franklin forneceu o formato geral e as dimensões da molécula, particularmente as pernas da escada de dupla fita, enquanto Watson e Crick determinaram os degraus da escada. Na opinião de muitos historiadores da ciência, Watson e Crick não deram suficiente crédito a Franklin, seja no artigo ou em escritos e relatos subsequentes.

Apenas cinco anos depois da descoberta da estrutura do DNA, em seguida a um distinto trabalho com vírus de RNA no Birbeck College, Franklin morreu de câncer. Tinha então 37 anos. Em 1962, Watson, Crick e Wilkins compartilharam o prêmio Nobel pela descoberta da estrutura do DNA. O prêmio não pode ser dado postumamente e não pode ser conferido a mais de três pessoas na mesma categoria num mesmo ano. É interessante especular o que o comitê sueco do Nobel teria feito se Franklin ainda estivesse viva.

Após um continuado e significativo trabalho com DNA e RNA na Inglaterra, em 1976 Crick foi para o Instituto Salk de Ciências Biológicas no sul da Califórnia. Em anos seguintes, escreveu sobre a origem da vida na Terra, sobre o cérebro e sobre a natureza da consciência. Morreu em julho de 2004. Watson trabalhou na faculdade de Harvard, depois foi para o Laboratório de Cold Spring Harbor, em Nova York, do qual foi presidente. Em 1988, tornou-se o primeiro diretor do Projeto Genoma Humano.

Em 1953, a descoberta da estrutura do DNA já estava madura. Se Watson, Crick e Franklin não tivessem feito seu trabalho quando fizeram, é provável que outros cientistas teriam feito a mesma descoberta dentro de um ano. Às vezes a intuição, a ambição e a sorte são mais importantes que o brilhantismo. Watson e Crick tinham uma ideia clara do que queriam conseguir, estavam concentradíssimos nessa conquista e eram impacientes. Tinham também a vantagem da soberba fotografia de raios X de Franklin e a importante indicação de Donahue sobre a configuração apropriada das bases. Como muitos outros cientistas que conhecemos, mas não todos, Watson e Crick reconheceram imediatamente o significado do que haviam feito. Levou ainda um par de anos para que o resto do mundo reconhecesse.

O impacto pleno da descoberta da estrutura do DNA ainda não foi mensurado. Em 1961, Crick e seu colega Sydney Brenner decifraram o código triplo de bases do DNA que governa a produção de aminoácidos. Em meados da década de 1970, Frederick Sanger, em Cambridge, descobriu como determinar a ordem das bases num segmento de DNA. Em 1972, o norte-americano Paul Berg e seus colegas fizeram os primeiros experimentos de "DNA recombinante", nos quais um novo pedaço de DNA é fabricado em laboratório (ver capítulo 22). A primeira "terapia genética", processo de curar doenças modificando o DNA da pessoa, ocorreu em 1990 para imunodeficência combinada severa (SCID). Em 1995, Craig Venter anunciou que havia determinado a sequência completa de degraus (bases) de DNA numa bactéria unicelular chamada *Haemophilus influenzae*. Em 2002, o DNA completo de um ser humano foi igualmente decodificado. Entre outros resultados, os cientistas descobriram que a nossa planta genética contém apenas cerca de 30 mil genes, muito menos do que o esperado.

É impossível dizer o que nos aguarda no futuro. O conhecimento do DNA e como modificá-lo pode ajudar a curar doenças, alterar a personalidade e o comportamento, criar novas formas de vida, produzir novos tipos de computadores, produzir criaturas metade animais metade máquinas.

Para além da gama quase ilimitada de aplicações possíveis da pesquisa do DNA, restam duas questões fundamentais. Primeira, dada a universalidade de todas as formas vivas conhecidas, como foi que o DNA surgiu no nosso planeta? Essa questão está intimamente relacionada com a origem da vida. E a segunda, dado que o DNA é idêntico em cada célula viva de um único organismo, como as células de um embrião em desenvolvimento sabem de que forma diferenciar-se umas das outras, algumas se transformando em células do fígado, outras do coração, algumas do cérebro, outras de músculos? Essas questões devem manter os biólogos ocupados pelas próximas décadas.

18. A estrutura das proteínas

Alguns anos atrás, numa viagem pela Alemanha, visitei a grande catedral de Colônia. No interior, a imensa estrutura parecia flutuar sobre suas delicadas armações de vigas e colunas, o teto impressionantemente alto pairava como um pico montanhoso sobre os arcos pontiagudos, os vitrais cantando de luz e cor. Eu era uma formiga na presença de algo muito maior do que eu. Uma sensação similar se apossa de mim nas imensas catedrais de Chartres, Notre-Dame, Amiens e Salisbúria. São edifícios construídos para inspirar, e conseguem fazê--lo. São formas que servem a uma função.

Muitas vezes a forma serve a uma função também no mundo animal. A grande garça-real azul, por exemplo, vadeia por águas rasas em busca de comida e possui pernas longas e finas com esse propósito. Assim, para não quebrá--las quando pousa, precisa ser capaz de voar devagar. Suas asas grandes são responsáveis por essa capacidade. O pescoço comprido da girafa permite-lhe vasculhar as copas altas das árvores de seu ambiente. E assim por diante.

Conforme os cientistas foram descobrindo nos últimos cinquenta anos, a forma também serve à função no mundo invisível do átomo. As moléculas orgânicas que constituem a vida não são conexões planas de átomos de carbono, oxigênio e hidrogênio, como poderia ser sugerido por diagramas químicos, e sim estruturas complexas que se retorcem e giram no espaço tridimensional.

Numa única molécula podem-se encontrar arcos, portais, escadarias e espirais — tudo ultrapequeno, mas, mesmo assim, real. Quando os biólogos começaram a desvendar as estruturas das moléculas orgânicas, na década de 1930, desconfiaram que essas características arquitetônicas singulares não eram meramente acidentais.

Em 1959, trabalhando no famoso Laboratório Cavendish da Universidade de Cambridge, o bioquímico Max Perutz e seus colegas conseguiram descobrir a estrutura da hemoglobina. A hemoglobina é a molécula que transporta oxigênio para as células e os tecidos vivos. Como vimos no capítulo 14, sobre Hans Krebs, o oxigênio ajuda a produzir a energia necessária para a vida. A molécula de hemoglobina deve ser capaz de absorver oxigênio no ambiente altamente oxigenado dos pulmões e então liberá-lo no ambiente com baixo teor de oxigênio das células individuais. (A hemoglobina também facilita o transporte do dióxido de carbono no sentido contrário.) Para executar essa tarefa, a molécula consiste em aproximadamente 10 mil átomos, agrupados em quatro cadeias que se curvam e se torcem como quatro serpentes emaranhadas. Da sua própria maneira, a molécula de hemoglobina é uma minúscula catedral. Em 1970, Perutz conseguiu mostrar como a fabulosa estrutura dessa molécula vital de fato serve a sua função.

A hemoglobina é uma proteína. Sob muitos aspectos, as proteínas são os bois de carga do corpo. Enzimas que promovem reações químicas são proteínas. Hormônios são proteínas. Gamaglobulinas, soldados do sistema imunológico, são proteínas. Algumas proteínas causam as contrações musculares. Algumas armazenam nutrientes no leite. Algumas armazenam ferro no baço. Antes do trabalho de Perutz, ninguém sabia como era a aparência de uma proteína ou como ela funcionava. A hemoglobina e sua prima menor, a mioglobina, foram as primeiras proteínas cujas estruturas se tornaram conhecidas.

Max Perutz levou 22 anos para desvendar a estrutura da hemoglobina e mais dez para descobrir como funcionava. Durante grande parte desse período, da metade dos anos 1940 até o final da década de 1950, Perutz ajudou a liderar duas revoluções na ciência. A primeira foi a aplicação das ferramentas e do pensamento da física à biologia. Aí residiu o início da biologia molecular, o estudo dos sistemas biológicos no nível ultrapequeno dos átomos e das moléculas. Outros atores nesse novo drama incluíam Linus Pauling, James Watson e Francis Crick, cientistas a quem já fomos apresentados. Em 1947, Perutz tornou-se diretor fundador do recém-criado Conselho de Pesquisa Médica para Biologia Molecular no Cavendish, uma extraordinária síntese de biologia e física.

A segunda revolução foi a transição da "pequena ciência" existente até o século XIX para a "grande ciência" da metade do século XX em diante. A grande ciência é conduzida em grande parte pelos instrumentos e equipamentos complexos necessários para realizar experimentos com a precisão e meticulosidade dos nossos dias — instrumentos como os analisadores e aparelhos de difração de raios X empregados por Perutz e seus colegas, ou os aceleradores de partículas subatômicas usados pelos físicos, ou os telescópios em órbita em torno da Terra lançados pelos astrônomos. Ao contrário das exigências mais modestas dos primórdios da ciência, a aparelhagem e as análises da grande ciência requerem grandes equipes de cientistas e enorme apoio financeiro. Assim, nos anos 1960 e depois, começamos a ver artigos científicos assinados em coautoria por meia dúzia de pessoas ou mais.

Max Perutz testemunhou todos esses desenvolvimentos em sua própria carreira. Era um cientista ferozmente comprometido que passou mais de trinta anos apenas no problema da hemoglobina, um homem que lutou apaixonadamente, e às vezes amargamente, por suas convicções sociais bem como por sua ciência, um homem descrito por um repórter do *The Guardian* como possuidor de "uma mente afiada feito lâmina e um elegante domínio da linguagem",[1] descrito pelo colega Alexander Rich como dono de "maneiras reservadas e tranquilas, mas de um senso de humor pungente",[2] um homem cujo senso de justiça e generosidade o levaram a incluir em sua palestra do prêmio Nobel de 1962 uma descrição detalhada das contribuições de 21 cientistas que o auxiliaram ao longo do caminho.

Perutz revelou algo das qualidades pessoais que admirava em seu panegírico a John Kendrew, que se tornou seu aluno de pesquisa em 1945 e mais tarde descobriu a estrutura da mioglobina: "Encontrei em Kendrew um homem trabalhador, conhecedor, capaz, pleno de recursos, meticuloso, brilhantemente organizado, bem como um companheiro estimulante com vastos interesses em ciência, literatura, música e artes".[3] Como Otto Loewi, o próprio Perutz era inusitadamente culto. Também era um excelente escritor e contribuía regularmente para a publicação literária *New York Review of Books*.

Perutz trabalhou até sua morte no começo de 2002, aos 87 anos. Mesmo após sua aposentadoria oficial em 1980, publicou mais de uma centena de artigos científicos. Uma vez, quando lhe perguntaram por que não tinha parado de trabalhar quando se aposentou, Perutz replicou que estava "atado a uma pesquisa muito interessante na época".[4]

A hemoglobina foi descoberta em 1864 pelo fisiologista e químico alemão Felix Hoppe-Seyler. Hoppe-Seyler compreendeu a função da hemoglobina e, usando os métodos científicos da época, também foi capaz de determinar sua composição química.

Tal como todas as moléculas orgânicas, a hemoglobina é feita principalmente de átomos de carbono, hidrogênio e oxigênio. O carbono é o átomo básico da vida. Em virtude de sua capacidade de compartilhar um número relativamente grande de elétrons com outros átomos (ver capítulo 11), o carbono consegue formar uma porção de ligações químicas das mais variadas maneiras e, assim, criar as moléculas complexas necessárias para a vida. Proteínas, gorduras e carboidratos, todos têm anéis e cadeias de átomos unidos por carbono.

As proteínas, como a hemoglobina, distinguem-se também por serem constituídas por vinte blocos de construção chamados aminoácidos. Todos os aminoácidos possuem a composição mostrada na figura 18.1: um carbono central ligado a um átomo de nitrogênio no alto, outro carbono à direita, e um átomo de hidrogênio embaixo. (O nitrogênio e o segundo carbono estão em seguida ligados a átomos de hidrogênio e oxigênio, como mostrado na figura.) Os vinte aminoácidos diferem entre si no complexo de átomos representados por R, que contém de um a dezoito átomos. Aminoácidos específicos têm no-

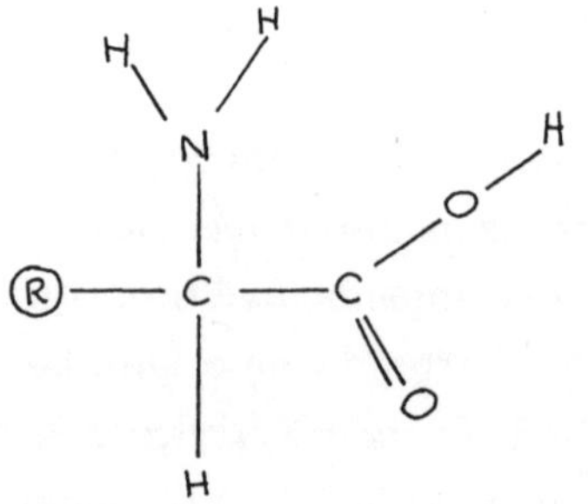

Figura 18.1

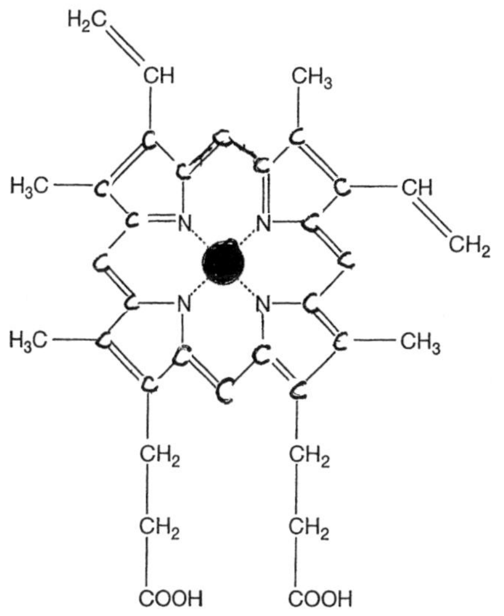

Figura 18.2

mes como serina, asparagina, histidina, cisteína. Uma única molécula de hemoglobina abriga cerca de 574 aminoácidos, ligados entre si em longas cadeias.

O que dá à hemoglobina o seu nome são os grupos de átomos "heme" adicionais. Um grupo heme é mostrado na figura 18.2. Vemos aqui uma rede de estruturas aneladas, basicamente constituídas de carbono, que cercam um ponto preto central. O ponto preto é um átomo de ferro. Esse átomo é o único que captura oxigênio, e os quatro átomos de nitrogênio a ele ligados servem como portões que permitem a entrada ou exclusão de oxigênio. Cada molécula de hemoglobina contém quatro grupos heme. Logo, em cerca de mais de 10 mil átomos ao todo, apenas quatro deles são de ferro. Os quatro átomos de ferro são os agentes de energia da hemoglobina. Eles formam um quadrunvirato de controle.

O "globina", por sua vez, deriva do formato da molécula como um todo. Cada grupo heme se conecta a uma longa cadeia de aminoácidos, com quatro cadeias ao todo. Embora essas cadeias se entrelacem e serpenteiem por todos os lados, juntas elas formam uma espécie de esfera, ou um "glóbulo". Cerca de 300 milhões dessas minúsculas esferas habitam cada glóbulo vermelho do sangue.

Podemos entender melhor a função da hemoglobina e alguns de seus mistérios medindo como ela absorve oxigênio em diferentes pressões. Estamos todos familiarizados com a nossa tomada de pressão sanguínea. Conforme o

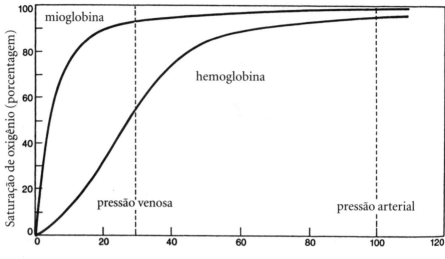

Pressão parcial de oxigênio (em milímetros de mercúrio)

Figura 18.3

sangue se move por artérias e veias, empurrado pelas contrações do coração, ele apresenta uma pressão variada em diferentes partes do corpo. Tais pressões são geralmente medidas em unidades de milímetros de mercúrio. Uma pressão de cem milímetros de mercúrio, por exemplo, é aquela exercida pelo peso de uma coluna vertical de mercúrio de cem milímetros de altura. A pressão do ar à nossa volta, no nível do mar, é de 760 milímetros de mercúrio.

A figura 18.3 mostra a porcentagem de saturação da hemoglobina com oxigênio numa gama de pressões. Por exemplo, numa pressão de cem milímetros de mercúrio, típica da pressão nas artérias assim que a hemoglobina recebe o oxigênio dos pulmões, as moléculas absorvem 95% da quantidade máxima de oxigênio que podem reter. Na pressão mais baixa de trinta milímetros de mercúrio, típica da pressão nas veias quando a hemoglobina precisa liberar seu oxigênio para os tecidos e células necessitados, ela soltou quase metade do oxigênio, com a absorção caindo a cerca de 50%.

As propriedades de saturação de outra molécula transportadora de oxigênio, a mioglobina, são mostradas como comparação. A mioglobina, encontrada no músculo vermelho, combina-se com o oxigênio liberado pelas células vermelhas e o transporta para o lugar onde é produzida a energia. A mioglobina contém um único grupo heme. Ela tem composição muito similar a qualquer uma das quatro cadeias de hemoglobina. E aqui chegamos a uma diferença reveladora entre essas duas moléculas: a mioglobina se apega a seu oxigênio com muito mais ciúme do que a hemoglobina em baixas pressões, como se pode ver na figura. Por esse motivo, a mioglobina não pode ser a principal transportadora de oxigênio nos animais. Ela não libera oxigênio com suficiente facilidade. Uma pessoa com apenas mioglobina no sangue rapidamente morreria de asfixia.

Assim chegamos à maior charada da hemoglobina. Se ela fosse simplesmente quatro moléculas de mioglobina presas entre si, suas propriedades de ligação com o oxigênio seriam idênticas à da mioglobina e, portanto, impraticáveis. Todavia, cada uma de suas quatro cadeias é similar à mioglobina. De alguma forma, as quatro cadeias juntas funcionam de um modo que nenhuma delas consegue sozinha. Como é que elas fazem esse truque? E qual é o arranjo arquitetônico requerido? Essas eram as perguntas que atormentavam Max Perutz.

Perutz nasceu em Viena em maio de 1914. Tanto seu pai como sua mãe descendiam de famílias de abastados produtores têxteis, que haviam introduzido a tecelagem mecânica na Áustria. Os pais de Max insistiram com ele para que estudasse direito, para poder cuidar dos negócios da família, mas em vez disso o jovem Perutz resolveu experimentar sua capacidade em química. Na Universidade de Viena, Perutz, em suas próprias palavras, "desperdiçou cinco semestres em um exigente curso de análise inorgânica"[5] antes de voltar-se para a bioquímica orgânica. Um dos primeiros interesses de Perutz foi a mecânica e estrutura do gelo. Em 1936, com o apoio financeiro de seu pai, o jovem de 22 anos deixou Viena e partiu para o Laboratório Cavendish, em Cambridge.

No Cavendish, Perutz almejava tirar seu ph.D. em bioquímica, trabalhando para John D. Bernal, um perito em difração de raios X. Desde a década de 1920, a difração de raios X vinha sendo o principal meio de explorar a estrutura molecular. (Para análise, ver o capítulo 7.) E o Cavendish era a linha de frente dessa poderosa técnica. Lawrence Bragg, um de seus pioneiros, trabalhou no Cavendish.

Em 1937, um amigo em Praga sugeriu a Perutz que estudasse a estrutura da hemoglobina. Tratava-se de um bom exemplo de molécula para análise porque, mesmo com 10 mil átomos, era uma das menores proteínas. Além disso, podiam-se fazer dela bons cristais, um pré-requisito para a difração de raios

X. Outro colega produziu cristais de hemoglobina para Perutz, e Bernal ensinou-lhe como fazer imagens de raios X e interpretá-las. Em 1938, Perutz publicou suas primeiras imagens de difração de raios X da hemoglobina. No entanto, as imagens eram inconclusivas, e logo ficou claro que o caminho para a compreensão seria longo e difícil. Felizmente, Perutz começou a receber incentivo e apoio de Bragg, o novo diretor do Cavendish, um ganhador do Nobel e figura paterna para Perutz.

Para um cientista iniciante, o Laboratório Cavendish era um sonho. Com seu pátio calçado de seixos, arcos de pedra e sólidos portões de carvalho que eram trancados e destrancados duas vezes por dia com ruidosas chaves, era provavelmente o laboratório de física experimental mais famoso do mundo. Fundado em 1871, havia conhecido quatro diretores antes de Bragg: o grande teórico do eletromagnetismo James Maxwell (1871-9); John William Strutt, Lorde Rayleigh (1879-84); o descobridor do elétron, Joseph John Thomson (1884-1919); e o físico nuclear com voz de trovão Ernest Rutherford (1919-37), que nós já conhecemos. O Cavendish produzia prêmios Nobel como se fossem premiações por concursos de soletrar do primário. Rayleigh, Thomson e Rutherford, os três ganharam o Nobel. Assim como o discípulo de Thomson no Cavendish, Francis Aston, bem como o discípulo de Rutherford, James Chadwick. Dois outros alunos de Rutherford, John Crockcroft e Patrick Blackett, também estavam destinados a ganhar o grande prêmio. No associado Laboratório de Fisiologia, Alan Hodgkin e Andrew Huxley também ganhariam o Nobel. Watson e Crick, com o auxílio da difração de raios X, também seriam laureados. E Perutz viveria para ver seus próprios laboratórios no Cavendish darem origem a nove prêmios Nobel, inclusive o seu.

Corria o ano de 1938. A Segunda Guerra Mundial teve drásticas consequências para Perutz, assim como para tantos outros cientistas europeus. Ele mal tinha começado seu trabalho com a hemoglobina quando Hitler invadiu a Áustria. Os negócios da família de Perutz foram desapropriados pelos alemães, seus pais viraram refugiados, e ele foi deixado com recursos instáveis, salvo apenas pelo trabalho de assistente de Bragg. Entretanto, o pior ainda estava por vir. Na primavera de 1940, Perutz, junto com outros alemães e austríacos que viviam na Inglaterra, foi detido. Alguns meses depois foi banido para Newfoundland a bordo do transatlântico *Arandora Star*. No começo de julho, o navio foi torpedeado por um submarino alemão. Perutz, agarrado aos destroços que flutuavam em chamas em meio a óleo diesel queimando no mar, quase se afogou. Das 1800 pessoas a bordo, a maioria perdeu a vida. Quando o jovem bioquímico foi finalmente resgatado e tratado até recuperar a saúde, seu status de "inimigo estrangeiro" foi revertido com a ajuda da BBC, onde havia trabalhado como jornalista. Ele retornou à sua pesquisa no Cavendish.

O processo de produzir e analisar fotografias de raios X de uma molécula como a hemoglobina, sem os sofisticados computadores de hoje, era uma tarefa hercúlea. Era preciso tirar fotos de diferentes ângulos, e o número de "pontos" de difração chegava a dezenas de milhares. No prefácio de seu livro *I Wish I'd Made You Angry Earlier* [Gostaria de ter irritado você antes] (1998), Perutz dá alguma ideia da labuta envolvida:

> Tirei várias centenas de fotografias de difração de raios X em cristais de hemoglobina, cada uma com duas horas de exposição. Tirei algumas das fotos durante a Segunda Guerra Mundial, quando tinha de passar noites no laboratório para poder combater bombas incendiárias em caso de um ataque aéreo alemão. Usei essas noites para acordar a cada duas horas, girar meus cristais alguns graus, revelar os filmes expostos e inserir um novo pacote de filmes no cassete. Quando todas as fotos haviam sido tiradas, só então começava o verdadeiro trabalho. Cada uma continha várias centenas de pontinhos pretos cujo grau de negritude eu media a olho, um por um. Esses números delineavam não um quadro da estrutura que eu estava tentando solucionar, mas uma abstração matemática dele: as direções e os comprimentos de todas as 25 milhões de linhas entre os 10 mil átomos na molécula de hemoglobina irradiando de uma origem comum.[6]

Para entender um pouco melhor a "abstração matemática" de Perutz, vamos dar uma olhada numa pequena amostra de uma fotografia de raios X, a figura 18.4. Aqui vemos um número de pontos, em que o tamanho de cada um representa a intensidade dos raios X que ali incidiram. Tais pontos são formados pela sobreposição das ondas defletidas pelos elétrons de uma molécula e acabando por incidir no filme fotográfico. (Ver capítulo 7 sobre Von Laue.) Trabalhar de trás para a frente, dos pontos no filme para uma imagem dos elétrons e átomos que os originaram, é como deduzir as posições de varetas finca-

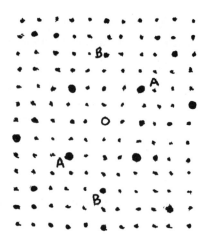

Figura 18.4

das verticalmente numa correnteza a partir do padrão do fluxo d'água corrente abaixo. Não se trata de um procedimento direto. De forma sintética, as *posições* dos pontos são determinadas pelos padrões repetitivos de muitas moléculas, ou "unidades celulares", enquanto as *intensidades* revelam o arranjo de átomos dentro de uma única molécula. Este último dado era o que Perutz queria saber.

O procedimento é aproximadamente o seguinte: cada par de pontos simétricos na figura 18.4 é produzido por elétrons nas fatias planas cortadas através das moléculas, como é mostrado na figura 18.5. Por exemplo, os pontos rotulados de A são produzidos pelas fatias mostradas na figura 18.5a, enquanto os pontos assinalados como B são produzidos pelas fatias na figura 18.5b. A intensidade dos pontos corresponde à densidade de elétrons em cada fatia. Por sua vez, a densidade de elétrons nos conta sobre a localização e os grupos de átomos, uma vez que cada átomo contém um número de elétrons conhecido. Logo, fatia por fatia, criamos um mapa da molécula original.

O histórico artigo de Perutz, de 1960, é um dos tratados mais técnicos que contemplamos até agora. Nesse artigo, ele analisa hemoglobina de cavalo — bastante similar à hemoglobina de todos os animais vertebrados — em sua forma particular, chamada oxi-hemoglobina, na qual está saturada de oxigênio. A forma de hemoglobina sem oxigênio é chamada desoxi-hemoglobina, ou

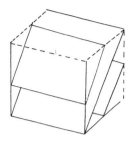 

Figura 18.5a   *Figura 18.5b*

hemoglobina reduzida. No primeiro parágrafo, Perutz reconhece que não será capaz de determinar a localização de aminoácidos individuais. Isso ocorre porque a resolução das fotografias de raios X é de apenas 5,5 Å, o menor tamanho para o qual ele consegue obter detalhes. (Lembre-se de que 1 Å representa 10^{-8} centímetros, ou um centésimo de milionésimo de centímetro, o referencial de distância no domínio atômico.) Em média, um cubo de aresta 5,5 Å pode conter de 25 a cinquenta átomos, equivalente a vários aminoácidos. Logo, Perutz não consegue ver aminoácidos individuais. Uma molécula inteira de hemoglobina, por outro lado, tem cerca de 50 Å de diâmetro. Por analogia, se a molécula de hemoglobina fosse o globo terrestre, Perutz poderia discernir países a partir do tamanho da Venezuela. Em particular, as difrações de raios X de Perutz têm resolução suficiente para descobrir que a hemoglobina consiste de quatro pedaços, ou subunidades. O método de síntese de Fourier é o procedimento, descrito anteriormente, de ir de trás para a frente, dos pontos de difração para as posições dos grupos de átomos na molécula original.

Na seção "Método de análise", Perutz refere-se a uma determinação do "ângulo de fase" das "reflexões". As reflexões são simplesmente os pontos, como na figura 18.4, formados pela deflexão e sobreposição dos raios X incidentes. O "ângulo de fase" de um ponto refere-se à onda de raio X estar numa crista ou num vale ou em algum lugar intermediário ao atingir o filme fotográfico naquele local. Todas as ondas têm ângulos de fase. Trabalhar de trás para a frente para obter um mapa da molécula a partir das fotografias de difração dos raios X exige que os ângulos de fase de todos os pontos sejam conhecidos. Essa determinação é o aspecto mais difícil e misterioso do projeto, pois a intensidade de um ponto não revela seu ângulo de fase. Aqui, Perutz se refere a um método de "substituição isomórfica" que ele próprio refinou em 1953. Nesse método, átomos específicos na hemoglobina são substituídos por átomos pesados, que não alteram o formato da molécula, mas sim a fotografia da difração de uma forma que depende dos ângulos de fase. Comparando-se as fotos de raios X com e sem as substituições de átomos pesados, é possível determinar os ângulos de fase.

A figura 1 do artigo de Perutz mostra uma seção reconstituída da molécula, com os contornos das densidades de elétrons semelhantes a curvas de nível num mapa topográfico. (As densidades de elétrons são citadas em unidades de elétrons/$Å^3$.) Uma seção dessas é criada somando-se muitos grupos de fatias da forma mostrada na figura 18.5. A "unidade celular" é a menor região que se repete ao longo de um cristal de hemoglobina. Perutz e seus colegas descobrem que uma unidade celular de hemoglobina tem duas moléculas. O "eixo diádico" é um eixo de simetria, como a linha que atravessa o centro de uma carta de baralho: uma rotação de 180 graus em torno de um eixo de díade traz a estrutura de volta à sua forma original.

Na seção seguinte, Perutz descreve como obteve as posições tridimensionais precisas dos quatro grupos heme. Estes são mostrados na figura 4 do artigo.

Ao ler esse artigo, tem-se a impressão de que Perutz e seus colegas são geógrafos moleculares. Além disso, estão labutando em três dimensões, não duas. Para mapear a estrutura da hemoglobina, querem visualizar a molécula no espaço. De fato, compreender estruturas complexas em ciência muitas vezes exige imagens, além de equações. O que os computadores fornecem aos cientistas são contornos de densidade de elétrons, ricos em informação, mas insuficientes em termos visuais. Numa técnica fascinante esboçada em "Configurações de cadeias de polipeptídeos", Perutz descreve um processo de desenrolar folhas de plástico cortadas nos formatos de seus mapas de densidade de elétrons gerados por computador e então construir um modelo tridimensional com elas. (De maneira similar, Watson e Crick construíram modelos de brinquedo de DNA.)

Os resultados são exibidos nas figuras de 5 a 10 do artigo. Descobriu-se que a hemoglobina consiste de quatro cadeias convolutas, agrupadas em dois pares idênticos chamados cadeias brancas e cadeias pretas. (Esses pares são às vezes chamados cadeias alfa e cadeias beta.) As cadeias brancas e pretas diferem apenas em uns poucos aminoácidos.

Na seção intitulada "Arranjo das quatro subunidades", notamos que os contornos das cadeias pretas se encaixam exatamente nos contornos das brancas, como peças vizinhas de um quebra-cabeça. Conforme escreve Perutz: "A complementaridade estrutural é uma das características mais surpreendentes da molécula". Em suma, as cadeias se encaixam. De fato, em muitos trechos do artigo, Perutz e seus colegas precisam se esforçar em busca de uma linguagem para descrever as estranhas e belas estruturas que descobriram. Em uma seção, lemos sobre "quatro nuvens tortuosas" de alta densidade de elétrons, em outra, sobre a "dobra em forma de S no topo".

Alguns detalhes de terminologia: os terminais "N" e "C" indicam se o último aminoácido na longa cadeia de aminoácidos tem um átomo de nitrogênio ou de carbono livre (ver figura 18.1). O "His" na figura 8 do artigo refere-se ao aminoácido histidina, que se liga a cada grupo heme e o conecta ao resto da cadeia.

As figuras de 8 a 10 fornecem perspectivas diferentes da molécula inteira. Na figura 8 cada grupo heme, representado por um disco, está dobrado dentro de um caracol de aminoácidos como um broto dentro das pétalas de uma flor.

A clara separação dos grupos heme apresenta um problema, pois deixa sem resposta a questão básica de como os grupos heme agem em harmonia. Como diz Perutz na seção "Discussão":

> Os grupos heme são afastados demais para que a combinação com o oxigênio de qualquer um deles afete diretamente a afinidade com o oxigênio de seus vizinhos. Qualquer que seja a interação existente entre grupos heme, ela deve ser de um tipo sutil e indireto que não podemos ainda adivinhar.

É quase possível ouvir o tom de frustração com que Perutz escreve: "Pouco se pode dizer ainda sobre a relação entre estrutura e função".

De fato, para responder a essa pergunta, Perutz e seus colegas precisam solucionar a estrutura da outra forma de hemoglobina, aquela sem oxigênio, a desoxi-hemoglobina, e então comparar as duas. No final do artigo, Perutz especula corretamente que as estruturas oxi e desoxi não diferem em sua constituição das quatro cadeias individuais, e sim na disposição das cadeias uma em relação à outra.

Em 1962, Perutz havia analisado tanto as formas oxi como desoxi, e provado essa conjectura. As cadeias beta (pretas) se deslocam mais de 7 Å uma em relação à outra ao passar da estrutura oxi para a desoxi.

No entanto, mesmo depois de resolver as duas estruturas, Perutz não conseguia entender totalmente como a hemoglobina funcionava. Em sua palestra do prêmio Nobel, em 1962, ele explicou da seguinte maneira o contínuo desafio:

> As largas distâncias que separam os grupos heme foram talvez a maior surpresa que a estrutura nos apresentou, pois seria de esperar que a interação química entre eles se devesse à proximidade. Da forma como estão, a estrutura da desoxi--hemoglobina deixa inexplicadas as suas propriedades fisiológicas.[7]

Foi apenas no período de 1962 a 1970 que Perutz e seus colegas descobriram como os quatro grupos heme funcionavam *cooperativamente* para unir-se com e desunir-se do oxigênio, a função crucial da hemoglobina. A resposta envolve "portões" de oxigênio compostos de átomos de nitrogênio, movimentos em três dimensões e vínculos mecânicos entre grupos heme usando aminoácidos enganchados entre si como brinquedos de montar. As quatro cadeias são fragilmente ligadas por forças elétricas, de modo que um ligeiro deslocamento de uma delas provoca um deslocamento nas outras. Perutz descobriu que, quando uma molécula de oxigênio é absorvida por um grupo heme, o átomo de ferro desse grupo move-se para baixo, penetrando no plano bidimensional formado pelos quatro átomos de nitrogênio a ele ligados. Esse movimento do átomo de ferro, por meio do aminoácido histidina ligado a ele e das ligações com outros aminoácidos e cadeias, faz com que os outros três átomos de ferro também se movam para baixo, para os planos dos seus portões de nitrogênio associados. Esses portões então se abrem, permitindo que o oxigênio entre mais livremente. Dessa maneira, os quatro grupos atuam juntos. Uma ilustração parcial de um único grupo heme é sugerida na figura 18.6 — embora grande parte do movimento ocorra perpendicularmente ao plano da figura. Aqui a posição da oxi-hemoglobina é mostrada pelas linhas tracejadas, e a posição da desoxi-hemoglobina pelas linhas cheias.

A busca para a compreensão da estrutura e do mecanismo da hemoglobina exigiu um número muito maior de anos do que qualquer outra descoberta científica que narramos. Sob esse aspecto, a descoberta de Perutz foi bem dife-

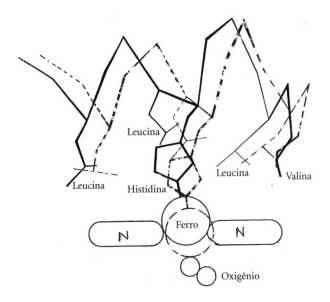

Figura 18.6

rente da descoberta de Rutherford, do núcleo atômico; da de Loewi — o mecanismo de transmissão entre os nervos; da de Fleming — a penicilina. Já em 1938, Perutz tinha uma ideia clara do que queria fazer e do significado disso. Foi simplesmente a complexidade do projeto que demandou tantos anos de esforços e de cooperação. E, como vimos, mesmo depois de Perutz ter descoberto a estrutura da hemoglobina, ainda foi necessária quase uma década para relacionar a estrutura dessa molécula vital com a sua função.

Em seu trabalho com a hemoglobina, Perutz aperfeiçoou e refinou as técnicas de difração de raios X, levando à descoberta da estrutura de muitas outras proteínas. Por exemplo, conhecemos agora a arquitetura da amilase, que converte amido em glicose; das proteínas que servem como canais de potássio, regulando as propriedades elétricas das células nervosas; da vasopressina, que aumenta a retenção de água nos rins. Hoje, milhares de estruturas proteicas são desvendadas a cada ano. O conhecimento dessas estruturas fez crescer a compreensão básica da biologia, além de facilitar o tratamento de doenças. O próprio Perutz mostrou como mutações na hemoglobina podiam causar anemia falciforme. (Linus Pauling já descobrira que a anemia falciforme era uma "doença molecular".) Num sentido amplo, Perutz contribuiu para demonstrar a complexidade única de forma nas moléculas biológicas. É impressionante que o efetivo transporte de oxigênio nos animais requeira uma molécula de mais de 10 mil átomos, agrupados de maneira particular e complexa. Talvez uma catedral sem seus vitrais coloridos, sem seus detalhados entalhes em pedras e sem sua alta abóboda não pudesse nos inspirar.

Durante grande parte de sua vida adulta, Perutz manteve um diário no qual anotava ditos espirituosos que descobria. Ele chamava esse diário de Livro do Lugar-Comum, um nome que remonta à Grécia antiga e aos oradores romanos, que colecionavam metáforas para seus discursos. O Livro do Lugar--Comum de Perutz nos oferece um lampejo de seu coração. Uma das anotações é "Ciência sem consciência é a ruína da alma", do *Pantagruel* de Rabelais. Outra é "Não é verdade que o cientista vai atrás da verdade. Ela é que vai atrás dele", de *O homem sem qualidades,* de Robert Musil. Outra ainda é do próprio Perutz: "O que é tido como certo é tolice".[8]

Esta última frase ecoa um sentimento de Perutz expresso no final de seu discurso do Nobel — num momento em que, apesar de ter acabado de receber a maior honraria em ciência pela descoberta da estrutura da hemoglobina, ainda se debatia para entender como a estrutura servia a função: "Por favor, perdoem-me por apresentar, numa tão importante ocasião, resultados que ainda estão em andamento. Mas o brilho solar ofuscante do conhecimento garantido é tolo, e nós nos sentimos mais exultantes no crepúsculo e na expectativa da aurora".[9]

Para Perutz, o desconhecido era mais estimulante que o conhecido. Da mesma maneira, o romancista é impulsionado por aquilo que não entende em seus personagens; o pintor busca constantemente alguma qualidade inexplicável de atmosfera e no ser que não pode ser capturada pela câmera. São as formas enevoadas e incertas do crepúsculo, talvez, que alimentam toda a atividade criativa. Einstein exprimiu bem esse pensamento ao escrever: "A experiência mais bela que podemos ter é a do misterioso. É a emoção fundamental postada ao lado do berço da verdadeira arte e da verdadeira ciência".[10]

19. Ondas de rádio do big bang

Arno Penzias e Bob Wilson estavam tendo dificuldades com seu rádio. Por vários meses, desde o verão de 1964, vinham tentando determinar o que causava o leve chiado de fundo.

Não se tratava de um rádio comum. Construído em 1960 por um homem chamado A. B. Crawford, foi originalmente projetado para detectar sinais de rádio do *Echo*, o primeiro satélite de comunicações. A antena tinha quase sete metros de largura e um formato de chifre, para minimizar recepções indesejadas dos lados e do chão. O amplificador consistia não de válvulas nem de transistores, e sim de um avançado maser, que usava efeitos quânticos para ampliar sinais fracos. Esse amplificador quântico era esmeradamente sintonizado para captar apenas frequências perto de 4080 megaciclos por segundo, dentro da região de micro-ondas da faixa de rádio. Para reduzir a estática interna, o maser era resfriado com hélio líquido a quatro graus acima do zero absoluto, ou −269 graus Celsius. Um refletor parabólico excêntrico acompanhava a antena numa das extremidades. Para girar o chifre, havia uma gigantesca roda dentada com metade projetada para fora, como um automóvel sem carenagem. A engenhoca toda, com toda sua esquisita aparência, achava-se desajeitadamente empoleirada sobre Crawford Hill, em Holmdel, Nova Jersey.

Em 1963, o rádio de Crawford já não era mais empregado para comunicação. A essa altura, os Laboratórios Bell, proprietários do aparelho, entregaram-no a Penzias e Wilson para experimentos científicos. Penzias e Wilson eram radioastrônomos. Estudavam corpos celestes detectando e analisando ondas de rádio em vez de luz visível. A partir dali, o rádio de Crawford serviria como seu telescópio. Arno Penzias vinha trabalhando nos Laboratórios Bell por dois anos, e tinha trinta anos de idade. Robert Wilson, com 27, mas já ficando calvo, filho de um cientista que trabalhava com perfuração de poços de petróleo de Houston, acabara de chegar.

Os dois jovens astrônomos estavam empolgados em comandar um instrumento tão sensível e determinados a começar medições das emissões de rádio provenientes de gases na Via Láctea. Mas, para uma tarefa tão delicada, primeiro tinham de identificar e eliminar todas as fontes de estática, chamadas de "ruído". E era aí que começavam os problemas. Depois de tentar identificar cada estalido e zumbido no receptor, ainda restava um pouquinho de estática inexplicada. Vários anos antes, um cientista chamado E. A. Ohm também encontrara um ruído inexplicado no detector de Crawford. No entanto, ninguém prestou muita atenção, porque o ruído era menor do que a margem de erro experimental e outras incertezas. Seriam necessários equipamentos e medições melhores. Penzias e Wilson tinham equipamento para isso.

O ruído no rádio podia vir de um sem-número de lugares. Podia vir do chão, aquecido pelo sol. Podia vir da emissão de moléculas na atmosfera terrestre ou dos gases entre as estrelas. O ruído podia ser gerado internamente pelo amplificador, ou pela antena, ou pelos fios que conectava ambos. Um por um, Penzias e Wilson investigaram cada origem possível do ruído. Viraram o telescópio em diferentes direções. Monitoraram o aparelho ao longo das estações enquanto a Terra girava em torno do Sol. Todavia, a estática permanecia constante, excetuando-se a atmosfera e a Via Láctea, ambas produzindo variações conforme a direção. Os astrônomos apontaram a antena na direção de cidades importantes, como Nova York, mas o misterioso ruído pouco mudou. Tiraram o amplificador a maser, descobriram que ele não tinha culpa e o puseram de volta. (Penzias havia construído masers para seu doutorado e os conhecia como a palma da mão.) Avaliaram o leve zumbido nos cabos conectores. Teria o ruído origem nos rebites das articulações da antena, que podia se aquecer levemente e emitir ondas fracas de rádio? Os astrônomos colocaram fita de alumínio sobre as articulações. O ruído mal se alterou.

Descobriram que um par de pombos se aninhara numa reentrância do chifre, usando-o generosamente como banheiro. Wilson contou mais tarde em seu discurso do Nobel: "Expulsamos os pombos e limpamos a sujeira deles, mas obtivemos apenas uma pequena redução [do ruído]".[1] (Os pombos foram prontamente enviados pelo correio da empresa para Whippany, Nova Jersey, sede central da companhia telefônica Bell. Como eram pombos de migração, retornaram dentro de dois dias ao seu ninho de alta tecnologia. Mas já haviam sido descartados como fonte de ruído.) O ruído residual, como um murmúrio desagradável numa festa, recusava-se a se dispersar.

Ambos os cientistas eram homens habilidosos. Penzias havia se doutorado em física experimental na Universidade de Columbia, trabalhando com os ganhadores do prêmio Nobel Isidor Rabi e Charles Townes, inventor do maser. Wilson consertava rádios e televisores no ensino médio e obtivera seu doutorado em física no Caltech (Instituto de Tecnologia da Califórnia). Como outras equipes que já encontramos, seus temperamentos se complementavam mutuamente. Arno Penzias, que fugira da Alemanha com sua família em 1939, era ambicioso, arrojado, exuberante, de pensamento amplo, com menos interesse nos detalhes. Wilson era quieto, meticuloso e preciso, adorava as minúcias, era capaz de se envolver com um instrumento durante horas até obter o desempenho ideal. Juntos, os dois tinham muita confiança em suas habilidades. E acreditavam que haviam identificado todas as fontes conhecidas de ruído no radiotelescópio de Crawford. Entretanto, algo desconhecido insistia em permanecer. Um pouquinho de chiado. Um zumbido de fundo, constante ao longo do tempo, constante em todas as direções do espaço. Como se o rádio estivesse submerso num banho de ondas de rádio a três graus acima do zero absoluto. O que podia ser? Arno Penzias e Bob Wilson estavam preocupados.

Em dezembro de 1964, num avião que retornava de uma conferência sobre astronomia, Penzias mencionou seu "problema de ruído" a Bernie Burke, um colega radioastrônomo da Carnegie Institution em Washington, DC. Pouco tempo depois, Burke ligou de volta para Penzias com notícias interessantes. Tinha acabado de ver o rascunho de um artigo de um brilhante teórico de 29 anos chamado James Peebles, que trabalhava na Universidade de Princeton sob orientação do físico Robert Dicke. Peebles era um cosmólogo do big bang. Em seu artigo, predizia que, como resultado do intenso calor na época do nascimento do universo, deveria existir hoje um fundo residual de ondas de rádio, preenchendo o espaço de maneira constante e uniforme, como água morna numa banheira. A temperatura desse banho cósmico deveria ser aproximadamente de dez graus acima do zero absoluto. E deveria aparecer como um chiado constante num bom radiotelescópio.

Na verdade, nesse exato momento, dois outros protegidos de Dicke, Peter Roll e David Wilkinson, estavam finalizando a construção de um receptor de rádio para pesquisar a predita radiação cósmica de fundo. Em breve estariam no ar.

Após o telefonema de Burke, Penzias ligou para Dicke. Eles discutiram o assunto. Dicke pegou o carro e guiou os quase cinquenta quilômetros para Holmdel a fim de inspecionar o chifre e os dados de Penzias. Soberbo experimentalista e teórico, Dicke estava bastante seguro do que tinha à sua frente. Pode-se apenas imaginar seu espanto, sua empolgação e seu silencioso pesar. Tendo feito a predição do ruído cósmico algum tempo antes, estava a poucos meses de descobri-lo ele mesmo. Agora tinha ficado para trás. Penzias e Wilson foram mais cautelosos na interpretação dos resultados, mesmo depois da revelação do que vinha sendo estudado em Princeton. "A ficha não caiu exatamente no mesmo dia",[2] Penzias comentou mais tarde. Segundo Wilson: "Nós pensamos que nossas medições eram independentes da teoria [do big bang] e podiam ter uma vida mais longa que ela".[3] A "teoria" ainda estava bem viva e saudável em 1978, quando Penzias e Wilson receberam seu prêmio Nobel.

Por acaso, Penzias e Wilson haviam descoberto aquilo que a maior parte dos cientistas concorda ser a radiação que sobrou da origem do universo, cerca de 15 bilhões de anos atrás, "o fogo primordial", usando a linguagem do físico de Princeton John Wheeler. A radiação, chamada de radiação cósmica de fundo, fornece uma confirmação fundamental da teoria do big bang. Embora a descoberta de Edwin Hubble em 1929 sobre a expansão do universo (ver capítulo 12) tenha dado a primeira sustentação experimental para a teoria, seu achado na verdade penetrava apenas no passado mais recente. Porém, por todos os cálculos, a radiação cósmica de fundo resultava de eventos que tinham ocorrido quando o universo tinha apenas um segundo de idade! As ondas de rádio ofereciam os primeiros vislumbres do universo em sua infância. Nunca antes os seres humanos estiveram tão próximos da criação primordial. "Segure o infinito na palma da sua mão",[4] escreveu o poeta místico William Blake.

Da mesma forma que em muitas descobertas científicas, a história da radiação cósmica de fundo é uma irônica mistura de ignorância e brilhantismo, oportunidades perdidas, boas e más relações públicas, superespecialização da ciência, e a habilidade de identificar descobertas feitas por acaso. Robert Dicke foi o primeiro a predizer a radiação cósmica de fundo num tórrido dia de verão em 1964. Arno Penzias e Robert Wilson descobriram casualmente a radiação cósmica de fundo no outono desse mesmo ano. Mas, na verdade, a coisa fora predita e descoberta muito tempo antes.

A primeira previsão da radiação cósmica de fundo baseou-se nos cálculos dos físicos George Gamow, Ralph Alpher e Robert Herman, no final de década de 1940, trabalhando no Laboratório de Física Aplicada da Universidade Johns Hopkins. Esses cientistas tentavam explicar a criação dos elementos químicos por reações nucleares no universo recém-surgido. Um dos subprodutos de sua investigação foi a previsão de um banho cósmico de radiação de fundo, criado quando o universo tinha apenas alguns segundos de idade. Em 1949, com cálculos mais cuidadosos, Alpher e Herman argumentaram que a temperatura dessa radiação cósmica de fundo hoje seria de cerca de cinco graus Celsius acima do zero absoluto, colocando-a na região do espectro eletromagnético.

Em 1956, Gamow, Alpher e Herman haviam discutido essa radiação prevista em meia dúzia de artigos nas principais publicações de física. Além disso, já estava disponível a tecnologia para medir o fenômeno. Por que isso não foi feito? Por um motivo: os cientistas tinham dúvidas de que a radiação pudesse ter sobrevivido por bilhões de anos até agora. E se perguntavam se outras fontes de emissão de rádio poderiam obscurecer a radiação cósmica de fundo. Gamow, Alpher e Herman eram teóricos, não experimentalistas, e não estavam de fato seguros do que podia ser medido ou não. Além disso, eram físicos, e não astrônomos. As duas comunidades não tinham uma boa comunicação entre si, embora atualmente a situação esteja bem melhor. E, mesmo dentro do campo da astronomia, os radioastrônomos efetivamente capazes de fazer tais medições constituíam grupo um tanto isolado. Sendo assim, uma previsão extremamente importante caiu no esquecimento. Os três físicos passaram adiante para outros projetos.

Também estarrecedor é o fato de o grupo de Dicke, composto da mesma forma de teóricos, não saber das predições anteriores, já publicadas, de Gamow, Alpher e Herman. Na verdade, eles acreditavam ser os primeiros a predizer a radiação cósmica. Conforme Peebles me contou mais tarde, um tanto timidamente, "nós não tínhamos feito nosso dever de casa".[5] Em 1975, Dicke escreveu em suas memórias: "Eu preciso assumir a maior parte da culpa por isso, pois os outros no nosso grupo eram jovens demais para conhecer esses velhos artigos".[6]

Agora vamos à descoberta. A radiação cósmica de fundo foi descoberta *indiretamente* pela primeira vez pelos astrônomos americanos W. S. Adams e T. Dunham Jr., no final da década de 1930 e início da de 1940. Esses cientistas descobriram pálidos sinais de absorção de luz por moléculas de cianogênio (carbono ligado a oxigênio) no espaço exterior. Em 1941, Andrew McKellar, do Observatório Astrofísico Dominicano no Canadá, usando os dados de Adams e Dunham, calculou que essas moléculas estavam sendo bombeadas a estados mais elevados de energia por algum banho térmico de fundo a uma temperatura de 2,3 K, ou 2,3 graus acima do zero absoluto. Mais ou menos na mesma época, o famoso espectroscopista molecular Gerhard Herzberg também mediu as emissões de cianogênio interestelar, chegando à mesma conclusão. No entanto, no começo dos anos 1940 não existia teoria para relacionar essa radiação de fundo com o big bang cosmológico. Logo, o significado maior da descoberta não podia ser adivinhado. A radiação de fundo de 2,3 graus no espaço era apenas um dos milhares de fatos e detalhes que cientistas experimentais precisavam ter na cabeça. Sem base nem explicações teóricas, esses fatos possuíam uma significação apenas limitada.

Infelizmente, uma década mais tarde, quando Gamow e companhia produziram a primeira teoria, não tinham conhecimento dos achados experimentais de Adams, Dunham e McKellar, publicados em outro campo. Assim, novamente a teoria não pôde ser juntada ao experimento. Por sua vez, Dicke e seu grupo não tinham conhecimento nem de Gamow et al. nem de Adams et al. Do mesmo modo que Penzias e Wilson. Em 1964, dois físicos russos, A. G. Doroshkevich e I. D. Novikov, publicaram um artigo em inglês na revista *Soviet Physics Doklady*, alegando não só que haviam previsto que a radiação cósmica de fundo podia ser medida, mas também que o melhor telescópio do mundo para fazê-lo era o radiotelescópio Crawford em Holmdel, Nova Jersey! Ninguém ficou sabendo do trabalho deles por vários anos. Era uma ironia que os diversos grupos estivessem, num certo sentido, recebendo comunicação cósmica de bilhões de anos-luz de distância e não se comunicassem entre si, separados apenas por algumas centenas de quilômetros.

Após seu encontro surreal em Crawford Hill no começo de 1965, Dicke e Penzias concordaram em publicar seus artigos simultaneamente no mesmo número do *Astrophysical Journal*.

A cosmologia do big bang baseia-se na teoria da gravidade de Einstein, chamada relatividade geral e formulada em 1915 (ver capítulo 12). Quando aplicada ao cosmo como um todo, essa teoria faz a simplificadora premissa de que a massa do universo não está agrupada em estrelas e planetas, e sim espalhada regularmente como grãos de areia numa praia. Trabalha-se então com uma densidade média de matéria e energia. Pode-se também falar de uma temperatura média. As equações da teoria mostram como a densidade média de matéria e temperatura muda com o tempo, mediante a força da gravidade.

Assim como dados financeiros fornecidos a um contador, três parâmetros precisam ser fornecidos à teoria: a densidade de matéria hoje, determinada pela medição da massa total num grande volume do espaço, e então dividindo-a por esse volume; a taxa de expansão do universo hoje, determinada pela rapidez com que as galáxias se afastam umas das outras e as distâncias entre elas; e a "aceleração" do universo hoje, que, analogamente à velocidade de expansão, é a taxa de mudança dessa velocidade de expansão. Uma vez mensurados esses três parâmetros, direta ou indiretamente, a teoria determina tudo, do passado distante ao futuro distante.

Uma característica-chave da cosmologia do big bang é que o universo era mais quente no passado. Como foi discutido no capítulo 12, as evidências de que o universo está se expandindo — com todas as galáxias voando para longe umas das outras — implicam que no passado ele era menor e mais comprimido. E, assim como o ar no pneu de um carro se aquece quando comprimido, a temperatura da matéria e da energia no espaço era mais alta no passado. Quanto mais **recuamos** no tempo, mais denso o universo, e maior sua temperatura. De fato, o **modelo** do big bang decreta que o universo começou num estado de densidade e temperatura *infinitas*, expandindo-se e resfriando-se a partir daí.

No que diz respeito à radiação cósmica de fundo, grande parte da ação ocorreu quando o universo tinha um segundo de idade ou menos. De acordo com as equações da gravidade de Einstein, quando o universo tinha cerca de um segundo, sua temperatura era de aproximadamente 10 bilhões de graus Celsius. Nessa temperatura, as galáxias não podiam existir, estrelas e planetas não podiam existir, nem mesmo átomos individuais podiam existir. O universo a 10 bilhões de graus consistia apenas em uma espessa sopa turva de partículas subatômicas vagando de um lado a outro, e radiação eletromagnética de frequências extremamente elevadas, na região de raios gama do espectro. (A luz visível é uma radiação eletromagnética dentro de certa faixa estreita de frequências. As ondas de rádio têm frequências mais baixas; os raios X e raios gama, mais altas.)

Obviamente é quase impossível imaginar tais condições extremas. São formas de matéria e temperaturas muito mais altas que qualquer coisa existente na Terra, mesmo nos laboratórios. Mas essa realidade é a requerida por nossas teorias e equações. Precisamos expandir a nossa imaginação.

Agora chegamos à origem da radiação cósmica de fundo, que é uma forma especial de radiação eletromagnética. A radiação eletromagnética é emitida e absorvida por todas as partículas eletricamente carregadas. Quando essas partículas são em número suficiente, a radiação eletromagnética inevitavelmente se torna radiação de corpo negro. Conforme foi discutido no capítulo 1, a radiação de corpo negro tem uma quantidade particular de energia em cada faixa de frequência e é fixada pela temperatura. Numa temperatura de 10 bilhões de graus, os elétrons e pósitrons (a antipartícula do elétron) seriam criados em números imensos a partir da energia de outras partículas moventes. Como resultado, a radiação eletromagnética seria convertida em radiação de corpo negro.

O que acontece com essa radiação depois de um segundo? Um resultado teórico da física do big bang é que o número de partículas de radiação, chamadas fótons, é muito maior do que o número de partículas de matéria; então a radiação eletromagnética preenchendo o universo *permaneceria* radiação de corpo negro mesmo com o universo se expandindo e se resfriando. A única mudança com a expansão seria um decréscimo na temperatura da radiação. Assim, mesmo hoje, cerca de 15 bilhões de anos mais tarde, o espaço deveria estar preenchido com radiação de corpo negro. E essa é a radiação cósmica de fundo predita.

Finalmente, pode-se estimar a temperatura da radiação de corpo negro hoje por meio de quanto o universo se expandiu desde que tinha alguns segundos. Essa estimativa foi executada por Alpher e Herman em 1949 e então repetida de maneira independente por Peebles em 1964. O cálculo articula-se na observação de que cerca de 25% da massa no universo é de hélio, que se acredita ter sido formado a partir de prótons e nêutrons quando o universo tinha aproximadamente cem segundos de idade, numa temperatura de 1 bilhão de graus. Para explicar a fração de hélio, são requeridas certas condições do universo-bebê. Comparando a densidade de matéria teoricamente requerida aos cem segundos de idade com a densidade de matéria aproximada medida hoje, infere-se que o universo expandiu-se num fator de aproximadamente 100 milhões. O resultado é que a radiação cósmica deveria ter se resfriado de 1 bilhão de graus na época para três graus hoje.

Robert Dicke nasceu em maio de 1916 em St. Louis, Missouri, filho de um examinador de patentes que era formado em engenharia elétrica. O jovem Dicke foi precoce e de uma imaginação incomum para a ciência. No ensino médio, concebeu e realizou um experimento cosmológico para testar a densidade da matéria no espaço exterior. Dicke pôs uma lanterna numa ponte de Wheatstone, que é um dispositivo que mede resistência elétrica, e alternadamente virava o foco da lanterna para o céu e para o chão. O menino raciocinou que, se a luz apontada para cima não fosse absorvida por matéria no espaço distante, como era pelo chão, a resistência elétrica deveria mudar. Tal experimento engenhoso, embora ingênuo, serviu como arauto da capacidade de Dicke de ser tanto um teórico como um experimentalista excelente. Dicke acabaria tendo cinquenta patentes em seu nome, abrangendo desde secadoras de roupa até lasers.

Dicke graduou-se como bacharel em Princeton, em 1939, e obteve seu doutorado em física na Universidade de Rochester em 1946. Ele era um gênio em dispositivos eletrônicos. Durante os anos de guerra, inventou vários instrumentos com circuitos de micro-ondas e sistemas de radar no famoso Laboratório de Radiação do MIT. Em 1944, inventou o radiômetro de Dicke. O aparelho é capaz de distinguir sinais de rádio muito fracos do ruído de fundo, alternando rapidamente o amplificador entre um detector apontando para a região geradora do sinal e outro apontando para um banho frio de hélio líquido. O sinal verdadeiro varia com a velocidade da alternância, enquanto o ruído, não. A partir daí, o radiômetro de Dicke tornou-se equipamento padrão para todos os radiotelescópios, inclusive o utilizado por Penzias e Wilson.

No começo dos anos 1960, Dicke realizou uma medição acuradíssima, provando a equivalência da massa gravitacional e da massa inercial, a pedra angular da teoria da gravidade de Einstein. Como teórico, na década de 1950, Dicke concebeu e elaborou a primeira teoria quântica do laser, lançando os alicerces para esse instrumento. No início da década de 1960, propôs sua própria teoria da gravidade, que por algum tempo rivalizou com a de Einstein.

Em meados dos anos 1960, Dicke já era uma lenda. Praticamente idolatrado pelos membros jovens de seu grupo de pesquisa, que ele chamava de seus "meninos" (como fazia Rutherford, ver capítulo 5), era um homem tranquilo, modesto, bem-humorado, com uma cabeça volumosa e grandes orelhas, bem como a presciência de um oráculo grego.

Jim Peebles lembra-se do momento em que Dicke concebeu pela primeira vez a radiação cósmica de fundo.

> Deve ter sido mais ou menos em 1964. Era verão, eu me lembro disso, um dia de muito calor. Encontramo-nos no habitual grupo noturno, mas com um número pequeno de pessoas. Por algum motivo, reunimo-nos no sótão do laboratório Palmer. Ele primeiro nos explicou por que se poderia pensar que o universo era quente em suas fases iniciais. Seu pensamento na época — um pensamento ao qual ele sempre retorna — era que o universo poderia oscilar, e um universo oscilante requer algo para destruir elementos pesados de modo a poder recomeçar de novo com hidrogênio. A maneira de destruir elementos pesados é decompô-los termicamente em radiação de corpo negro. Assim ele nos explicou por que seria apreciável um universo preenchido com radiação de corpo negro.[7]

A linha de raciocínio de Dicke é fascinante. Para começar, ele acreditava num "universo oscilante". Tal concepção, uma variante do big bang padrão, foi discutida extensivamente pela primeira vez por Richard Tolman, do CalTech, no começo da década de 1930, embora a ideia remonte às antigas cosmologias budista e hinduísta. Em um universo oscilante, ele se expande, depois se contrai, depois se expande outra vez, repetindo infinitamente os ciclos de expansão e contração, como a respiração de um imenso pulmão cósmico. Um universo oscilante é eterno.

Por diversas razões, Robert Dicke não queria confrontar as "condições iniciais" do universo no instante $t = 0$, não queria postular como a matéria e a energia foram criadas do nada, por que a matéria dominava de tal maneira a antimatéria, e outras questões primordiais desse tipo. Em um universo oscilante, não é preciso lidar com essas questões. Pode-se dizer que o universo é como é porque sempre foi assim. O universo sempre conteve matéria e energia. A matéria sempre dominou a antimatéria. E assim por diante. Como escreve Dicke em seu artigo: "Esta [hipótese de um universo oscilante] nos alivia da necessidade de compreender a origem da matéria num instante finito no passado".

O argumento de Dicke é mais ou menos o seguinte: nós acreditamos que os elementos químicos mais pesados, como o carbono e o oxigênio, são continuamente sintetizados a partir de elementos mais leves nas reações nucleares das estrelas. Mas, se esses elementos não são destruídos em algum ponto em cada ciclo de um universo oscilante (que continua para sempre), então o universo acabaria consistindo *inteiramente* de elementos pesados, contradizendo a observação de que a maioria do material no universo é hidrogênio e hélio, os dois elementos mais leves. Portanto, em cada contração cósmica, quando o universo retorna ao seu estado de maior calor e maior densidade, a temperatura deve atingir pelo menos 10 bilhões de graus, alta o bastante para destruir todos os elementos pesados e recomeçar com hidrogênio nascente. E, a 10 bilhões de graus, como já vimos, haverá tantos elétrons que o espaço estará preenchido com radiação de corpo negro, ou seja, a radiação cósmica de fundo.

É importante indicar que a predição de Dicke de uma radiação cósmica de fundo não depende realmente do modelo por ele adotado, isto é, um universo oscilante. O mesmo vale para qualquer universo que alguma vez tenha estado a 10 bilhões de graus ou mais. Em particular, a predição se encaixa no modelo--padrão do big bang.

Dicke, Peebles, Roll e Wilkinson começam seu artigo expressando desânimo em relação à versão convencional do modelo big bang, que tem início numa "singularidade" de densidade infinita no começo do tempo. Em particular, eles não veem nenhuma explicação para o porquê de existir muito mais matéria do que antimatéria no universo. Cada tipo de partícula subatômica tem como par uma antipartícula, idêntica a ela na maioria dos aspectos, porém com carga elétrica oposta. Seria de esperar que houvesse números iguais de partículas e suas correspondentes antipartículas. "No contexto da teoria convencional", escreve Dicke, "não podemos compreender a origem da matéria [em excesso sobre a antimatéria] ou do universo." Para esses cientistas, o problema essencial reside na criação do universo a partir do nada — que exige tanta coisa a ser postulada desde o princípio, inclusive a quantidade de matéria versus antimatéria.

Eles consideram então várias tentativas de lidar com o problema do início no instante $t = 0$, também conhecido como a singularidade. A tentativa número 3, que é a preferida por eles, propõe que a singularidade da teoria convencional do big bang jamais ocorreu. Trata-se de uma ficção causada por premissas irrealistas, e um começo tão repentino não acontece de fato "no mundo real". Os cientistas passam então rapidamente para a teoria predileta de Dicke, o universo oscilante. Como foi mencionado, um universo oscilante tem a aparente vantagem de não ter começo, de modo que nada precisa ser postulado. Um universo oscilante dura para sempre, expandindo-se e contraindo-se continuamente.

O universo oscilante é também "fechado". Um universo fechado tem matéria e energia suficiente para acabar sobrepujando — pela força de atração de sua gravidade — a expansão para fora, levando o universo a começar a se retrair. Por outro lado, um universo "aberto" não tem gravidade suficiente para segurar a expansão, de modo que permanece expandindo-se para sempre.

Os bárions a que Dicke e colegas se referem são uma classe específica de partículas subatômicas. Segundo as teorias da física de partículas correntes em 1965, o número total de bárions não pode mudar. Logo, em vez de tentar explicar o número do nada (em $t = 0$), Dicke se curva ao modelo do universo oscilante. O número de bários simplesmente é o que sempre foi desde tempos imemoriais.

Dicke e colegas dão a seguir os passos restantes do argumento exposto acima, levando à predição de uma radiação de corpo negro. Eles entendem claramente que seu argumento é válido apenas para qualquer universo que algum dia tenha estado a 10 bilhões (10^{10}) de graus ou mais, oscilante ou não. A escala de temperatura aqui usada e no artigo de Penzias e Wilson é a escala absoluta, em que os graus são representados por K. Um K é igual a um grau C, com a origem da escala deslocada. O zero absoluto, a temperatura mais fria possível, é o zero da escala K e -273 na escala C.

Dicke cita o conhecido resultado de que, para um universo se resfriar "adiabaticamente", isto é, com sua energia permanecendo constante, a sua temperatura varia inversamente com seu raio. Por exemplo, quando o universo se expande por um fator dez, sua temperatura diminui por um fator dez.

Após considerar a produção de elétrons e suas antipartículas, os pósitrons, Dicke e seus colegas consideram a produção de neutrinos, outro tipo de partícula subatômica com massa muito pequena, e suas antipartículas.

Em seu artigo, Dicke e colaboradores não tentam estimar a temperatura da radiação cósmica de fundo hoje, embora, como já mencionado, Peebles o tenha feito em outro artigo. No entanto, os cientistas argumentam sim que a temperatura deve ser inferior a 40 K. Do contrário, haveria tanta gravidade associada à energia na radiação que o universo já teria começado a se contrair. Dicke faz essa afirmação em outros termos, referindo-se à "constante de Hubble", que é a taxa de expansão do universo, e o "parâmetro de aceleração", que é a taxa de variação da constante de Hubble. (Vinte anos antes, o próprio Dicke havia apontado um de seus radiômetros para o céu e concluído experimentalmente que a temperatura do espaço era inferior a 20 K, mas havia se esquecido de suas próprias medições.)

Dicke e colegas então nos sinalizam que estão levando sua predição a sério: "É evidente que seria de considerável interesse tentar detectar diretamente a radiação térmica primeva". Palavras são respaldadas por ações. Eles mencionam, na realidade, que dois do grupo, Roll e Wilkinson, já haviam construído um receptor de rádio para pesquisar a radiação cósmica. O receptor é sintonizado num comprimento de onda de 3,2 centímetros, correspondente a uma frequência de 9370 megaciclos por segundo. Dicke discute então por que se trata de uma frequência boa para monitorar o espaço exterior em busca da radiação prevista. Em frequências muito mais altas (comprimentos de onda mais curtos), a radiação cósmica seria absorvida pela atmosfera antes de chegar ao detector, e em frequências muito mais baixas (comprimentos de onda mais longos) a forte emissão de rádio do gás na galáxia haveria de mascarar a radiação cósmica de fundo, chegando efetivamente a calá-la com sua intensidade. Os cientistas podem subtrair a emissão de rádio da atmosfera "inclinando" suas antenas. Essa inclinação permite apontar a antena através de diferentes espessuras de ar, provocando uma variação na intensidade da emissão de rádio atmosférica, ao passo que a radiação cósmica de fundo não deve variar com a direção. Ela é ubíqua e constante.

Os cientistas reconhecem então que, já prontos para começar suas próprias medições, ficaram sabendo dos resultados de Penzias e Wilson. Ressaltam que é necessário mensurar a radiação cósmica de fundo em muitos comprimentos de onda, para ver se seu espectro tem o formato previsto de radiação de corpo negro. Penzias e Wilson haviam medido a radiação em um único comprimento de onda e frequência.

Os cálculos de Peebles sobre a síntese de elementos são mencionados. Ironicamente, Dicke refere-se aos cálculos de síntese de elementos de Gamow, Alpher e Herman, mas não aos artigos específicos em que predisseram a radiação cósmica de fundo.

Na seção "Conclusão", Dicke revela seu forte preconceito em favor de um universo oscilante. Como Peebles demonstrara, existe uma relação entre a abundância cósmica de hélio (medida como sendo em torno de 25%), a densidade de matéria hoje e a temperatura da observada radiação cósmica de fundo. Dadas as medições de Penzias e Wilson, fixando esses valores, resta uma relação entre a abundância de hélio e a densidade de matéria. Assumindo o valor máximo da quantidade de hélio como 25%, obtemos uma densidade de matéria máxima de 3×10^{-32} gramas por centímetro cúbico, muito abaixo da densidade necessária para "fechar" o universo e permitir oscilações. Uma densidade mais elevada de matéria produziria hélio demais. Logo, ao que parece, o universo oscilante é descartado pelos dados.

Para salvar o universo oscilante, Dicke faz diversas propostas inusitadas e bastante não ortodoxas: (1) Se o universo tivesse se expandido muito mais depressa quando estava numa temperatura de 1 bilhão de graus, então seria possível ter se criado o valor relativamente baixo de 25% de hélio com uma densidade maior de matéria. Uma forma de energia hipotética, chamada escalar de massa zero, provocaria uma expansão mais rápida. (A própria teoria da gravidade de Dicke, chamada teoria Brans-Dicke, contém tal escalar de massa zero.) (2) Outra forma de energia, tal como a radiação gravitacional, poderia servir para fazer o universo se expandir mais depressa. (3) Neutrinos em números extremamente elevadíssimos, tecnicamente em estado "degenerado", poderiam permitir uma densidade de massa mais alta sem elevar a proporção de hélio acima de 25%.

Como muitos outros cientistas, Dicke tinha preferências filosóficas definidas. Ao mesmo tempo, era aberto e irrestrito quando se tratava de experimentos. Como escreveu em sua autobiografia não publicada: "Por muito tempo acreditei que um experimentalista não deve ficar indevidamente inibido por desmazelo teórico. Se ele insiste em conhecer cada vírgula da teoria antes de começar sua pesquisa, é bem provável que jamais faça um experimento significativo".[8]

A primeira coisa que se nota acerca do histórico artigo de Penzias e Wilson é o título subestimado: "Uma medição de temperatura de antena em excesso a 4080 mciclos/s". Como foi descrito, os dois eram cientistas cautelosos quanto a atribuir alguma significação cosmológica grandiosa a seus resultados. Eles deixariam essa extrapolação para Dicke e seus colegas. De fato, eles têm o cuidado de não mencionar nenhuma interpretação teórica no artigo.

Por "temperatura de antena em excesso" os cientistas se referem à intensidade das ondas de rádio no chifre, que não pode ser atribuída a fontes conhecidas. Em cada frequência, a intensidade de energia pode ser expressa em termos de uma temperatura efetiva, e as temperaturas podem ser somadas e subtraídas como dinheiro. A contabilidade funciona mais ou menos assim: a intensidade total de energia recebida (a 4080 megaciclos por segundo) corresponde a uma temperatura de 6,7 K. Desse total, a emissão de rádio da atmosfera contribui com 2,3 K. A emissão devida ao inevitável aquecimento da antena (chamada de perdas ôhmicas) e pelo chão morno embaixo da antena (chamada de resposta de lobo posterior) soma até 0,9 K. Subtraindo 2,3 K e 0,9 K de 6,7 K restam 3,5 K sem explicação. Esses 3,5 K, com uma incerteza de 1 K para mais ou para menos, é a temperatura em excesso da antena. Esses 3,5 K são a radiação cósmica de fundo, o evanescente sussurro da origem do universo. Penzias e Wilson, "cautelosamente otimistas",[9] para usar as palavras de Wilson mais tarde, nunca se referem a essa temperatura como radiação cósmica de fundo, sempre como "temperatura de antena em excesso". Em retrospecto, seu "excesso" é como um último parágrafo do Discurso de Lincoln em Gettysburg.

Os pesquisadores prosseguem então descrevendo o equipamento. Os vários erros e perdas são discutidos em termos de suas temperaturas efetivas. Aí vem uma discussão mais detalhada das contribuições da atmosfera, das conexões entre a antena e o amplificador maser, da antena (chifre) e da emissão do solo. Por fim, Penzias e Wilson referem-se a medições anteriores de ruído no radiotelescópio Crawford feitas por outros cientistas em outras frequências. Seus resultados eram consistentes com os resultados mais precisos ali relatados.

Nos agradecimentos, Penzias e Wilson mencionam sua gratidão a Dicke e seus colegas por "frutíferas discussões", repetindo a gentileza de Dicke no final de seu artigo. É quase certo que Penzias e Wilson teriam relatado sua descoberta de uma "temperatura de antena em excesso" mesmo que jamais tivessem falado com Dicke, mas quase com certeza a teriam escondido num artigo em meio a vários outros assuntos.

Experimentos subsequentes mediram a radiação cósmica de fundo em muitas outras frequências. Em dezembro de 1965, Roll e Wilkinson, do grupo de Dicke, haviam completado seu próprio experimento a 9370 megaciclos por segundo. Dentro de um ano, outros cientistas mediriam a radiação em frequências variando de 1430 a 115340 megaciclos por segundo. Para chegar às frequências mais altas, que não penetram na atmosfera terrestre, as medições foram feitas em picos de montanhas, aviões, balões e foguetes. Todos esses experimentos confirmaram que a radiação cósmica de fundo de fato tem uma forma especial de corpo negro, como fora previsto, com uma temperatura de cerca de 2,7 K.

A descoberta da radiação cósmica de fundo forneceu uma poderosa confirmação para a teoria do big bang. Em anos recentes, as medições dessa radiação foram ainda mais longe que a teoria do big bang, testando novas teorias em física de partículas elementares. Algumas dessas teorias previam em detalhes quantitativos como um mar de matéria e energia completamente regular no universo recém-surgido poderia desenvolver o leve embolotamento necessário que acabaria formando galáxias e estrelas. Esse leve embolotamento, por sua vez, se traduz em ligeiras variações na intensidade da radiação cósmica de fundo em diferentes direções no céu. Essas variações previstas eram de apenas algumas partes em milhão. Mesmo assim, foram mensuradas por instrumentos sensíveis a bordo do satélite *Cosmic Background Explorer*, lançado pela NASA em 1989, e o ainda mais sensível satélite *Wilkinson Microwave Anisotropy Probe*, lançado em 2001. A radiação cósmica de fundo é como a versão cósmica dos caracteres cuneiformes assírios, um bocadinho da história dos momentos iniciais do universo.

Num dia gelado no começo de 1988, visitei Bob Dicke em seu escritório em Princeton. Na época, ele estava com 71 anos, oficialmente aposentado, mas ainda trabalhando todo dia. Abaixo das equações rabiscadas na sua lousa havia uma mensagem impressa para o pessoal da faxina: FAVOR NÃO APAGAR. A essa altura, a cabeleira de Dicke já estava quase toda grisalha e branca. Ele usava gravata, um paletó espinha de peixe e grandes óculos de aro preto. Lembro-me especialmente de suas mãos, delicadas, dedos finos, não as mãos que eu esperaria de alguém que construía circuitos elétricos e radiômetros.

Dicke foi gracioso e polido, respondendo às minhas perguntas com simplicidade e sinceridade quase infantis. Às vezes eu precisava me esforçar para ouvi-lo, pois sua voz era quase um sussurro, como o leve chiado da radiação cósmica de fundo. Perto do fim da entrevista, ele divagou sobre um aspecto crucial da cosmologia que tem continuamente perturbado os seres humanos desde os antigos babilônios até os físicos do século XX.

Ainda há um ponto na cosmologia que eu acho muito desagradável [disse], e é a ideia de tempo e espaço não terem sentido até certo ponto e de repente aparecerem… um universo que é ligado de repente […]. Acho que o que me incomoda é a barreira súbita, a descontinuidade, seja no tempo ou no espaço, porque estou acostumado com continuidade.[10]

20. Uma teoria unificada de forças

Segundo as lembranças de Steve Weinberg, numa manhã do segundo semestre de 1967, ele ia de carro para seu escritório no MIT quando teve uma revelação súbita acerca das forças da natureza. Na época, Weinberg tinha 34 anos e era professor visitante no MIT, em licença de Berkeley. Rosto carnudo, cabelo cacheado meio loiro, meio ruivo, e maneiras geralmente sérias, era apaixonado por física teórica desde seus anos de adolescência na famosa Bronx High School of Science, em Nova York. Depois disso passou por Cornell, pelo Instituto de Física Teórica em Copenhague e por Princeton, onde concluiu seu doutorado em 1957. Fazia uma década que ele tinha se graduado e já se aproximava do final do período áureo de um físico teórico.

O bairro de East Cambridge, perto do MIT, não é uma região muito bonita. Chaminés de tijolos amarelos soltam fumaça amarela, trilhos de trem cruzam o asfalto rachado como *band-aids* metálicos, e as ruas estão atulhadas de apartamentos degradados e fachadas comerciais arruinadas. Em suma, o contexto físico não parecia inspirar pensamentos muito brilhantes. Porém, a física teórica vive em sua maior parte dentro da mente.

"Ocorreu-me que eu vinha aplicando a ideia certa ao problema errado", relembra Weinberg. Por algum tempo, ele estivera tentando desenvolver uma teoria da "força nuclear forte",[1] com base no modelo de grande êxito da teoria da eletricidade e do magnetismo chamada eletrodinâmica quântica (QED — *quantum electrodynamics*). Ele fracassara. As "ideias certas" eram os conceitos matemáticos da QED. O "problema errado" era a força nuclear forte. O insight de Weinberg, enquanto guiava pela decrépita East Cambridge, foi que o problema certo para as ideias certas era a "força fraca". A força fraca, junto com a força nuclear forte, a força eletromagnética e a força da gravidade, constituem as quatro forças fundamentais da natureza. Pelos puxões e empurrões da nossa existência humana cotidiana, temos familiaridade com as forças eletromagnética e gravitacional. As outras duas são menos evidentes. É a força nuclear forte que mantém nêutrons e prótons unidos e travados dentro da minúscula prisão do núcleo atômico. A força fraca faz com que os nêutrons se transformem em prótons e outros fenômenos bizarros no nível subatômico. Entre outras coisas, a força fraca é fundamental para que as estrelas produzam energia e, portanto, para a vida da forma como a conhecemos.

Teóricos anteriores da estatura de Enrico Fermi e Richard Feynman haviam labutado para construir teorias parciais da força fraca, mas todas elas sofriam de uma terrível falha: continham uma solução que incluía a noção de *infinito* para certas questões de importância. Matemáticos e poetas adoram o infinito, mas os físicos não. Um único cisco de infinitude pode demolir toda a física.

A boa ideia que Weinberg percebeu que poderia aplicar à força fraca era a *simetria*, que foi discutida brevemente no capítulo 4. Em termos gerais, um princípio de simetria diz que é possível olhar para uma coisa de determinados pontos de vista diferentes e ela ainda ter a mesma aparência. Um quadrado tem simetria quadrangular. Podemos girá-lo noventa graus e sua aparência permanecerá idêntica. Muitos objetos na natureza têm simetria. O rosto humano tem simetria direita-esquerda. Estrelas-do-mar têm simetria pentagonal. Flocos de neve possuem seis setores idênticos. Pedrinhas de granizo têm simetria esférica — têm a mesma aparência de qualquer direção.

Mas as simetrias mais importantes em física não são as simetrias dos objetos materiais, e sim as simetrias das leis — isto é, leis que dizem a mesma coisa de diferentes pontos de vista. Por exemplo, uma simetria de leis em física é que todas as direções do espaço são equivalentes. Como consequência, a força entre dois ímãs sobre a mesa é a mesma, não importa para onde se oriente tal força. A aceleração de uma bola de bilhar ao ser atingida por um taco é a mesma, não importa de que direção venha a tacada.

A natureza não obedece a todos os princípios de simetria que podemos imaginar. Por exemplo, não é verdade que a imagem espelhada em todo processo físico seja idêntica à original. A violação desse princípio particular de simetria, chamado paridade, foi descoberta em meados da década de 1950. Mas, quando a natureza segue de fato um princípio de simetria, suas leis ficam bastante simplificadas.

A primeira pessoa a imaginar um princípio de simetria em física foi um jovem funcionário de patentes na Suíça chamado Albert Einstein, em 1905. Nas páginas de abertura de sua teoria da relatividade, Einstein propõe um princípio de simetria "de movimento": as leis da física devem ter a mesma aparência para todos os observadores movendo-se uns em relação aos outros com velocidade constante. Em todos os experimentos até hoje, esse princípio de simetria tem sido verificado. Uma consequência da simetria de movimento de Einstein foi que a eletricidade e o magnetismo não foram mais considerados forças separadas, mas unificadas em uma "força eletromagnética".

Steven Weinberg adora princípios de simetria. Na verdade, pode-se dizer que ele é obcecado pelas formas platônicas. O antigo filósofo grego acreditava que o mundo baseava-se num pequeno número de formas perfeitas e eternas, incluindo a pirâmide de quatro lados, o cubo de seis lados, o octaedro de oito lados. Essas formas não eram substância material, mas ideias fundamentais. Os princípios de simetria em física são ideias fundamentais. Weinberg acredita que os princípios de simetria vêm antes que qualquer outra coisa, antes das quatro forças básicas e antes mesmo da própria matéria. Em seu livro *Dreams of a Final Theory* [Sonhos de uma teoria definitiva] (1992), ele escreve:

A matéria perde assim seu papel central em física: tudo que resta são princípios de simetria [...]. Os princípios de simetria passaram a um novo nível de importância neste século [xx], e especialmente nas últimas décadas: existem princípios de simetria ditando a própria existência de todas as forças conhecidas da natureza [...]. Acreditamos que, se perguntarmos por que o mundo é do jeito que é, e depois perguntarmos por que a resposta é do jeito que é, no final dessa cadeia de explicações vamos encontrar alguns princípios simples de convincente beleza.[2]

308

Weinberg usa com frequência a palavra "beleza" quando fala de teorias em física e de princípios de simetria em particular. Outras palavras que emprega para expressar beleza na ciência são "simplicidade" e "inevitabilidade". Quando fala e escreve sobre física, Weinberg muitas vezes soa como um poeta. De fato, como o saudoso bioquímico Max Perutz, com quem já travamos conhecimento, Steven Weinberg é um escritor talentoso, cujos artigos com frequência aparecem na publicação literária *The New York Review of Books* e cujos livros obtiveram aclamação popular.

Mas a devoção de Weinberg aos princípios de simetria é mais do que a devoção de um artista à beleza. Weinberg, assim como outros físicos, espera que certos princípios orientadores, como a simetria, limitem tão rigidamente as teorias possíveis que só uma descrição da natureza seja possível. Weinberg não quer muitas teorias possíveis da gravidade, muitas teorias possíveis da força fraca. Ele sonha com um universo no qual apenas uma única teoria seja possível. Todos nós já vivenciamos o poder moldador dos princípios. Certos princípios da democracia, como "verificação e correção", são tão influentes e restritivos que quase todo governo democrático na Terra é estruturado de maneira similar, com um ramo legislativo, um ramo judiciário e um ramo executivo. Em arquitetura existe o princípio simples de que uma unidade construtiva deve ser pequena o suficiente para ser erguida com facilidade, mas grande o suficiente para que seja necessário o número mínimo; trata-se de um princípio tão restritivo que quase todo tijolo através dos séculos tem sido feito do mesmo tamanho. O filósofo alemão Leibniz é famoso por sua declaração: "Este é o melhor de todos os mundos possíveis". Steven Weinberg tem a esperança de que seja o *único* mundo possível.

Naquele segundo semestre de 1967, a ideia que subitamente ocorreu a Weinberg foi a de que a força fraca poderia ter muito mais simetria do que aparecia nos experimentos, aquilo que os físicos às vezes chamam de simetria oculta ou simetria quebrada. Em particular, Weinberg imaginou que a força fraca age simetricamente sobre certos pares de partículas subatômicas, tais como elétrons e neutrinos. Embora as partículas em cada par pareçam diferentes, poderiam ser idênticas no que se referisse à força fraca, assim como bolas de tênis brancas e amarelas são idênticas no jogo de tênis. A equivalência entre elétrons e neutrinos, por sua vez, levaria a outras simetrias semelhantes àquelas encontradas na QED, a bem-sucedida teoria da força eletromagnética.

Weinberg rapidamente concretizou sua ideia na linguagem matemática da física quântica. Para sua surpresa, descobriu que sua nova teoria da força fraca, com a simetria entre elétrons e neutrinos, era duas teorias em uma. Ela naturalmente incluía a força eletromagnética junto com a força fraca. De fato, a nova teoria de Weinberg *requeria* que as duas forças fossem articuladas em conjunto. Como ele mesmo se recordou mais tarde: "Ao fazer isso descobri que, apesar de não ter sido absolutamente minha ideia inicial, ela acabou se revelando uma teoria não só da força fraca, baseada numa analogia com o eletromagnetismo, mas também uma teoria unificada das forças fraca e eletromagnética [...]".[3]

Já vimos como cientistas experimentais, como Ernest Starling e Alexander Fleming em biologia, ou Ernest Rutherford e Otto Hahn em física, às vezes descobrem o que não esperavam. A experiência de Weinberg mostra que o mesmo pode acontecer até em física teórica, na qual a surpresa ocorre com lápis e papel.

A teoria unificada de Weinberg é chamada de teoria eletrofraca. Assim como eletricidade e magnetismo podem se gerar mutuamente e são parte de uma força eletromagnética unificadora, a teoria eletrofraca propõe a força fraca e a força eletromagnética como sendo diferentes aspectos da mesma força, a força eletrofraca. A teoria eletrofraca foi a primeira do século XX a unificar algumas das forças fundamentais da natureza. A teoria eletrofraca não dá soluções de infinito a qualquer uma das questões que lhe são indagadas. Suas predições de novas partículas subatômicas e novos tipos de reações têm sido largamente confirmadas por experimentos. E ela é linda.

A força fraca foi constatada pela primeira vez em 1896, por Antoine-Henry Becquerel. Embora não tivesse condição nenhuma de compreender o fenômeno — exceto que claramente produzia uma boa dose de energia penetrante —, o físico francês havia na verdade observado um tipo de radiatividade na qual um nêutron se converte em um próton no núcleo do átomo. Um elétron, chamado raio beta, é produzido nessa conversão e sai voando a grande velocidade. O processo como um todo é chamado de decaimento beta. Em 1896, nêutrons e prótons ainda não haviam sido descobertos, e tampouco o núcleo atômico. O decaimento beta é causado pela força fraca. Entre as quatro forças fundamentais da natureza, somente a força fraca pode transformar um nêutron em um próton.

No início dos anos 1930 o nêutron já fora descoberto, e o decaimento beta era entendido como um processo em que o nêutron — de carga elétrica neutra — transformava-se em três outras partículas subatômicas: um próton, carregado positivamente; um elétron, carregado negativamente; e um "antineutrino" eletricamente neutro. A reação pode ser representada por:

$$n \rightarrow p + e + \bar{v}$$

em que n simboliza o nêutron, p o próton, e o elétron e $\bar{v}$ o antineutrino. O "neutrino" era um novo tipo de partícula subatômica, neutro e praticamente sem massa, e o antineutrino era a "antipartícula" do neutrino. Desde o começo da década de 1930, os físicos tinham percebido que toda partícula subatômica tem uma gêmea, chamada antipartícula. Partícula e antipartícula gêmeas são quase idênticas, mas têm certas características que se opõem, tais como a carga elétrica. Por exemplo, o elétron e tem carga elétrica negativa, enquanto o antielétron $\bar{e}$ (também chamado pósitron) tem massa idêntica, mas carga elétrica positiva. Partículas e suas gêmeas antipartículas podem se aniquilar mutuamente, de forma completa, produzindo energia. Em algumas histórias de ficção científica, os autores imaginaram antipessoas inteiras, ou mesmo antiplanetas, capazes de aniquilar seus gêmeos.

A força fraca é chamada de fraca porque é muito mais fraca que a força nuclear forte, cerca de 100 mil vezes mais fraca em energias habituais. A força fraca também atua muito lentamente em comparação com a força nuclear forte. Ainda assim, como na corrida entre a tartaruga e a lebre, a força fraca pode realizar coisas que a força forte não consegue, como converter um nêutron em um próton.

A força fraca provoca outras reações semelhantes ao decaimento beta acima, por exemplo, $n + \bar{e} \rightarrow p + \bar{v}$, em que um antielétron colide com um nêutron para produzir um próton e um antineutrino; ou a reação $p + e \rightarrow n + v$, em que um elétron colide com um próton formando um nêutron e um neutrino; ou ainda $n + \bar{p} \rightarrow e + \bar{v}$, em que um nêutron colide com um antipróton formando um elétron e um antineutrino.

Há três semelhanças em todas essas reações. Primeiro, todas elas envolvem quatro partículas. Segundo, a carga elétrica total das partículas que entram na reação (antes da seta) é igual à carga elétrica total das partículas de que saem da reação (depois da seta). E terceiro, examinando detalhadamente podemos ver que os elétrons, antielétrons, neutrinos e antineutrinos aparecem juntos de forma mais ou menos regular. Cada um tem algo como carga, mas em vez de carga elétrica é chamada de número eletrônico de lépton. (Elétrons e neutrinos, ambos de massa muito pequena, são chamados léptons, da palavra grega para "luz". Outras partículas subatômicas também são chamadas léptons e têm seus próprios números de lépton.) Se o número eletrônico de lépton do elétron é 1, do neutrino também 1, do antielétron −1 e do antineutrino −1, então o número eletrônico de lépton total das partículas entrando em cada reação é igual ao número eletrônico de lépton das partículas saindo da reação. Um físico diria que o número eletrônico de lépton total é conservado, da mesma forma como a carga elétrica total é conservada.

A primeira teoria da força fraca foi proposta em 1933, pelo grande físico ítalo-americano Enrico Fermi. Um homem de pernas curtas que adorava caminhadas, Fermi era um caso quase único entre os físicos, pelo fato de ser igualmente soberbo em experimento e teoria. (Outro exemplo foi Robert Dicke.) Já se sabia que a força fraca atuava apenas a distâncias extremamente pequenas, muito menores que a distância através de um núcleo atômico. Para explicar esse fato observado experimentalmente, Fermi sugeriu que as quatro partículas envolvidas na reação nuclear fraca tinham de se encontrar num ponto. Além disso, precisavam ter "spins" fracionários, como o elétron.

Uma palavra a respeito do spin. Conforme analisamos no capítulo 11, sobre o trabalho de Linus Pauling, as partículas subatômicas se comportam como se fossem minúsculos giroscópios, girando em torno de um eixo que passa pelo seu centro. O ritmo de giro, como a massa e a carga elétrica, é uma propriedade interna fixa da partícula subatômica. O spin do elétron é usado como padrão e fixado em $\frac{1}{2}$. Partículas com spins fracionários, como $\frac{1}{2}$ ou $\frac{3}{2}$, são chamadas férmions, em homenagem a você sabe quem. Partículas com spins inteiros, como 1 ou 2, são chamadas bósons, batizadas em homenagem ao físico indiano Satyandranath Bose. Nêutrons, prótons, elétrons e neutrinos são todos férmions. Fótons, as partículas que transportam a força eletromagnética, são bósons, com spin 1. (Alguns outros bósons são píons e kaons.) Nessa linguagem, a teoria de Fermi da força fraca dizia que a força atua entre quatro férmions encontrando-se num ponto.

A teoria de Fermi funcionava bem para explicar os detalhes do decaimento beta, mas tinha problemas. Primeiro, parecia designada a explicar apenas essa única reação e, portanto, carecia do tipo de convincente "inevitabilidade" da qual fala Weinberg. Mais seriamente, quando aplicada a outros tipos de interações fracas — por exemplo, quando usada para computar a mudança de massa de um próton em virtude da criação de partículas na sua vizinhança —, a teoria de Fermi dava infinitos resultados.

Em 1958, Richard Feynman e Murray Gell-Mann, do California Institute of Technology, e de forma independente E. C. G. Sudarshan e R. E. Marshak, revisaram substancialmente a teoria de Fermi. Eles determinaram que a força fraca dependia dos spins dos quatro férmions interagindo. Esses físicos, e outros, propuseram também que os quatro férmions na verdade não se encontravam em um ponto, mas ficavam separados por uma pequena distância, um vão. Hipoteticamente, a força fraca seria transmitida através desse vão pela troca de um novo tipo de partícula chamada de bóson intermediário. Essa nova partícula foi chamada de W, para *weak* — fraco. Para que os spins e outras propriedades se somassem de forma apropriada, seria necessário que W tivesse obrigatoriamente spin 1, ou seja, que fosse um bóson. Também seria necessário que ele viesse em duas variedades, uma com carga positiva W^+ e outra com carga negativa W^-.

Para ver a diferença entre os dois quadros, consideremos a reação do decaimento beta $n \rightarrow p + e + \bar{v}$. A figura 20.1a ilustra o processo conforme divisado por Fermi, enquanto a figura 20.1b mostra-o conforme concebido por Feynman, Gell-Mann, Sudarshan e Marshak. O W^- é representado pela linha ondulada. Na figura 20.1b podemos ver por que a partícula W precisa ter carga negativa nessa reação. Seguindo as setas, a primeira coisa que acontece é que o nêutron se transforma num próton e cria um W^-. Uma vez que a carga elétrica total não pode ser criada ou destruída, e o nêutron não tem carga elétrica, a carga positiva do próton precisa ser cancelada pela carga negativa do W^-. Em seguida, o W^- viaja um pouco, desintegra-se e forma um elétron e um antineutrino. A carga negativa do W^- é dada ao elétron negativamente carregado. Mais uma vez, a carga elétrica é conservada. Mais simples impossível!

A teoria de Feynman-Gell-Mann/Sudarshan-Marshak foi um avanço so-

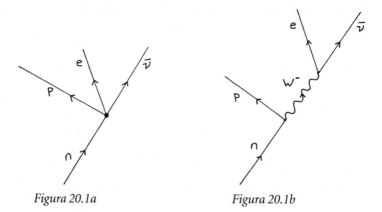

Figura 20.1a   Figura 20.1b

bre a teoria de Fermi. Todavia, ela também previa que a energia em certas reações razoáveis seria infinita.

A essa altura, os físicos tinham descoberto uma maneira de lidar com tais infinitos na teoria quântica do eletromagnetismo, a chamada QED — eletrodinâmica quântica. Em todas as teorias quânticas das forças fundamentais, as infinitudes eram entendidas como surgindo de uma característica peculiar da física quântica, que permite que algumas partículas subatômicas se materializem brevemente do nada e então desapareçam. Cada partícula subatômica, como o elétron, é cercada de uma névoa de tais fantasmas fugazes, que às vezes dão uma contribuição infinita para sua energia e massa. Na QED, foi encontrado um método hábil para redefinir cada partícula de modo a *incluir* a névoa. Afinal, quando medimos uma partícula, estamos também medindo a névoa de partículas fugazes a ela ligadas. Tal redefinição é chamada renormalização. Num certo sentido, renormalização é como reconhecer que, ao avaliar o balanço dos Estados Unidos, a enorme dívida nacional deveria ser comparada com a enorme riqueza na capacidade de produção, mesmo que essa capacidade esteja parcialmente oculta.

Quando ocorre a renormalização, os infinitos desaparecem. Mas apenas determinadas teorias possuem as propriedades matemáticas certas para permitir que sejam renormalizadas. A QED podia ser renormalizada. A teoria de Feynman-Gell-Mann/Sudarshan-Marshak da força fraca não podia.

Steven Weinberg está bem familiarizado com a história do trabalho com a força fraca. De fato, ele tem um interesse especial em história, não só a da ciência, como história em geral. Num artigo que escreveu para a revista *Daedalus* intitulado "Physics and History" [Física e história], vê uma semelhança entre a perspectiva histórica dos físicos de partículas, como ele mesmo, e a visão das religiões ocidentais. Em contraste, segundo Weinberg, a visão histórica de outros ramos da ciência é mais parecida com as tradições religiosas orientais.

O cristianismo e o judaísmo ensinam que a história está caminhando para um clímax — o dia do juízo; da mesma forma, muitos físicos de partículas elementares acham que o nosso trabalho [...] vai chegar a um término numa teoria final [...]. Uma percepção oposta da história é sustentada por aquelas crenças que afirmam que a história continuará para sempre, que estamos presos à roda da interminável reencarnação [...]. Outros cientistas [físicos de outras áreas que não de partículas] olham para diante, para um futuro sem fim, sempre aguardando encontrar problemas interessantes.[4]

Weinberg prossegue afirmando que ele e outros físicos de partículas precisam deixar para trás problemas meramente interessantes a caminho de uma "teoria final" das forças da natureza. "Não é preciso vasculhar todas as ilhas de problemas não resolvidos para fazer progressos rumo a uma teoria final", escreve ele. "A nossa situação é um pouco como a da Marinha dos Estados Unidos na Segunda Guerra Mundial: evitando pontos fortes japoneses, como Truk ou Rabaul, a Marinha se movimentou para tomar Saipan, que estava mais próxima de sua meta de tomar o arquipélago japonês."[5]

Por duas décadas, após o final dos anos 1940, a eletrodinâmica quântica reinou suprema entre todas as teorias na física. A QED era linda, suas infinitudes tinham sido curadas, e ela fazia previsões primorosamente acuradas acerca do comportamento de elétrons e fótons. Os físicos por toda parte do planeta queriam inventar teorias como a QED.

Um princípio de simetria particular permite que a QED seja renormalizada. Esse princípio diz que em cada ponto do espaço as ondas de elétrons que aparecem na QED podem mover-se para a frente ou para trás em qualquer valor, e se as ondas de fótons (que transportam a força eletromagnética entre os elétrons) são adequadamente modificadas, as leis permanecem inalteradas. Essa simetria é chamada simetria de gauge, ou simetria de calibre.

Foi também um tipo de simetria de calibre que Steven Weinberg imaginou quando guiava para o trabalho no começo de outono de 1967. Ele levou sua ideia acerca da equivalência de elétrons e neutrinos até a forma mais extrema, de modo que uma *partícula única* pudesse ser qualquer combinação de elétron e neutrino, digamos 30% elétron e 70% neutrino, e ainda assim responder à força fraca da mesma maneira. Mais ainda, como em todas as simetrias de calibre, as porcentagens podiam variar de um ponto no espaço para outro. No estranho mundo da física quântica, em que uma partícula age como onda e pode estar em vários lugares ao mesmo tempo, a própria *identidade* da partícula também pode ficar borrada. Logo, de fato faz sentido falar numa partícula que é 30% elétron e 70% neutrino, ou 52% elétron e 48% neutrino, e assim por diante.

Uma maneira frutífera de expressar essa ideia é pensar que em cada partícula há uma pequena seta apontando em certa direção. Uma direção específica, digamos, vertical, corresponde ao elétron puro ou ao neutrino puro: se a seta apontar diretamente para cima, a partícula é elétron puro. Se a seta apontar para baixo, a partícula é neutrino puro. (As setas das antipartículas apontam no sentido oposto ao de sua partícula gêmea.) Setas apontando em qualquer direção que não a vertical representam partículas que são parte elétron, parte neutrino, híbridas. *Simetria completa entre elétrons e neutrinos significa que as leis da interação fraca parecem as mesmas quando as setas são giradas em qualquer direção.* Então estamos de volta a um tipo de simetria rotacional, como no caso de quadrados e flocos de neve, mas agora a rotação não ocorre no espaço comum que nos é familiar, mas no espaço abstrato da autoidentidade elétron-neutrino. Esses são os tipos de espaço que os físicos teóricos adoram.

Gradualmente, estamos nos aproximando do pleno escopo das ideias de Weinberg. Um traço básico da interação fraca é que os elétrons e neutrinos trabalham em pares, como pode ser visto nas reações já consideradas. (O nêutron e o próton também trabalham em par, mas não vamos considerá-los nesta discussão.) Alem disso, devido à observação de que o número eletrônico de lépton total é o mesmo antes e depois da interação, pode-se demonstrar que cada interação fraca é equivalente a uma interação em que um membro do par é uma partícula e o outro é uma antipartícula. Em suma, a interação fraca envolve um par de partículas, uma das quais é ou elétron ou neutrino, e a outra é ou antielétron ou antineutrino. Existem apenas quatro pares possíveis: $(e\bar{e})$, $(\nu\nu)$, $(e\bar{\nu})$ e $(\bar{e}\nu)$. Esses são os "pares puros", os puros-sangues da interação fraca. À medida que ocorrem rotações no "espaço de identidade elétron-neutrino", cada um desses quatro pares puros torna-se um híbrido, uma combinação dos outros. Por sua vez, qualquer par genérico de partículas nesse espaço de identidade nebuloso pode ser expresso como uma combinação específica desses quatro puros-sangues. Por exemplo, um par genérico, que poderíamos chamar de (a b), poderia ser 13% $(e\bar{e})$, 28% $(\nu\bar{\nu})$, 17% $(e\bar{\nu})$ e 42% $(\bar{e}\nu)$.

Agora chegamos aos bósons intermediários, que são análogos ao fóton em QED por serem as partículas que transportam a força. Se olharmos para a figura 20.1b, vemos que um W^- é necessário para produzir o par puro $(e\bar{\nu})$. Na verdade, é necessário um bóson intermediário diferente para cada um dos pares puros. Logo, a teoria, com sua simetria elétron-neutrino, *requer* a existência de quatro bósons intermediários. Dois dos pares puros possuem carga elétrica, os pares $(e\bar{\nu})$ e $(\nu\bar{e})$, e portanto requerem bósons intermediários respectivamente positivo e negativo para produzi-los. São os bósons que já chamamos de W^- e W^+. Mas há dois outros pares que são eletricamente neutros, $(e\bar{e})$ e $(\nu\bar{\nu})$. É evidente que a teoria requer mais dois bósons intermediários, que precisam ser eletricamente neutros.

Então, a primeira predição de Weinberg era que devia haver dois bósons intermediários eletricamente neutros. Junto com essas novas partículas havia a previsão de que reações como $n \rightarrow n + \bar{\nu} + \nu$ deveriam ocorrer. Estas são chamadas interações fracas de corrente neutra porque não há troca de carga elétrica. Reações fracas de corrente neutra nunca haviam sido vistas, e não seriam vistas por alguns anos.

Por fim, a surpresa. Nós *já conhecemos* um bóson eletricamente neutro que pode produzir o par $(e\bar{e})$, isto é, o fóton, portador da força eletromagnética. A teoria da QED está cheia de reações nas quais fótons produzem pares elétrons-antielétrons, representadas por $\gamma \rightarrow e\bar{e}$. Logo, um dos dois bósons neutros previstos pela teoria eletrofraca pode ser identificado com o bem conhecido fóton! O outro bóson neutro Weinberg chamou de Z. Aparentemente, a teoria contém não só os portadores da força fraca, mas também o portador da força eletromagnética.

Além disso, à medida que ocorrem rotações no estranho "espaço de identidade elétron-neutrino" e os pares elétron-neutrino vão se misturando, os bósons intermediários também precisam se misturar, pois são necessários bósons híbridos para se desintegrarem em pares híbridos elétron-neutrino. (Misturas de bósons intermediários também são necessárias para manter correta a contabilidade da carga elétrica.) Em particular, os fótons se misturam com os Zs e os Ws. Assim, um portador genérico da força eletrofraca será uma combinação de W^-, W^+, Z e fóton, exatamente como o par genérico partícula-antipartícula é uma combinação dos quatro "pares puros" analisados acima. Esse tipo de mistura é o sentido profundo no qual a teoria da força eletrofraca é uma teoria unificada. E já que todas as misturas devem ser equivalentes sob o princípio de simetria assumido, as identidades individuais da força eletromagnética e da força nuclear fraca se dissolvem numa única força eletrofraca.

Sem que Weinberg soubesse, ele não estava completamente sozinho em suas importantes ideias. Numa dessas coincidências que frequentemente acontecem na ciência, um proeminente físico teórico paquistanês chamado Abdus Salam elaborou uma teoria eletrofraca essencialmente idêntica, de forma independente e simultânea. Os dois cientistas acabariam compartilhando o prêmio Nobel, junto com o físico norte-americano Sheldon Glashow, que havia proposto alguns dos conceitos-chave no começo dos anos 1960. Na verdade, elementos da teoria eletrofraca já vinham surgindo desde o trabalho do físico norte-americano Julian Schwinger, em 1957. Schwinger sugeriu primeiro uma unificação entre o fóton e os Ws carregados. Então, em 1958, S. A. Bludman propôs uma partícula tipo Z, em vez do fóton, para misturar-se com os Ws carregados. Em 1961, Glashow fez a importante proposta de que a teoria precisaria ser ampliada para incluir quatro bósons intermediários, mas na versão de Glashow o elétron e o neutrino nunca eram completamente equivalentes. Foi só com as teorias de Weinberg e Salam que todas as peças se encaixaram.

Durante vários anos, a teoria eletrofraca de Weinberg e Salam recebeu pouca atenção. Primeiro, a nova teoria não explicava nenhum resultado experimental que já não fosse explicado pela existente teoria Feynman-Gell-Mann/Sudarshan-Marshak. E suas previsões de novos fenômenos, tais como a partícula Z e as reações de corrente neutra, ainda não haviam sido testadas. Por fim, e principalmente, ninguém sabia se a teoria podia ser renormalizada.

Então, em 1971, um modesto estudante de pós-graduação na Universidade de Utrecht chamado Gerard 't Hooft provou matematicamente que a teoria eletrofraca era renormalizável. De repente, os físicos começaram a prestar atenção na teoria. Não surgira nenhuma evidência nova, mas um obstáculo teórico fundamental fora superado. Segundo o Instituto de Informação Científica, o artigo de Weinberg de 1967 sobre a teoria eletrofraca teve um total de quatro citações no período de 1967-71. Em 1972, após o trabalho de 't Hooft, houve 65 citações. E o número cresceu a partir daí. Em 1988, o texto de três páginas de Weinberg na *Physical Review* foi o artigo citado com mais frequência em física de partículas elementares desde o fim da Segunda Guerra Mundial.

Weinberg lastima não ter sido ele próprio a provar a renormalização. Durante o período de 1967-71, na verdade, ele passou grande parte de seu tempo num livro didático sobre relatividade geral e cosmologia. Mais tarde, na entrevista que deu a mim no final dos anos 1980, ele se lamentou:

> Sinto ter escrito a maldita coisa porque [...] eram os anos que eu devia ter deixado de lado tudo que estava fazendo e me dedicar a provar que as teorias de calibre de quebra espontânea eram renormalizáveis [...]. É maravilhoso escrever um livro que tenha algum impacto, mas é ainda mais maravilhoso fazer descobertas que tenham impacto.[6]

Em 1973, a primeira das predições da teoria eletrofraca, as reações de corrente neutra envolvendo neutrinos, foi experimentalmente confirmada no gigantesco acelerador de partículas do CERN em Genebra; e logo depois no Fermilab perto de Chicago. Na verdade, as reações de corrente neutra haviam sido sugeridas já em 1937. No entanto, tais predições sempre foram feitas com teorias incompletas e prejudicadas por infinitudes. Depois de 1973, a maioria dos físicos *aceitava* que a teoria eletrofraca era correta. Vinte anos depois Weinberg ofereceu uma interessante análise da psicologia, um tipo de visão capitalista do empreendimento científico:

> Havia chegado uma teoria que possuía o tipo de qualidade convincente, a consistência e rigidez interna, que tornava razoável para os físicos acreditar que fariam

mais progresso em seu próprio trabalho científico acreditando que a teoria fosse verdadeira do que esperando que ela desaparecesse.[7]

O Comitê do Nobel em Estocolmo não precisou de mais confirmações da teoria eletrofraca e concedeu a Weinberg, Salam e Glashow o prêmio Nobel de física em 1979. Em 1983, em outro experimento no CERN, liderado por Carlo Rubbia, as partículas W foram descobertas. A partícula Z foi descoberta no ano seguinte. As massas medidas de W e Z estavam de acordo com as predições da teoria eletrofraca, cada uma delas aproximadamente cem vezes mais pesada que o próton e o nêutron.

Enfim chegamos ao artigo de Weinberg propriamente dito. De todos os artigos seminais que consideramos, é de longe o mais técnico do ponto de vista matemático, e nós nos contentaremos com uma discussão de caráter geral.

É fascinante que no primeiro parágrafo Weinberg diga que é "natural" unir fótons e bósons intermediários — como se essa fosse a noção germinal dando origem à teoria. Todavia, como vimos anteriormente, a ideia de união não foi o ponto de partida das ruminações de Weinberg sobre a força fraca. Às vezes ocorre de cientistas cobrirem os rastros que levaram à sua conquista final, especialmente nos artigos formais.

Mesmo sem o conhecimento de nenhum dos símbolos e seus significados, é possível se impressionar com a economia e o poder da equação-mestra, a equação (4). Aí está a "lagrangiana" da teoria. A lagrangiana contém dentro de suas emaranhadas molduras matemáticas todas as leis da teoria eletrofraca, todos os princípios de simetria, todas as leis de conservação (tais como a conservação da energia). A lagrangiana também abriga, de forma quase invisível, todas as leis da relatividade especial e da teoria quântica de campo. As ideias relativistas de Einstein sobre tempo e espaço estão destiladas em subscritos gregos para alguns símbolos, tais como $\vec{A}_\mu$. As ideias da física quântica estão corporificadas no fato de elétrons e neutrinos serem representados não como partículas definidas, mas como ondas de probabilidade, ocultas na notação da "dupla canhota" L e do "solitário destro" R. Para o físico, a lagrangiana da equação (4) é uma obra de arte. Além da incerteza do campo de energia chamada ϕ, tudo é exatamente como deve ser, dada a assumida simetria entre elétrons e neutrinos.

Há dois tipos de grandezas na lagrangiana, as partículas elétron e neutrino, e os bósons intermediários. Nós as consideraremos sucessivamente.

Primeiro, os elétrons e neutrinos, ambos membros da família eletrônica dos léptons. Um aspecto peculiar da interação fraca é que ela distingue entre partículas cujo spin é no sentido horário em relação à sua direção de movimento, chamadas partículas destras, e partículas de spin no sentido anti-horário, chamadas canhotas. (Essa distinção, denominada violação de paridade, foi mencionada anteriormente). A força fraca age apenas no neutrino canhoto, mas pode agir em ambos os elétrons, destro e canhoto. Assim, o elétron canhoto e o neutrino canhoto são agrupados juntos, numa "dupla canhota", representada por L na equação (1). O elétron destro vive solitário como "solitário destro", representado por R na equação (2).

A seguir, os quatro bósons intermediários exigidos pela teoria. Estes também são chamados de "campos de calibre". A palavra "campo" aqui significa um pacote de energia que ocupa uma região do espaço. Na moderna teoria quântica, em que tudo é representado por uma onda de probabilidade, há pouca distinção entre partículas e energia pura. Ambas são consideradas pacotes de energia viajando pelo espaço, ou seja, "campos".

Três dos campos de calibre são representados pelo símbolo $\vec{A}_\mu$, uma abreviatura de A_μ^1, A_μ^2 e A_μ^3. O quarto campo de calibre, que é separado por razões técnicas, é representado por B_μ. Os campos de calibre A_μ^3 e o B_μ são os eletricamente neutros. O fóton (representado por A_μ sem qualquer sobrescrito) e a partícula Z são combinações desses campos, como é mostrado nas equações (10) e (11).

Agora, chegamos às importantíssimas ideias de simetria. Lembremos que podemos pensar em cada partícula como tendo uma seta atada a ela, a direção da ponta indicando a mistura específica de elétron e neutrino. A seta é chamada de isospin eletrônico. O símbolo $\vec{T}$ representa o isospin eletrônico total das partículas. Na equação (4), $\vec{t}$ produz rotações de isospin, e a forma como $\vec{t}$ entra na equação exprime a simetria entre elétrons e neutrinos.

Passando rapidamente pelos vários termos da lagrangiana, os dois primeiros representam as energias dos campos de calibre $\vec{A}$ e B, respectivamente. O terceiro e quarto termos representam os campos de calibre interagindo com as partículas destras e partículas canhotas, respectivamente.

Chegamos agora aos três últimos termos da lagrangiana, todos contendo o símbolo ϕ. O campo ϕ é outro tipo de campo de energia, chamado campo de Higgs, ao qual Weinberg se refere como dupla de spin-zero. O papel do campo de Higgs é "quebrar a simetria" da teoria. Tais teorias são chamadas de teorias de calibre espontaneamente quebradas.

Por que haveríamos de querer "quebrar a simetria" de uma teoria tão bela, uma teoria que dá a completa equivalência entre elétrons e neutrinos, fótons e Zs? Porque sabemos pela realidade que o elétron não é *completamente* equivalente ao neutrino. Da mesma forma, a massa do elétron é muito maior que a do neutrino. Algo deve provocar uma ligeira assimetria entre essas partículas. E essa é a função do campo de Higgs, ϕ.

O campo de Higgs é a parte menos compreendida da teoria. Até a presente data, o campo de Higgs e as partículas associadas a esse campo jamais foram encontrados. Felizmente, muito pouco da teoria eletrofraca depende dos detalhes do campo de Higgs.

Toda teoria tem uma quantidade de parâmetros desconhecidos ou ajustáveis. Se houver um número muito grande desses parâmetros, a teoria pode servir para qualquer conjunto de resultados observados, bastando ajustar adequadamente os parâmetros. Uma boa teoria tem um número pequeno de parâmetros ajustáveis e um número muito maior de resultados experimentais para os quais deve servir. Quais são os parâmetros desconhecidos da teoria eletrofraca de Weinberg? São cinco ao todo: (1) a força g dos campos de calibre $\vec{A}$, (2) a força g' do campo de calibre B, (3) a força G_e da interação do campo ϕ com elétrons, (4) a massa M_1 da partícula de campo ϕ, e (5) o nível mais baixo de energia λ do campo ϕ. Tendo em vista que a massa M_1 não afeta nenhum dos resultados, deixamos de considerá-la e dizemos que há somente quatro parâmetros ajustáveis significativos na teoria.

A carga do elétron, e, sai da teoria como uma combinação específica de g e g' dadas na equação (15). Uma vez que a carga do elétron é bem conhecida, o número de parâmetros ajustáveis da teoria é agora reduzido de quatro para três. Da mesma forma, a massa do elétron e a taxa de decaimento beta, ambas conhecidas experimentalmente, são derivadas pela teoria, como se vê na equação (16) e na seguinte. Estamos agora reduzidos a apenas um parâmetro ajustável. Tal economia torna boa uma teoria.

Do outro lado da folha de balanço, a teoria *prediz* explicitamente a massa do bóson intermediário W, dada na equação (9) e a massa do bóson intermediário Z, dada na equação (12), em termos dos parâmetros da teoria. A teoria também prediz implicitamente as taxas e probabilidades de numerosas reações envolvendo elétrons e neutrinos em adição à reação de decaimento beta.

Para resumir, a teoria eletrofraca de Weinberg e Salam tem muito menos parâmetros ajustáveis do que resultados preditos, fazendo dela uma boa candidata a uma teoria convincente e poderosa. (É claro que suas previsões ainda precisam ser confirmadas experimentalmente.)

Os "campos neutros de spin-1" são Z_μ e A_μ. O campo A tem massa zero, equação (13), e Weinberg afirma que "deve ser identificado com o fóton".

Perto do fim do breve artigo, Weinberg parece descontar alguns de seus próprios cálculos, dizendo: "É claro que nosso modelo tem características arbitrárias demais para que essas predições sejam levadas muito a sério". Dadas as simetrias propostas da teoria, a única característica arbitrária é, na verdade, a natureza do campo ϕ de quebra de simetria. Talvez a incerteza de Weinberg acerca do campo ϕ — em outras palavras, o mecanismo preciso de como a simetria entre elétron e neutrino é ligeiramente quebrada — seja o motivo de ele exprimir alguma reserva em relação à sua teoria e chamá-la de modelo em vez de teoria. De fato, é a palavra "Modelo" que aparece no título do artigo.

No final do artigo, Weinberg faz a pergunta crucial: "Este modelo é renormalizável?". Alguns anos mais tarde, ele teria a resposta.

Steven Weinberg talvez seja, no século XX, o mais eloquente advogado dos princípios de simetria na natureza. Para ele, princípios de simetria são tanto convincentes como belos, e ele frequentemente fala sobre o prazer intelectual de reconhecer tais princípios. Ainda assim, ninguém tem a impressão de que Weinberg faz física basicamente por prazer. Ao contrário, ele parece estar numa marcha inexorável para descobrir as leis mais fundamentais da natureza, a "teoria final", como ele a chama — desviando-se de todos os problemas científicos menos importantes, como sendo digressões para sua meta. Trata-se de uma meta urgente, uma meta que o físico anseia atingir durante sua vida. A esse respeito, Weinberg assemelha-se a Einstein. O pai da relatividade também tinha uma inclinação unilateral para descobrir as verdades fundamentais da natureza. Mesmo quando jovem, como Einstein escreveu em sua autobiografia, ele tinha "aprendido a farejar aquilo que podia conduzir aos fundamentos e desviar-se de todo o resto".[8]

21. Quarks: a mínima essência de matéria

Quando minha filha mais velha tinha cinco anos, eu lhe dei de presente um conjunto de bonecas russas, sem qualquer explicação. Ela logo descobriu que a boneca maior podia ser aberta, revelando outra boneca no seu interior. Para seu deleite, descobriu que a segunda boneca também podia se abrir, com uma terceira dentro. E assim foi indo, abrindo bonecas cada vez menores, até chegar a uma minúscula figura de madeira que não se abria.

"Onde estão as outras bonecas?", ela perguntou, com um olhar soturno no rosto.

"Não há mais nenhuma", eu disse. "Essa aí é a menor."

Evidentemente ela não acreditou. Nessa noite foi até a nossa garagem encardida de óleo, tirou um martelo da caixa de ferramentas, e quebrou a boneca menor. A boneca se partiu em dois fragmentos sólidos, mas nada de bonecas menores. A menina ficou carregando um dos pedaços no bolso durante uma semana.

Minha filha não estava só brincando. Ela ficou assombrada. Deve haver algo bem enraizado na nossa natureza, mesmo quando crianças, que nos compele a procurar a menor coisa da qual todo o resto é feito, a semente primordial, a unidade inquebrável, a coisa que resiste quando todo o restante cai por terra. Todos nós conhecemos esse impulso. Queremos segurar na mão a menor de todas as coisas. A busca por essa substância elementar tem guiado tanto cientistas como humanistas desde que nossa espécie começou a refletir e sentir.

Mais de 2 mil anos atrás, Aristóteles tentou organizar o cosmo em termos de cinco ingredientes puros: terra, água, fogo, ar e éter. Outros pensadores antigos, Demócrito e Lucrécio, propuseram que toda a matéria era constituída por minúsculos átomos, invisíveis mas indestrutíveis. Nessa visão, as coisas materiais não podiam ser nem criadas nem destruídas. Todo efeito tinha uma causa atômica, e assim os seres humanos ficavam livres dos caprichos dos deuses.

Para o grande físico Isaac Newton, os átomos não eram bem uma liberação, mas uma "unicidade" primordial, criada por Deus:

A mim parece provável que no princípio Deus tenha formado a matéria em partículas sólidas, maciças, duras, impenetráveis, movíveis [...] e que essas partículas primitivas, sendo sólidas, são incomparavelmente mais duras do que os corpos porosos por elas compostos; duras a ponto de jamais se desgastarem nem se partirem em pedaços, não existindo poder capaz de dividir o que o próprio Deus fez uno na primeira criação.[1]

Ou consideremos as palavras do romancista francês Marcel Proust, buscando o que resta do passado:

Quando nada subsistir de um passado distante, depois que as pessoas estiverem mortas, depois que as coisas estiverem quebradas e espalhadas, somente sabor e cheiro [...] mais persistentes, mais fiéis, permanecerem assentados um longo tempo, como almas [...] suportando, sem vacilar, na minúscula e quase impalpável gota de sua essência, a vasta estrutura da recordação.[2]

O que é, então, a alma e a essência da matéria?

Num certo dia de maio de 2004, visitei em seu escritório no MIT o físico Jerome Friedman. Em 1990, Friedman dividiu o prêmio Nobel com Henry Kendall e Richard Taylor pela descoberta dos quarks, que junto com os léptons são os menores blocos construtivos de matéria conhecidos. O átomo já foi um dia considerado a unidade elementar, até que os cientistas descobriram o elétron e o núcleo atômico, 100 mil vezes menor do que o próprio átomo. Então descobriu-se que o núcleo atômico, por sua vez, era constituído de partículas ainda menores chamadas prótons e nêutrons. Por volta de 1970, Friedman e seus colegas descobriram que prótons e nêutrons são feitos de três quarks separados. O quark, ao que parece, pode ser a menor boneca do conjunto.

Era uma sexta-feira, fim de tarde, e os corredores do quinto andar do Edifício 24 estavam desertos e silenciosos. No entanto, a porta de Jerry estava aberta. Quando entrei, descobri-o curvado sobre a tela do computador, cercado por um mar de livros, revistas e papéis empilhados a mais de um metro de altura sobre quase toda superfície horizontal da sala. Havia uma única cadeira não soterrada. Jerry Friedman, 75 anos, é o avô que todo mundo quer ter — um homem enorme e pesadão com uma faixa de cabelo branco e um sorriso meigo, autêntico. Ele sorri quando fala de física ou de arte. Na verdade, ele quase virou pintor. Continua pintando nas horas vagas e frequenta avidamente, junto com a esposa, exposições de arte, concertos de música, teatro e balé. Nas suas prateleiras, lutando por espaço entre livros teóricos sobre física nuclear e eletrodinâmica quântica, há dúzias de cerâmicas asiáticas, pequenos potes, vasos e esculturas. "Reproduções", diz ele baixinho. "As coisas boas eu deixo em casa."[3]

Jerry Friedman parece amar a vida. É um homem gentil, de boa índole, que nunca faz um comentário desagradável, nunca faz uma pessoa se sentir tola. Ao contrário, com frequência elogia as conquistas dos outros. "Eu tive a sorte de ter estudantes e colegas excepcionais",[4] escreveu certa vez. O orientador de sua tese de doutorado na Universidade de Chicago, o lendário Enrico Fermi, é quem ele admira acima de todos — não apenas pelo brilhantismo de Fermi, mas por suas qualidades humanas. "Fermi era um homem tranquilo", diz Friedman, "um homem gentil, que se deu ao trabalho de nos ajudar a entender as coisas. Fermi mostrava uma enorme modéstia na forma de se conduzir e de se dirigir às pessoas."[5] O mesmo pode-se dizer de Jerome Friedman.

Trinta e cinco anos atrás, Friedman e seus colegas escavaram o interior dos prótons, bombardeando-os com elétrons de altíssima energia, que atuavam como bisturis extremamente afiados. Os cientistas ficaram surpresos de encontrar quarks. "Quando o experimento foi planejado", escreveu Friedman em sua palestra do Nobel, "não havia um quadro teórico claro do que esperar."[6]

Durante a nossa conversa, Jerry vai ao quadro-negro e desenha diagramas, explicando física complexa com figuras simples. Peço uma cópia de um de seus artigos publicado há alguns anos. Ele se levanta da mesa absurdamente atulhada, vai direto a uma pilha específica de papéis no chão, enfia a mão a cerca de meio metro de altura e faz surgir o documento. Mais tarde, me diz: "A maior parte da ciência é pura diversão".[7]

A descoberta de elementos de matéria cada vez menores começou no século XIX. Nos primeiros anos do século, o químico britânico John Dalton descobriu que os elementos químicos se combinavam para formar compostos conforme pesos relativos bastante específicos. O cientista conjecturou que tais proporções definidas eram evidência para a antiga ideia do átomo. Ninguém jamais vira o átomo, que só seria visto quando da chegada dos avançados microscópios eletrônicos nas décadas de 1950 e 1960. No entanto, no fim do século XIX, vários métodos de medição indiretos, inclusive a dispersão da luz solar por moléculas de ar, indicavam que o átomo tinha um diâmetro de cerca de um centésimo de milionésimo (10^{-8}) de centímetro. Como comparação, o ponto no final desta frase tem cerca de um vigésimo de centímetro.

Logo ficou óbvio que o átomo não era a menor unidade de matéria. Em 1897, o sisudo Joseph John Thomson, diretor do famoso Laboratório Cavendish em Cambridge, descobriu uma partícula muito menor que o átomo, o elétron. Em 1911, Ernest Rutherford e seus assistentes, também trabalhando na Inglaterra, ficaram atônitos ao descobrir que o interior de um átomo é, na sua maior parte, espaço vazio, com um caroço duro no meio. O caroço era o núcleo atômico (ver capítulo 5). O núcleo atômico, contendo toda a carga positiva do átomo e mais de 99% de sua massa, é confinado a uma região 100 mil vezes menor do que o átomo como um todo. A carga elétrica do núcleo atômico provém de partículas ainda menores espremidas no seu interior, os prótons. (O núcleo de um átomo de hidrogênio tem um único próton, o do carbono tem seis, o do urânio, 92.) Acabou-se descobrindo que outras partículas, eletricamente neutras, compartilhavam os apertados aposentos com os prótons. Essas partículas, os nêutrons, foram descobertas por James Chadwick em 1932.

Nêutrons e prótons foram chamados de núcleons. Eram espremidos e mantidos juntos dentro do núcleo atômico pela assim chamada força nuclear forte. (A força nuclear forte age igualmente entre dois núcleons quaisquer, sejam eles dois nêutrons, dois prótons ou um nêutron e um próton.) Na época, eram conhecidas duas outras forças fundamentais (e já desde a Antiguidade): a força eletromagnética, agindo sobre partículas eletricamente carregadas, e a força gravitacional, agindo sobre qualquer partícula, carregada ou não.

Pouco tempo após a descoberta do nêutron, descobriu-se que os nêutrons podiam mudar suas divisas e transformar-se em prótons, emitindo elétrons, de carga negativa, e outras partículas subatômicas chamadas neutrinos. A transformação de um nêutron em próton era evidência de um novo tipo de força, a assim chamada força fraca, extensivamente discutida no capítulo 20. Assim, em meados da década de 1930, compreendia-se haver quatro forças fundamentais na natureza.

A força gravitacional é a mais fraca de todas, em seguida vem a força fraca, depois a força eletromagnética e por fim a força nuclear forte. A intensidade da força nuclear forte podia ser avaliada pelo que era preciso para impedir que os prótons, de carga positiva, saíssem voando do núcleo como resultado de sua repulsão elétrica natural. Essa força é de fato forte — aproximadamente cem vezes mais forte do que a força eletromagnética e 10^{38} vezes mais forte que a força gravitacional! A força nuclear forte é a mais poderosa conhecida no universo. Mas tem um alcance muito limitado. Dois núcleons só conseguem sentir a força nuclear forte mútua quando estão a uma distância menor do que cerca de 3×10^{-13} centímetros.

Poucos anos depois da descoberta do nêutron, começaram a pipocar indícios de que nem mesmo os núcleons eram "elementares". Por um motivo: a interação observada entre nêutrons e prótons não era simples como a interação eletromagnética entre elétrons. Na verdade, a força entre nêutrons e prótons era de fato repulsiva a distâncias muito pequenas, e atrativa a distâncias maiores, até as duas partículas estarem totalmente fora do alcance uma da outra. Tal complexidade sugeria alguma estrutura interna do nêutron e do próton.

Outro problema eram os peculiares momentos magnéticos dos núcleons. O momento magnético de uma partícula elementar determina a força exercida sobre ela por um campo magnético não uniforme. Pensava-se que o momento magnético dependia unicamente de três coisas: a carga elétrica da partícula, sua massa e seu spin. (O spin foi discutido no capítulo 20.) O momento magnético do elétron "elementar" já fora medido, estando perfeitamente de acordo com as previsões teóricas da física quântica relativista. No entanto, medições mostraram que o momento magnético do próton era cerca de duas vezes e meia maior do que deveria ser de acordo com a teoria. O nêutron, não tendo carga elétrica, deveria ter momento magnético zero, mas não tinha. Evidentemente, havia algo desconhecido e oculto à espreita nas estranhas de nêutrons e prótons. Eles não eram partículas simples, como os elétrons.

Finalmente, a partir dos anos 1940, foram descobertas dezenas de partículas subatômicas nos gigantescos aceleradores de partículas construídos pelo homem. Essas máquinas lançavam partículas subatômicas umas contra as outras com energias ferozes, criando no processo todo um conjunto de novas espécies zoológicas. Não havia tempo suficiente para inventar novos nomes. Lá estavam partículas delta e partículas lambda, sigmas e ixs, ômegas, píons, káons e rôs. Quando o alfabeto grego se esgotou, os físicos recorreram a letras latinas. Algumas das partículas tinham um tempo total de vida, desde o instante em que eram criadas até o instante em que desapareciam, de meros 10^{-23} segundos, ou 0,00000000000000000000001 segundo!

Os físicos tentaram trazer algum tipo de ordem ao zoológico subatômico. Primeiro, as partículas podiam ser classificadas segundo as forças às quais reagiam. Todas as partículas sujeitas à força nuclear forte foram chamadas de hádrons, da palavra grega que significa "forte". Núcleons eram hádrons. Elétrons e neutrinos não. As novas partículas podiam ser classificadas também segundo suas massas, cargas elétricas e spins. Estabelecendo o spin do elétron como meia unidade, as partículas com meia unidade de spin foram chamadas de férmions, ao passo que as partículas com unidades inteiras foram chamadas de bósons. Prótons e nêutrons eram férmions. Píons e káons eram bósons.

Por volta de 1960, os físicos tinham descoberto mais de uma centena de novas partículas subatômicas. Estava claro que não podiam ser todas fundamentais. Eram simplesmente partículas demais. Além disso, muitas delas podiam se transformar em suas primas, como ocorria com o nêutron em relação ao próton. Talvez não existisse uma essência primordial.

À medida que avançava a década de 1960, a teoria dos hádrons mergulhou num turbilhão tão grande quanto as convulsões sociais e políticas que estavam ocorrendo nos Estados Unidos. Não havia alguns poucos hádrons elementares, mas centenas. Não havia uma teoria única da força forte, mas muitas. Nenhuma das teorias era satisfatória. Em contraste, existia uma teoria linda e altamente precisa da força eletromagnética, chamada eletrodinâmica quântica, formulada por Richard Feynman, Julian Schwinger e Shinichiro Tomonaga no final da década de 1940. Na eletrodinâmica quântica havia dois tipos de partículas elementares, o elétron e o fóton. Os elétrons criavam a força. Os fótons transportavam a força de um elétron a outro, ou se propagavam livremente através do espaço. Como vimos no capítulo 20, as teorias da força fraca foram aperfeiçoadas durante os anos 1950 e 1960, culminando na bela teoria eletrofraca de Steven Weinberg, Abdus Salam e Sheldon Glashow em 1967.

Todavia, a força nuclear forte permanecia indomada. Além da aparente ausência de hádrons elementares, era quase impossível calcular qualquer coisa que envolvesse a força forte. Para as outras forças, mais fracas, podiam ser feitas projeções teóricas assumindo que a energia associada à força fosse menor do que a energia inicial da partícula antes de a força agir. Ao menos a probabilidade de um evento de alta energia era pequena. Existia um procedimento matemático bem definido para tais cálculos. Mas a força forte brandia rotineiramente imensas energias, tão grandes quanto a energia que seria liberada se um hádron convertesse completamente sua massa em energia segundo a famosa fórmula de Einstein, $E = mc^2$.

Sem uma teoria da força nuclear forte, os físicos tentaram deduzir o máximo possível a partir de princípios gerais da física e de extrapolações das forças fraca e eletromagnética, que eram compreendidas. Uma dessas tentativas, chamada teoria Regge, em voga na década de 1960, propunha que as famílias observadas de hádrons eram criadas começando com um hádron básico, de rotação lenta, fazendo com que fosse girando cada vez mais depressa. Outra teoria foi chamada de álgebra corrente. Inventada por Murray Gell-Mann em 1961, a álgebra corrente tentava chegar aos hádrons pela porta lateral, considerando suas interações com outras partículas via as forças fraca e eletromagnética.

Em 1964, dois físicos teóricos americanos, Murray Gell-Mann e George Zweig, propuseram, trabalhando separadamente, a ideia dos quarks. Segundo essa teoria, os hádrons férmions, como o próton e o nêutron, carregavam três quarks, enquanto os hádrons bósons, como píons e káons, carregavam dois. Os quarks, porém, não eram concebidos como sendo partículas materiais. Eram sim abstrações matemáticas, cujas propriedades matemáticas ofereciam um esquema simples para organizar as centenas de hádrons que haviam sido observados.

Gell-Mann e Zweig começaram por anotar cuidadosamente quais interações de força forte ocorriam e quais não ocorriam. Por exemplo, quando píons com carga negativa e prótons colidem, frequentemente se transformam em káons de carga positiva e sigmas negativos, numa reação que é escrita $\pi^- + p \rightarrow K^+ + \Sigma^-$. No entanto, a reação muito semelhante, $\pi^- + p \rightarrow K^- + \Sigma^+$, jamais ocorre. Para explicar esses achados, e outros similares, os físicos assumiram que cada hádron tem certas propriedades intrínsecas, além do spin e da carga elétrica, chamadas número bariônico, isospin e estranheza. (Já encontramos o isospin para elétrons e neutrinos no capítulo 20.) Essas propriedades intrínsecas foram chamadas de números quânticos. Um determinado tipo de partícula subatômica, como o próton ou o sigma, tinha uma definição exclusiva mediante seus números quânticos. Por exemplo, o próton tem carga elétrica 1, spin ½, isospin ½, número bariônico 1 e estranheza 0. O lambda tem carga elétrica 0, spin ½, isospin 0, número bariônico 1 e estranheza −1.

A regra para números quânticos era similar à regra da conservação da carga elétrica: embora partículas subatômicas individuais pudessem ser criadas e destruídas nas interações, o valor total de cada número quântico precisava ser constante, como a quantia total colocada e retirada numa máquina de trocar dinheiro. (A constância de alguns desses números quânticos, como o isospin, vale apenas para interações de força forte.) Por exemplo, se uma partícula de estranheza −1 colidia com outra partícula de estranheza −2, a estranheza total que entrava na reação era −3. A estranheza total de todas as partículas que saíam da reação tinha de ser também −3. Ninguém entendia exatamente o que produzia esses números quânticos, mas eram propriedades intrínsecas das partículas.

Agora chegamos aos quarks. Para colocar as ideias acima numa base matemática, os números quânticos foram divididos entre portadores chamados quarks. Na teoria original, havia três tipos de quarks, chamados "up", "down" e "strange". Todos os três deviam ter spin ½ e número bariônico ⅓. O quark up e o quark down tinham ambos estranheza 0. O quark up tinha isospin ½ e o quark down isospin −½. O quark strange devia ter isospin 0 e estranheza −1. (Para os iniciados em física: o que estamos chamando de isospin é a componente vertical do vetor isospin.) O aspecto mais peculiar do sistema de Gell-Mann-Zweig eram as cargas elétricas dos quarks. Em unidades em que a carga elétrica do elétron é −1, o quark up teria uma carga de ⅔, o quark down uma carga de −⅓, e o quark strange uma carga de −⅓. Nesse esquema, o próton consistia de dois quarks up e um quark down, para uma carga elétrica total de 1, e o nêutron continha um up e dois downs, para uma carga total de zero. Outro exemplo, o hádron lambda continha um quark strange, um quark up e um quark down.

Assumindo que os quarks podiam ser embaralhados entre as partículas em interações fortes, mas sem mudar de tipo, Gell-Mann e Zweig puderam explicar ordenadamente os agrupamentos de famílias de partículas observados e a constância dos números quânticos, o que, por sua vez, explicava quais reações ocorriam e quais não.

Pouca gente acreditava que os quarks fossem partículas reais. Apesar das muitas pesquisas em aceleradores e raios cósmicos, ninguém havia achado um quark isolado. E mais, os físicos se arrepiavam com a ideia de cargas elétricas fracionárias, violando décadas de observações que mostravam que todas as cargas elétricas vinham em múltiplos inteiros da carga do elétron. Conforme afirmou o próprio Gell-Mann: "Tais partículas [quarks] presumivelmente não são reais, mas de qualquer modo podemos usá-las em nossa teoria de campo".[8] Henry Kendall, associado de Friedman no histórico experimento Friedman--Kendall-Taylor, exprimiu a visão da equipe acerca dos quarks enquanto planejava o experimento: "Os modelos componentes dos quarks [...] tinham problemas sérios, não resolvidos na época, que os tornavam grandemente impopulares como modelos de interação de alta energia de hádrons".[9]

Concluindo, na época do experimento de Friedman-Kendall-Taylor, no fim dos anos 1960, a teoria da força nuclear forte e das partículas elementares a ela associadas era uma terrível bagunça. Um proeminente teórico, James Bjorken, da Universidade de Stanford, queixou-se do "profundo estado de ignorância teórica".[10]

Jerome I. Friedman nasceu em Chicago em março de 1930, filho de imigrantes judeus vindos da Rússia. Seu pai chegara aos Estados Unidos em 1913, trabalhando para a Companhia de Máquinas de Costura Singer. Mais tarde, estabeleceu seu próprio negócio vendendo e consertando essas máquinas. Os pais de Friedman tiveram muitas dificuldades financeiras. "A educação de meu irmão e a minha eram de suprema importância para meus pais", conta Friedman, "e, além de seu incentivo, eles estavam dispostos a fazer qualquer sacrifício para ajudar no nosso desenvolvimento intelectual."[11]

Ao terminar o ensino médio, o jovem Friedman quase aceitou uma posição no Instituto de Artes da Escola do Museu de Chicago, mas em vez disso inscreveu-se para uma bolsa de estudos integral na Universidade de Chicago. Depois de participar do programa Grandes Livros, desenvolvido por R. M. Hutchins, pós-graduou-se em física. Friedman permaneceu em Chicago para seu ph.D., obtido em 1956. Ele foi o último estudante de doutorado orientado por Fermi. (Fermi morreu de câncer aos 53 anos.) "Embora algumas de suas mais importantes conquistas envolvessem cálculos formais, Fermi tinha modos simples de encarar o mundo",[12] recorda-se Friedman. "Era um físico muito intuitivo, capaz de olhar um problema complexo, extrair os elementos principais e calcular o efeito com uma aproximação dentro de uma faixa de 10% a 15%. Sempre tentei compreender a física dessa maneira. Procuro construir uma imagem simples das coisas."

Em 1956, Friedman, então com 26 anos, e Valentine Telegdi estavam entre os primeiros cientistas a demonstrar que alguns processos subatômicos na natureza não ocorrem com a mesma frequência que suas imagens espelhadas — um resultado surpreendente chamado violação de paridade.

No ano seguinte, Friedman mudou-se para a Universidade de Stanford, onde estudou as técnicas de usar elétrons com alta energia como projéteis destinados a sondar partículas subatômicas mais pesadas. Foi em Stanford que o jovem experimentalista conheceu seus dois mais importantes colaboradores: Henry Kendall e Richard Taylor. Enquanto Taylor permaneceu em Stanford, Friedman e Kendall transferiram-se para o MIT. Em 1963, os três físicos começaram a planejar novos experimentos para o Acelerador Linear de Stanford (o SLAC), uma máquina mastodôntica então em construção. O SLAC acabou custando 114 milhões de dólares para ser construído (460 milhões no valor de 2005). Ao começar suas operações, em 1966, era o acelerador de partículas subatômicas mais potente do planeta.

Os primeiros aceleradores de partículas foram construídos na década de 1940. Se alguém queria descobrir como funcionava um relógio pequeno — o mecanismo de suas minúsculas rodas e engrenagens —, o jeito era usar uma sonda minúscula e aguçada. Essa é a ideia de um acelerador. Existe um princípio da física quântica que relaciona tamanho e quantidade de movimento (ver capítulo 10). Resumidamente, quanto menor o tamanho que se deseja explorar, maior a quantidade de movimento (e energia) necessária para sondá-lo. Para penetrar fundo no próton, que tem apenas 10^{-13} centímetros de tamanho, são necessárias sondas de elétrons de 10 bilhões de elétrons-volts e mais. Somente um acelerador de partículas é capaz de criar e controlar energias tão elevadas.

A característica arquitetônica mais impressionante do SLAC é um túnel reto (linear) de aproximadamente três quilômetros de comprimento. Ondas eletromagnéticas percorrendo o túnel aceleram elétrons a velocidades mais e mais altas. Em cerca de 260 pontos ao longo do túnel as ondas são reforçadas, e tudo precisa ser precisamente cronometrado para que os elétrons recebam um empurrão exatamente no ponto da crista de cada onda que passa. Os elétrons são minúsculos surfistas num mar eletromagnético. E são também projéteis. São disparados numa das extremidades do túnel e atingem o alvo na extremidade oposta, a três quilômetros de distância. Para explorar o interior dos hádrons, os elétrons precisam constituir projéteis especialmente bons, porque interagem com os misteriosos hádrons via uma força que é, bem entendida, a força eletromagnética. Usar elétrons para sondar hádrons é como conversar com um estrangeiro por meio de figuras.

À medida que os elétrons vão sendo acelerados a velocidades cada vez maiores, ganham mais e mais energia. O SLAC era tão potente que conseguia acelerar um elétron até uma energia de cerca de 20 bilhões de elétrons-volts, ou cerca de 40 mil vezes a energia que seria liberada se um elétron em repouso se convertesse em energia pura. Tal energia corresponde a uma velocidade do elétron de cerca de 99,99999997% da velocidade da luz!

Vários detectores em torno do alvo registram as estatísticas vitais dos elétrons ricocheteando após colisões com o alvo. Outros instrumentos, chamados espectrômetros magnéticos, guiam os elétrons do alvo para esses detectores. Os espectrômetros magnéticos contêm fortes campos magnéticos e operam segundo o princípio de que uma partícula eletricamente carregada em movimento é desviada pelo magnetismo, sendo que o valor do desvio depende da quantidade de movimento, ou da energia, da partícula. Logo, as posições precisas nas quais os elétrons atingem os detectores, depois de desviados por um espectrômetro magnético, indicam suas energias.

Eis o que Friedman, Kendall, Taylor e seus colaboradores efetivamente fizeram. Eles dispararam elétrons de várias energias contra um alvo de hidrogênio líquido, que é basicamente prótons. Os elétrons interagiam com os prótons e ricocheteavam, ou se "dispersavam" segundo ângulos variados. A situação é ilustrada na figura 21.1. Nessa figura, um elétron de energia E entra, atinge o alvo de prótons e emerge com energia E' num "ângulo de dispersão" θ. Em geral, um feixe incidente de elétrons, todos com a mesma energia E, emergirá numa gama de energias e ângulos. No plano após o alvo, os cientistas posicionaram detectores formando diversos ângulos com o feixe incidente. Cada um desses detectores podia medir quantos elétrons se desviavam naquela direção e suas energias. Combinando essa informação com os números de elétrons incidentes, os físicos podiam calcular a *fração* dos elétrons incidentes que emergiam do alvo em cada ângulo θ e com cada energia E'. Essa fração é chamada de seção transversal diferencial.

A seção transversal diferencial é o santo graal do experimento. Representada pela deselegante expressão $d^2\sigma/d\Omega dE'$, contém toda a informação acerca das interações dos elétrons com os prótons. Todos os físicos conhecem e adoram a seção transversal diferencial. Diferentes teorias fazem diferentes previsões de como deveria ser a seção transversal diferencial. Depois de milhões de elétrons incidentes terem atingido o alvo de prótons, serem dispersados e detectados em seu ricochete, os cientistas podem tabular a seção transversal diferencial para cada energia que entra E, cada energia que sai E', e cada ângulo de dispersão θ.

Os físicos encontraram dois resultados surpreendentes. O primeiro foi que uma fração substancial dos elétrons desviava-se em ângulos muito maiores que o esperado, como se tivessem atingido algo duro e pequeno dentro do próton. Assim como Ernest Rutherford assumira que suas partículas alfa de alta velocidade atravessariam um átomo com desvios pequenos, o mesmo sucedeu com Friedman e seus colaboradores com seus projéteis de elétrons e alvos de prótons. As razões para tais expectativas eram as mesmas. Muitos cientistas na

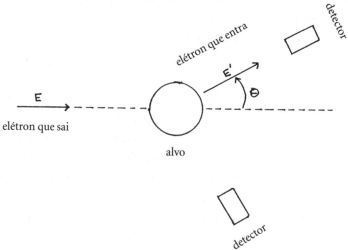

Figura 21.1

primeira década do século XX acreditavam que a carga positiva do átomo espalhava-se regularmente pelo seu interior. Uma partícula alfa de alta velocidade passando através de um material tão fino encontraria pouca resistência, e portanto mudaria muito pouco sua trajetória. O mesmo ocorria com o próton. Experimentos com projéteis de elétrons de energia mais baixa, realizados pelo físico Richard Hofstadter em meados da década de 1950, sugeriam que o próton era uma esfera de cerca de 10^{-13} centímetros de diâmetro, com sua carga positiva uniformemente distribuída pela esfera. Nesse caso, os elétrons de energia ultraelevada do experimento de Friedman-Kendall-Taylor mal se desviariam de sua trajetória inicial ao passarem através dos alvos de prótons. Na verdade, quanto maior a energia do elétron, menor o desvio angular esperado. Friedman, Kendall e Taylor descobriram que não era assim. Evidentemente, a carga positiva do próton não estava espalhada de maneira uniforme, mas concentrada em um ou mais objetos pequenos e densos dentro do próton.

A segunda surpresa era mais sutil. Em cada ângulo de dispersão, a seção transversal diferencial não dependia de E e E' separadamente, mas apenas de certa combinação de ambas. Em outras palavras, em cada ângulo a seção transversal diferencial dependia apenas de um único parâmetro, e não de dois. Tal resultado é chamado escalonamento. Para um exemplo mais familiar de escalonamento, suponha que quiséssemos descobrir o tamanho de um aparelho de ar-condicionado necessário para resfriar uma casa em construção. Seria razoável presumir que o tamanho exigido dependeria da temperatura externa média, da metragem quadrada e da altura da casa, e talvez de outros parâmetros. A cada temperatura externa, poderíamos então testar vários condicionadores de ar em casas de diferentes áreas e alturas — compilando uma quantidade enorme de dados nesse processo. Acabaríamos descobrindo que o aparelho adequado depende apenas de um único parâmetro: a área da casa multiplicada pela altura. Em outras palavras, do volume da casa. Casas de mesmo volume requerem o mesmo tamanho de condicionador de ar, ainda que tenham áreas e alturas diferentes. Escalonamento é um sinal de que o problema é mais simples do que se imaginava. E essa simplificação é uma pista para o entendimento.

O teórico de Stanford James Bjorken, usando a "álgebra corrente", havia de fato previsto o escalonamento para a dispersão de elétrons nos hádrons. Como os cientistas mais tarde perceberam, o escalonamento resulta necessariamente da premissa de que as partículas fundamentais têm um tamanho pequeníssimo, ou zero. A álgebra corrente, de forma indireta, faz tal premissa. No entanto, na época, as previsões de escalonamento de Bjorken baseavam-se em cálculos matemáticos abstratos, e a maioria dos cientistas não compreendia seu significado físico.

Richard Feynman forneceu esse significado físico que faltava, com seu modelo de párton. No modelo párton, assume-se que cada hádron seja constituído de mais partículas elementares componentes chamadas pártons. Os pártons têm tamanho zero. São partículas puntiformes. Segundo a ideia de Feynman, quando uma partícula subatômica de alta energia atinge um próton, na verdade colide com apenas um dos pártons do próton. Ocorre alguma interação, e o párton atingido então interage com os outros pártons via força nuclear forte. Logo, a colisão total ocorre em duas etapas: a primeira geralmente pode ser calculada, enquanto a segunda não pode, não sem o conhecimento da força forte e de computação muito complexa.

No verão de 1968, Feynamn ouviu o primeiro relato dos resultados experimentais de Friedman-Kendall-Taylor, que estavam prestes a ser apresentados na xiv Conferência Internacional de Física de Alta Energia em Viena. Da noite para o dia, Feynman pegou o lápis e o bloco de notas e aplicou seu novo modelo de pártons à dispersão elétron-núcleon. O escalonamento surge automaticamente dos cálculos. O modelo de pártons de Feynman, porém, não especificava uma teoria da força nuclear forte entre pártons. E tampouco dizia o que eram os pártons.

Para compreender em mais detalhes o histórico artigo de 1969 de Friedman e seus colaboradores, devemos considerar um pouco da sua terminologia. Por vários motivos técnicos, em vez dos dois parâmetros E e E', os cientistas usam dois outros parâmetros: a "perda de energia do elétron", $\bar{v} = E - E'$, e "o quadrado da transferência do quadri-momentum", $q^2 = 2EE'(1 - \cos\theta)$, que se relaciona com o "chute" dado no próton pela colisão com um elétron incidente. A seção transversal medida é expressa em relação a uma seção transversal padrão, a seção transversal de Mott, que é a seção transversal para um elétron interagindo com um único ponto de carga elétrica.

Uma unidade comum de energia é simbolizada por GeV, significando 1 bilhão de elétrons-volts. Um GeV é aproximadamente a energia que seria liberada se um elétron em repouso fosse convertido em energia pura.

A curva tracejada na figura 1 do artigo, denominada "dispersão elástica", é o que seria de esperar se a carga elétrica do próton fosse uniformemente distribuída pelo seu interior. Como se pode ver, a curva tracejada decresce rapidamente como aumento de q^2. Esse comportamento equivale ao resultado esperado em cada desvio angular, cada vez menos elétrons sofrendo tal desvio à medida que aumenta a energia dos elétrons incidentes.

Em contraste com essas expectativas estão os fatos concretos, indicados pelas três curvas no alto da figura 1. Cada uma dessas três curvas representa um diferente valor de v para cada q^2 (ou, equivalentemente, um diferente valor de W para cada q^2, em que $W = 2Mv + M^2 - q^2$, e M é a massa do próton). O ponto importante é que todas essas curvas mostram que a seção transversal medida decresce apenas lentamente com o aumento de q^2. Esse resultado crucial e definidor — um resultado que agitou a comunidade científica, mandando os "feynmans" de volta ao bloco de notas — é formulado delicadamente no segundo parágrafo: "Uma das características interessantes das medições é a fraca dependência da transferência de quantidade de movimento das seções transversais inelásticas". A etiqueta da ciência moderna claramente exige uma contenção de linguagem em publicações oficiais.

Os físicos então expressam a seção transversal diferencial em termos de dois "fatores de forma" W_1 e W_2. Os fatores de forma são determinados pela distribuição de carga e pelo momento magnético dentro do próton. Essa versão da seção transversal com os fatores de forma é na verdade o que os teóricos calculam a partir dos vários modelos teóricos.

Para comparar seus resultados com os modelos teóricos, os cientistas precisam gerar números para W_1 e W_2 separadamente. Para fazer isso, precisam medir a seção transversal diferencial em muitos ângulos, inclusive ângulos grandes. Nesse primeiro experimento, porém, eles possuem dados apenas para $\theta = 6^\circ$ e $\theta = 10^\circ$, casos em que a seção transversal mede W_2.

No item seguinte, os físicos mostram que estão cientes da previsão de escalonamento de Bjorken. Em particular, Bjorken predisse que vW_2 deveria depender apenas de um único parâmetro v/q^2, e não de dois parâmetros v e q^2 separadamente. Esse parâmetro único é escrito como $\omega = 2Mv/q^2$, em que M é massa (constante) do próton. Na figura 2, há gráficos de vW_2 em relação a ω para várias energias E e para várias premissas sobre a razão desconhecida W_2/W_1. Essa razão é escrita em termos de ainda outro parâmetro chamado R. Para valores pequenos de R, dados nas figuras 2a e 2b, os vários pontos acham-se sobre uma única curva "universal", demonstrando o escalonamento. Para valores grandes de R, dados nas figuras 2c e 2d, os dados divergem num ω grande, violando a conduta de escalonamento.

Nesse ponto, pelo fato de não poderem medir W_1, os cientistas não podem medir R, e portanto não sabem que conjuntos de curvas estão mais próximos da realidade. Logo, não podem dizer com certeza se provaram ou refutaram a predição de escalonamento de Bjorken. Em vez disso, eles discutem os vários resultados que seguem uma das duas premissas: ou que R é pequeno, o que eles escrevem como $\sigma_T \gg \sigma_S$, ou que R é grande, escrevendo então $\sigma_S \gg \sigma_T$.

Por fim, como bons experimentalistas, eles comparam seus resultados com os vários modelos teóricos. Mencionam o modelo de pártons, a teoria Regge, o modelo da dominância vetorial, a álgebra corrente e o modelo quark. Como já discutimos, embora esses vários modelos façam previsões para a dispersão de elétrons em prótons, nenhum deles contém teorias sobre a difícil e elusiva força nuclear forte.

O modelo de dominância vetorial é descartado. O modelo de pártons parece concordar razoavelmente com os resultados. O modelo Regge é inconclusivo e não requer os dois resultados mais interessantes: o escalonamento e a fraca dependência da seção transversal em relação a q^2.

A teoria da álgebra corrente é comparada com os resultados experimentais mediante certas predições chamadas regras de soma. As regras de somas relacionam as somas (tecnicamente integrais) da seção transversal em todos os valores possível de ω com a estrutura da partícula subatômica. As regras de soma para o modelo quark, em particular, relacionam as integrais das seções transversais com as *cargas de quark* transportadas por prótons e nêutrons. Por exemplo, uma regra de soma equaciona uma integral sobre W_2 com a soma dos quadrados das cargas e quark. Para o próton, que consiste em dois quarks up e um quark down, esta soma seria $(⅔)^2 + (⅔)^2 + (−⅓)^2 = 1$. Para o nêutron, que consiste em um quark up e dois quarks down, seria $(⅔)^2 + (−⅓)^2 + (−⅓)^2 = ⅔$. Conforme exposto no último parágrafo do artigo, o valor experimental de várias regras de somas é cerca da metade do que é previsto pelo modelo quark simples.

Concluindo, o primeiro artigo do experimento de Friedman, Kendall, Taylor e seus colaboradores sugere fortemente que o próton é feito de componentes menores, mas o artigo em si é incapaz de confirmar o modelo quark em particular. Para isso, seria necessário mais trabalho.

Esse trabalho adicional foi feito nos anos seguintes. Em 1970, Friedman e seus colaboradores já haviam bombardeado nêutrons, bem como prótons, e medido a seção transversal em ângulos maiores, de modo que W_1 e W_2 podiam ser ambos determinados. Descobriu-se que o parâmetro R era pequeno, confirmando o fenômeno do escalonamento. Segundo cálculos teóricos anteriores feitos por outros físicos, um R pequeno confirmava ainda mais que os componentes pártons dos núcleons tinham spin ½. Assim, os pártons dos bósons estavam excluídos.

Nos dois anos seguintes, foi realizado um conjunto de experimentos críticos no acelerador de partículas do CERN em Genebra, sob direção de D. H. Perkins. O grupo de Perkins bombardeou núcleons com neutrinos, que interagem com os núcleons via força fraca. Tais experimentos forneceram regras de somas para neutrinos, que, quando combinadas com os primeiros resultados da regra de soma de Friedman, Kendall e Taylor para a dispersão de elétrons, mostraram que apenas metade da quantidade de movimento de um próton era transportada por seus pártons. O resto era levado por partículas sem massa chamadas glúons, que cercavam os pártons. (Os glúons eram portadores da força forte da mesma maneira que os fótons com a força eletromagnética.) Com esse ajuste, as regras de soma baseadas no modelo quark concordavam quase perfeitamente com todos os resultados experimentais.

A essa altura, o arranjo de diferentes resultados experimentais vinha confirmar os detalhes do modelo de quarks. Cada núcleon era composto de três quarks. Os quarks eram partículas reais! O que restava para ser finalizado era uma teoria da força nuclear forte, a força entre os quarks.

Em 1973, essa teoria, chamada cromodinâmica quântica, foi finalmente completada. A criação e o desenvolvimento da cromodinâmica quântica envolveram contribuições de muitos físicos em todas as partes do mundo, a começar pelo trabalho do físico nipo-americano Yoichiro Nambu em 1966. A cromodinâmica quântica incorpora o modelo quark. Um traço estranho e não intuitivo da cromodinâmica quântica é que a força nuclear forte entre dois quarks quaisquer na verdade fica ainda mais forte quanto mais distantes os quarks estiverem. Tal resultado, elaborado em 1973 pelos físicos teóricos americanos David Gross, David Politzer e Frank Wilczek, explica por que jamais foi observado um quark sozinho, isolado. Seria necessária uma quantidade de energia estonteantemente alta para separar um quark de seus companheiros a uma distância macroscópica. Após a XVII Conferência Internacional de Física de Alta Energia em Londres, em 1974, a maioria dos físicos considerava confirmados o modelo de quarks e a cromodinâmica quântica. (Gross, Politzer e Wilczek compartilharam o prêmio Nobel de física de 2004 por seu trabalho.)

Até o presente momento, foram descobertos mais três tipos de quarks, totalizando seis. Acredita-se que esses seis quarks, mais os léptons — que incluem o elétron, o múon, o tau e os neutrinos a eles associados — mais os portadores de força — que incluem o fóton, o glúon e os bósons Z e W — formem a lista completa das "partículas elementares". Isso é tudo. Acredita-se que nenhuma dessas partículas tenha estrutura interior, que cada uma delas seja essencialmente um ponto, além do caráter de onda exigido pela mecânica quântica. Essas partículas são consideradas as menores bonecas.

É claro que ninguém sabe com certeza se essas são de fato as menores bonecas de todas. Uma nova teoria ainda não testada, chamada teoria das cordas, proclama que as menores entidades na natureza talvez não sejam partículas, e sim minúsculas vibrações de energia, como cordas — de um tamanho inimaginavelmente pequeno de 10^{-33} centímetros. Nenhum acelerador de partículas sobre a face da Terra, nem qualquer acelerador de partículas concebível num futuro remoto, poderia produzir energia para sondar tamanhos tão reduzidos. Mas considerações práticas nunca foram motivo para desencorajar os físicos teóricos.

Sabendo que Jerry Friedman era pintor além de físico, eu tinha mais algumas perguntas no fim da minha entrevista. Indaguei que semelhanças, se é que havia, ele tinha experimentado entre ciência e arte. "Quando um cientista vem com uma ideia verossímil", disse ele, "sente o mesmo prazer que tem um poeta quando acha a palavra certa."[13] Anteriormente ele havia escrito para o Simpósio Humanidades e Ciências: "Um aspecto comum de toda criatividade é dar-nos algum senso e significado das várias observações, impressões e emoções que preenchem nossas vidas".[14]

Por fim, perguntei ao codescobridor dos quarks se os cientistas poderiam continuar encontrando partículas cada vez menores. Afinal, essa havia sido a indicação da história. "Nós provavelmente encontramos o limite", disse ele. "A minha previsão é que é muito provável que esses [quarks] sejam as menores partículas." Ele deu alguns motivos bastante persuasivos para essa crença, hesitou, e depois deu um sorrisinho. "No entanto, talvez eu possa ter alguma surpresa. Sempre há surpresas na ciência."[15]

22. A criação de formas alteradas de vida

A história da ciência é, em parte, a história de seres humanos tentando ganhar o controle sobre seu mundo. Neste surpreendente cosmo que é o nosso, nesta explosão diária de luz e som e sensação tátil, árvores, montanhas, ondas no mar, chuva e vento, mudança de estações, calor e frio — em todos esses diversos fenômenos ardendo em nossa própria e misteriosa consciência, nós nos afastamos da ideia de sermos meros espectadores, ignorantes e impotentes diante da natureza, destroços jogados no mar da existência. Podemos aceitar a nossa própria morte mais prontamente do que uma vida de acidentes e de forças além da nossa compreensão. Nós desejamos significado. Desejamos ordem. E desejamos controle.

O conhecimento proporciona uma forma de controle. O antigo poeta romano Lucrécio acreditava que a ideia da conservação da matéria — a de que a matéria não podia ser criada nem destruída — libertaria a humanidade da caprichosa interferência dos deuses. Há formas de controle mais ativas. Em Sumatra, as mulheres que semeiam arroz deixam crescer os cabelos, caindo sobre as costas, para que o arroz cresça bem e tenha caules longos. Os antigos egípcios cruzavam cavalos, gado, trigo e uvas para produzir animais e alimentos de mais qualidade. Os romanos construíram imensos aquedutos de pedra para transportar água de um lugar a outro.

De todos os aspectos da natureza, o fenômeno da vida é o mais complexo. E o controle da vida, talvez, é o que satisfaz mais profundamente o desejo de controlar nosso mundo físico. De fato, pode-se encarar o tema da biologia ao longo dos séculos como um aprofundamento da compreensão do mecanismo e dos controles dentro da substância viva. Somente no século XX, seguindo os capítulos deste livro, pode-se apontar a descoberta dos hormônios, que compreendem um sistema de controle e de comando químico; a descoberta dos neurotransmissores, o mecanismo pelo qual os nervos se comunicam entre si; a descoberta da penicilina, o primeiro antibiótico, que deu aos seres humanos muito mais controle sobre as doenças infecciosas; a descoberta da estrutura do DNA e o mecanismo pelo qual a informação genética é codificada em cada célula viva; e a descoberta do desenho da molécula de hemoglobina, bem como do mecanismo pelo qual o oxigênio, o mais vital de todos os gases, é retido e liberado no corpo.

Na longa lista de empreendimentos para controlar a substância viva, a capacidade de reprogramar o DNA, alterar as instruções para a vida em cada célula, é a mais profunda. Agora, tornamo-nos arquitetos da vida. Associando genes, criamos organismos vivos que nunca existiram. Reprogramamos a modesta bactéria *E. coli* de modo que ela produza insulina para diabéticos. Combinamos os genes de bactérias com genes de algodão para criar uma substância que respira como algodão mas aquece como poliéster. Alteramos o DNA do milho e da soja para torná-los mais resistentes a insetos e doenças. Num voo de imaginação, podemos até mesmo nos imaginar recriando a nós mesmos — como no estranho quadro de M. C. Escher de uma mão desenhando a si própria. E, nesse caso, poderíamos ser a primeira substância no universo a se programar. Tal poder, talvez o poder supremo, levanta mais questões éticas, filosóficas e teológicas do que qualquer evolução anterior na ciência.

A história da associação de genes, também chamada DNA recombinante ou engenharia genética, é recente. Ela começou com um artigo do bioquímico Paul Berg, da Universidade de Stanford, e seus colaboradores, em 1972. Em sua meta de inserir novos genes em células vivas, Berg foi o primeiro cientista a associar segmentos de DNA de organismos diferentes. Berg logo tomou consciência de que havia posto em marcha uma nova biologia, de consequências inimagináveis. Oito anos depois, por ocasião de seu discurso do Nobel, agradeceu aos seus alunos e colegas por compartilharem com ele "esta euforia e decepção de se aventurar pelo desconhecido".[1]

***

Paul Berg nasceu no Brooklin, Nova York, em junho de 1926. Aos treze anos, recorda-se ele, já havia desenvolvido uma "forte ambição" de ser cientista. De particular influência foram dois livros sobre cientistas médicos: *Doutor Arrowsmith*, de Sinclair Lewis, e *Caçadores de micróbios*, de Paul de Kruif. Berg lembra-se também com afeto de uma inspiradora professora de colégio, Miss Sophie Wolfe, que supervisionava o abastecimento dos laboratórios de ciências na escola. Wolfe também organizava um programa extracurricular de ciências, no qual alunos ambiciosos podiam assumir projetos de pesquisa independentes. Ao longo dos anos, o estímulo de Miss Wolfe influenciou três futuros laureados com o prêmio Nobel: Berg, Arthur Kornberg e Jerome Karl. Berg se lembra com gratidão de seu primeiro lampejo em pesquisa: "A satisfação obtida de solucionar um problema com um experimento foi uma sensação inebriante, quase viciante. Olhando para trás, percebo que alimentar a curiosidade e o instinto de buscar soluções talvez seja a contribuição mais importante que a educação pode fazer".[2]

Depois de concluir o ensino médio, Berg começou um curso de engenharia química no City College de Nova York, mas logo percebeu que era muito mais interessado na química dos seres vivos. Transferiu-se então para a Universidade Estadual da Pensilvânia. Após uma interrupção para servir na Marinha durante a Segunda Guerra Mundial, formou-se em 1948 e então, em 1952, foi para a Universidade Western Reserve para doutorado em bioquímica.

Dois anos depois, Berg começou a trabalhar no laboratório do grande biólogo norte-americano Arthur Kornberg na Universidade Washington, em St. Louis. Kornberg, também nativo do Brooklyn, logo ganharia o Nobel pela sua descoberta das enzimas que permitem que as moléculas de DNA se repliquem.

No laboratório de Kornberg, em meados da década de 1950, Berg descobriu classes de compostos biológicos chamados aciladenilatos e aminoaciladenilatos, e as enzimas a eles associadas, que auxiliam na tradução do código de DNA para formar proteínas. Apenas alguns anos depois da descoberta da estrutura do DNA por Watson, Crick e Franklin, Berg fazia uma transição da bioquímica tradicional para o novo campo da biologia molecular. Gradualmente, seus interesses foram se voltando para aquilo que viria a ser sua obsessão para toda a vida: a organização e função dos genes. Entre as questões que Berg e outros biólogos queriam responder estavam: Como estão organizados os genes no cromossomo? Como precisamente os genes transportam suas instruções nas células dos mamíferos? (Já se sabia muita coisa sobre esse processo nas bactérias.) Em organismos complexos, tais como os mamíferos, de que forma os genes dizem a algumas células para serem células de fígado, a outras para serem células de cérebro, e assim por diante? Qual é o processo detalhado pelo qual os genes promovem a comunicação entre diferentes células?

Berg permaneceu na Universidade de Washington até 1959. Foi quando, aos 34 anos, tornou-se catedrático de bioquímica em Stanford.

Os primórdios do interesse de Berg pelo DNA recombinante podem remontar a meados dos anos 1960, quando ficou sabendo do trabalho de Renato Dulbecco no Instituto Salk, no sul da Califórnia. Dulbecco estudava os ciclos de vida do vírus polioma do rato, um organismo com insignificante quantidade de DNA, totalizando cerca de cinco genes. Os vírus são as menores formas de vida conhecidas. (Ver capítulo 13.) Um vírus habitualmente invade a célula "hospedeira" de um organismo maior e usa o DNA dessa célula para se reproduzir. Alguns vírus, como o polioma, podem transformar células normais em células cancerosas, causando tumores. A pesquisa de Dulbecco sugeria que o vírus polioma, que provoca câncer em roedores, de alguma forma *integrava seu DNA ao DNA das células do roedor.*

Ocorreu a Berg que vírus de tumores, como o polioma, poderiam servir como sondas no maquinário e nas operações de DNA em animais superiores. Células de tumores seriam ideais porque tinham um número pequeno de genes identificáveis que podiam ser monitorados com muito mais facilidade do que genes numa célula normal. Desde os anos 1950, biólogos haviam tido muito êxito no uso de vírus bacterianos, chamados fagos, para estudar os genes de bactérias unicelulares. Os fagos infectavam as bactérias e comandavam seu DNA. Talvez vírus como o polioma pudessem servir com as células de mamíferos para a mesma função que os fagos nas bactérias.

A ideia de Berg, em particular, era utilizar vírus de pequenos tumores como *veículos* para adentrar a paisagem genética das células dos mamíferos. Se esses veículos, ou vetores, como são chamados, pudessem transportar consigo genes específicos de funções conhecidas, então Berg conseguiria entender muita coisa sobre o DNA dos mamíferos observando como ele respondia a esses novos genes. De forma análoga, pode-se estudar a atividade criativa de uma firma de arquitetura enfiando por baixo da porta projetos para um novo tipo de janela, e depois observar como essas janelas são incorporadas aos novos edifícios projetados pela firma.

Berg necessitava de duas coisas para esse programa: um organismo que servisse como veículo e um pouquinho de DNA para servir de passageiro. Após trabalhar no laboratório de Dulbecco durante seu ano sabático entre 1967 e 1968, Berg decidiu usar como veículo um vírus tumoral chamado SV40, que se reproduz facilmente em células de macacos, causa câncer em células de roedores e, como o polioma, integra seu DNA aos cromossomos das células que infecta. O SV40, como o polioma, é um dos menores e mais simples vírus conhecidos. Seu DNA vem num pequeno círculo fechado e contém meros 5243 pares de bases, codificando cinco genes. Lembremos que cada par de bases pode ser encarado com uma única letra no alfabeto da molécula de DNA. (Ver capítulo 7 para uma análise do DNA.) Em comparação, o DNA de uma bactéria típica tem vários milhões de pares de bases, e o DNA de um mamífero pode ter vários bilhões. O SV40 é para a biologia o que um quark ou elétron é para a física. Uma forma de vida elementar.

Não tendo à disposição na época nenhum gene puro de mamíferos, Berg escolheu como DNA passageiro um pequeno "anel" de DNA da bactéria *Escherichia coli*, um organismo comum que reside nos intestinos humanos e ajuda na digestão. O anel de DNA da *E. coli* contém três genes responsáveis por ordenar às enzimas que metabolizem açúcar. (Esses três genes são chamados operon de galactose, batizados segundo o açúcar que metabolizam, a galactose.)

Berg apresenta o plano claramente nas duas primeiras frases de seu fundamental artigo de 1972:

> Nossa meta é desenvolver um método pelo qual segmentos de informação genética novos, funcionalmente definidos, possam ser introduzidos em células de mamíferos. Sabe-se que o DNA do vírus transformador SV40 pode penetrar numa associação [...] estável com os genomas de várias células de mamíferos [...] parecia possível que moléculas de DNA do SV40, nas quais um segmento de DNA funcionalmente definido, não viral, houvesse sido covalentemente integrado, pudessem servir de vetores para transportar e estabilizar essas sequências de DNA não viral no genoma da célula.

O primeiro passo no programa de Berg seria descobrir como "integrar" um pedaço de DNA não viral — isto é, os genes da *E. coli* — ao DNA do veículo SV40. Em outras palavras, ele precisava desenvolver um método para juntar duas moléculas de DNA diferentes. Isso nunca fora feito.

Um colega mais jovem de Paul Berg em Stanford diz que ele "é um jogador de tênis incrível".[3] Fotografias de Berg mostram um homem atlético de cabelo curto ondulado e um largo sorriso, dado a usar óculos de aviador e camisas de mangas curtas com o colarinho desabotoado. Superficialmente, esse jeito casual de se vestir parecia combinar com a simplicidade infantil de seu trabalho. No seu laboratório, Berg usa "tesouras" especiais para cortar fragmentos de DNA, depois une os fragmentos e os "cola" uns aos outros; aí usa mais cola para preencher os vãos e lacrar as emendas — quase um projeto de artes manuais do jardim de infância. No entanto, esse cortar e colar opera no minúsculo terreno

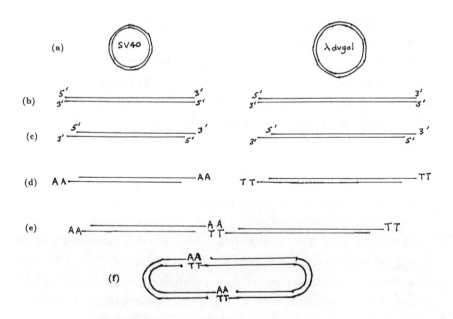

Figura 22.1

de moléculas únicas, 100 milhões de vezes menores que a ponta de um dedo ou um pedacinho de fita.

A figura 22.1 ilustra o procedimento de Berg para criar o primeiro DNA recombinante. Como é mostrado em (a), ele começa com um anel de DNA de sv40 e um de *E. coli* chamado λ*dvgal*. Esses anéis de DNA são ambos pequenos segmentos de DNA enrolados e grudados de modo a formar círculos.

No passo seguinte, (b), Berg utiliza uma substância química especial chamada enzima de restrição para cortar cada um dos círculos, formando segmentos de DNA lineares. Enzimas de restrição, as importantíssimas "tesouras" da pesquisa de DNA, haviam sido descobertas apenas dois anos antes, por Hamilton Smith, da Universidade Johns Hopkins. Existem agora centenas de diferentes enzimas de restrição. Cada uma corta o DNA apenas em um lugar específico. Por exemplo, a enzima de restrição chamada HaeIII corta uma fita de DNA sempre que ocorre a sequência de bases GGCC (e CCGG na fita complementar). O corte ocorre entre o G (guanina) e o C (citosina) em cada fita. Eco RI, que Berg usou em seu experimento, corta um pedaço de DNA sempre que ocorre a sequência de bases GAATTC (e CTTAAG na fita complementar). O corte ocorre entre o G (guanina) e o A (adenina) em cada tira. Os 5243 pares de bases do anel do sv40 têm exatamente uma ocorrência de GAATTC e são cortados uma vez. Os aproximadamente 10 mil pares de bases do anel do λ*dvgal* são cortados duas vezes, embora apenas um dos dois segmentos resultantes seja mostrado na figura 22.1 (b).

Em seguida, Berg usou outro tipo de enzima chamado λ exonuclease para recortar cerca de cinquenta pares de bases da extremidade 5' de cada fita de DNA. Uma das extremidades de cada fita de DNA é chamada de extremidade 5' e a outra de extremidade 3'. (A extremidade 5' é assim chamada porque o açúcar de desoxirribose final nessa extremidade possui o quinto átomo de carbono não conectado, contando no sentido horário a partir do átomo de oxigênio. O açúcar de desoxirribose final da extremidade 3' tem o terceiro carbono não conectado. Essas distinções são mais discutidas no capítulo 17.) Em virtude da natureza complementar das duas tiras da molécula dupla de DNA, a extremidade 5' de uma delas está normalmente lado a lado com a extremidade 3' da tira complementar. Após o recorte mostrado em (c), as extremidades 3' ficam mais salientes que as 5'.

No passo seguinte, mostrado em (d), Berg e seus colegas empregaram transferase terminal, uma enzima do timo do bezerro, para adicionar bases de adenina às extremidades 3' do DNA do SV40 e bases de timina às extremidades 3' do DNA do λ*dvgal*. Na figura, são mostradas apenas duas dessas bases, representadas por AA ou TT. Lembremos que adenina e timina são bases complementares. Elas se ligam entre si. Logo, ao inserir caudas de adenina em um segmento de DNA e caudas de timina em outro, Berg criou o que os biólogos moleculares chamam de extremidades grudentas. Uma cauda de adenina se grudará automaticamente a uma cauda de timina. As caudas de timina e adenina são a "cola".

Em (e) e (f) os segmentos de DNA do SV40 e do λ*dvgal* são juntados, e as extremidades grudentas se colam. Tal processo pode ser visualizado acontecendo em duas etapas. Primeiro, uma extremidade grudenta AA de DNA do SV40 liga-se a uma extremidade grudenta TT do segmento de λ*dvgal*, como é mostrado em (e). Então, as extremidades opostas se dobram e se grudam, formando um círculo, como os círculos iniciais em (a).

Como se vê em (f), nas duas junções existem vãos, seções de bases e suportes de fostato-açúcar que faltam. Para preencher esses vãos, adiciona--se uma enzima chamada DNA polimerase I, descoberta em 1958, que copia faixas isoladas de DNA transportando e colocando no lugar as bases complementares que faltam. Finalmente, os suportes de fosfato-açúcar nas junções são grudados ainda por outra enzima, chamada DNA ligase, descoberta em 1967. A DNA ligase ajuda a formar ligações químicas covalentes juntando a molécula do grupo fosfato à molécula do grupo açúcar acima e abaixo nas pernas de suporte da molécula de DNA. (Para imagens das moléculas de fosfato e açúcar no DNA, ver capítulo 17.) A DNA ligase é um tipo de solda em nível molecular.

O produto final, mostrado em (g), também é um anel de DNA. Mas é um anel híbrido. É um anel circular de DNA que contém DNA de dois organismos diferentes, SV40 e λ*dvgal*.

Berg trabalhava num campo extremamente ativo e de rápida evolução. (A maior parte de sua tecnologia química fora descoberta apenas em anos recentes.) O método de Berg, Jackson e Symon de emendar fragmentos de DNA adicionando "caudas" de bases complementares foi, na verdade, desenvolvido simultaneamente por outro grupo em Stanford, Peter Lobban e A. D. Kaiser, que emendaram dois pedaços do fago P22, em vez do λ*dvgal*, com o sv40. Em poucos meses, esse método foi simplificado e melhorado. No fim de 1972, três outros cientistas de Stanford, Janet Mertz, Ronald Davis e Vittorio Sgaramella, descobriram que as enzimas de restrição criam automaticamente extremidades grudentas porque produzem cortes "desencontrados". A figura 22.2 ilustra a ideia para o Eco RI. As setas indicam onde são feitos os cortes. Como se pode ver, os cortes de um segmento de DNA deixam duas extremidades que irão se ligar naturalmente, pois têm bases complementares. Se tais cortes são feitos em dois segmentos *diferentes* de DNA, de dois organismos diferentes, então as extremidades apropriadas de cada segmento se juntam, ligando os dois segmentos, sem necessidade de enxerto nas caudas A e T como fez Berg em seu primeiro programa. Logo, os passos (c) e (d) da figura 22.1 podem ser eliminados.

No começo de 1973, Stanley Cohen, Herbert Boyer e seus colaboradores em Stanford e na Universidade da Califórnia em San Francisco produziram outro ciclo híbrido de DNA. Em vez do sv40, esses cientistas escolheram como veículo um anel de DNA da *E. coli* chamado psc101. Em vez do λ*dvgal* como passageiro, usaram um gene que conferia resistência à penicilina. Tal ciclo híbrido de DNA, reintroduzido na *E. coli*, criaria uma bactéria capaz de nadar em penicilina como se fosse leite materno.

Berg também estava determinado a inserir seu DNA híbrido na bactéria *E. coli*. Tal procedimento seria um passo intermediário, com um organismo hospedeiro intermediário, antes de inserir o híbrido na célula de um mamífero.

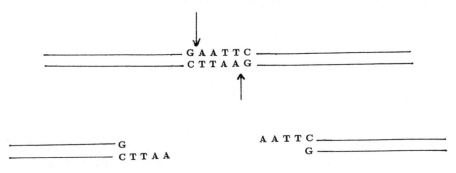

Figura 22.2

351

Entretanto, Berg suspendeu seu plano. Conforme contou no seu discurso do Nobel, "porque muitos colegas expressaram preocupação com os riscos potenciais de disseminar *E. coli* contendo [genes causadores de câncer do] sv40, os experimentos com esse DNA recombinante foram interrompidos".[4]

O adiamento voluntário do trabalho de Paul Berg com DNA recombinante e a subsequente moratória mundial de certos tipos de pesquisa com DNA foram um marco na história da ciência. Os cientistas, e especialmente cientistas dedicados somente à pesquisa, sempre mergulharam de cabeça em qualquer empreitada que julgassem útil ou interessante. Sempre saudaram de braços abertos o desconhecido. Nesse caso, porém, muitos cientistas sentiram que o desconhecido encerrava riscos inaceitáveis.

A cadeia de eventos que levou à decisão de Berg teve início no verão de 1971. Nessa época, Janet Mertz, uma estudante de pós-graduação de Berg, participou de um curso sobre vírus tumorais no Laboratório de Cold Spring, em Nova York. Mertz contou a um dos pesquisadores de câncer em Cold Spring, Robert Pollack, sobre os planos de Berg de injetar seu anel de DNA híbrido, que incluía o vírus cancerígeno sv40, em *E. coli*, produzindo uma bactéria "modificada". Pollack ficou horrorizado. O problema, segundo sua visão, era o seguinte: o DNA híbrido de Berg podia viver facilmente na *E. coli* porque continha DNA da *E. coli*. Mas continha também um vírus causador de tumores. E a *E. coli* vivia nas pessoas. Quando a primeira *E. coli* "modificada" se reproduzisse, haveria duas *E. coli* modificadas, pois o DNA híbrido seria passado adiante para a geração seguinte. Então, vinte minutos depois, na reprodução seguinte, haveria quatro *E. coli* modificadas. E assim por diante. Em um dia, haveria 4×10^{21} *E. coli* modificadas, ou 4 trilhões de bilhões. Assim, o experimento de Berg tinha a possibilidade de criar um novo tipo de organismo cancerígeno nunca visto na natureza, um organismo que vivia bem dentro dos seres humanos, multiplicando-se loucamente.

Pollack entrou em contato com Berg para manifestar suas preocupações. Berg ligou para os amigos para ver se mais alguém estava preocupado. Todos estavam. As notícias sobre os experimentos propostos por Berg tinham se espalhado quase com a mesma rapidez com que a *E. coli* se multiplica. Na época, o virologista Wallace Rowe, do Instituto Nacional de Saúde, afirmou: "O experimento de Berg deixa um monte de gente apavorada, inclusive [Berg]".[5] Robert Pollack comentou com o jornalista Nicholas Wade: "Estamos numa situação pré-Hiroshima".[6] Após semanas de reflexões e discussões com outros cientistas, Berg resolveu não prosseguir com seu experimento até que as questões de segurança pudessem ser avaliadas.

Mas e quanto a Boyer e Cohen e todos os outros biólogos que estavam prontos a injetar DNA híbrido em organismos vivos? Em junho de 1973, na anual Conferência Gordon de Pesquisa sobre Ácidos Nucleicos, depois de Boyer descrever seus próprios planos com o psc101, diversos cientistas sugeriram que a Academia Nacional de Ciências indicasse imediatamente um comitê para estudar as questões de segurança da pesquisa com DNA recombinante.

Esse comitê foi formado e presidido por Berg. Outros membros incluíam David Baltimore, Herbert Boyer, Stanley Cohen, Ronald Davis, David Hogness, Daniel Nathans, Richard Roblin, James Watson, Sherman Weissman e North Zinder — todos protagonistas nessa área. Em 26 de julho de 1974, nas edições das amplamente lidas revistas científicas *Science* e *Nature*, o comitê publicou um relatório de uma página intitulado "Potential Biohazards of Recombinant DNA Molecules" [Biorriscos potenciais de moléculas de DNA recombinante]. Ali, os cientistas recomendavam um adiamento mundial de certos tipos de pesquisa com DNA recombinante até os riscos serem bem compreendidos. O artigo afirma que

> embora tais experimentos [com DNA recombinante] provavelmente venham a facilitar a solução de importantes problemas biológicos teóricos e práticos, também resultariam na criação de novos tipos de elementos de DNA infecciosos cujas propriedades biológicas não podem ser previstas em sua totalidade. Há uma séria preocupação de que algumas das moléculas artificiais de DNA recombinante possam se provar biologicamente perigosas.

A carta de Berg, como veio a ser chamada, talvez tenha sido a segunda tentativa por parte dos cientistas de restringir suas próprias pesquisas. O primeiro caso ocorreu durante o trabalho com a proposta bomba de hidrogênio, uma arma que, conforme sabiam seus inventores, teria uma potência muito superior à de uma bomba atômica. A comissão de Energia Atômica estabeleceu um Comitê Geral de Aconselhamento para estudar se valia a pena construir uma arma dessas. Em 1949, Robert Oppenheimer e outros cientistas submeteram o relatório da maioria ao comitê:

> Baseamos nossa recomendação [de não apoiar o desenvolvimento da bomba de hidrogênio] na nossa crença de que os extremos perigos para a humanidade contidos na proposta extrapolam em muito as vantagens militares que poderiam advir desse desenvolvimento [...] uma superbomba [a bomba de hidrogênio] poderia vir a ser uma arma de genocídio.[7]

A recomendação de Oppenheimer foi ignorada, a pesquisa sobre a bomba de hidrogênio continuou, e ela foi construída nos Estados Unidos e na União Soviética.

Em contraste, o adiamento de experimentos com DNA recombinante recomendado por Berg foi aceito mundialmente, de julho de 1974 até fevereiro de 1975, quando um grupo internacional de 150 biólogos e juristas se reuniu na conferência de Asilomar, em Pacific Grove, Califórnia. Os biólogos participantes expressaram uma ampla gama de opiniões, desde séria preocupação em relação aos riscos do DNA recombinante, passando por sentimentos de que os riscos não podiam ser avaliados, até ressentimentos por existir uma restrição internacional à pesquisa básica, e a crença de que o desafio era muito mais um problema de relações públicas. No final, os participantes votaram por substituir o atual adiamento por um novo conjunto de linhas mestras criadas pelo Instituto Nacional de Saúde. Daí em diante, os experimentos com DNA recombinante passaram a exigir vários graus de contenção, de acordo com os riscos estimados.

Hoje, trinta anos depois, a maioria dos biólogos sente que, apesar de não serem injustificados, os temores eram maiores do que os riscos efetivos. Mesmo assim, a pesquisa usando certos tipos de DNA recombinante ainda é realizada com cautela.

Grande parte do artigo fundamental de Berg em 1972 trata dos vários tipos de substâncias químicas empregadas para manipular DNA e os métodos de rotular, isolar e identificar DNA.

Antes de emendar o DNA do λ*dvgal* com o DNA do sv40, Berg e seus colaboradores praticam a técnica emendando dois pedaços de DNA do sv40 entre si.

Berg lida com dois tipos de DNA do SV40, chamados SV40 (I) e SV40 (II). O primeiro é DNA completo, enquanto o segundo tem algumas bases faltando, ou "sulcos" em uma das duas tiras. Tanto o DNA do λ*dvgal* como o do SV40 são "rotulados" com uma substância chamada [³H]dT, uma forma radiativa de hidrogênio que pode ocupar o lugar do hidrogênio normal nas moléculas de DNA. Contando a taxa de desintegração desse rótulo radiativo, os cientistas podem dizer quanto [³H]dT foi incorporado ao DNA e assim como o DNA está presente em cada estágio do processo de cortar e colar. As desintegrações do hidrogênio radiativo são "contadas" com um dispositivo chamado espectrômetro de cintilação. (Para uma análise da radiatividade, ver capítulo 15.) Outro rótulo radiativo usado é o [³²P], que é uma forma radiativa de fósforo que substitui o fósforo normal na espinha dorsal fósforo-açúcar da molécula de DNA.

O DNA é frequentemente isolado de outros materiais colocando-o numa centrífuga, aparelho que gira com uma velocidade de milhares de rotações por minuto. Um tubo na centrífuga é preenchido com uma solução de açúcar cuja densidade aumenta do alto do tubo para o fundo. Quando várias substâncias são colocadas no tubo e ele é girado a alta velocidade, as moléculas maiores acabam perto do fundo do tubo e as menores, no topo. O composto químico brometo de etídio tinge o DNA com uma cor distinta e é geralmente adicionado ao material no tubo de ensaio. Assim, depois de centrifugar ou permitir a sedimentação de uma mistura de substâncias contendo DNA, o DNA tingido com brometo de etídio se separa de substâncias com outros tamanhos moleculares e é facilmente identificado pela cor.

Outro dispositivo simples para separar DNA de outras substâncias é o filtro de papel de Whatman, ou disco de Whatman. Quando uma solução contendo DNA e líquidos é derramada através do filtro, os fragmentos de DNA são retidos enquanto os líquidos passam pelo papel.

Enquanto o DNA está sendo manipulado, ele é mantido num banho líquido de substâncias químicas incluindo EDTA e Tris. Estas provêm um ambiente "natural" para o DNA e um tampão que impede reações indesejadas do DNA com outras substâncias. Quando o DNA é misturado com a enzima de restrição RI para ser cortado, ou com transferase terminal para adicionar as caudas grudentas, as soluções são mantidas a 37ºC, exatamente 98,6ºF, que é a temperatura corporal. Em geral, é feito o máximo possível para manter o DNA em seu hábitat natural enquanto está sendo manipulado de forma não natural.

O equipamento mais sofisticado que Berg e seus colaboradores usam é um microscópio eletrônico, aparelho que cria imagens com elétrons em vez de com luz. Como elétrons de alta energia têm comprimentos de onda muito menores que a luz visível, o microscópio eletrônico consegue "ver" objetos muito menores do que os que podem ser observados com um microscópio comum de luz, inclusive átomos e moléculas individuais. Os cientistas usam o microscópio eletrônico para medir os formatos de fragmentos de DNA, linear versus circular, e medir os comprimentos desses fragmentos. Em particular, se o DNA do SV40 tem comprimento de uma unidade e uma seção de λ*dvgal* comprimento de duas unidades, então o comprimento de um anel híbrido λ*dvgal*-SV40 deveria ter comprimento de três unidades. Como expresso na tabela 1 do artigo, o microscópio eletrônico confirma esse resultado. Adicionalmente a tabela 1 também indica o número relativamente pequeno de moléculas que os cientistas estão contando e medindo. Estão efetivamente trabalhando no nível das moléculas individuais.

Outra terminologia útil para ler o artigo de Berg: um dímero é uma molécula formada juntando-se duas moléculas menores; duplex é simplesmente DNA de duas tiras; integração covalente é ligar por meio de ligações químicas covalentes (ver capítulo 11); endonuclease é uma enzima de restrição que corta o interior de uma fita de DNA, enquanto a exonuclease corta fora uma extremidade de uma fita de DNA.; dATP e dTTP são respectivamente trifosfato de desoxiadenina e trifosfato de desoxitimina, as formas de adenina e timina que formam as extremidades grudentas das tiras de DNA.

Perto do fim do artigo, pouco antes da seção de discussão, os cientistas proclamam que todos os seus testes indicaram sucesso:

Concluímos dos experimentos descritos acima que o DNA do λ*dvgal* contendo operon de galactose intacto da *E. coli* […] foi inserido covalentemente num genoma de SV40. Essas moléculas devem ser úteis para testar se genes bacterianos podem ser introduzidos num genoma de célula de mamífero e se podem ali se expressar.

Finalmente os cientistas estão claramente cientes da aplicação geral de seu avanço técnico: "Os métodos descritos neste relatório […] são gerais e oferecem uma abordagem para junção covalente de duas moléculas quaisquer de DNA".

* * *

Conforme esperavam Berg e outros cientistas, as técnicas de DNA recombinante lançaram luz sobre a natureza e operação fundamental dos genes. Por exemplo, tais técnicas revelaram que quase todo DNA mamífero tem longas extensões de pares de bases, chamadas íntrons, que não carregam nenhuma instrução discernível. Até 2005, a função dos íntrons ainda não é plenamente compreendida.

Como outro exemplo, as técnicas de DNA recombinante permitiram aos cientistas criar mutações genéticas e assim estudar a origem e o efeito desses genes alterados. Outro exemplo ainda é o uso de DNA recombinante para estudar o câncer e o mecanismo pelo qual agem os vírus de tumores. Em janeiro de 1979, as restrições sobre o DNA recombinante haviam sido suficientemente abrandadas para os cientistas poderem começar a inserir vírus de tumores em outras células para estudar como os tumores se replicam e transformam células normais. Como resultado, os cientistas agora acreditam que alguns tipos de câncer começam quando há cópias demais de certos genes regulatórios ou superprodução de certas atividades celulares. A descoberta de Barbara McClintock dos "genes móveis", genes que mudam sua localização nos cromossomos, foi confirmada e esclarecida usando técnicas de DNA recombinante para inserir genes em vários locais do DNA da E. coli.

Do lado mais prático, o primeiro produto médico utilizando um organismo geneticamente modificado foi a insulina humana, lançada no mercado por Eli Lilly em 1982. Desde então, dúzias de outras preciosas substâncias biológicas têm sido artificialmente produzidas com tecnologia de DNA recombinante, inclusive interferon, vacina contra hepatite B e hormônio de crescimento humano. Em essência, o DNA de vários organismos é modificado de modo que eles produzem tais substâncias. Na agricultura, a tecnologia do DNA recombinante tem permitido a criação de safras transgênicas — incluindo produtos de abastecimento importantes como milho, soja, tomates, algodão, batatas, arroz — com tolerância a herbicidas e resistência a insetos e doenças.

Mas as aplicações e os resultados mais importantes do DNA recombinante seguramente ainda estão por vir. O futuro da emenda genética é desconhecido. Seu impacto pleno é inconcebível. Nunca antes detivemos tanto poder sobre os mecanismos internos da vida. E, como o Aprendiz do Feiticeiro, não podemos imaginar esse poder.

Epílogo

O antigo oráculo de Apolo em Delfos advertia os consulentes: "Conhece-te a ti mesmo". Embora o sábio oráculo estivesse provavelmente se referindo à essência psicológica e moral da pessoa, podemos estender a recomendação também à essência física. Ou mesmo à toda vida no planeta, à missão da biologia. E talvez, sendo a substância viva parte da natureza, poderíamos dizer: "Conheça a natureza". Conheça as árvores, as rochas, as gotas de chuva, os elefantes, as amebas, os átomos, as estrelas.

Medindo-se em potências de dez, nós humanos estamos quase exatamente na metade do caminho entre os maiores objetos materiais do universo, as galáxias, e os menores, que exploramos em nossos aceleradores de partículas, os elétrons e quarks. Nós estamos no meio. Da nossa fina lasquinha de existência, queremos saber tudo. As complexidades. Os vastos princípios e os detalhes sutis, as forças, os padrões e os ciclos, os movimentos e mecanismos, os segredos da vida, a natureza do tempo e do espaço. Queremos saber tudo, temos o impulso de saber. Nós descobrimos, inventamos, criamos, questionamos. Quanto mais fundo chegamos, maior a beleza que descobrimos, e o mistério. Em última instância, o universo é mais estranho do que podemos conceber.

Muitos anos atrás, viajei para Font-de-Gaume, uma caverna pré-histórica na França. As paredes de Font-de-Gaume são adornadas com pinturas feitas há

15 mil anos — desenhos graciosos de cavalos, bisões e renas. Lembro-me ainda vividamente de uma das pinturas. Duas renas frente a frente, galhadas se tocando. São duas figuras perfeitas, e a parte superior de ambas é formada por um traço único, fluido, juntando os corpos, fundindo-os num corpo só. A luz artificial na caverna era muito tênue, as cores estavam desbotadas, mas eu fiquei atordoado. Ali estavam meus ancestrais, esforçando-se para retratar seu mundo. Tentei imaginar seus pensamentos, ao longo dos séculos, quando se agachavam nesse local escuro. O que sabiam eles da rena e do bisão? Como haviam observado esses animais com tanto cuidado a ponto de criar desenhos tão precisos? Que proteções e poderes encerravam essas pinturas? Que necessidades satisfaziam? Meus olhos seguiam as curvas na parede, ao longo da pedra e do chão de terra, e daí até a boca da caverna. Uma mancha oval de luz cintilava ao longe, talvez o sol de fim de tarde, ou a lua brilhando sobre as árvores.

Notas

NOTA INTRODUTÓRIA: Muitas, mas não todas, descobertas históricas consideradas neste livro resultaram em prêmios Nobel. Todas as palestras (dadas pelos cientistas laureados), junto com alguma informação biográfica sobre o cientista, podem ser encontradas no site www.nobel.se.

INTRODUÇÃO [pp. 7-15]

1. Gomes Eanes de Zurara, *The Chronicles of the Discovery and Conquest of Guinea*. Trad. e org. de C. Raymond Beazleye Edgar Prestage. Londres: Hakluyt Society, 1896; também citado em: Daniel J. Boorstin, *The Discoverers*. Nova York: Random House, 1983, p. 166.

2. Zurara, *Chronicles*; também citado em: Boorstin, *The Discoverers*, op. cit., p. 165.

3. Werner Heinsenberg, *Physics and Beyond*. Trad. do alemão de Arnold J. Pomerans, Nova York: Harper and Row, 1971, pp. 60-1.

4. Barbara McClintock, entrevista para Evelyn Fox Keller, arquivada na American Philosophical Society, Filadélfia; citada em Evelyn Fox Keller, *A Feeling for the Organism*. Nova York: Freeman, 1983, p. 26.

5. Max Perutz, palestra do prêmio Nobel, 11 dez. 1962, p. 669, www.nobel.se.

UMA NOTA SOBRE NÚMEROS [pp. 17-8]

1. Arquimedes, "The Sand Reckoner". In: James R. Newman (Org.). *The World of Mathematics*. Nova York: Simon and Schuster, 1956, v. 1, p. 420.

1. O QUANTUM [pp. 19-33]

Citação para a íntegra do artigo histórico: Max Planck, "Zur Theorie des Gesetzes der Energieverteilung im Normalspectrum", *Verhandlungen der Deutschen Physikalischen Gesellschaft*, v. 2, pp. 237-45, 1900. Tradução para o inglês de D. ter Haar: "On the Theory of the Energy Distribution Law of the Normal Spectrum". In: *The Old Quantum Theory*. Oxford: Oxford University Press, 1967.

1. Planck adivinhou a fórmula para a radiação de corpo negro. Mais precisamente, Planck adivinhou uma fórmula para a dependência da energia em relação à entropia de seus idealizados "ressonadores" em equilíbrio com a radiação de corpo negro. Essa fórmula levou à fórmula para a radiação de corpo negro.

2. Max Planck, *Sitzungberichte der Königlich Preussischen Akademie der Wissenschaften*, p. 440, 1899. Trad. e citado em: M. J. Klein, *Physics Today*, v. 19, p. 26, nov. 1966.

3. Id., *Scientific Autobiography and Other Papers*. Trad. de F. Gaynor. Nova York: Philosophical Library, 1949, p. 35.

4. Phillip von Jolly é citado em: J. L. Heilbron, *The Dilemmas of an Upright Man*. Berkeley: University of California Press, 1986, p. 10.

5. Para os comentários de Marga Planck sobre o fato de seu marido ser reservado, ver: Marga Planck para Ehrenfest, 26 abr. 1933, Ehrenfest Scientific Correspondence, Museu Boerhaave, Leyden; trad. e citado em: J. L. Heilbron, op. cit., p. 33.

6. Planck para Rung, 31 jul. 1877, Carl Rung Papers, Staatsbibliothek Preussischerkulturbesitz, Berlim. Trad. e citado em: J. L. Heilbron, op. cit., p. 33.

7. Marga Planck para Einstein, 1 fev. 1948, Albert Einstein Papers, Jerusalém. Trad. e citado em: J. L. Heilbron, op. cit., p. 33.

8. Hans Hatmann, *Max Planck als Mensch und Denker*, Basileia, Thun e Düsseldorf: Ott, 1953, pp. 11-2. Trad. e citado em: J. L. Heilbron, op. cit., p. 34.

9. Albert Einstein, "Max Planck Memorial Services" [1948], *Ideas and Opinions*. Nova York: Modern Library, 1994, p. 85.

10. Max Planck, "Physikalische Abhandlungen und Vorträge". In: *Braunschweig Viewer*, v. 2, p. 247, 1910. Trad. e citado em: J. L. Heilbron, op. cit., p. 21.

2. HORMÔNIOS [pp. 34-44]

Citação para a íntegra do artigo histórico: Wiliam Bayliss e Ernest Starling, "The Mechanism of Pancreatic Secretion", *Journal of Physiology*, v. 28, pp. 325-53, 12 set. 1902.

1. Caracterização do laboratório de Bayliss em Charles Lovatt Evans, *Reminiscences of Bayliss and Starling*. Cambridge, UK: Cambridge University Press, 1964, p. 3.

2. Caracterizações pessoais de Bayliss e Starling, ibid., pp. 2-4.

3. Citação de Sir Charles Martin, ibid., p. 14.

4. A ideia de Descartes sobre a alma e glândula pineal é expressa em *De L'Homme* (escrito

na década de 1630, publicado na década de 1660). Trad. e citado em: Theodor M. Brown, "Descartes", *Dictionary of Scientific Biography* (*DSB*), v. 4, p. 63a.

5. Berzelius em: *Lärbok i kemien* [1808]. Trad. e citado em: Henry M. Leicester, "Berzelius", *DSB*, v. 2. Nova York: Scribners, 1981, p. 96a.

6. Bernard em: *Introduction to the Study of Experimental Medicine* [1865], citado em: M. D. Grmek, "Bernard", *DSB*, v. 2, op. cit., p. 32b.

7. Starling, sobre educação, citado em: "Science in Education", *Science Progress*, v. 13, pp. 466-75, 1918-9, citado em: *DSB*, v. 12, op. cit., p. 618.

3. A NATUREZA DA LUZ COMO PARTÍCULA [pp. 45-56]

Citação para a íntegra do artigo histórico: Albert Einstein, "Über einen die Erzeugung und Verwandlung des Lichtes betreffenden heuristischen Gesichtspunkt", *Annalen der Physik*, v. 17, 4ª série, pp. 132-48, 9 jun. 1905. Tradução para o inglês de John Stachel, Trevor Lipscombe, Alice Calaprice e Sam Elworthy: "On a Heuristic Point of View Concerning the Production and Transformation of Light". In: *Einstein's Miraculous Year*. Princeton, NJ: Princeton University Press, 1998.

1. Albert Einstein, *Journal of the Franklin Institute*, v. 221, n. 3, mar. 1936. In: _____. *Ideas and Opinions*. Nova York: Modern Library, 1994, p. 318.

2. Françoise Gilot, *Life with Picasso*. Nova York: Avon, 1981, pp. 51-2.

3. Einstein para Marić, 29 jul. 1900, em: *Collected Papers of Albert Eintein*, v. 1. Trad. de Anna Beck. Princeton, NJ: Princeton University Press, 1987, p. 142.

4. Id. para Marić, 17 dez. 1901, em: *Collected Papers*, v. 1, op. cit., p. 187.

5. Id. para Conrad Habicht, 18 ou 25 maio 1905, em: ibid., v. 5, op. cit., p. 19.

6. Banesh Hoffman em: Harry Woolf (Org.), *Some Strangeness in the Proportion: A Centennial Symposium to Celebrate the Achievements of Albert Einstein*. Reading, MA: Addison Wesley, 1980, p. 476.

7. Charles Nordmann, em: *L'Illustration*, Paris, 15 abr. 1922, citado em: Albrecht Fölsing, *Albert Einstein*. Trad. de Ewald Osers, Nova York: Viking, 1997, pp. 547-8.

8. Einstein para Conrad Habicht, 3 jun.-22 set. 1905, em: *Collected Papers*, v. 5, op. cit., p. 20.

4. RELATIVIDADE ESPECIAL [pp. 57-70]

Citação para a íntegra do artigo histórico: Albert Einstein, "Zur Eletrodynamik bewegter Körper", *Annalen der Physik*, v. 17, pp. 891-921, 1905. Tradução para o inglês de W. Perrett e G. R. Jeffery: "On the Electrodynamics of Moving Bodies". In: *The Principle of Relativity*. Nova York: Dover and Methuen, 1952.

1. Para o fato de Einstein ter pensado sobre a luz desde os dezesseis anos de idade, ver: Albert Einstein, "Autobiographical Notes", em: P. A. Schilpp (Org.), *Albert Einstein: Philosopher-Scientist*. Evanston, Ill.: Open Court, 1949, p. 53.

2. A concepção do tempo de Marco Aurélio: *The Meditations of Marcus Aurelius*, Harvard *Classics*, v. 2, p. 221.

3. A concepção do tempo de Kant: Immanuel Kant, *Critique of Pure Reason* [1781], traduzido por J. M. D. Meiklejohn, em: *Great Books of the Western World*, v. 42, *Encyclopedia Britannica*, Chicago: University of Chicago Press, pp. 26-7.

4. O "tempo calçado com chumbo", mais vagaroso que o pensamento, de Shelley: "The Cenci", ato IV, cena II, *Harvard Classics*, v. 18, p. 324.

5. Einstein, "Autobiographical Notes", op. cit., p. 55.

6. Id. em: *Emanuel Libman Aniversary Volumes*, v. 1. Nova York: International, 1932, p. 363.

7. Maurice Solovine em: Albert Einstein; Maurice Solovine, *Letters to Solovine*. Nova York: Carol Publishing Group, 1993, p. 9.

8. Albert Einstein, *Century and Forum*, v. 84, pp. 193-4, 1931; também em Albert Einstein, *Ideas and Opinions*. Nova York: Modern Library, 1994, p. 10.

9. Id. em: Albert Einstein; Maurice Solovine, *Letters to Solovine*, op. cit., p. 143.

5. O NÚCLEO DO ÁTOMO [pp. 71-82]

Citação para a íntegra do artigo histórico: Ernest Rutherford, "The Scattering of Alpha and Beta Particles by Matter and the Structure of the Atom", *London, Edinburgh and Dublin Philosophical Magazine and Journal of Science*, v. 21, série 6, pp. 669-88, maio 1911.

1. C. P. Snow, *The Physicists*. Boston: Little, Brown, 1981, p. 35.

2. Rutherford citado em: Lawrence Badash, "Rutherford", *Dictionary of Scientific Biography*. Nova York: Scribners, 1981, v. 12, p. 31a.

3. Ibid.

4. H. G. Wells, *The World Set Free*. Nova York: Dutton, 1914, p. 109.

5. Kapitza citado em: Snow, *The Physicists*, op. cit., p. 35.

6. O TAMANHO DO COSMO [pp. 83-100]

Citação para a íntegra do artigo histórico: Henrietta Leavitt [artigo assinado por Edward C. Pickering], "Periods of 25 Variable Stars in the Small Magellanic Cloud", *Circular of the Astronomical Observatory of Harvard College*, v. 173, 3 mar. 1912.

1. *Dictionary of Scientific Biography*, v. 15. Nova York: Scribners, 1981, pp. 639-40.

2. Estimativa de Newton da distância às estrelas mais próximas em *Principia*, v. 2, *The System of the World*, seção 57.

3. *Miss Leavitt's Stars*, por George Johnson. Nova York: W. W. Norton, 2005.

4. Obituário de Henrietta Leavitt por Solon Bailey, *Popular Astronomy*, v. 30, n. 4, pp. 197-9, abr. 1922.

5. Lucy A. Patton, breve biografia de Henrietta Leavitt, arquivos Radcliffe.

364

6. Henrietta Leavitt a Pickering, 13 maio 1902, Harvard Archives, correspondência de HCO.

7. HSL a Pickering, 25 ago. 1902, Harvard Archives, correspondência de HCO.

8. Williamina Fleming, "A Field for Woman's Work in Astronomy", *Astronomy and Astrophysics*, v. 12, p. 683, 1893.

9. Para estatísticas de mulheres contratadas em astronomia, ver Pamela Mack, "Women in Astronomy in United States, 1875-1920". Monografia de bacharelado, Universidade Harvard, 1977, cap. 4.

10. Edward C. Pickering, "Fifty-Third Annual Report of the Director of the Astronomical Observatory of Harvard College, for the Year Ending September 30, 1898", p. 4.

11. Celia Payne-Gaposchkin em Katherine Haramundanis (Org.). *An Autobiography and Other Recollections*. Cambridge, Mass.: Harvard University Press, 1984, pp. 149, 147.

12. Carta do professor Charles Young a Pickering, 1º mar. 1905, citado por Jones e Boyd, *Harvard College Observatory*, p. 367.

13. HSL a Pickering, meados de dezembro de 1909, Harvard Archives, correspondência de HCO.

14. Harlow Shapley a Pickering, 24 set. 1917, Harvard Archives, correspondência de Shapley.

15. Celia Payne-Gaposchkin, *Autobiography*, op. cit., p. 147.

16. Ibid., p. 140.

17. Testamento e inventário de HSL em registros jurídicos homologados no Condado de Middlesex, Massachusetts; citado em: George Johnson, *Miss Leavitt's Stars*, op. cit., pp. 88-9.

7. O ARRANJO DOS ÁTOMOS NA MATÉRIA SÓLIDA [pp. 101-15]

Citação para a íntegra do artigo histórico: W. Friedrich, P. Knipping e M. von Laue, "Interferenz-Erscheinungen bei Rontgenstrahlen", *Sitzungsberichte der Königlich Bayerischen Akademie der Wissenschften*, jun. 1912, pp. 303-22. Também publicado em *Annalen der Physik*, v. 4, p. 971, 5 ago. 1913. Tradução para o inglês de Dagmar Ringe: "Interference Phenomena with Röntgen Rays". In: *The Discoveries*. Nova York: Random House, 2005.

1. Von Laue em sua palestra do prêmio Nobel, 12 nov. 1915, *Nobel Lectures*, p. 351, www.nobel.se.

2. Ibid., pp. 351-2.

3. Albert Einstein para Max von Laue, 10 jun. 1912, citado em: Albrecht Fölsing, *Albert Einstein*, Nova York: Viking, 1997, p. 323.

4. Id. para Ludwig Hopf, 12 jun. 1912, citado em: ibid., p. 323.

5. Von Laue, palestra do prêmio Nobel, p. 350.

6. William Lawrence Bragg em sua palestra do prêmio Nobel, 6 set. 1922, *Nobel Lectures*, p. 370.

8. O ÁTOMO QUÂNTICO [pp. 116-27]

Citação para a íntegra do artigo histórico: Niels Bohr, "On the Constitution of Atoms and Molecules", *Philosophical Magazine*, v. 26, 1913, pp. 1-25.

1. Dito a mim por John Archibald Wheeler, um dos colaboradores de Bohr.

2. C. P. Snow, *The Physicists*. Boston: Little, Brown, 1981, p. 58.

3. Leon Rosenfeld (Org.), *Collected Works of Niels Bohr*. Amsterdam: North Holland, 1972; também citado em: John Heilbron, "Bohr's First Theories of the Atom". In: A. P. French; P. J. Kennedy (Orgs.). *Niels Bohr*. Cambridge, Mass.: Harvard University Press, 1985, p. 43.

4. Ibid.

5. Bohr, *Nature* (Suplemento), 14 abr. 1928, p. 580.

6. Para a recordação de Hevesy de Einstein dizendo que "não tinha ânimo de desenvolvê--lo", ver: Hevesy para Bohr, 23 set. 1913. In: Ulrich Hoyer (Org.). *Collected Works of Niels Bohr*, Amsterdam: North Holland, 1982, v. 2, p. 532, citado em: John Stachel, *Einstein from B to Z*, Boston: Birkhäuser, 2002, p. 369.

7. As recordações de Wheeler de seus dias de estudante com Bohr são tiradas de R. H. Stuewer (Org.), *Nuclear Physics in Retrospect*. Minneapolis: University of Minnesota Press, 1979.

9. O MEIO DE COMUNICAÇÃO ENTRE OS NERVOS [pp. 128-40]

Citação para a íntegra do artigo histórico: Otto Loewi, "Über humorale Übertragbarkeit der Herznervenwirkung", *Pflügers Archiv*, v. 189, pp. 239-42, 1921. Tradução para o inglês de Alison Abbot: "On the Humoral Transmission of the Actionof the Cardiac Nerve". In: *The Discoveries*. Nova York: Random House, 2005.

1. Otto Loewi, "Autobiographic Sketch", *Perspective in Biology and Madicine*, v. 4, p. 17, 1925.

2. Ibid., p. 18.

3. Henry H. Dale, "Otto Loewi", *Biographical Memoirs of Fellows of the Royal Society*, v. 8, p. 80, 1962.

4. Ibid., p. 71.

5. Loewi, "Autobiographical Sketch", op. cit., p. 8.

6. Ibid., p. 9.

7. Ibid., p. 10.

8. Dale, "Otto Loewi", op. cit., p. 76.

9. Loewi, "Autobiographical Sketch", op. cit., p. 14.

10. Id., palestra do prêmio Nobel, 12 dez. 1935, p. 5, www.nobel.se.

11. Id., "Autobiographical Sketch", op. cit., p. 21.

10. O PRINCÍPIO DA INCERTEZA [pp. 141-54]

Citação para a íntegra do artigo histórico: Werner Heinsenberg, "Über den anschaulichen Inhalt der quantentheoretischen Kinematik und Mechanik", *Zeitschrift fur Physik*, v. 43, pp. 172--98, 31 maio 1927. Tradução para o inglês de John Archibald Wheeler e Wojciek Hubert Zurek: "On the Physical Contento of Quantum Kinematics and Mechanics". In: *Quantum Theory and Measurement*, Princeton, NJ: Princeton University Press, 1983.

1. Edward Teller, *Memoirs*. Cambridge, Mass.: Perseus, 2001, p. 57.

2. Max Born, *My Life*. Nova York: Scribner, 1978, p. 212.

3. John Milton, *Paradise Lost*, livro VIII, linhas 72-5.

4. Werner Heinsenberg, *Physics and Beyond*. Trad. do alemão de Arnold J. Pomerans. Nova York: Harper and Row, 1971, pp. 60-1.

5. Werner Heinsenberg, "The Development of Quantum Mechanics", palestra do prêmio Nobel, 11 dez. 1933, p. 1, www.nobel.se.

6. Heisenberg citado em: Elisabeth Heinsenberg, *Inner Exile: Recollections of a Life with Werner Heisenberg*. Trad. de S. Cappellarii e C. Morris. Boston: Birkhäuser, 1984, p. 32.

7. Victor Weisskopf, introdução a E. Heinsenberg, *Inner Exile*, op. cit., p. xiii.

8. E. Heisenberg, ibid., p. 67.

11. A LIGAÇÃO QUÍMICA [pp. 155-71]

Citação para a íntegra do artigo histórico: Linus Pauling, "The Shared-Electron Chemical Bond", *Proceedings of the National Academy of Sciences*, v. 14, pp. 359-62, 1928.

1. Linus Pauling, "Starting Out". In: Barbara Marinacci (Org.). *Linus Pauling in His Own Words*. Nova York: Simon and Schuster, 1995, p. 31.

2. Ibid., p. 28.

3. Ava Helen e Linus Pauling Papers, Oregon State University, citado em: Cliff Mead; Tom Hager (Orgs.). *Linus Pauling, Scientist and Peacemaker*. Corvallis: Oregon State University Press, 2001, p. 25.

4. Linus Pauling, *The Nature of the Chemical Bond*, 3. ed. Ithaca, NY: Cornell University Press, 1939, pp. 113-4.

5. Id. para Dan Campbell, 1980, citado em: Mead; Hager (Orgs.), op. cit., p. 81.

6. Recordado em maio de 2003 por Robert Silbey, químico do MIT.

7. Linus Pauling, "The Ultimate Decision", citado em: Mead; Hager (Orgs.), op. cit., pp. 198-9.

12. A EXPANSÃO DO UNIVERSO [pp. 172-89]

Citação para a íntegra do artigo histórico: Edwin Hubble, "A Relation between Distance and Radial Velocity Among Extra-Galactic Nebulae", *Proceedings of the National Academy of Sciences*, v. 15, pp. 168-73, 15 mar. 1929.

1. Walter B. Clausen, release da Associated Press, 4 fev. 1931, citado em: Gale E. Christianson, *Edwin Hubble, Mariner of the Nebulae*. Nova York: Farrar, Straus and Giroux, 1995, p. 210.

2. Albert A. Colvin a Charles Whitney, 14 jun. 1971, citado em: Christianson, *Edwin Hubble*, op. cit., p. 25.

3. Elisabeth Hubble, citado em: ibid., p. 50.

4. Artistóteles, *On the Heavens*, livro I, capítulo III. Trad. de W. K. C. Guthrie em: *Loeb Classical Library*. Cambridge, Mass.: Harvard University Press, 1971, p. 25.

5. Copérnico, *On the Revolutions*. Trad. de Charles Glenn Wallis em: *Great Books of the Western World*, v. 16, *Enciclopaedia Britannica*, Chicago: University of Chicago, 1987, p. 520.

6. Shakespeare, *Julius Caesar*, ato III, cena I, em *Tragédias e comédias sombrias: Teatro completo* (trad. de Barbara Heliodora. Rio de Janeiro: Nova Aguilar, 2006, v. 1, p. 310).

7. Albert Einstein, "Cosmological Considerations of the General Theory of Relativity", *Sitzungsberichte der Preussischen Akademie der Wissenschaften*, v. 1, pp. 143-52, 1917. Trad. de W. Perrett e G. B. Jeffery, em *The Principle of Relativity*. Nova York: Dover, 1952, p. 188.

8. Arthur Eddington, *The Mathematical Theory of Relativity*. Cambridge, UK: Cambridge University Press, 1923, p. 161.

9. Wilhelm de Sitter, *Monthly Notices of the Royal Astronomical Society*, v. 78, p. 26, 1917.

10. Georges Lemaître, "A Homogeneous Universe of Constant Mass and Increasing Radius Accounting for the Radial Velocity of Extra-Galactic Nebulae", *Annales de la Société Scientifique de Bruxelles*, v. 47A, p. 49, 1927; traduzido para o inglês e reimpresso em *Monthly Notices of the Royal Astronomical Society*, v. 91, p. 483, 1931 (citado da p. 489).

11. Diários de Grace Hubble, "E. P. H.: Some People", v. 2, citado em: Christianson, *Edwin Hubble*, op. cit., p. 211.

12. Edwin Hubble, *Realm of the Nebulae*. New Haven, Conn.: Yale University Press, 1936, p. 1.

13. ANTIBIÓTICOS [pp. 190-204]

Citação para a íntegra do artigo histórico: Alexander Fleming, "On the Antibacterial Action of Cultures of a Penicillium, with Special Reference to Their Use in the Isolation of B. Influenzae", *British Journal of Experimental Pathology*, v. 10, n. 3, pp. 226-36, 1929.

1. Passagem de abertura de Tucídides, *The History of the Peloponnesian War*, livro II, capítulo VII, seções [47], [49], [52]. Trad. de Richard Crawley em: *Great Books of the Western World*, v. 6, *Encyclopaedia Britannica*. Chicago: University of Chicago Press, 1987, pp. 399-400.

2. Manuscritos de John Freeman, depositados no Museu Sir Alexander Fleming no Instituto Wright-Fleming de Microbiologia, Londres (como todos os manuscritos de referência no livro de Maurois), citado em: André Maurois, *The Life of Sir Alexander Fleming*. Trad. do francês para o inglês de Gerard Hopkin. Nova York: Dutton, 1959, p. 54.

3. Manuscritos de C. A. Pannett, citado em: ibid., p. 57.

4. Ibid., p. 32.

5. Manuscritos de D. M. Pryce, citado em: ibid., p. 125.

6. Ibid.

7. Pasteur, *Works*, v. 6, p. 178, citado em: ibid., p. 129.

8. Diários de Fleming, pp. 30-1.

9. Fleming, palestra do prêmio Nobel, 11 dez. 1945, *Nobel Lectures*, p. 84, www.nobel.se.

10. Maurois, op. cit., p. 136.

11. Fleming, palestra do Nobel, p. 92.

12. Professor G. Liljestrand, do Royal Caroline Institute, em sua apresentação do prêmio Nobel em Fisiologia ou Medicina de 1945, www.nobel.se.

14. O MEIO DE PRODUÇÃO DE ENERGIA EM ORGANISMOS VIVOS [pp. 205-18]

Citação para a íntegra do artigo histórico: Hans Krebs e W. A. Johnson, "The Role of Citric Acid in Intermediate Metabolism in Animal Tissues", *Enzymologa*, v. 4, pp. 148-56, 1937.

1. Hans Krebs, *Reminiscences and Reflections*. Oxford, UK: Clarendon, 1981, p. 9.
2. Ibid., p. 27.
3. Ibid., p. 40.
4. Ibid., p. 42.
5. Ibid., p. 38.
6. Ibid., p. 118.
7. Ibid., p. 229.

15. FISSÃO NUCLEAR [pp. 219-37]

Citação para a íntegra dos artigos históricos: O. Hahn e F. Strassmann, "Über den Nachweis und das Verhalten der bei der Bestralung des Urans mittels Neutronen entstehended Erdalkalimetalle", *Die Naturwisssenschaften*, v. 27, p. 11, 1939. Trad. parcial para o inglês de Hans G. Graetzer: "Concerning the Existence of Alkaline Earth Metals Resulting from Neutron Irradiation of Uranium". In: *The Discovery of Nuclear Fission*, Nova York: Van Nostrand Reinhold, 1971, pp. 44-7. Lise Meitner; O. R. Frisch, "Disintegration of Uraium by Neutrons: A New Type of Nuclear Reaction", *Nature*, v. 143, pp. 239-40, 11 fev. 1939.

1. Hahn para Meitner, 19 dez. 1938, Meitner Collection, Churchill College Archives Centre, Cambridge, Reino Unido, citado em: Ruth Lewin Sime, *Lise Meitner: A Life in Physics*. Berkeley: University of California Press, 1996, p. 233.

2. Meitner para Frl. Hitzenberger, 29 mar.-10 abr. 1951, ibid., p. 7.

3. Anedota sobre Meitner e costurar no Shabat: Lilli Eppstein, comunicação pessoal de Meitner para Ruth Sime, Stocksund, 12 set. 1987, citado em: ibid., p. 5.

4. Meitner, "Looking Back", *Bulletin of the Atomic Scientists*, v. 20, p. 5, nov. 1964.

5. Meitner para Hahn, 22 fev. 1917, Otto Hahn Nachlass, Archiv zur Geschichte der Max Planck Gesellschaft, Berlim, citado em: Sime, op. cit., pp. 63-4.

6. Strassmann, *Kernspaltung: Berlin Dezember 1938*, v. 18, p. 20, traduzido e citado em: ibid., p. 229.

7. Recordação de Frisch em: "How It All Began", *Physics Today*, nov. 1967, p. 47.

8. Rod Spence, *Biographical Memoirs of the Royal Society*, v. 16, p. 302, 1970.

9. Meitner a Walter Meitner, 6 fev. 1939, Meitner Collection, citado em: Sime, op. cit., p. 255.

10. Lise Meitner a Birgit Broomé Aminoff, 20 nov. 1945, ibid., p. 327.

11. T. H. Rittner a M. Perrin, capitão-tenente Welsh e capitão Davis para general [Leslie] Groves, Top Secret Report, v. 4, Operação "Epsilon", 6-7 ago. 1945, reimpresso em: *Hitler's Uranium Club: The Secret Recordings at Farm Hall*. Anotado por Jeremy Bernstein. Nova York: Copernicus Book, 2001, p. 115.

12. Meitner a James Franck, mar. 1958, James Franck Papers, Joseph Regenstein Library, Universidade de Chicago, citado em: Sime, *Lise Meitner*, p. 375.

16. A MOBILIDADE DOS GENES [pp. 238-54]

Citação para a íntegra do artigo histórico: Barbara McClintock, "Mutable Loci in Maize", *Carnegie Institution of Washington Yearbook*, v. 47, pp. 155-69, 1948.

1. Barbara McClintock, entrevista para Evelyn Fox Keller, American Philosophical Society, Filadélfia, relatado em Evelyn Fox Keller, *A Feeling for the Organism*, Nova York: Freeman, 1983, p. 70.

2. Barbara McClintock a George Beadle, 28 jan. 1951, CalTech Archives, citado em: Natahniel Comfort, *The Tangled Field*. Cambridge, Mass.: Harvard University Press, 2001, p. 99.

3. McClintock, entrevista para Evelyn Fox Keller, 24 set. 1978, American Philosophical Society, citado em: Comfort, op. cit., p. 19.

4. Id., citada em Keller, *Feeling for the Organism*, op. cit., p. 22.

5. Ibid., p. 33.

6. Ibid., p. 34.

7. Ibid., p. 72.

8. Ibid., p. 26.

9. Evelyn Witkin, entrevista para Nathaniel Comfort, 19 mar. 1996, citado em: Comfort, *The Tangled Field*, op. cit., p. 113.

10. McClintock citada em Keller, *Feeling for the Organism*, op. cit., p. 124.

11. Id., "Mutable Loci in Maize", *Carnegie Institution of Washington Yearbook*, v. 48, pp. 142-3, 1949.

12. Id. a George Beadle, 28 jan. 1951, Caltech Archives, citado em: Comfort, *Tangled Field*, op. cit., p. 99.

13. McClintock citada em Keller, *Feeling for the Organism*, op. cit., p. 103.

17. A ESTRUTURA DO DNA [pp. 255-72]

Citação para a íntegra dos artigos históricos: J. D. Watson e F. H. C. Crick, "Molecular Structure of Nucleic Acids", *Nature*, v. 171, pp. 737-8, 25 abr. 1953. Rosalind Franklin; R. G. Gosling, "Molecular Configuration in Sodium Thymonucleate", *Nature*, v. 171, pp. 740-1, 25 abr. 1953.

1. Francis Crick, *What Mad Pursuit*. Nova York: Basic Books, 1968, p. 64.

2. James D. Watson, *Double Helix*. Nova York: New American Library, 1969, p. 16.

3. Frederick Dainton a Anne Sayre, em arquivos na Universidade de Maryland, citado em: *Physics Today*, p. 45, mar. 2003.

4. Norrish a Anne Sayre, 22 set. 1970, citado em: Anne Sayre, *Rosalind Franklin and DNA*. Nova York: Norton, 1975, p. 58.

5. Watson, *Double Helix*, op. cit., p. 19.

6 Frederick Dainton a Anne Sayre, em arquivos na Universidade de Maryland, citado em: *Physics Today*, mar. 2003, p. 45.

7. Watson, *Double Helix*, p. 19.

8. Ibid., p. 38.

9. Ibid., p. 51.

10. Os cálculos detalhados de Crick sobre os padrões de difração de raios X esperados de moléculas helicoidais foram feitos com W. Cochran e V. Vand e reportados em *Acta Crystallographica*, v. 5, pp. 581-6, 1952. Segundo esses resultados, uma "quarta linha de camada" ausente, como era visto nas fotos de Franklin do DNA B, resultaria necessariamente de uma interferência de múltiplas fitas e indicava adicionalmente uma molécula com número par de fitas. No entanto, outros dados de difração mostravam que a molécula não era larga o suficiente para sustentar quatro fitas, deixando assim apenas a possibilidade da fita dupla. Conversa privada com Alexander Rich do MIT, 25 nov. 2003.

11. Watson, *Double Helix*, op. cit., p. 104.

12. Ibid., p. 107.

13. Ibid., p. 108.

14. Ibid., p. 123.

18. A ESTRUTURA DAS PROTEÍNAS [pp. 273-88]

Citação para a íntegra do artigo histórico: M. F. Perutz, M. G. Rossmann, Ann F. Cullis, Hilary Muirhead e Georg Will, "Structure of Haemoglobin", *Nature*, v. 185, pp. 416-22, 1960.

1. Anthony Tucker, *The Guardian*, 7 fev. 2002.

2. Alexander Rich, em conversa privada com Alan Lightman, MIT, 30 mar. 2004.

3. Max Perutz, apreciação de Kendrew, 30 set. 1997, em *MRC Newsletter*, outono 1997, Laboratório de Biologia Molecular do Conselho de Pesquisa Médica de Cambridge, Universidade de Cambridge.

4. Id., citado por George Rada, executivo-chefe do Conselho Britânico de Pesquisa Médica, no release do Conselho sobre a morte de Perutz, 6 fev. 2002.

5. Id., citado na biografia do prêmio Nobel de Max Perutz, www.nobel.se.

6. Id., *I Wish I'd Made Angry Earlier*. Nova York: Cold Spring Harbor Laboratory Press, 1998, pp. x-xi.

7. Id., palestra do prêmio Nobel, 11 dez. 1962, p. 665, www.nobel.se.

8. As citações do livro de lugares-comuns de Perutz estão na última seção de Peruz, *I Wish I'd Made Angry Earlier*, op. cit.

9. Id., palestra do prêmio Nobel, p. 669.

10. Albert Einstein, "The World as I See It", *Forum and Century*, v. 84, pp. 193-4, 1931, também citado em: Einstein, *Ideas and Opinions*. Nova York: Modern Library, 1994, p. 11.

19. ONDAS DE RÁDIO DO BIG BANG [pp. 289-305]

Citação para a íntegra dos artigos históricos: A. A. Penzias e R. W. Wilson, "A Measurement of Excess Antenna Temperature at 4080 Mc/s", *Astrphysical Journal*, v. 142, pp. 419-21, 1965. R. H. Dicke, P. J. E. Peebles, P. G. Roll, D. T. Wilkinson, "Cosmic Black-Body Radiation", *Astrophysical Journal*, v. 142, pp. 414-9, 1965.

1. Robert Wilson, palestra do prêmio Nobel, 8 dez. 1978, p. 475, www.nobel.se.
2. Arno Penzias, citado em: Thimothy Ferris, *The Red Limit*. Nova York: Bantam, 1977, pp. 96-7.
3. Wilson, palestra do Nobel, p. 476.
4. William Blake, de *Auguries of Innocence* (1805).
5. P. J. E. Peebles, em entrevista telefônica a Alan Lightman, 26 abr. 2004.
6. Robert Dicke, autobiografia científica não publicada, 1975, guardada no Escritório de Membros da Academia Nacional de Ciências.
7. James Peebles, citado em: Alan Lightman; Roberta Brawer, *Origins*. Cambridge, Mass.: Harvard University Press, 1990, p. 218.
8. Dicke, autobiografia científica não publicada.
9. Wilson, palestra do Nobel, p. 476.
10. Robert Dicke, citado em: Lightman e Brawer, *Origins*, 212.

20. UMA TEORIA UNIFICADA DE FORÇAS [pp. 306-23]

Citação para a íntegra do artigo histórico: Steven Weinberg, "A Model of Leptons", *Physical Review Letters*, v. 19, pp. 1264-6, 1967.

1. Steven Weinberg, palestra do prêmio Nobel, 8 dez. 1979, p. 548, www.nobel.se.
2. Id., *Dreams of a Final Theory*, Nova York: Pantheon, 1992, pp. 138-9, 142, 165.
3. Ibid., p. 119.
4. Steven Weinberg, "Physics and History", *Daedalus*, v. 127, p. 152, inverno de 1998.
5. Ibid., p. 153.
6. Steven Weinberg, citado em: Alan Lightman e Roberta Brawer, *Origins: The Lives and Worlds of Modern Cosmologists*. Cambridge, Mass.: Harvard University Press, 1990, p. 456.
7. Weinberg, *Dreams of a Final Theory*, op. cit., p. 123.
8. Albert Einstein, "Autobiographical Notes". In: Paul Arthur Schilpp (Org.). *Albert Einstein: Philosopher-Scientist*. Evanston, Ill. Open Court, 1949, p. 17.

21. QUARKS: A MÍNIMA ESSÊNCIA DE MATÉRIA [pp. 324-42]

Citação para a íntegra do artigo histórico: M. Breidenbach, J. I. Friedman, H. W. Kendall, E. D. Bloom, D. H. Coward. H. DeStaebler, J. Drees, L. W. Mo e R. E. Taylor, "Observed Behavior of Highly Inelastic Eletron-Proton Scattering", *Physical Review Letters*, v. 23, pp. 935-9, 1969.

1. Isaac Newton, *Optics,* livro III, parte I. Trad. de Andrew Motte e revisado por Florian Cajori. In: *Great Books of the Wertern World,* v. 34, *Enciclopaedia Britannica,* Chicago: University of Chicago Press, 1987, p. 541.

2. Marcel Proust, *A La Recherché du temps perdu,* v. 1, *Swann's Way* [1913]. Trad. de C. K. Scott Moncrieff. Nova York: Modern Library, 2003, pp. 63-4.

3. Jerome Friedman, entrevista a Alan Lightman, 28 maio 2004, Cambridge, Mass.

4. Id., autobiografia do Nobel, www.nobel.se.

5. Id., entrevista.

6. Id., palestra do prêmio Nobel, 8 dez. 1990, p. 717, www.nobel.se.

7. Id., entrevista.

8. Murray Gell-Mann, *Physics,* v. 1, p. 63, 1964.

9. Henry Kendall, palestra do prêmio Nobel, 8 dez. 1990, p. 678, www.nobel.se.

10. James Bjorken, *Physical Review,* v. 179, p. 1547, 1969.

11. Friedman, autobiografia do Nobel.

12. Id., entrevista.

13. Ibid.

14. Id., "The Humanities and the Sciences", simpósio do American Council of Learned Societies, 1 maio 1999, Filadélfia, *ACLS Occasional Paper,* v. 47.

15. Id., entrevista.

22. A CRIAÇÃO DE FORMAS ALTERADAS DE VIDA [pp. 343-57]

Citação para a íntegra do artigo histórico: David A. Jackson, Robert H. Symons e Paul Berg, "Biochemical Method for Inserting New Genetic Information into DNA of Simian Virus 40", *Proceedings of the National Academy of Sciences,* v. 69 (1972), pp. 2904-9.

1. Paul Berg, palestra do prêmio Nobel, 8 dez. 1980, p. 385, www.nobel.se.

2. Id., autobiografia do prêmio Nobel, www.nobel.se.

3. Suzanne Pfeffer, docente de bioquímica na Universidade de Stanford, citada em perfil de Paul Berg para a Sociedade Americana de Biologia Celular 1996, www.ascb.org/profiles.

4. Berg, palestra do Nobel, p. 393.

5. Wallace Rowe, citado em: Nicholas Wade, "Microbiology: Hazardous Profession Faces New Uncertainties", *Science,* v. 182, p. 566, 9 nov. 1973; também citado em: id., *The Ultimate Experiment.* Nova York: Walker, 1977, p. 34.

6. Robert Pollack, citado em: Wade, "Microbiology", op. cit., p. 567.

7. Robert Oppenheimer et al., citado em: Edward Teller, *Memoirs.* Cambridge, Mass.: Perseus, 2001, p. 287.

Agradecimentos

Sou grato a numerosos cientistas por conselhos e críticas, entre eles Henry Abarbanel, Paul Berg, Emilio Bizzi, Carolyn Cohen, Nathaniel Comfort, Shane Crotty, Rick Danheiser, Jerome Friedman, Margaret Geller, Robert Jaffe, David Kirsch, Daniel Kleppner, Harvey Lodish, Robert Naumann, James Peebles, Alex Rich, George Rybicki, Paul Schechter, Phillip Sharp, Robert Silbey, Steven Weinberg e Rainer Weiss. Por me ajudar a localizar artigos em publicações científicas, agradeço às bibliotecárias do Massachusetts Institute of Technology (MIT), especialmente Jennifer Edelman. Pelo seu auxílio em obter as várias permissões de reimpressão, agradeço a Celeste Parker Bates. Sou especialmente grato a Alison Abbott por sua tradução do artigo de Otto Loewi e a Dagmar Ringe por sua tradução do artigo de Max von Laue e seus colegas. Agradeço a Brian Barth pela linda capa, a Walter Havighurst pelo seu esmerado trabalho de edição de texto, e a Rahel Lerner pela excelente administração da complexa logística de montar o livro. Agradeço a Jessie Shelton pela revisão das provas. Como sempre, agradeço a meu amigo e editor de longa data, Dan Frank, e à minha amiga e agente literária de muito tempo, Jane Gelfman, por sua contínua orientação e incentivo.

Créditos das imagens

Figura 6.1, p. 93 : extraída de "Light Curves of Four Cepheids in Messier 31" em *Realm of the Nebulae*, de Edwin Hubble. Copyright © 1936 Yale University Press. Reimpressa com permissão da Yale University Press.

Figura 12.2, p. 187: extraída de *Exploration of the Universe*, de George O. Abell. 5. ed. Copyright © 1987. Reimpressa com permissão de Brooks/Cole, uma divisão da Thomson Learning: www.thomsonrights.com, fax 1-800 730-2215.

Figura 14.1, p. 215: extraída de "Citric Acid Cycle", em *Reminiscences and Reflections*, de Hans Krebs. Copyright © 1981 de Hans Krebs. Reimpressa com permissão da Oxford University Press.

Figuras 18.3 e 18.6, pp. 278 e 287: extraídas de "Hemoglobin Structure and Respiratory Transport", de Max Perutz, em *Scientific American*, v. 239, pp. 103 e 109, 1978. Copyright © 1978 de George V. Kelvin. Reimpressas com permissão.

CADERNO DE FOTOS

1. Cortesia do American Institute of Physics, Emilio Segrè Visual Archives.
2. College Collection, Library Services, University College London.
3. College Collection, Library Services, University College London.
4. Fotografia de Lucien Chavan. Cortesia do American Institute of Physics, Emilio

Segrè Visual Archives. Copyright © Universidade Hebraica de Jerusalém, Arquivos Einstein.

5. Autoridade de Energia Atômica do Reino Unido. Cortesia do American Institute of Physics, Emilio Segrè Visual Archives. Coleção *Physics Today*.

6. Fotografia de C. E. Wynn-Williams. Cortesia do American Institute of Physics, Emilio Segrè Visual Archives. Reproduzida com permissão do Departamento de Física da Universidade de Cambridge.

7. Cortesia do Observatório do Harvard College.

8. Cortesia do Observatório do Harvard College.

9. Cortesia do Archiv zur Geschichte der Max Planck-Gesellschaft, Berlin-Dahlem.

10. Cortesia do American Institute of Physics, Emilio Segrè Visual Archives.

11. Cortesia do Escritório de Assuntos Públicos, Centro Médico da Universidade de Nova York.

12. Fotografia de F. D. Rasetti. Cortesia do American Institute of Physics, Emilio Segrè Visual Archives, Coleção Segrè.

13. California Institute of Technology. Cortesia do American Institute of Physics, Emilio Segrè Visual Archives, Coleção Segrè.

14. Observatórios Hale. Cortesia do American Institute of Physics, Emilio Segrè Visual Archives.

15. Reproduzida com permissão do Museu do Laboratório Alexander Fleming (St. Mary's National Health Service Trust).

16. Cortesia da Universidade de Sheffield.

17. Cortesia do Archiv zur Geschichte der Max Planck-Gesellschaft, Berlin--Dahlem.

18. Fotografia de Vittorio Luzzati, reimpressa com permissão da *Physics Today*, v. 56, n. 3, mar. 2003, p. 44. Copyright © 2003. American Institute of Physics. Cortesia de Lynne Osman Elkin.

19. Cortesia da American Philosophical Society.

20. Cortesia dos Cold Spring Harbor Laboratory Archives.

21. Cortesia do Medical Research Council, Londres, Inglaterra.

22. Cortesia do American Institute of Physics, Emilio Segrè Visual Archives.

23. Cortesia de Steven Weinberg.

24. Lucent Technologies' Bell Laboratories. Cortesia do American Institute of Physics, Emilio Segrè Visual Archives. Coleção *Physics Today*.

25. Cortesia de Jerome Friedman.

26. Cortesia da Universidade Stanford.

378

Índice remissivo

v Conferência de Física Teórica em Washington, 234

Academia de Ciências da Suécia, 15, 100; *ver também* prêmio Nobel
Academia de Ciências de Petrogrado, 181
Academia Nacional de Ciências, 238, 353, 372*n*
Academia Olímpia, 68, 70
Academia Prussiana de Ciências, 56
aceleradores de partículas, 275, 329, 333-4, 342, 359; do CERN, 319, 340; resultados de experimentos com, 334-40
ácido bórico, 195
ácido carbólico, 195, 201
ácido cítrico: ciclo do, 200, 215-6; *ver também* ciclo de Krebs
ácido desoxirribonucleico *ver* DNA
ácido ribonucleico *ver* RNA
aciladenilatos, 345
actínio, 219
açúcares, 258, 265, 267, 269
Adams, Henry, 19
Adams, W. S., 294

adenina, 258, 266, 269, 349-50, 356
adrenais, glândulas, 39
adrenalina, 130, 135, 139
alfa, partículas, 75-81, 221, 224-9, 335-6
álgebra: corrente, 330, 337, 339-40; matriz de números, 146
Allison, V. D., 198
Alpher, Ralph, 293, 296, 302
Altona, Hospital Municipal de (Alemanha), 210
amilase, 287
aminoácidos, 42, 134, 256, 272, 276-7, 283-6; na hemoglobina, 283-5
aminoaciladenilatos, 345
Aminoff, Birgit Broomé, 236, 369*n*
amônia, 132, 210
anáfase, 246
análise combinatória, 30
Anaximandro, 83
Anderson School de História Natural, 89
Andrômeda, nebulosa de, 98-9, 179, 181-2
anemia falciforme, 170, 287
"ângulo de fase", 283
Annals of the Scientific Society of Brussels, 183

anos-luz, 86, 96, 98-9, 178-9, 186-7, 294

antibióticos, 200, 203, 253, 368n; imunidade bacteriana a, 253; *ver também* penicilina

antimatéria, 70, 299

antipartículas, 296, 299, 301, 311, 316-8

antissemitismo, 69, 139, 154, 211, 219, 228

antraz, 195-6

árabes, 84

Aristóteles, 40, 60, 175, 325

armas nucleares *ver* bomba atômica

Arquimedes, 17, 361n

arsênico, 195

Asilomar, conferência de, 354

asparagina, 277

Associação Americana de Observadores de Estrelas Variáveis, 100

Aston, Francis, 280

astronomia, 69, 84-90, 95, 98, 173-4, 177-8, 181, 186, 291, 293, 365n; extragaláctica, determinação de distância na, 186; física e, 293; oportunidades para mulheres em, 89-90; teórica, 178, 180-4; *ver também* universo, expansão do; telescópio

Astrophysical Journal, 295, 372n

Atenas, 191

Atlantic, 188

atômica, bomba *ver* bomba atômica

átomos, 11, 18-9, 21, 25-7, 41, 48, 54-5, 70, 72-82, 101-5, 109-14, 116-9, 124, 126, 138, 146, 152, 156-8, 160, 163-6, 206, 208-9, 212, 217, 221, 223-7, 230, 254, 258, 260, 265-6, 268, 274, 276-7, 279, 281-4, 286, 288, 296, 325, 356, 359, 365n; arranjo de átomos na matéria sólida, 101; conceito de átomo na Grécia antiga, 31, 325; diâmetro de, 32, 123; fissão do, 19; forma e função no, 273; ligação de, 258; massas e tamanhos dos, 72; modelo de pudim de ameixas dos, 74, 76-7, 79-81, 116; modelo quântico dos, 116, 145, 148, 152, 156, 216; Newton sobre os, 325; no universo em expansão, 174; núcleo dos, 13, 71, 81-2, 95-6, 112, 121, 145, 152, 158, 160-1, 163, 165-6, 220,

224, 226-7, 229, 231-4, 287, 307, 310, 312, 326-7, 364n

ATP *ver* trifosfato de adenosina

Avery, Oswald, 258, 263

axônios nervosos, 132-3, 137-8

azul de metileno, 195

Babes, V., 196

babilônios, antigos, 83, 305

Bach, Johann Sebastian, 141

bactérias, 38, 191-203, 207, 263, 344, 346; ciclo de Krebs nas, 215; DNA de, 256, 261, 263, 272, 344-7; estafilocócicas *ver* estafilococos; genética das, 253, 257; gram-negativas, 201; sensibilidade à penicilina das, 200-2

bacteriologia, 38, 199, 203

Bacterium, 196, 200; *B. coli*, 200, 215; *B. influenzae*, 200-1; *B. thyphusum*, 196

Bailey, Solon, 87, 364n

"bala mágica", conceito de, 195

Balmer, Johann Jakob, 119-126

Baltimore, David, 353

Banting, Frederick, 43

bário, 220, 230-1, 233, 235-6

bárions, número de, 300

Barkla, Charles Glover, 111

bases nitrogenadas, 265, 267, 269

Bayliss, Gertrude Starling, 35

Bayliss, William Maddock, 10, 35-43, 95-6, 129, 134, 198, 222, 362n

BBC (British Broadcasting Corporation), 281

Beadle, George, 253, 370n

Becquerel, Antoine-Henri, 72, 223, 310

Beethoven, Ludwig van, 55, 141

Behring, Emil von, 195

beleza, 45, 48, 101, 115, 308-9, 359; concepção de beleza de Einstein, 48

Bell, Laboratórios *ver* Laboratórios Bell

Berg, Paul, 9, 13, 272, 344-5, 348, 352-4, 356-7, 373n

Berlim, Universidade de, 20, 105, 114, 154, 221; Instituto de Química (Dahlem), 222

Bernal, John D., 279-80

380

Bernard, Claude, 38-40, 131, 197, 363n
Berzelius, Jöns Jacob, 40, 156, 363n
Bessel, Friedrich, 86
Best, Charles, 43
beta, decaimento *ver* decaimento beta
beta, partículas, 224-5, 227
big bang, cosmologia do, 174, 289, 291-2, 294--6, 298-300, 304, 372n; radiação cósmica de fundo e o, 292-303
biologia, 11, 35, 37-40, 43, 130, 166, 169, 206-7, 209, 216-7, 246, 256-7, 260-1, 274, 287, 310, 344-5, 347, 359; difração de raios x em, 114; energia em, 206; estruturas helicoidais em, 260; forma e função na, 273; molecular, 11, 169, 274, 345; oportunidades para mulheres em, 89; processos cíclicos em, 210, 216; vitalismo versus mecanicismo em, 39
bioquímica, 207, 211, 218, 279, 345-6, 373n; da respiração, 211; difração dos raios x em, 115; do ciclo de Krebs, 213-7
Birbeck College, 271
Bjorken, James, 332, 337, 339, 373n
Blackett, Patrick, 82, 280
Blake, William, 292, 372n
Bloom, E. D., 372n
Bludman, S. A., 318
Bohr, Margrethe, 228
Bohr, Niels, 9, 13-4, 32, 81-2, 116-7, 120-7, 141, 143, 145-6, 148, 158, 160-1, 163, 197-8, 216, 234, 365-6n; Einstein e, 70; Frisch e, 234; Heisenberg e, 142, 146, 148, 152; Meitner e, 228-9, 231; modelo quântico do átomo de, 116, 145, 148, 157, 160; Pauling e, 160; publicações em língua inglesa de, 73; Rutherford e, 81, 116-7, 120, 122
Bois-Reymond, Emil Heinrich du, 132
bolor, 191-3, 202
Bolsa Rhodes, 174
Boltzmann, Ludwig, 28, 47, 50; *ver também* constante de Boltzmann
bomba atômica, 81, 153-4, 170, 237, 353
bomba de hidrogênio *ver* hidrogênio
Bordeu, Théophile, 39

Born, Max, 142, 148, 367n
Bose, Satyandranath, 312
bósons, 312-3, 317-8, 320-2, 329-30, 340-1; intermediários, 317-8, 320-1
Boveri, Theodor, 38, 243-4, 262-3
Boyer, Herbert, 351, 353
Bragg, William Henry, 114
Bragg, William Lawrence, 114, 279-80, 365n
Brandeis, Universidade de, 115
Brans-Dicke, teoria, 302
Bravais, Auguste, 102-4, 111
Brenner, Sydney, 271
British Royal Society: *Biographical Memoirs* da, 235; Croonian Lecture na, 43
Broglie, Louis-Victor de, 144
Bronx High School of Science (Nova York), 306
Brown, Robert, 262
budismo, 298
Burke, Bernie, 291-2

Caçadores de micróbios (De Kruif), 345
Califórnia, Universidade da, 90; em Berkeley, 306; em San Francisco, 351
CalTech (California Institute of Technology), 153, 156, 158, 160, 298, 370n
Cambridge *ver* Universidade de Cambridge
campos de calibre, 321-2
câncer, 100, 271, 333, 346-7, 352, 357
Cannon, Annie Jump, 90
Caravaggio, 54
carboidratos, 136, 206, 217, 263, 276
carbono: átomos de, 73-4, 118; dióxido de, 208, 212, 274; ligações de, 166-8
Carnegie Institution, 178, 252, 291, 370n; Departamento de Genética da, 238-9, 242
cefeidas, 84, 94-9, 178-9, 184-5; em Nuvens de Magalhães, 94-6
Celsius, escala, 22, 289, 293, 295
células, 37-9, 102, 110, 132, 170, 195, 200, 205, 215, 241, 243, 246-7, 250, 261, 272, 274, 278, 287, 344, 346-7, 357; célula unitária, 102-4, 112, 114; divisão celular, 241, 244, 246-7,

262-3; especialização das, 38; membrana celular, 11, 43, 215; núcleo celular, 194, 261

centrífuga (aparelho), 355

centrômero, 246, 248, 250

cérebro, 42, 65, 256, 271-2, 346

CERN, 319-20, 340; *ver também* aceleradores de partículas

Cervantes, Miguel de, 68

Chadwick, James, 82, 224, 280, 327

Chain, Ernst Boris, 203-4

Chargaff, Erwin, 266, 269

Chicago, Universidade de, 174, 178, 326, 333, 370n

chips, 152, 255

chumbo, 225

cianogênio interestelar, 294

ciclo de Krebs, 207, 209, 211, 213, 215-8

cinética, teoria, 21

cisteína, 277

citosina, 258, 266, 269, 349

City College de Nova York, 345

cloreto de sódio, 102-4, 268

Clube de Pesquisa Médica (Londres), 202

Clube Nacional Feminino Norte-Americano de Imprensa, 236

Clutterbuck, P. W., 202

Cochran, W., 371n

Cockcroft, John, 82

cocos piogênicos, 200

coenzima A, 217

Cohen, Stanley, 351, 353

cólera, 38, 191, 195

Coltrane, John, 8

Columbia *ver* Universidade Columbia

Colvin, Albert, 174, 367n

comissão de Energia Atômica, 353

compleições, 28, 30

Comptes Rendus, 234

Compton, Arthur, 143-4, 149-50

Conferência Gordon de Pesquisa sobre Ácidos Nucleicos, 353

Conferência Internacional de Física de Alta

Energia: XIV (Viena, 1968), 337; XVII (Londres, 1974), 341

"conglomerado em movimento", método de medição de distância, 86, 97

conglomerados globulares de estrelas, 98, 176-7

consciência, conceito mecanicista e vitalista da, 40

conservação de energia, lei da, 125, 206, 320

constante cosmológica, 176

constante de Boltzmann, 31, 50-1

constante de Hubble, 301

constante de Planck, 30, 32, 51, 121-3, 147-8, 152

contador Geiger, 75, 225-6, 228

Copenhague, Universidade de, 117, 121

Copérnico, Nicolaus, 46, 173, 175, 368n

coração, 38, 40, 43, 128-9, 131, 135-7, 187, 272, 278; batimento cardíaco, 129, 136; músculo cardíaco, 43, 135

cordas, teoria das, 341

Corea, Chick, 8

Corey, Robert, 260, 268

Cornell, Universidade, 240, 306, 367n

Cornil, A. V., 196

Corpo Médico Real, 197

corpo negro, radiação de *ver* radiação de corpo negro

corpúsculos, 75-8, 80; *ver também* elétrons

Correns, Karl, 262

Cosmic Background Explorer (satélite), 304

cosmologia, 83, 182, 188, 295, 298, 305, 319; big bang e *ver* big bang, cosmologia do

Coulomb, barreira de, 229

Coward, D. H., 372n

Crawford, A. B., 289

Crawford, radiotelescópio de, 289-91

Crick, Francis, 9-10, 13, 253, 256-60, 264-71, 274, 280, 284, 345, 370-1n

Crick, Odile, 267

criptônio, 233

cristais, 101-2, 104, 112, 114, 216, 279, 281; difração de raios x dos, 106-14, 144; estrutura dos, 101-2, 104

Crockcroft, John, 280

cromátides, 246-7, 250-2
cromodinâmica quântica, 341
cromossomos, 38, 239-54, 257, 262-3, 268, 346-7, 357; movimento dos genes nos, 240--2, 246-7, 249-53, 357; *ver também* DNA
Curie, Irène, 227
Curie, Marie, 19, 21, 72, 219, 223
Curie, Pierre, 19, 21, 72, 223

Daedalus (revista), 315, 372*n*
Dainton, Frederick, 259-60, 370-1*n*
Dale, Henry, 130, 136, 139, 202, 366*n*
Dalton, John, 156, 327
Darwin, Charles, 38, 65, 159
Davis, Ronald, 351, 353
Davisson, Clinton, 144
De Kruif, Paul, 345
De Sitter, Wilhelm, 180-2, 184, 187-8, 368*n*; *ver também* efeito De Sitter
decaimento beta, 310-1, 313, 322-3
Delfos, oráculo de, 359
delta, partículas, 329
Demócrito, 31, 325
dendritos, 132, 138
Descartes, René, 40, 362-3*n*
deslocamento continental, 269
desvio para o vermelho, 180-1, 184-5, 187-8
diabetes, 43, 136, 344
Dicke, Robert, 10, 236, 291-305, 312, 372*n*; *ver também* radiômetro de Dicke
Dickens, Charles, 68
difração de raios x *ver* raios x
difteria, 38, 191, 193, 195, 200
digestão, 34-5, 40, 129, 347
dióxido de carbono *ver* carbono
disenteria amebiana, 195
distâncias cósmicas, determinação de, 84-99
DNA, 9, 13, 115, 207, 253, 256-61, 263-72, 284, 344-57, 371*n*, 373*n*; componentes químicos do, 258, 260, 263; estrutura do, 13, 218, 253, 255, 256, 258, 260, 264, 267, 271, 344, 345, 370*n*; recombinante, 13, 272, 344, 346, 349, 352, 353, 354, 357

doenças, 38, 39, 46, 130, 191-7, 201, 272, 287, 344, 357; infecciosas, 191-6, 344; teoria dos germes de Louis Pasteur, 38, 195
dominância vetorial, modelo de, 339
Donahue, Jerry, 266, 269, 271
dopamina, 130
Doppler, Christian Johann, 177; *ver também* efeito Doppler
Doroshkevich, A. G., 294
Dose, A., 184
Douglas, Stuart, 197
Doutor Arrowsmith (Lewis), 345
Dreams of a Final Theory (Weinberg), 308, 372*n*
Drees, J., 372*n*
Drosophila (mosca de frutas), 240, 241, 244
dualidade onda-partícula, 46, 53, 54, 55, 143, 144, 152
Dubos, René, 203
Dulbecco, Renato, 346, 347
Dunham Jr., T., 294
duodeno, 41
dupla fenda, experimento da, 52, 54, 144
Dupla hélice, A (Watson), 260

Eddington, Arthur, 177, 183-4, 187-8, 368*n*
educação, 44; de mulheres, 88, 220
Education of Henry Adams, The (Adams), 19
Edward, Peter Paul, 112
efeito De Sitter, 181, 184, 188
efeito Doppler, 180-1
Eggleston, Leonard, 213
egípcios, antigos, 343
Ehrlich, Paul, 195
eigenfunction (função própria), 161
Einstein, Albert, 8-10, 12, 14, 20, 26-7, 31-2, 45-52, 55-70, 77-8, 80, 82, 105-6, 114, 117, 122, 124-5, 127-8, 143, 147-9, 154, 163, 170, 173-6, 180-3, 188, 219, 288, 295, 298, 308, 320, 323, 330, 362-6*n*, 368*n*, 371-2*n*; autoconfiança de, 199, 209; Bohr e, 70, 117; cosmologia de, 173, 175, 180-2; "experimentos mentais" de, 128; Meitner e, 219; método dedutivo de, 65; natureza da luz

como partícula, 48-56, 123-6, 144, 149; nazistas e, 114, 153; Planck e, 32; teoria da relatividade especial, 48, 67-8, 180, 320; teoria da relatividade geral, 127, 163, 175, 180-1, 183, 295, 319; teoria unificada de, 70; Von Laue e, 105, 114

élan vital, 40

elementos químicos, 21, 72-3, 118, 157, 227, 327; criação dos, 293; no universo oscilante, 299, 302; propriedades químicas periódicas dos, 118-9, 156, 164, 327; radiativos, 72, 219, 227, 234; transurânicos, 227

eletricidade, 40, 43, 58, 60, 73, 78, 129, 131-2, 136, 205, 307-8, 310

eletrodinâmica, 60, 122; eletrodinâmica quântica (QED — *quantum electrodynamics*), 307, 309, 314-5, 317, 326, 330

eletrofisiologia, 132

eletrofraca, teoria, 310, 317-20, 322-3, 330

eletromagnética, energia, 21, 280, 296; em aceleradores de partículas, 334; espectro eletromagnético, 293; raios x e, 104, 111

eletromagnética, força, 307-10, 312, 316-8, 328, 330, 334, 341

eletromagnética, indução, 71-2

eletromagnética, teoria, 20; átomo quântico e, 117, 120, 123; na determinação da massa atômica, 73; radiação eletromagnética, 21, 26, 195, 296; *ver também* equações de Maxwell

elétrons, 11, 19, 26, 52, 54, 57, 77, 81-2, 111, 117-8, 120-2, 124, 143-4, 148, 152, 157-67, 208, 224-5, 276, 281-2, 284, 296, 299, 301, 309-10, 312, 315-7, 320-3, 326, 328-31, 333-5, 337-41, 356, 359; antipartículas de (pósitrons), 301; combinações de neutrinos e, 316, 320; densidade de, 282, 284-5; descoberta dos, 74, 116, 158; dualidade onda-partícula e, 143; em experimentos de acelerador de partículas, 334-5, 337; experimento da dupla fenda com, 54; fótons e, 143; incerteza e, 149-51; interação eletromagnética entre, 328; na eletrodinâmica quântica, 313; na liberação de energia

molecular, 208; níveis e subníveis de, 161; no modelo nuclear do átomo, 81; no modelo quântico do átomo, 117-27; no universo em expansão, 174; quarks e, 332; raio beta, 310; "ressonador vibrante monocromático", 26; spin dos, 163, 312, 329

Eli Lilly, 357

Elliot, T. R., 135

embriologia, 38, 257, 261, 272

Emerson, Rollins A., 240

Emmerich, Rudolf von, 196

Empédocles, 206

Encyclopedia of Mathematical Sciences, 163

endocrinologia, 37

endonuclease, 356

energia, 205-6; conservação de, 125, 206, 320; fonte de energia em queima, 208; produção em organismos vivos, 206-18

entropia, 28, 31, 49-50, 106, 362n

Enuma Elish (cosmologia babilônica), 83

enzimas, 38, 42-3, 139, 198, 217, 345, 347, 349- -51, 355-6; digestivas, 38

epinefrina *ver* adrenalina

equações de Maxwell, 21, 58-60

equações de transformação (em relatividade especial), 67

equilíbrio dinâmico, 27

escala (em física), 336

escalar de massa zero, 302

Escher, M. C., 344

Escherichia coli (*E. coli*), 344, 347-9, 351-2, 356-7

Escola de Medicina do St. Mary's Hospital, 197

espaço: curvatura do, 188; curvatura do *ver também* universo em expansão

Esparta, 191

espectrômetros magnéticos, 334

espectros atômicos, 21, 118, 127

estados estacionários, 124

estafilococos, 191-5, 200

esterases, 139

estômago, 35, 42-3, 190

estrelas, 83-99, 172-3, 175-7, 179, 181, 185,

255, 290, 295-6, 299, 304, 307, 359, 364n; determinação de distâncias entre as, 83, 92; formação das, 173, 304; luminosidade das, 90, 92, 178; supergigantes, 94, 179; variáveis, 92-94, 99; velocidade das, 176; *ver também* cefeidas; galáxias; nebulosas; Sol

estreptococos, 193, 200

estreptomicina, 200, 203

éter, 58-60, 64, 202, 325

Evans, Charles Lovatt, 35, 362n

evolução, teoria da, 38

Exílio interno ver *Inner Exile* (Heisenberg)

exonuclease, 349, 356

extremidades grudentas, 350-1, 356

Faculdade de Medicina do Guy's Hospital, 35

fagos, 346

falciforme, anemia *ver* anemia falciforme

Faraday, Michael, 71

farmacologia, 130-1, 211

"faróis cósmicos", 95; *ver também* cefeidas

febre amarela, 191

febre tifoide, 38, 182, 196-7

fenda sináptica *ver* sinapses

fenol, 195

"fenômeno de ressonância Heisenberg-Dirac", 166

fenótipos, 249

fermentação, 194

Fermi, Enrico, 227, 233-4, 307, 312-4, 326, 333

Fermilab, 319

férmions, 312-3, 32-30

Feynman, Richard, 106, 153, 307, 313-4, 318, 330, 337

Fick, Adolf Eugen, 207

fígado, 38-40, 256, 272, 346

filosofia, 12, 40, 65, 68-9, 131, 174

filtro de papel de Whatman *ver* Whatman, disco de

Fischer, Emil, 210

física: atômica, 126; clássica, 117, 120, 122-4, 127, 143, 163; de partículas, 300, 304, 319; estatística, 21; experimental, 71, 90, 280,

291; leis fundamentais da, 25; nuclear, 10, 126, 224, 231, 237, 326; quântica, 8, 20, 46, 69-70, 117, 127, 143, 145, 153, 157-8, 160, 310, 314, 316, 320, 329, 334; teórica, 20, 27, 56, 142, 160, 306, 310

fisiologia, 38-9, 43, 134, 217

fissão nuclear, 219-20, 223, 236-7, 369n

Fleming, Alexander, 9-10, 191-3, 197-204, 287, 310, 368n, 369n

Fleming, Williamina, 89, 365n

Flemming, Walther, 262

Florey, Howard, 203-4

força fraca, 307, 309-17, 320-1, 328, 330, 340; *ver também* eletrofraca, teoria

força nuclear forte, 306-7, 311, 327-30, 332, 337-9, 341

formas platônicas, 308

fosfatos, 258, 265, 267, 269

fósforo, 172, 355

fotoelétrico, efeito, 51, 55

fotômetros, 22

fótons, 46, 53-4, 143-7, 149-51, 233, 296, 315-8, 320-3, 330, 341

Fourier, síntese de, 283

Fowler, Alfred, 126

"fração de coesão", 233

Franklin, Rosalind, 115, 253, 256-7, 370-1n

Freeman, John, 192, 197, 368n

frequência: da luz, 22, 24, 52, 123, 180; das ondas de rádio, 289, 296, 301

Freud, Sigmund, 129

Friedman, Jerome J., 8, 13, 325-6, 332-3, 335, 337, 340, 373n

Friedmann, Alexander, 181

Friedrich, W., 105, 111-3, 365n

Frisch, Otto, 219, 231-4, 236, 369n

função de onda, 161, 165

fungos, 156, 193, 199, 201

galáxias, 30, 58, 84-5, 94, 98-9, 172-3, 175-9, 182-4, 186, 295-6, 301, 304, 359; *ver também* Via Láctea

galena, 101

385

Galileu Galilei, 85, 153, 176, 194
Galvani, Luigi, 35, 131, 137
galvanômetro, 137
gamaglobulinas, 274
Gamow, George, 153, 293-4, 302
gangrena, 195; gasosa, 193
Geiger, Hans, 75-7, 79-80, 95, 112, 225; *ver também* contador Geiger
Gell-Mann, Murray, 313-4, 318, 330-2, 373n
genes, 9, 38, 238-53, 257, 260, 262-3, 272, 344, 346-8, 352, 356-7, 370n; mutáveis, 249, 252
genética, 23, 238-40, 243-4, 253, 256-7, 262-3, 269, 272, 344, 346-7, 357; terapia genética, 272; *ver também* DNA
Genoma Humano, Projeto, 271
geração espontânea, 39
Germer, L. H., 144
Glashow, Sheldon, 318, 320, 330
glóbulos brancos, 198, 201
glúons, 341
Golgi, Camillo, 132
goniômetro, 113
gonorreia, 38, 191, 193, 195
gorduras, 37, 217, 263, 276
Gosling, Raymond G., 270, 370n
Goudsmit, Samuel, 163
grade de difração, 106, 109, 111
gramicidina, 203
gram-negativas *ver* bactérias
"grande ciência", 275
Grandes Livros, programa, 333
gravidade, 56, 70, 78, 127, 175, 181, 188, 295, 298, 300-2, 307, 309; Einstein sobre a, 70; lei de Newton da, 20; teoria Brans-Dicke da, 302
gravitacional, força, 328
Gray, George, 188
gregos, antigos, 19, 35, 85, 206, 320
Griffith, Fred, 263
gripe, 191, 201
Gross, David, 341
guanina, 258, 266, 269, 349
Guardian, The (Inglaterra), 275, 371n

Guggenheim, bolsa de intercâmbio, 158
Guilherme II, kaiser da Alemanha, 56

Haas, Arthur Eric, 120
Habicht, Conrad, 48, 56, 68, 363n
hádrons, 329, 330, 331, 332, 334, 337
Haemophilus influenzae, 272
Hahn, Otto, 10, 219-37, 310, 369n
Hansen, H. M., 121
Hartmann, Hans, 26
Harvard *ver* Universidade Harvard
Haüy, René-Juste, 102, 104
Hayyan, Jabir ibn, 84
HCO *ver* Observatório do Harvard College
Heisenberg, Elisabeth, 142, 154, 367n
Heisenberg, Werner, 9, 20, 31, 123, 127, 141--54, 160, 163, 166, 170, 197, 235, 236, 367n; *ver* Princípio da Incerteza de Heinsenberg
Heitler, Walter, 159
hélice alfa, 260
helicoidais, estruturas, 264, 265, 270, 371n; *ver também* DNA
hélio, 126, 164, 289, 296, 297, 299, 302
Helmholtz, Hermann von, 68, 206
hemoglobina, 14, 115, 170, 274-88, 344
Henrique de Portugal, infante dom, 7, 8
hepatite, 191, 357
hereditariedade, 38, 241, 243, 253, 257, 262; *ver também* genética
Herman, Robert, 293, 294, 296, 302
Hertzsprung, Ejnar, 97
Herzberg, Gerhard, 294
Hevesy, György, 127, 366n
hidrogênio, 18, 73-5, 91, 118-21, 123, 125-7, 146, 156, 159, 164, 166, 206, 208, 209, 212, 217, 224, 258, 264-8, 273, 276, 298, 299, 327, 335, 355; bomba de, 170, 353, 354; pontes de, 266, 267, 269
Higgs, campo de, 322
Himmler, Heinrich, 228
hinduísmo, 298
hipotálamo, 37
histidina, 277, 285, 286

386

História da Guerra do Peloponeso, A (Tucídides), 191
Hitler, Adolf, 33, 114, 280
Hodgkin, Alan, 280
Hoesslin, Marga von, 25
Hoff, Jacobus Hendricus van't, 258
Hoffman, Banesh, 48, 363n
Hofstadter, Richard, 336
Hogness, David, 353
Homem sem qualidades, O (Musil), 288
Hooft, Gerard't, 319
Hopf, Ludwig, 105, 365n
Hopkins, Frederick Gowland, 211
Hoppe-Seyler, Felix, 276
hormônios, 9, 37, 39, 41, 42, 43, 95, 96, 134, 344, 357, 362n; hormônio do crescimento, 37; hormônio estimulador de folículos, 37
Hubble, Betsy, 175
Hubble, Edwin, 10, 14, 98, 99, 172-5, 177-80, 182, 184-9, 292, 367-8n; *ver também* constante de Hubble
Humason, Milton, 179, 187
Hume, David, 68
Hutchins, R. M., 333
Huxley, Andrew, 280

I Wish I'd Made You Angry Earlier (Perutz), 281
ímãs, 58, 166, 308
imunodeficiência combinada severa (SCID), 272
imunologia, 197
incerteza, 69; *ver também* Princípio da Incerteza de Heinsenberg
Inner Exile (Heisenberg), 154, 367n
Instituto de Artes da Escola do Museu de Chicago, 333
Instituto de Física Teórica (Berlim), 20
Instituto de Física Teórica (Copenhague), 127, 306
Instituto de Física Teórica (Munique), 158
Instituto de Informação Científica, 319
Instituto Federal de Tecnologia (Zurique), 47
Instituto Kaiser Wilhelm (Berlim), 209, 219, 223
Instituto Nacional de Saúde, 352, 354

Instituto Nobel de Física, 228
Instituto Real de Tecnologia (Suécia), 236
Instituto Salk de Ciências Biológicas, 271
insulina, 37, 43, 344, 357
interferon, 357
intestinos, 38, 347; intestino delgado, 34-8, 42-3
íntrons, 357
íons, 135, 225, 230, 268
irreversibilidade, conceito de, 20
isômeros, 233
isospin, 321, 331
isótopos, 224, 226, 227, 228, 231, 233

Jackson, David A., 350
Jeffress, Lloyd, 155
Johnson, George, 87, 364-5n
Johnson, Willian Arthur, 213, 217
Joliot, Frédéric, 227
Jolly, Phillip von, 25, 362n
Jornada nas estrelas: A nova geração (série de TV), 255
Joubert, Jules François, 196
Joule, James Prescott, 205
joules, 205
Journal of the American Chemical Society, 168
Joyce, James, 8
Julio César (Shakespeare), 175

Kafka, Franz, 66
Kaiser Wilhelm Gesellschaft (Göttingen), 236
Kaiser, A. D., 351
Kant, Immanuel, 12, 60, 62, 68, 364n
kaons, 312
Kapitza, Peter, 82, 364n
Karl, Jerome, 345
Keller, Evelyn Fox, 240, 254, 361n, 370n
Kelvin, escala, 22
Kendall, Henry W., 325, 332, 333, 335, 336, 337, 340, 372-3n
Kendrew, John, 275, 371n
Kepler, Johannes, 65
King's College, 257, 259
Kirchhoff, Gustav, 23, 27

Kleiner, Alfred, 47
Kluyver, Albert Jan, 216
Knipping, P., 105, 111, 113, 114, 365n
Knoop, Franz, 209, 212, 213, 214, 215, 216
Koch, Robert, 38
Kornberg, Arthur, 345
Krebs, Hans, 8, 10, 134, 154, 200, 207-18, 274, 369n; *ver também* ciclo de Krebs
Kurlbaum, F., 30

Laboratório Cavendish (Cambridge), 71, 72, 116, 274, 279, 280, 327
Laboratório de Cold Spring Harbor, 238, 240, 241, 252, 271, 371n; *Cold Spring Harbor Symposia on Quantitative Biology*, 252
Laboratório de Fisiologia (Cambridge), 280
Laboratórios Bell, 290
"lagrangiana" da teoria, 320, 321
lambda, partículas, 329
Langley, John, 134, 135
lasers, 152, 297
Lavoisier, Antoine-Laurent, 207, 208, 209, 216
Leavitt, Henrietta, 10, 14, 84-100, 178-9, 185, 248, 364-5n
Leeuwenhoek, Antoni van, 194
"Lei do Coração" (Starling), 43
Leibniz, Gottfried Wilhelm, 206, 309
Lemaître, Georges, 182-8, 368n
Lenard, Philip, 52, 55
Leonardo da Vinci, 206
léptons, 312, 316, 321, 325, 341
leucócitos, 193, 201
levedura, 194, 215
Lewis, Gilbert Newton, 158
Lewis, Sinclair, 345
Liebig, Justus von, 206, 207
Liga de Direitos Humanos, 69
ligação covalente, 157, 158, 160, 165
ligação híbrida, 169
ligação polar (ligação iônica), 157
ligações químicas, 118, 157, 158, 168, 276, 350, 356; energias nas, 209
Lipmann, Fritz Albert, 216, 217

lisozima, 198, 199, 200
lítio, 157, 164
Lobban, Peter, 351
Loewi, Otto, 10, 14, 128-40, 198, 275, 287, 366n
Lohmann, Karl, 216, 218
London, Fritz, 159
Lorentz, Hendrik Antoon, 60, 120
Lorenz, Ludwig, 73
Lovell, R., 202
Lucrécio, 325, 343
Ludwig, Carl, 34, 35, 38, 134, 137
luminosidade intrínseca, 84, 86, 92, 94-7, 177-8, 185; *ver também* período-luminosidade, lei do
Lummer, O., 30
Lundmark, Knut, 184, 185
Luria, Salvador, 257
luz, 20; comprimentos de onda da, 104-13; frequências emitidas de, 21-3, 26, 29, 51, 118-23; mudança de cor da, 177; natureza quântica da, 46, 48, 55; raios de, 59-63, 67, 73, 150; teoria ondulatória da, 46, 52, 150; velocidade da, 30, 53, 59-61, 64, 67-8, 77, 334; *ver também* fótons

Mach, Ernst, 68
Mack, Pamela, 89, 365n
magnetismo, 58, 60, 73, 307, 308, 310, 334
magnitude (astronomia): absoluta (M), 96, 185; aparente (m), 97, 185
malária, 195
manômetro, 213
Marco Aurélio, imperador romano, 62, 364n
Maric, Mileva, 47
Marinha dos Estados Unidos, 315, 345
Marsden, Ernest, 76, 77, 79, 80, 95, 112
Marshak, R. E., 313, 314, 318
Marte, 85
Martin, Charles, 37
Martius, C., 212, 213, 214, 215, 216
masers, 289, 290, 291, 303
massa atômica, 225, 231
Massachusetts Institute of Technology *ver* MIT

matemática, 11, 13, 18, 20, 24, 26, 29-30, 49-51, 58, 79, 84, 102, 105-6, 119, 124-5, 131, 146-8, 174, 177, 182, 187, 221-2, 257, 281, 310, 331

Mathematical Theory of Relativity, The (Eddington), 177, 368*n*

Matteucci, Carlo, 132

Maury, Antonia, 99

Maxwell, James Clerk, 20, 21, 26, 280; *ver também* equações de Maxwell

Mayer, Julius Robert, 206, 207

McClintock, Barbara, 9, 10, 14, 238-42, 244, 246-54, 257, 357, 361*n*, 370*n*

McKellar, Andrew, 294

mecânica: newtoniana, 20; quântica, 31, 54-5, 125, 141-2, 146-8, 152-3, 158-61, 165, 235, 341

mecanicismo versus vitalismo, 39-40

Medalha Max Planck, 236

meia-vida, 226

meiose, 244, 246

Meitner, Lise, 10, 14, 154, 219-37, 369-70*n*

Meitner, Walter, 235

Mendel, Gregor, 38, 243, 262

Mendeleyev, Dmitri Ivanovich, 12, 118, 157

meningite, 191, 193

mensageiros químicos, 36, 37, 139; *ver também* hormônios

mercúrio, 195, 278

Mertz, Janet, 351, 352

metabolismo, 134, 136, 218

Meyer, Hans Horst, 134

Meyer, Karl, 216

Meyerhof, Otto, 216

Michelson, Albert, 59, 60

Micrococcus lysodeikticus, 198

micro-ondas, 289, 297

micro-organismos, 38, 191, 194, 195, 196, 198, 216; *ver também* bactéria; vírus

microscópios, 73, 104, 194, 197, 239-44, 247, 262; microscópio eletrônico, 327, 356

milho, 238-42, 245, 247, 252-4, 344, 357

Mill, John Stuart, 68

minerais, 155, 159

mioglobina, 115, 274, 275, 278, 279

Miss Leavitt's Stars (Johnson), 87, 364-5*n*

MIT (Massachusetts Institute of Technology), 89, 90, 297, 306, 325, 333, 367*n*, 371*n*

Mitchell, Maria, 89

mitose, 244, 245, 246, 247, 250

Mittage-Leffler, professor, 100

molecular, biologia *ver* biologia molecular

moléculas, 11, 21, 41, 48-9, 55, 73, 82, 102, 105, 115, 137-8, 156, 159, 165-6, 170, 194, 205, 207-11, 213, 216-8, 231, 256-8, 260, 266-7, 273-4, 276, 278-9, 282, 284, 288, 290, 294, 327, 345, 347-50, 353, 355-6, 371*n*

momento de transcendência criativa: de Heisenberg, 146; de Loewi, 128; de McClintock, 247; de Von Laue, 104; de Watson, 265

Morgan, Thomas Hunt, 244, 263

Morley, William, 59, 60

Mott, seção transversal de, 338

movimento, simetria de, 308

Mozart, Wolfgang Amadeus, 107, 141

Mr. Thompkins Explores the Atom (Gamow), 153

mulheres cientistas, 222, 240; oportunidades profissionais para, 88, 240

Mundo libertado, O (Wells), 81

múons, 68, 341

músculos, 35, 129, 132, 139, 205, 206, 256, 272

Musil, Robert, 288

mutações, 241, 242, 246, 247, 251, 252, 287, 357

Mycobacterium tuberculosis, 191

Nações Unidas, 170

Nägeli, Karl Wilhelm von, 262

Nambu, Yoichiro, 341

Nantucket Atheneum, 89

NASA, 304

Nathans, Daniel, 353

Nature (revista), 234, 256, 270, 353

Nature of the Chemical Bond, The (Pauling), 168, 367*n*

Naunyn, Bernard, 131

nazistas, 33, 114, 138, 139, 153, 154, 228, 229, 235
nebulosas, 84, 98, 99, 176-89
nervos, 9, 35-40, 42, 128-39, 287, 344, 366*n*; *ver também* sistema nervoso
neurotransmissores, 130, 136-9, 344
neutrinos, 301, 309-12, 316-23, 328-9, 331, 340, 341
nêutrons, 82, 126, 219-20, 224-33, 297, 307, 310-3, 316, 320, 326-30, 332, 340
New York Review of Books, 275, 309
Newton, Isaac, 20, 60, 86, 153, 206, 325; *ver também* mecânica newtoniana
Nicholson, John William, 120, 124, 126
nitrogênio, 73, 258, 264, 276, 277, 285, 286
níveis (mecânica quântica), 161
No More War! (Pauling), 170
Nobel *ver* Prêmio Nobel
Noddack, Ida, 232
Noon, Leonard, 197
Norris, Ronald, 259
Novikov, I. D., 294
núcleons, 327, 328, 337, 340, 341; *ver também* nêutrons; prótons
número atômico, 225, 227, 234
números quânticos, 123, 161, 163, 165, 331, 332
Nuvens de Magalhães, 94, 95, 97

Oberlin College, 87
observador (em física), 58; "observadores em velocidade constante", 60
Observatório Astrofísico Dominicano, 294
Observatório de Monte Wilson, 96, 97, 173, 178, 188
Observatório do Harvard College (HCO), 84, 86, 88, 90, 95-6, 98-100, 178, 182
Observatório Dudley, 89
Observatório Lick, 90
Observatório Lowell, 176
Observatório Naval dos Estados Unidos, 90
Observatório Yerkes, 90
Ogston, Alexander, 217
Ohm, E. A., 290
ômegas, 329

ondas: comprimento de, 107-13, 143-4, 149-51, 301-2; interferência de, 106, 112, 144; *ver também* dualidade onda-partícula
Oppenheimer, Robert, 354, 373*n*
óptica, 106, 111
órbitas de ligação, 160
órbitas permitidas, 122, 124, 160, 161
Oregon State College, 156
ornitina, 200, 210, 216
osciloscópio, 137
ossos, 256
Oxford *ver* Universidade de Oxford
oxidação, 201, 208, 211, 212, 214, 216
oxigênio, 15, 34, 73, 103, 136, 156, 170, 208-9, 211-3, 216-7, 258, 269, 273-4, 276-9, 282, 285-6, 288, 294, 299, 344, 349

pâncreas, 34-9, 41-2, 134
Pannett, C. A., 192, 368*n*
Pantagruel (Rabelais), 288
Paraíso perdido (Milton), 142, 197
paralaxe, 85, 86, 92
parassimpáticos, nervos, 135
pares homólogos, 245, 246, 250
parsecs, 96, 178, 185, 186, 187
partícula alfa *ver* alfa, partículas
partículas: de luz, 48-56; raios de, 113; subatômicas, 68, 70, 74, 82, 152, 161, 163, 219, 223-4, 227, 296, 299-301, 309-12, 314, 328-9, 331, 333, 337, 340; *ver também* dualidade onda-partícula; elétrons; nêutrons; prótons; quarks
pártons, 337, 339, 340, 341
Paschen, F., 125
Pasteur, Louis, 38, 39, 46, 194, 195, 196, 368*n*
Pauli, Wolfgang, 158, 163, 164, 235; *ver também* Princípio da Exclusão de Pauli
Pauling, Ava Helen, 170, 367*n*
Pauling, Linus, 9, 155-70, 224, 260, 264-5, 268, 274, 287, 312, 367*n*
Pavlov, Ivan Petrovich, 35, 36, 38, 41
Payne, Celia, 91, 99, 365*n*

Peebles, P. James, 291, 294, 296, 298, 299, 301, 302, 372n

penicilina, 156, 193, 198-204, 287, 344, 351

Penicillium (fungo), 156, 193, 199, 368n

Penzias, Arno A., 236, 289-304, 372n

Período Normal, 137

período-luminosidade, lei do, 95, 97, 98, 99, 178, 185

peristálticos, movimentos, 38

Perkins, D. H., 340

Perutz, Max, 14, 115, 258, 274-88, 309, 361n, 371n

pesos atômicos, 79, 118, 157

peste, 191, 195, 200, 203

Peste Negra, 191

Physical Review, 234, 319, 372-3n

Picasso, Pablo, 8, 45, 363n

Pickering, Edward C., 87, 88, 90, 91, 93, 94, 95, 98, 99, 126, 364-5n

pineal, glândula, 40, 362n

píons, 312, 329, 330, 331

pirimidinas, 269

pituitária, glândula, 37

Planck, Max, 10, 13, 19-41, 46, 48-51, 55, 65, 78, 104-6, 117-25, 143, 152, 154, 198, 221, 362n, 369n; *ver também* constante de Planck

Planck, Wilhelm, 25

pneumonia, 38, 134, 191, 193, 195

Poincaré, Jules-Henri, 68

pólio, 191

polioma (vírus), 346, 347

polipeptídeos, 284

Politzer, David, 341

Pollack, Robert, 352, 353, 373n

pósitrons, 296, 301

prêmio Enrico Fermi, 237

prêmio Nobel: para Berg, 344, 352; para Bohr, 124; para Crick, 271, 280; para Einstein, 55; para Fleming, 200, 203; para Friedman, 325; para Heisenberg, 147, 154; para Krebs, 217; para Loewi, 129, 138; para McClintock, 253; para Michelson, 60; para Pauling, 170; para Penzias, 292; para Perutz, 280, 286, 288; para Planck, 32; para Rutherford, 72; para Von Laue, 105, 112, 114; para Watson, 271, 280; para Weinberg, 318; para Wilson, 291, 292

prêmio Viena de Arte e Ciência, 236

Primeira Guerra Mundial, 32, 36, 43, 44, 178, 197, 223

Princípio da Exclusão de Pauli, 163, 164, 165, 235

Princípio da Incerteza de Heinsenberg, 32, 142, 148, 151, 152, 153

Principles of General Physiology (Bayliss), 43

Principles of Human Physiology (Starling), 43

Pringsheim, E., 30

probabilidade, 28, 50, 79, 145, 147, 161, 162, 247, 320, 321, 330

proteínas, 14, 43, 134, 169, 217, 256-8, 260, 263, 273-4, 276, 279, 287, 345, 371n; *ver também* aminoácidos; enzimas; hormônios; hemoglobina

prótons, 119, 126, 157, 224-7, 231, 232-3, 297, 307, 310-3, 316, 320, 326-32, 334-41

protozoários, 194

Proust, Marcel, 325, 373n

Pryce, Merlin, 193, 368n

Pseudomonas fluorescens, 196

psicologia, 174, 319

pudim de ameixas, modelo atômico do, 74, 76, 77, 79, 80, 81, 116

pulmões, 256, 274, 278

QED (quantum electrodynamics) *ver* eletrodinâmica quântica

quantum, 13, 19, 24-6, 29-32, 41, 49, 51-2, 55, 120-25, 127, 163, 307

quarks, 9, 13, 325-6, 330-2, 339-42, 347, 359, 372n

química, 11, 31, 39-40, 82, 156, 158, 160, 168-9, 207, 236; biologia e, 40, 206, 209, 257; da radioatividade, 222, 227, 230-1; difração dos raios x em, 114; modelo nuclear do átomo em, 81; orgânica, 207; *ver também* bioquímica

quimioterapia, 195, 203

391

quimo, 42

quimógrafo, 34, 36, 137

quinino, 195

Rabelais, François, 288

Rabi, Isidor, 291

Racine, Jean, 68

Radcliffe College, 88

radiação: cósmica de fundo, 236, 292-305; de corpo negro, 21-2, 38, 48-51, 123, 296, 298-302, 362n; gravitacional, 302; "homogênea", 124

radiatividade, 72, 221-4, 226-7, 310, 355

rádio (elemento químico), 19, 229, 230

rádio, ondas de, 289, 290, 291, 292, 296, 297

radiômetro de Dicke, 297

radiotelescópio de Crawford ver Crawford, radiotelescópio de

raios catódicos, 52

raios x, 13, 14, 104, 105, 109, 110, 111, 112, 113, 114, 115, 143, 144, 169, 257, 258, 259, 260, 263, 264, 265, 266, 270, 271, 275, 279, 280, 281, 283, 284, 287, 296, 371n; difração de, 114, 115, 257, 258, 259, 264, 265, 266, 270, 275, 279, 280, 281, 287, 371n

Raistrick, Harold, 202

Ramón y Cajal, Santiago, 132

Ramsay, William, 222

Rayleigh, John William Strutt, Lorde, 280

reações de corrente neutra, 319

reações nucleares, 206, 293, 299, 312

Realm of the Nebulae (Hubble), 189, 368n

Regge, teoria, 330, 339

regras de soma, 340, 341

relatividade: teoria da relatividade especial, 48, 67, 68, 180, 320, 363n; teoria da relatividade geral, 127, 163, 175, 180, 181, 183, 295, 319

Reminiscences and Reflections (Krebs), 209, 369n

renormalização, 314, 319

respiração, 40, 129, 211, 213, 214, 216, 217, 298; ver também ciclo de Krebs

ressonadores, 27, 28, 29, 30, 65, 121, 362n; "ressonador vibrante monocromático", 26

ressonância, fenômeno de, 168

Rich, Alexander, 275, 371n

Richer, Jean, 85

Ridley, Frederick, 202

Riemann, Bernhard, 68

rins, 37, 287

Rittner, T. H., 237, 370n

RNA, 263, 271

Roblin, Richard, 353

Roll, Peter G., 292, 299, 301, 304, 372n

romanos, antigos, 288, 343

Röntgen, Wilhelm, 111, 365n

Rosenfeld, Leon, 234, 366n

rótulo radiativo, 355

Rowe, Wallace, 352, 373n

Royal Caroline Institute (Suécia), 204, 369n

Rubbia, Carlo, 320

Rubner, Max, 207

ruído no rádio, 290

Rutherford, Ernest, 10, 13-4, 71-82, 112, 116-8, 120, 122, 127-8, 130, 141, 197-8, 224, 280, 298, 310, 327, 335, 364n; autoconfiança de, 199; Bohr e, 81, 116-7, 120, 122; "escola" internacional de físicos criada por, 141; Hahn e, 222; Meitner e, 222; núcleo do átomo descoberto por, 72, 75, 95-6, 112, 117, 121, 158, 220, 224, 287

safras transgênicas ver transgênicas, safras

Salam, Abdus, 318, 320, 323, 330

salivares, glândulas, 35, 43, 241

Salvarsan 606 (droga), 195

Sanger, Frederick, 272

sangue, 37, 40, 42-3, 154, 170, 191, 197, 201, 256, 277-9; corrente sanguínea, 36-7; pressão sanguínea, 34, 42, 277

sarampo, 191

Sayre, Anne, 259, 370-1n

Schmiedeberg, Oswald, 131

Schrödinger, Erwin, 123, 147, 160
Schwinger, Julian, 318, 330
Science (revista), 353
seção transversal diferencial, 335, 336, 338, 339
secretina, 37, 42, 43
Segunda Guerra Mundial, 14, 114, 153, 170, 203, 240, 280, 281, 315, 319, 345
Sequência do polo Norte, 92
serina, 256, 277
serotonina, 130
setor gêmeo, fenômeno do, 250, 251
Sgaramella, Vittorio, 351
Shakespeare, William, 197, 368*n*
Shapley, Harlow, 97, 98, 178, 179, 365*n*
Shelley, Percy Bysshe, 62, 364*n*
Siegbahn, Manne, 228
sífilis, 191, 193, 195
sigmas, 329, 331
silício, 152
Sime, Ruth Lewin, 229, 369-70*n*
simetria (em física): conceito de Weinberg sobre, 308; princípio de simetria, 65, 307, 308, 315, 318
simetria de gauge (simetria de calibre), 316
simpáticos, nervos, 135
simultaneidade, 63, 64, 67
sinapses, 133, 138, 139
Singer, Companhia de Máquinas de Costura, 332
singularidade, 299, 300
sistema nervoso, 35, 129, 132, 133, 134, 135, 139
SLAC (Acelerador Linear de Stanford), 333, 334
Slipher, Vasco Melvin, 14, 176, 177, 179, 181, 182, 184, 187
Smith, Hamilton, 349
Snow, C. P., 72, 364*n*, 366*n*
Sobre os céus (Aristóteles), 175
Sociedade Alemã de Física, 19
Sociedade Americana de Genética, 238
Sociedade de Fisiologia, 36
Society for the Collegiate Instruction of Women (Cambridge), 87
Soddy, Frederick, 72
Sófocles, 68

Sol, 17, 24, 46, 58, 59, 83, 85-6, 96, 119, 173, 176, 178, 183, 185, 206, 290
Solovine, Maurice, 68, 69, 70, 364*n*
solução de Ringer, 129, 136, 137
soma (corpo nervoso), 132
Sommerfeld, Arnold, 105, 127, 148, 158, 163
Soviet Physics Doklady, 294
Spence, Rod, 235, 369*n*
Spilsbury, Bernard, 197
Spinoza, Baruch, 68
spins, 163, 164, 165, 312, 313, 321, 322, 323, 328, 329, 331, 340
Starling, Ernest Henry, 10, 35-44, 95-6, 129, 134, 198, 222, 310, 362-3*n*
Stevenson, Robert Louis, 54
Stokes, A. R., 270
Strassburger, Edward, 262
Strassmann, Fritz, 10, 228-30, 233, 235-7, 369*n*
Strömberg, Gustaf, 184
Sturtevant, A. H., 244, 263
subníveis, 161, 162, 164, 165, 167, 168
"substituição isomórfica", 283
sucos gástricos, 38, 42
Sudarshan, E. C. G., 313, 314, 318
sulfonamida, 203
Swift, Jonathan, 104
Symons, Robert H., 373*n*
Szent-Györgyi, Albert, 211-6

tabela periódica, 118, 157, 164, 230
tau, 341
Taylor, Richard E., 325, 332-3, 335-7, 340
Telegdi, Valentine, 333
telescópios, 84, 89, 92, 99, 180, 275; radiotelescópio, 291-2, 294, 297, 303; telescópio Hooker, 172-3, 185
Teller, Edward, 141, 142, 367*n*, 373*n*
teologia, 40, 174, 182
teoria de campo, 332
teoria unificada de forças, 70, 306, 310, 318, 372*n*
termo lambda, 176, 180, 181, 188
termodinâmica, 20, 30; Primeira Lei da Termo-

dinâmica, 49; Segunda Lei da Termodinâmica, 20, 28

Terra, 17-8, 24, 46, 58-9, 65, 83, 85-6, 92, 94-7, 166, 172-3, 175, 177, 185, 194, 271, 275, 290, 296, 309, 342

tétano, 38, 191, 195

Thomson, Joseph John, 19, 21, 74, 158, 224, 280, 327

Thorne, Kip, 127

Thunberg, Thorsten, 214

tifo, 191, 195, 200

timina, 258, 266, 269, 350, 356

tiroide, 39

Tolman, Richard, 298

Tomonaga, Shinichiro, 330

tório, 219, 222, 225, 229

Townes, Charles, 291

transferase terminal, 350, 355

transgênicas, safras, 357

transposição genética, 253

trifosfato de adenosina (ATP), 205, 206, 218

Tristan und Isolde (Wagner), 130

Tschermack von Seysenegg, Erich, 262

tuberculose, 38, 191, 195, 196, 200, 203

Tucídides, 191, 368*n*

tumores, 346, 352, 357

Uhlenbeck, George, 163

Universidade de Cambridge, 71-2, 88, 116, 134-5, 141, 183, 211, 237, 257-9, 263, 265, 272, 274, 279-80, 327

Universidade Columbia, 90, 291

Universidade de Estocolmo, 199

Universidade de Estrasburgo, 105, 131

Universidade de Freiburg, 210

Universidade de Genebra, 56

Universidade de Göttingen, 142, 146, 209

Universidade de Graz, 130, 138

Universidade de Hamburgo, 209

Universidade de Indiana, 257

Universidade de Kiel, 20, 262

Universidade de Leipzig, 141

Universidade de Londres, 197

Universidade de Manchester, 72

Universidade de Marburg, 134, 222

Universidade de Missouri, 240

Universidade de Munique, 25-6, 105, 147, 148, 163

Universidade de Nova York, 139

Universidade de Oxford, 174, 203, 218

Universidade de Princeton, 291

Universidade de Rochester, 297

Universidade de Sheffield, 211, 213

Universidade de Stanford, 332-3, 337, 344, 346, 348, 351, 373*n*

Universidade de Utrecht, 319

Universidade de Viena, 120, 221, 279

Universidade de Zurique, 47, 56, 114

Universidade Estadual da Pensilvânia, 345

Universidade Harvard, 84, 86, 88, 90, 94-6, 98-9, 178, 182, 271

Universidade Hebraica (Jerusalém), 69

Universidade Johns Hopkins, 293, 349

Universidade McGill, 72

Universidade Washington (St. Louis), 345, 346

Universidade Western Reserve, 345

Universidade Yale, 90

University College de Londres, 257

universo: estático, 173, 180; expansão do, 9, 14, 99, 172-3, 179, 182, 184, 186, 188, 292, 295, 301, 367*n*; nascimento do, 32, 291; oscilante, 298, 299, 300, 302; *ver também* big bang; cosmologia

urânio, 73-4, 219, 220, 223-33, 236-7

ureia, 211, 217

urina, 37

vacinas, 195, 197, 357

Vand, V., 270, 371*n*

varíola, 191

vasopressina, 37, 287

Vassar College, 89

velocidade constante, 61, 65, 308; *ver também* "observadores em velocidade constante"

Venter, Craig, 272

Via Láctea, 83, 85, 94, 98-9, 176-9, 185, 290

Viagens de Gulliver, As (Swift), 104
vida, origem da, 38, 39, 271, 272
violação de paridade, 321, 333
vírus, 194, 200, 201, 271, 346, 347, 352, 357
vis viva (força viva), 206
vitalismo, 39, 40
Von Laue, Max, 13, 104-6, 109, 111-4, 143-4, 149, 154, 169, 170, 216, 235, 281, 365n
Vries, Hugo de, 262

Wade, Nicholas, 353, 373n
Wagner, Richard, 130
Waksman, Selman Abraham, 203
Walküre, Die (Wagner), 130
Wallace, Alfred Russel, 38
Warburg, Otto, 134, 197, 209, 210, 216, 218
Watson, James, 9, 10, 13, 253, 256-60, 263-71, 274, 284, 345, 353, 370-1n
Wegener, Alfred, 269
Weinberg, Steven, 10, 306-10, 313, 315-20, 322-3, 330, 372n
Weisskopf, Victor, 154, 367n
Weissman, Sherman, 353
Wellesley College, 89
Wells, H. G., 81, 364n

Westling, Richard, 199
What Mad Pursuit (Crick), 259, 370n
Whatman, disco de, 355
Wheatstone, ponte de, 297
Wheeler, John, 127, 234, 292, 366n
Whiting, Sarah, 89, 90
Wilczek, Frank, 341
Wilkins, Maurice, 259, 264, 265, 271
Wilkinson Microwave Anisotropy Probe (satélite), 304
Wilkinson, David, 292, 299, 301, 304, 372n
Will, Georg, 371n
Wilson, Robert W., 236, 289-2, 294, 297, 300-4
Witkin, Evelyn, 242, 370n
Wolfe, Sophie, 345
Woolf, Virginia, 8
Wright, Almroth Edward, 197-8, 201-2, 368n

Yersinia pestis, 191
Young, Charles, 93, 365n
Young, Thomas, 107

Zea mays (milho), 241
Zurara, Gomes Eanes de, 7, 8, 361n
Zweig, George, 330-2

ESTA OBRA FOI COMPOSTA PELA SPRESS EM MINION E IMPRESSA EM OFSETE
PELA RR DONNELLEY SOBRE PAPEL PÓLEN SOFT DA SUZANO PAPEL E CELULOSE
PARA A EDITORA SCHWARCZ EM FEVEREIRO DE 2015